Edelmetall-Analyse

Probierkunde
und naßanalytische Verfahren

Herausgegeben vom

Chemikerausschuß

der Gesellschaft Deutscher Metallhütten- und Bergleute e.V.

Mit 43 Abbildungen

Springer-Verlag Berlin Heidelberg GmbH 1964

Library of Congress Catalog Card Number: 64-17806

ISBN 978-3-662-21838-9   ISBN 978-3-662-21837-2 (eBook)
DOI 10.1007/978-3-662-21837-2

Titel-Nr. 1203

Vorwort

In dem vom Chemikerausschuß der Gesellschaft Deutscher Metallhütten- und
Bergleute herausgegebenen Werk „Analyse der Metalle" mit seinen drei Bänden
„Schiedsverfahren", „Betriebsanalysen" und „Probenahme" sind nur Analysenvor-
schriften zur Bestimmung der Edelmetallgehalte zusammengestellt worden. Einer
Anregung seines langjährigen Leiters und jetzigen Ehrenvorsitzenden, Dr.-Ing.
O. PROSKE, folgend, beschloß der Ausschuß, zusätzlich ein Handbuch über die Probierkunde und neuere Verfahren der Edelmetallanalyse herauszugeben, da eine bis in
die Gegenwart reichende umfassende Darstellung dieses speziellen Arbeitsgebietes
im deutschen Schrifttum notwendig erschien, in dem neben den analytischen Vorschriften auch der apparative Aufwand und die theoretischen Grundlagen weitgehend
berücksichtigt werden.

Das nun vorliegende Gemeinschaftswerk soll den heutigen Stand der gesamten
Edelmetallanalyse unter Berücksichtigung der besonderen Belange der edelmetall-
verarbeitenden Industrie aufzeigen. Es sind also sowohl die alten Methoden der
Edelmetallbestimmungen auf „trockenem" (dokimastischem) Wege, bekannt als
„Probierkunst", als auch die rein chemischen Verfahren der Edelmetallbestimmung
beschrieben.

Die in ihren Grundformen praktisch unveränderten Schmelz- und Scheideprozesse
der alten Probierkunst sind auch heute noch für zahlreiche Aufgaben der Edelmetallbestimmung unentbehrlich. Sie sind in apparativer Hinsicht und technischer
Durchführung nur unwesentlich abgewandelt. Erfahrung und Geschicklichkeit des
Ausführenden spielen bei der Anwendung dieser Verfahren eine größere Rolle als bei
vielen anderen Analysenmethoden.

Besonderer Wert wurde darauf gelegt, die in den Scheideanstalten und bei der
Edelmetallverarbeitung gebräuchlichen naßanalytischen Methoden eingehend zu
schildern. Hierbei werden ausführlich auch die Platinmetalle behandelt, über die
bisher in dieser Hinsicht nur wenig veröffentlicht worden ist. Für Prospektoren
und Goldschmiedewerkstätten wurde schließlich eine Anleitung zum qualitativen
und quantitativen Probieren mit dem Lötrohr und zur Ausführung verschiedener
einfacher Strichproben für zweckdienlich erachtet.

Neben der Beschreibung der Methodik wird auf ihre Grundlagen eingegangen.
Obgleich die meisten klassischen Probierverfahren für verschiedenartige Unter-
suchungsmaterialien gleichermaßen anwendbar sind, erwies es sich aus der praktischen Erfahrung heraus als zweckmäßig, die Grundlagen und die Durchführung der
trockenen, naßtrockenen und nassen Verfahren nicht nur einzeln zu beschreiben,
sondern auch ihre spezielle Methodik bei der Untersuchung der verschiedenen Stoff-
arten zu beleuchten. So werden genaue Arbeits- und Rezepturvorschriften für die

Untersuchung aller nur denkbaren Stoffe wie Erze, Legierungen, Salze, Abfälle der Edelmetall- und photographischen Industrie usw. gebracht.

Die Probenahme für die hier zur Diskussion stehenden Materialien wird nur gestreift, da sie in ihren Einzelheiten in dem Werk „Analyse der Metalle" Band 3, Probenahme, beschrieben ist.

Der Chemikerausschuß dankt allen Firmen und Instituten für die Unterstützung bei der Zusammenstellung. Dem Stifterverband Nichteisenmetalle, Düsseldorf, danken wir für die stete Förderung unserer Arbeiten.

**Chemikerausschuß
der Gesellschaft Deutscher Metallhütten-
und Bergleute e.V.**

April 1964

ENSSLIN   AHRENS

Verzeichnis der Mitarbeiter

Ahrens, R., Dipl.-Ing., Duisburg, Duisburger Kupferhütte

Beeck, Fr., Betriebs-Ing., Frankfurt (Main), Deutsche Gold- und Silber-Scheideanstalt

Borkenstein, W., Dr. phil., Hamburg, Norddeutsche Affinerie

Dreyer, H., Laboratoriumsleiter, Oker, Unterharzer Berg- und Hüttenwerke GmbH

Ensslin, F., Dr. phil., Goslar, Unterharzer Berg- und Hüttenwerke GmbH

Großmann, H., Dr., Laboratoriumsleiter, Dr. E. Dürrwächter – Doduco-KG, Pforzheim

Grube, H.-L., Dr.-Ing., Hanau (Main), W. C. Heraeus GmbH-Platinschmelze

Hennig, H., Dr.-Ing., Berlin-Rudow, Metallhüttenwerk A. Bauer KG

Keil, A., Dr. phil., Schwäbisch Gmünd, Forschungsinstitut für Edelmetalle und Metallchemie

Lange, A., Prof. Dipl.-Ing., Freiberg (Sachsen), Metallhütteninstitut der Bergakademie Freiberg

Loebich, O., Dr. phil., Hanau (Main), Deutsche Gold- und Silber-Scheideanstalt

Proske, O., Dr.-Ing., Berlin-Hermsdorf

Raub, E., Prof. Dr. phil., Schwäbisch Gmünd, Forschungsinstitut für Edelmetalle
und Metallchemie

Rolf, E., Dr.-Ing., Frankfurt (Main), Deutsche Gold- und Silber-Scheideanstalt

von Vogel, H.-U., Dr.-Ing., Berlin-Dahlem, Bundesanstalt für Materialprüfung

Inhaltsverzeichnis

Allgemeiner Teil

Spezieller Teil

Erläuterungen

1. Abkürzungen

Um unnötige Wiederholungen zu vermeiden, sind hier einige Abkürzungen zum Verständnis dieses Buchs zusammengefaßt:

A	Amèpre	s.	siehe
F	Schmelzpunkt	S.	Seite
Gew.-%	Gewichtsprozent	sec	Sekunde
Gew.-T.	Gewichtsteile	spez. Gew.	spezifisches Gewicht
kt	karätig	Std.	Stunde
min	Minute	Upm	Umdrehungen je Minute
n	normal	Vol.-%	Volumprozent
p.a.	zur Analyse	V	Volt
proz.	prozentig		

Bei allen Temperaturangaben ist die Skala nach Celsius zu verstehen, ohne daß es im Text besonders erwähnt wird.

Die in eckigen Klammern angegebenen Zahlen weisen auf die laufenden Nummern des am Schluß aufgeführten Bücherverzeichnisses hin.

2. Reagenzien

Bei den für die Analysen angegebenen Reagenzien sind grundsätzlich solche „zur Analyse" (p.a.) zu verwenden, soweit nicht andere Reinheitsbezeichnungen angegeben sind. Für die dokimastischen Schmelzproben genügen im allgemeinen Reagenzien mit der Bezeichnung „chemisch rein". Ist eine höhere Reinheit erforderlich oder eine besondere Freiheit von bestimmten Elementen notwendig, so ist dies im Text besonders angegeben.

Bei einer Zugabe von oder Verdünnung mit Wasser ist, soweit nicht anders vermerkt, stets destilliertes Wasser gemeint. Ist bidestilliertes oder kohlensäurefreies Wasser notwendig, so wird dies unter Reagenzien aufgeführt. Die Angaben über die Konzentration werden durch Zufügen der Dichte hinter den Namen gekennzeichnet, z. B. anstelle von konzentrierter Schwefelsäure: Schwefelsäure (1,84). Bei verdünnten Säuren und Ammoniak sind die Verdünnungsverhältnisse volumenmäßig hinter den Namen angeführt, wobei die erste Zahl stets für das Reagenz gilt und die zweite für das Wasser bzw. Verdünnungsmittel. Eine Salzsäure (1 + 2) wird beispielsweise durch Verdünnen von 1 Volumenteil Salzsäure (1,19) und 2 Volumenteilen Wasser hergestellt.

Bei Salzlösungen wird die Konzentration in Gramm Salz zu 100 ml gelöst angegeben. Dies vereinfacht die Herstellung der Lösungen. Eine 10proz. Silbernitratlösung wird durch Lösen von 10 g Silbernitrat zu 100 ml hergestellt: Silbernitratlösung (10 g/100 ml).

Sonderlösungen sind den jeweiligen Analysenverfahren unter Reagenzien vorangesetzt.

3. Einwaage

Falls nichts anderes vermerkt ist, bezieht sich die Einwaage auf Probegut, das bei 105° getrocknet und auf unter 0,1 mm (DIN 4188) zerkleinert ist.

4. Zeitangaben

Die Zeitangaben beziehen sich auf die Erstellung einer Analyse. Werden mehrere Analysen gleichzeitig (parallel) gemacht, so vermindert sich selbstverständlich die Herstellungszeit einer Analyse entsprechend.

5. Genauigkeit:

Die Genauigkeitsangaben 1, 2 und 3 sind ein ungefähres Maß für die Leistungsfähigkeit der Analyse, und zwar bedeuten:

1. Die Methode ist als Schiedsanalyse üblich oder entspricht in ihrer Genauigkeit den Anforderungen einer Schiedsanalyse,
2. bedeutet eine Genauigkeit, die für Betriebsanforderungen im allgemeinen ausreicht,
3. deutet darauf hin, daß die Analyse nur Näherungswerte liefert.

Berichtigung

S. 24, 9. Z. v. o.: statt $CaSO_3$ **lies** $CaSiO_3$
S. 97, 6. Z. v. u.: statt dürfen vorhanden sein **lies** dürfen nicht vorhanden sein

1. Dokimastische Verfahren

1.1. Einleitung

Die Probierkunde der Edelmetalle ist einer der ältesten Zweige der chemisch-technischen Analyse. Es läßt sich heute nicht mehr feststellen, wann und wo die ersten Probierverfahren aufkamen, sicher ist jedoch, daß sie bereits vor Jahrtausenden im Zusammenhang mit der hüttenmännischen Gewinnung und Verarbeitung der Edelmetalle Gold und Silber in den großen Bergbaugebieten des Altertums (Laurion, Kleinasien, Spanien u. a.) gebräuchlich waren.

Ihrer Eigenart nach waren die alten Probiermethoden Nachahmungen der seinerzeit üblichen technischen Gewinnungs- bzw. Raffinationsverfahren der betreffenden Metalle im „Laboratoriumsmaßstab". Sie dienten ursprünglich nur dem Zweck, durch ein Probeschmelzen auf schnelle und einfache Weise Anhalte über die Schmelzwürdigkeit eines Erzes zu erlangen. Von diesem Probeschmelzen oder einfacher „Probieren" (griechisch δοκιμάζειν) stammt auch die alte Bezeichnung „Dokimasie" für die Probierkunde.

Wohl das bekannteste und anschaulichste Beispiel für diese alte dokimastische Nachahmung eines technischen Verfahrens ist die bereits vor mehr als 2500 Jahren in der Bibel (Jer. 6, 27–30) beschriebene „Verbleiungs-" bzw. „Kupellationsprobe", die auch heute noch als eine der wichtigsten Bestimmungsmethoden für Gold und Silber durchgeführt und deshalb auch in vorliegendem Buch eingehend dargestellt wird. Sie entspricht in ihrem Prinzip dem metallurgischen Treibprozeß auf dem Verglättungsherd, nur eben „en miniature" ausgeführt. Diese und die ihr im dokimastischen Verfahrensgang seit altersher meist vorangehende „Ansiede-" sowie die relativ primitive Reduktionstiegelprobe dürften den Überlieferungen zufolge die ältesten technischen Untersuchungsverfahren überhaupt sein.

Die Kupellationsprobe hatte, wie aus den Werken von PRESBYTER, ALBERTUS MAGNUS, GEBER u. a. hervorgeht, bereits Ende des 12. Jahrhunderts in methodischer und apparativer Hinsicht einen Grad der Vollkommenheit erreicht, der sich von dem heutigen Stand nur wenig unterscheidet. Dies verwundert nicht, wenn man berücksichtigt, daß diese Probe durch die besonders günstigen pyrochemischen Verhältnisse – wobei vor allem an das außerordentlich unterschiedliche Oxydationsverhalten der beteiligten Unedel- und Edelmetalle gedacht ist – keinerlei wissenschaftlicher Fundierung bedurfte. Sie konnte ohne nähere Zweckforschung rein empirisch nur aus der Stoffbeobachtung heraus entwickelt werden. Anders war es natürlich bei der Trennung der Edelmetalle, also des Goldes und des Silbers, voneinander. Nicht nur der Mangel an ausreichenden chemischen Stoffkenntnissen dieser Metalle, sondern auch das Fehlen geeigneter Meß- und Wägemöglichkeiten für die kleinen Quantitäten war hierbei im Altertum ein großes Problem. Man betrieb deshalb anfänglich die Gold- und Silberscheidung nicht im „Laboratoriumsmaßstab", sondern nur im Großen als regelrechtes technisches Gewinnungsverfahren. Erst zu Plinius' Zeiten (etwa 50 n. Chr.) war es einmal durch die Einführung von „Konzentrationsproben", zum anderen auch durch die Anwendung des Archimedischen Prinzips in vielen Fällen möglich, Gold-Silber-Legierungen ihrem Gehalt nach genauer zu unterscheiden. Aus dieser Zeit stammen auch die ersten Anfänge der bekannten Strichprobe auf dem Probierstein.

Die thermische Gold-Silber-Trennung selbst wurde im Altertum und auch noch im Mittelalter allgemein durch Verflüchtigung oder Adsorption von Silberchlorid an porösen Tonscherben und dergleichen durchgeführt. Das Chlorsilber bildete sich beim Erhitzen der Gold-Silber-Legierung mit chlor- und schwefelsäurehaltigen Mineralsalzen (Steinsalz, Alaun und ähnlichen) im Tiegel. Die Trennung erfolgte also auf „trockenem Weg" und müßte nach unseren Begriffen recht ungenau und verlustreich gewesen sein. Erst die am Ende des Mittelalters aufkommende, ebenfalls trockene Scheidung „durch Guß und Fluß" stellte einen gewissen Fortschritt dar. Sie beruht auf der Trennung des Goldes vom Silber durch Zusammenschmelzen der Legierung mit Kupfer und Grauspießglanz (Sb_2S_3) und nachfolgendem Seigern. Das Gold geht quantitativ in die entstehende Kupfer-Antimon-Speise, das Silber in den entstehenden Stein. Beide Schmelzprodukte lassen sich mechanisch scharf trennen und die Edelmetalle durch jeweiliges Verschlacken und Abtreiben getrennt gewinnen. Ein Verfahren also, das Bewunderung verdient, weil es einfacher und eleganter in diesem Fall kaum geht.

Die Scheidung durch Guß und Fluß wurde jedoch bald abgelöst, als unmittelbar nach der Entdeckung der Salpetersäure (Anfang des 15. Jahrhunderts) die auch noch heute übliche und experimentell einfachere Scheidung auf nassem Wege bekannt wurde. Damit führte man ein neues, nicht in der Praxis, sondern im alchimistischen Laboratorium entstandenes Verfahren und gleichzeitig eine neue Arbeitsweise in die Dokimasie ein.

Die Möglichkeit, mittels der bekannten Probiermethoden ganz allgemein auch quantitative Aussagen über den Gehalt eines Produktes zu machen, war bereits im frühen Mittelalter gegeben. Als arabische Chemiker die ersten brauchbaren Probierwaagen für Feinwägungen eingeführt hatten, wurde der nach unseren Begriffen eigentliche analytische Wert der Probierkunde begründet. Gleichzeitig kamen auch die Probiergewichte auf, die von den traditionsfreudigen Arabern aus geeigneten Gewichtseinheiten der römischen Kaiserzeit, wie z. B. römisches Pfund, Gran, Drachme, Quint, Denar, zusammengestellt wurden. Von ihnen selbst stammt das „Karat" (arabisch Kirat, Samenkorn des Affenbrotbaumes, ursprünglich als Gewicht benutzt). Diese alten Probiergewichte haben sich, zum Teil nur anders benannt, in der Probierkunde bis auf den heutigen Tag erhalten.

Die im Laufe der Zeit weiter verbesserte Meß- und Wägetechnik war von großer Wichtigkeit für die Weiterentwicklung der Dokimasie. Die Alchimie und Jatrochemie veranlaßten ihre generelle Anwendung auf die Untersuchung auch anderer Metalle. So wurde die Dokimasie alsbald nicht nur die Mutter der allgemeinen analytischen Chemie, sondern auch durch die Eigenart ihrer trockenen, metallurgischen „Modellverfahren" die Begründerin der metallurgischen Grundlagenforschung.

Entscheidend war dabei auch, daß der nasse Scheideweg weiterentwickelt wurde und in der Folgezeit sich ebenbürtig neben die trockenen Verfahren stellte. In den heutigen Laboratorien hat er sogar vielfach die im engen Sinn dokimastischen Verfahren mehr oder minder zurückgedrängt. In diesem Buch werden beide Methoden gleichwertig nebeneinander behandelt.

Während die für Gold und Silber im Mittelalter entwickelten Methoden auch heute noch ihre Gültigkeit und Bedeutung haben und nur durch die Entwicklung der Chemie verfeinert sowie mit einigen neueren Verfahren ausgestattet wurden, ging die Entwicklung der Untersuchung der Platinmetalle andere Wege. Obwohl den Spaniern um 1550 in Südamerika das Platin schon bekannt war, geht die eigentliche Kenntnis über die Platinmetalle erst auf den Beginn des 19. Jahrhunderts zurück. Die Methodik zur Untersuchung dieser Metalle wurde also in einer Zeit, in der der

Chemie eine reichliche Anzahl von Stoffen für ihre Umsetzungen zur Verfügung stand, entwickelt. Deshalb verwendet man hier weitgehend die üblichen naß-analytischen Verfahren.

Abb. 1. Mittelalterliche Probierküche mit gemauertem Tiegel und Muffelofen nebst der Bereitung von Scheidesäuren (aus ERCKER [1])

Abb. 2. Neues Probierlaboratorium des Metallhütteninstituts der Bergakademie Freiberg (Fot. Hochschul-Bildstelle). Tiegel- und Muffelöfen bewährter Konstruktion teils mit Koks-, teils mit Gasfeuerung, Abstelltische mit Hämmern und kleinen Ambossen zum Abklopfen der Schlacke bzw. zum Ausplatten der Edelmetallkörner, eine Vorrichtung zum Auswalzen der Güldisch-Körner, Stellagen mit Gezähe (Zangen, Kluppen, Schaufeln usw.) und über den Muffelöfen Stapel mit Ansiedescherben zum Trocknen

1.2. Ofentypen

Die im Rahmen der dokimastischen Verfahren vom Probierer auszuführenden Arbeiten auf trockenem Wege sind im wesentlichen folgende:

1. Glühen, Brennen, Calcinieren   3. Schmelzen
2. Rösten, Ansieden, Treiben   4. Destillieren

Es handelt sich hierbei durchweg um thermische Verfahren, zu deren Durchführung Tiegel- und Muffelöfen erforderlich sind. Für die Konstruktion dieser Ofentypen sind maßgebend einmal die zur Verfügung stehenden Brennstoffe, zum anderen die erforderliche Arbeitstemperatur.

Die Verwendung fester (Koks und Kohle) und flüssiger (Öl und Petroleum) Brennstoffe tritt zunehmend zurück gegen den angenehmeren Betrieb mit gas- oder elektrisch beheizten Öfen. Der Bau solcher Öfen hat in den letzten Jahren, den gesteigerten Ansprüchen auf Wirtschaftlichkeit hinsichtlich Wärmenutzung, höheren Leistungen usw. Rechnung tragend, wesentliche Fortschritte zu verzeichnen. So wurden neue Brennertypen entwickelt, die eine bessere und genau regulierbare Flammenführung gewährleisten.

1.2.1. Tiegelöfen und ihre Beheizung

Beheizung mit festen Brennstoffen. Im Prinzip bestehen diese Öfen aus einem runden oder quadratischen Verbrennungsraum (Ofenschacht) aus feuerfesten Steinen, dessen unteren Abschluß ein Rost und darunter befindlicher Aschenraum bildet. Als oberer Abschluß dient ein abnehmbarer oder schwenkbarer Deckel. Die Verbindung solcher Öfen mit einem gutziehenden Kamin (Esse) ist Grundbedingung für die Höhe der erreichbaren Temperatur, die mit etwa 1200° angenommen werden kann. Durch Einblasen von Gebläseluft (Unterwind) in den Raum unterhalb des Rostes können bei Verwendung guter Brennstoffe und von feuerfesten Ausmauerungssteinen mit entsprechenden Güteeigenschaften auch höhere Temperaturen erzielt werden. Die untere Temperaturgrenze läßt sich nicht genau angeben, da sie von den Anlageverhältnissen abhängig ist. Entsprechend der Eigenart der Kohlen- oder Koksfeuerung ist das Einhalten bestimmter Temperaturen nicht ganz so einfach wie bei anderen Heizungsarten und erfordert einige Übung. Als Regelorgane können im Kaminanschluß (Fuchs) eingebaute Schieber benutzt werden, die den Abzug der Verbrennungsgase aber nie ganz abschließen dürfen. In den meisten Fällen wird man schon mit einem mehr oder weniger weiten Öffnen der Aschenraumtür auskommen.

Als *Brennstoffe* eignen sich am besten trockener Brechkoks in Nußgröße mit geringem Aschegehalt, der nicht backen und auch nicht leicht schmelzen darf, oder mit kurzer Flamme verbrennende Kohlensorten, wie z.B. Magerkohle. Dem Koks können Braunkohlenbriketts beigemischt werden. Die Beheizung mit Holzkohle ist nur ratsam, wenn diese preisgünstig beschafft werden kann.

Das *Anfeuern* der Öfen erfolgt – wie gewöhnlich – von unten entweder durch Einbringen einer ringförmigen Lage glühenden Brennmaterials auf den Rost und anschließendem Einfüllen weiteren Brennstoffes bis unter den Tiegelrand oder durch anfängliches Entfachen eines Holz- oder Holzkohlenfeuers mit nachfolgender Brennstoffzugabe. Hohlräume sollen in der Brennstoffsäule nicht entstehen. Von Zeit zu Zeit und besonders vor jeder Brennstoffaufgabe ist der glühende Koks mit einer Eisenstange gut durchzustochern.

Das *Einsetzen der Probiergefäße* für die Durchführung von Schmelzproben in Eisen- oder Tontiegeln geschieht in der Weise, daß man zunächst in dem im Ofenschacht aufgefüllten Brennmaterial Hohlräume entsprechend der Größe der Gefäße herstellt und dann in diese Vertiefungen die Tiegel mittels feinstückigem Koks einbettet. Vor dem Wiedereinsetzen sind die Mulden im Koks von nachgerutschten Brennstoffstücken zu befreien, so daß die Tiegel oder sonstigen Gefäße wieder einen festen Sitz bekommen. Mit Füßen versehene Blei- oder Kupfertuten können direkt auf den Rost gestellt werden. Es ist dabei nicht notwendig, eine hohe Brennstoffschicht zu unterhalten, in welche die Gefäße zu betten sind, weil normalerweise bereits in 4 bis 6 cm Höhe über den Roststäben die stärkste Hitze herrscht. Graphittiegel zum Schmelzen von Metallen müssen auf einen Tiegelfuß (Käse) aus Ton oder Graphit gesetzt werden, der auf dem Rost ruht.

Es empfiehlt sich, die Öfen unter einer nach der Seite schwenkbaren oder heb- und senkbaren konischen *Haube* aus Stahlblech aufzustellen, die an einem Kamin angeschlossen ist, um so entweichende Gase ableiten zu können.

In Öfen, die mit festen Brennstoffen beheizt werden, herrscht normalerweise eine reduzierende Atmosphäre.

Beheizung mit gasförmigen Brennstoffen. Gasbeheizte Tiegelöfen zeichnen sich durch ihre saubere und einfache Arbeitsweise aus, ferner durch allseitig gleichmäßige Erwärmung des Einsatzgutes, leichte Regulierbarkeit, schnelle Betriebsbereitschaft sowie die Einstellmöglichkeit reduzierender oder oxydierender Atmosphäre im Schmelzraum. Die Abmessungen der Schmelztiegel bestimmen den Durchmesser und die Höhe des lichten Schmelzraumes, dessen Wandungen aus feuerfesten Steinen bestehen. Zwischen dieser *Ausmauerung* und dem Ofenmantel aus Stahlblech befindet sich zur Minderung der Wärmestrahlung eine feuerfeste Isolierschicht. Den unteren Abschluß bildet eine Schamotteplatte mit einer Vertiefung für den Tiegelfuß, den oberen Abschluß eine feuerfeste, mit einer Eisenbindung versehene Deckelplatte, die um einen Drehpunkt auf der Rückseite des Ofens geschwenkt werden kann. Die Öffnung in dieser Deckelplatte kann je nach der Konstruktion des Ofens als Abzug für die Abgase dienen oder aber zur Einführung eines Meßgerätes, zur optischen Kontrolle des Schmelzvorganges oder zum Nachfüllen von Schmelzgut benutzt werden.

Genügt für die Beheizung des Ofens *ein Brenner*, so ist dieser im unteren Teil des Verbrennungsraumes derart anzuordnen, daß die Flamme tangential in den Raum zwischen Tiegel und Ofenwand strömt und dabei den Tiegel spiralförmig aufsteigend umkreist. Ein direktes Aufprallen der Flamme auf den Tiegel soll wegen der starken, punktförmigen Überhitzung unbedingt vermieden werden. Bei der Beheizung mit mehreren Brennern ist es zweckmäßig, den Anbau derselben am Ofen in verschiedenen Höhen und auf den Umfang gleichmäßig verteilt vorzunehmen.

Die Aufstellung auch dieser Öfen unter einer beweglichen *Absaughaube* ist empfehlenswert, damit die während des Schmelzprozesses entweichenden Gase ins Freie oder in einen Kamin abgeleitet werden können.

Bei Verwendung von Bunsenbrennern zur Beheizung liegen die *erreichbaren Höchsttemperaturen* zwischen 800 und 1000°. Mit Druckluft von 300–500 mm WS betriebene Brenner lassen Temperaturen zwischen 1200 und 1400° erzielen, sofern die Gasqualität und der Gasdruck günstig sind. Vorwärmung der Druckluft wirkt sich bei höheren Temperaturen sehr vorteilhaft auf den schnellen Temperaturanstieg sowie auf den Gasverbrauch aus.

Die zur Verbrennung gelangenden *Gasarten* können sein:

Stadtgas	mit 4000 bis 4300 kcal/Nm³
Kokereigas	mit 4600 bis 4700 kcal/Nm³
Generatorgas	mit 800 bis 1300 kcal/Nm³

oder die handelsüblichen Flaschengase:

Methan (Trockengas)	mit 8550 kcal/Nm³
Propan (Flüssiggas)	mit 22350 kcal/Nm³
Normal-Butan (Flüssiggas)	mit 29150 kcal/Nm³
Iso-Butan (Flüssiggas)	mit 29050 kcal/Nm³

Während Stadtgas, Kokereigas sowie Generatorgas normalerweise mit einem Verbrauchsdruck von 50–80 mm WS geliefert werden, darf der Nenndruck bei Flüssiggasen 500 mm WS nicht übersteigen. Deshalb ist hinter dem Absperrventil des Gebrauchsbehälters (Flaschenventil) ein Druckregler einzubauen, der den Druck des Gases auf den vorgeschriebenen Nenndruck herabsetzt.

Der „Deutsche Verein von Gas- und Wasserfachmännern" und die „Arbeitsgemeinschaft der Energieversorgungsunternehmen für den Vertrieb von Flüssiggas zur Gewinnung von Wärme und Licht" haben besondere „Technische Richtlinien für die Einrichtung und Unterhaltung von Flüssiggasanlagen in Gebäuden und Grundstücken" (Technische Richtlinien Flüssiggas 1954) herausgegeben, auf die besonders hingewiesen werden muß. Der Gebrauch von Methangas (Trockengas) ist zur Zeit noch auf Sonderfälle beschränkt. Alle vorgenannten Gase können sowohl mit Bunsen- als auch mit Gebläsebrennern (Druckluft) verfeuert werden, jedoch sind für Flüssiggase nur spezielle Brennerkonstruktionen verwendbar.

Für Temperaturen bis 1400° kommt eine *Ausmauerung* aus bester, hochfeuerfester Schamotte zur Verwendung, während bei Temperaturen über 1400° nur Spezialqualitäten (z. B. Magnesit oder Korund) beständig sind. Die Verwendung von Formsteinen an Stelle von Stampfmassen ermöglicht die leichte Auswechselung einzelner Steine. Für eine einwandfreie Flammenführung sind sie so zu formen, daß nur wenig Fugen entstehen. Gegen Wärmeabstrahlung sind die Öfen durch eine gute Isolierschicht zwischen der Ausmauerung und der Ofenfassung zu schützen.

Das *Anheizen* der Öfen muß vorsichtig, wegen etwaiger Knallgasgemische, und langsam mit zunehmender Flammenstärke geschehen, damit die Ausmauerungssteine der Öfen keine Sprünge bekommen. Bei der Verwendung von Graphittiegeln als Schmelzgefäß ist auf ganz besonders vorsichtiges Anheizen zu achten. Es empfiehlt sich, die Tiegel vorher zu trocknen und bereits gut handwarm in den Ofen einzusetzen, bevor die Brenner angezündet werden.

Eine *selbsttätige Wärmeregelung* ist bei Tiegelöfen mit Bunsenbrennern nicht möglich, denn schon allein das Messen der Temperatur der Tiegelschmelze ist nicht ganz einfach (s. 1.2.3. u. 1.2.4.). Bei den Tiegelöfen mit Gebläsebrennern kann die selbsttätige Wärmeregelung nur dann erfolgen, wenn die Temperatur des Heizraumes und nicht die des Tiegelinhaltes als Maßstab genommen wird. Sie geschieht auf thermoelektrischem Wege.

Für Glühungen und Schmelzen *in kleinem Ausmaße*, für die es sich nicht lohnt, Öfen allgemein üblicher Größen in Betrieb zu nehmen, genügen meist die üblichen kleinen Laboratoriumstiegelöfen, wie z.B. die WINKLERsche Tonesse, der Tiegelofen nach HEMPEL, der SIMON-MÜLLER-Ofen und andere.

Beheizung mit flüssigen Brennstoffen. Ölbeheizte Öfen unterscheiden sich von gasbeheizten nur durch die Brenner und die dazugehörigen Düsensteine (Brennersteine). Die erreichbaren Temperaturen betragen etwa 1400°, unter günstigen Bedingungen auch 1500°.

Die *Heizöle* für kleinere Öfen müssen pech-, asphalt- und wasserfrei sein und bei 20° eine Viskosität von 1–3° E aufweisen. Besonders geeignet sind Mittel- und Leichtöle.

Mittel- und Leichtöle

spez. Gewicht	0,880–0,890	0,875–0,880
Flammpunkt	70–80°	60–70°
Stockpunkt	unter 5°	unterhalb − 20°
		Bei etwa − 20°
		noch flüssig

Der Heizwert dieser Öle beträgt etwa 10000 kcal/kg

Schwere Öle müssen auf etwa 80° vorgewärmt werden. Es empfiehlt sich, nur solche Öle zu verwenden, die frei von jeglichen Fremdbestandteilen und leichtflüssig sind.

Die Zuführung des Brennstoffes zu den Brennern erfolgt meist von einem Ölbehälter aus, der je nach der Konstruktion des Brenners bis zu etwa 3 m über dessen Achse anzubringen ist. Das mit Gefälle über Regelventile zuströmende Öl wird in den *Brennern* unter Zuhilfenahme von Gebläseluft mit einer Pressung von etwa 300 bis 600 mm WS fein zerstäubt (Zerstäuberbrenner) und mit Luft vermischt in den Verbrennungsraum des Ofens geblasen. Einzelne Brennertypen saugen das Öl ähnlich dem Vergaser eines Explosionsmotors aus einem Schwimmergefäß an, dessen Ölspiegel noch unter der Brennerachse liegt. Wenn durch irgendwelche Umstände

(Stromunterbrechung usw.) die Preßluft ausbleibt, kann kein Öl in den Verbrennungsraum gelangen, ein Umstand, der sehr wichtig ist, da hierdurch Explosionsgefahren und Ölüberschwemmungen ausgeschlossen sind.

Petroleum ist als Brennstoff ebenfalls verwendbar, im allgemeinen dafür aber zu teuer. Die Verfeuerung kann entweder mit Zerstäuberbrennern erfolgen oder mittels Petroleumvergasern (Lötlampenprinzip). Dabei wird das Petroleum unter Druck zum Brenner befördert, vorgewärmt und schließlich verdampft. Die austretenden Petroleumgase entzünden sich an der Vorwärmflamme und verbrennen unter selbsttätigem Ansaugen der Verbrennungsluft vollständig und fast ohne Geruch. Ein Luftgebläse ist bei den Vergaserbrennern nicht erforderlich. Die Vorwärmung geschieht beim Anheizen für die Dauer von etwa 10 min durch eine kleine Spiritusflamme und nach deren Verlöschen durch die rückstrahlende Wärme des Brenners selbst. Zur Druckerzeugung dient eine am Petroleumvorratsbehälter befindliche Handpumpe. Erreichbare Temperaturen bis etwa 1200°.

Wie bei den mit festen und gasförmigen Brennstoffen beheizten Öfen empfiehlt sich auch hier die Aufstellung unter einer mit einem Kamin verbundenen *Haube* zur Abführung der entstehenden Gase und Dämpfe.

Selbsttätige Wärmeregelung kann wie bei gasbeheizten Tiegelöfen nur dann erfolgen, wenn es möglich ist, die Temperatur des Ofenraumes zu messen.

Elektrische Beheizung. Es handelt sich hierbei hauptsächlich um Widerstandsöfen mit Anschlußmöglichkeit an Gleich-, Wechsel- oder Drehstrom. Als Widerstandskörper dienen Drähte, Drahtwendeln, Blechbänder o. ä., mit denen Temperaturen bis maximal 1300° erreicht werden können. Für Temperaturen über 1200° kommen metallkeramische Widerstandskörper (Silitstäbe) in Frage. Beim Widerstandsofen mit Wicklungen (Abb. 3) aus vielen Windungen (z.B. Chromnickel-, Megapyr-, Thermostan-, Platin- oder Kanthaldraht) wird die Wicklung durch den elektrischen Strom hoch erhitzt und überträgt die Wärme durch Leitung und Strahlung auf den Ofenraum oder das Schmelzgut.

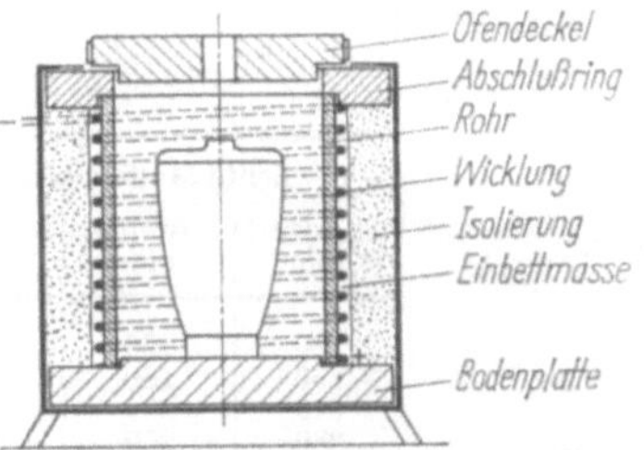

Abb. 3. Elektrischer Widerstandstiegelofen mit Drahtwicklung

Die sogenannten *Heizstäbe* bestehen meist aus gesintertem Siliciumcarbid. Der Heizstab enthält den eigentlichen Glühteil und die an beiden Enden silizierten, gutleitenden Anschlußmuffen. Der Glühteil des Stabes soll mindestens der jeweiligen Tiegelhöhe entsprechen, sofern der Einbau hängend rings um den Tiegel erfolgt. Die Muffenenden dienen zum Stromanschluß mit Hilfe von Anschlußschellen. Die Heizelemente sind so anzuordnen, daß sie durch Ausfließen der Schmelze nicht beschädigt werden können. Da die Heizstäbe in mehr als 30 verschiedenen Abmessungen geliefert werden können, ist konstruktiv eine zweckvolle Anpassung an die in der Probiertechnik vorkommenden Tiegelgrößen möglich.

1.2.2. Muffelöfen und ihre Beheizung

Das Wesentliche an einem Muffelofen ist die aus feuerfester Schamotte, Korund, Siliciumcarbid, Quarz oder hitzebeständigem Stahl bestehende, von außen beheizte Muffel mit meist rechteckigem Grundriß und Querschnitt und flach oder halbkreisförmig gewölbter Decke (Abb. 4). Die vordere, offene Seite der Muffel kann mit einem Vorsetzer (Muffeltor) je nach Bedarf ganz oder teilweise verschlossen werden. Muffeln werden dann verwendet, wenn die zu erhitzenden Proben vor der unmittelbaren Berührung mit den Feuergasen und vor Beeinträchtigungen durch Flugasche geschützt werden müssen. Je nach Größe und Verwendungszweck können die Muffeln aus einem Stück oder mehreren Einzelteilen bestehen und mit seitlichen Zuglöchern versehen werden. Diese Öfen sind für Oxydationsprozesse (Rösten, Ansieden, Treiben usw.) unbedingt erforderlich, eignen sich aber auch für die Durchführung solcher Arbeiten, bei denen es nur auf Wärmeerzeugung ankommt (Glühen, reduzierendes Schmelzen usw.).

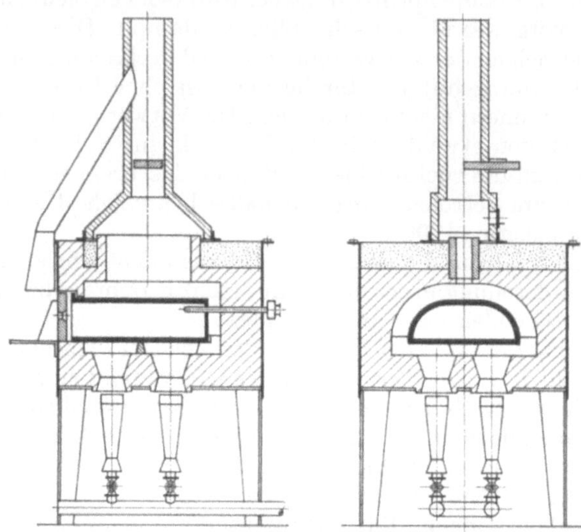

| lichte Muffelmaße | | | Muffelofen | | Brenner-zahl | Gasverbrauch bei 1000° |
Länge mm	Breite mm	Höhe mm	Breite mm	Tiefe mm		m³/h
180	100	60	380	480	2	1,0
250	180	80	500	600	4	2,0
340	260	95	600	750	4	3,0
380	250	150	500	700	6	4,0
570	320	200	800	900	8	5,0

Abb. 4. Gasbeheizter Probiermuffelofen

Beheizung mit festen Brennstoffen. Infolge der ungünstigen Brennstoffausnutzung, ihrer lästigen Wärmeabstrahlung und umständlichen Bedienungsweise gelten die mit festen Brennstoffen beheizten Öfen heute allgemein als überholt. Sie werden nur noch dort benutzt, wo weder Gas noch Elektrizität oder flüssige Brennstoffe zur Verfügung stehen.

Ein *transportabler Ofen* einfachster Bauart besitzt keine vollständige Eisenfassung; der Zusammenhalt der Ausmauerung erfolgt lediglich durch eiserne Bänder. Ein Anschluß an einen Kamin ist unbedingt erforderlich. Muffel und Roststäbe sind leicht auswechselbar. Die Ausmauerung besteht aus bester und widerstandsfähiger schlackenfester Schamotte. Erreichbare Höchsttemperatur ist 1100° in etwa 2 Std.

Von einer schwereren Bauart ist der *Freiberger* oder *Plattnersche Ofen*. Durch seine übersichtliche Anordnung der Muffel, Feuer- und Aschentüre an der Vorderseite ist seine Bedienung und Feuerregelung leicht möglich, die Wärmeabstrahlung aber für die an dem Ofen arbeitenden Probierer sehr lästig. Anstelle der Muffel kann auch eine Platte eingelegt werden, wenn das Einsatzgut mit der Flamme in direkte Berührung kommen darf. Die Verankerung des Ofens besteht aus starkem Winkeleisen. Die Arbeitstemperatur von 1000° wird in etwa $^1/_2$–1 Std. erreicht und erfordert dazu etwa 20 kg Steinkohle, während der Halteverbrauch etwa 15 kg in der Std. beträgt. Bei längerem Betrieb muß etwa alle 2 Std. ausgeschlackt werden.

Als Brennstoff dienen walnuß- bis hühnereigroße Stücke von Koks oder Steinkohle oder in Körnung 20–60 mm ein Gemisch beider, früher auch Holzkohle.

Die *erreichbare Temperatur* beträgt etwa 1100°. Das Einhalten der Temperaturen ist, der Eigenart der Kohlenfeuerung entsprechend, nicht ganz einfach und erfordert einige Übung, zumal der Kaminzug von großem Einfluß ist. Doch kann bei entsprechender Feuerwartung und Schieberbedienung eine gleichmäßige Wärmeverteilung erreicht werden.

Beheizung mit gasförmigen Brennstoffen. Gasmuffelöfen sind schnell betriebsfertig und gestatten ein sauberes Arbeiten. Die Einstellung der erforderlichen Temperatur ist leichter und sicherer als bei der Beheizung mit festen Brennstoffen. Außerdem ist die Bedienung einfacher und der Brennstoffaufwand infolge besserer Wärmeausnutzung geringer. Durch Verwendung von Feuerleicht- und Isoliersteinen als Ausmauerungsmaterialien können die Außenmaße der Öfen, ihr Gewicht sowie die Wärmeabstrahlung niedrig gehalten werden. Das Beheizen der Muffel erfolgt am zweckmäßigsten durch mehrere Bunsenbrenner, die gleichmäßig verteilt unter der Muffel angeordnet sind (Abb. 4).

Durch eine Blechhaube über der Muffelöffnung müssen die beim Abtreiben von Blei entstehenden giftigen Dämpfe in den Kamin abgeleitet werden. Die sogenannten Kupellier- oder Treiböfen sind mit einer flachen Muffel ausgerüstet. Hohe Muffeln eignen sich für diesen Zweck weniger: sie kommen für Tutenproben in Frage.

Mit einem Gebläsebrenner ausgerüstete Öfen für höhere Temperaturen sind im allgemeinen von anderer Bauart. Um starke Überhitzungen des Muffelbodens zu vermeiden, befindet sich der Brenner entweder an der Rückseite des Ofens oder vorn unter der Abstellplatte. Die erzeugte Flamme entwickelt sich dabei unter dem Muffelboden und wird – seitlich auf beiden Seiten die Muffelwände berührend – in ein Abzugsrohr zusammengefaßt. Bei kleineren Öfen werden die Brenner auch seitlich waagerecht angeordnet.

Mit Bunsenbrennern beheizte Öfen erreichen je nach Größe *Temperaturen* zwischen 800 und 1000°, während bei Verwendung von Gebläsebrennern (Luftdruck 300–500 mm WS) 1000–1200° erzielt werden können, sofern Gasqualität und Gasdruck günstig sind.

Für die Gasbeheizung der Muffelöfen gelten die gleichen Ausführungen wie bei 1.2.1.

Als *Ausmauerung* bei den mit Bunsenbrennern beheizten Muffelöfen genügt die Verwendung einer guten, feuerbeständigen Schamotte. Einzelne, weniger beanspruchte Bauteile können aus Schamotteleicht- oder hochwertigen Isoliersteinen bestehen, um gleichzeitig Wärmeverluste durch Abstrahlung zu vermeiden. Für die hohen Temperaturen der Muffelöfen mit Gebläsebrennern (bis 1200°) empfiehlt es sich, die durch Wärme besonders beanspruchten Steine aus hochwertigen Qualitäten anzufertigen.

Als Muffelmaterial wird im allgemeinen Schamotte verwendet, jedoch werden Korund- und SiC-Qualitäten wegen des besseren Wärmeleitvermögens oft vorgezogen. Es ist zweckmäßig, den Boden der Treibmuffeln mit einer dünnen Lage Knochenasche, Tonerde oder Magnesiumoxid zu bestreuen, damit etwa durch die Kupellen sickerndes Bleioxid nicht den Muffelboden zerstören kann, sondern aufgesaugt wird. Von Zeit zu Zeit ist diese Lage aus der heißen Muffel herauszukratzen und durch neues Material zu ersetzen.

Das *Anheizen* muß bei vollkommen geöffnetem Kaminschieber vorsichtig und langsam mit zunehmender Flammenstärke geschehen, damit die empfindlichen, dünnwandigen Muffeln nicht reißen und auch die Ausmauerung geschont wird.

Im Gegensatz zu den anders beheizten Öfen ist hier eine *selbsttätige Wärmeregelung* durch den Einbau besonderer Regler, die nach dem thermoelektrischen Prinzip arbeiten, möglich.

Beheizung mit flüssigen Brennstoffen. Die Konstruktion dieser Öfen entspricht im Prinzip der Abb. 4, jedoch kann der Brenner auch auf der Vorderseite des Ofens unter der Abstellplatte angebracht sein. Diese Anordnung ist für die Bedienung des Brenners übersichtlicher und raumsparender.

Die *erreichbaren Temperaturen* betragen etwa 1300° und unter günstigen Bedingungen auch darüber hinaus.

Hinsichtlich des *Brennstoffes* gelten die Angaben, die unter 1.2.1. aufgeführt werden.

Für *Anheizen* und *selbsttätige Wärmeregelung* gilt das gleiche wie bei gasbeheizten Muffelöfen.

Elektrische Beheizung. Elektrisch beheizte Muffelöfen bestehen aus einem kräftigen Blech- oder Keramikgehäuse, ersteres mit Auskleidung.

Die Beheizung erfolgt entweder durch Drahtheizkörper (Widerstandsdrähte), die leicht auswechselbar im Boden und an der Decke freistrahlend angeordnet sein können, oder die den Glühraum bildende Schamottemuffel trägt auf ihrer Außenseite die in keramische Spezialmasse eingebettete Heizwicklung aus hochwertigem Chromnickel- oder Kanthaldraht. Diese Öfen erreichen Temperaturen bis 1100° bei geschlossener Muffel und sind deshalb nur für Glühungen und Veraschungen verwendbar. Zur Verhinderung der Hitzebelästigung für die in den Ofenräumen arbeitenden Probierer ist es in allen Fällen zweckmäßig, alle Öfen in einem Gehäuse aus gut isolierendem Material (leichte Stahlkonstruktion mit Asbestplatten) unterzubringen, welches am Dach einen Anschluß an einen Kaminzug besitzt und durch eine isolierte Tür verschlossen ist, die am unteren Teil einen Schlitz zum Eintritt von Frischluft besitzt.

1.2.3. Messen der Temperatur

Thermoelemente. Zur Kontrolle der Temperaturen, die für die verschiedenen Arbeitsvorgänge in der Probiertechnik erforderlich sind, stehen vor allem Thermoelemente zur Verfügung:

Thermopaare, die in der Technik am meisten Verwendung finden, sind die nachstehend genannten Werkstoffkombinationen:

        Eisen-Konstantan
        Nickel-Nickelchrom
        Platin-Platinrhodium

Thermopaare aus Kupfer-Konstantan werden weniger benutzt. Für Betriebsmessungen werden in der Regel bei Dauerbenutzung bis 700° Eisen-Konstantan- und bis 1000° Nickel-Nickelchrom-Thermopaare verwendet. Für Temperaturen über 1000° werden nur Platin-Platinrhodium-Thermopaare benutzt. Diese empfehlen sich auch für besonders genaue Messungen im Temperaturbereich bis 1000°, da sie mit einer geringeren Toleranz für die Thermospannungswerte geliefert werden und außerdem eine größere Konstanz bei Dauerbenutzung aufweisen.

Bei den betriebsüblichen Thermoelementen sind die durch keramische Isolierkörper voneinander getrennten Thermoelementdrähte von einem Rohr aus Stahl oder keramischer Masse (Thermoelementporzellan bis 1500°, reine Sintertonerde bis 1600°) umgeben und so unempfindlicher gegen Stoß und Schlag, besonders aber auch gegen die Einwirkung durch Gase und Dämpfe.

Thermopaar, Außen- und Innenschutzrohr sind oft in einem Anschlußkopf aus Leichtmetall-Druckguß leicht auswechselbar eingebaut. Dieser besitzt einen Anschlußsockel aus keramischem Isolierstoff mit den erforderlichen Anschlußklemmen für das Thermopaar und die Zuleitung zum Meßgerät.

Die Thermoelemente werden sowohl in gerader Ausführung als auch in Winkelform gebaut.

Da die Höhe der vom Thermopaar erzeugten elektromotorischen Kraft (EMK) nicht nur von der Meßtemperatur abhängig ist, sondern auch von der Temperatur der freien Enden der Thermodrähte, die sich im Anschlußkopf befinden, müßten die beiden nicht miteinander verbundenen Enden des Thermopaares immer gleichbleibende Temperatur haben. Es läßt sich dies annähernd erreichen, wenn man das Thermopaar durch eine Leitung mit gleichem thermoelektrischen Verhalten, einer sogenannten *Ausgleichsleitung*, bis zu einer Stelle gleichbleibender Temperatur verlängert. Die Ausgleichsleitung besteht, wie das Thermopaar, aus einem Plus- und einem Minus-Leiter (Ausgleichsdraht), die bei Temperaturen des Anschlußkopfes bis 200° die gleiche EMK erzeugen wie das zugehörige Thermopaar. Die beiden nicht im Anschlußkopf angeschlossenen Enden der Ausgleichsleitung sollen eine konstante Temperatur haben; in den meisten Fällen genügt dafür eine Entfernung von etwa 3 m vom Ofen, um das Meßgerät anzuschließen.

Zur Messung der vom Thermopaar erzeugten EMK finden in Temperaturgraden ausgelegte Drehspulmillivoltmeter Verwendung, zum Registrieren dienen Temperaturschreiber.

Strahlungspyrometer (optische Pyrometer) verlangen im Gegensatz zu den vorbeschriebenen Instrumenten keine Berührung mit dem zu messenden erhitzten Körper. Bei ihnen wird die von diesem ausgehende Wärme- oder Licht-Strahlung, die in einem bestimmten Verhältnis zur Temperatur steht, zur Messung herangezogen.

Bei dem *Gesamtstrahlungspyrometer* wird die Strahlung von einer Linse gesammelt und von dieser auf die Lötstelle eines hochempfindlichen Thermoelementes geworfen. Der Meßbereich dieser Instrumente ist oberhalb 800° praktisch nicht begrenzt; die Genauigkeit verhältnismäßig groß, etwa ± 100°.

Grundsätzlich anders aufgebaut sind die *Teilstrahlungs-* oder *Glühfadenpyrometer*. Bei ihnen wird nur ein Teil der Strahlung, also die Intensität bestimmter Wellenlänge, gemessen. Die Temperaturmessung mit einem solchen Teilstrahlungspyrometer erfolgt meist durch Vergleich der Helligkeit des Glühfadens einer Glühlampe mit der Helligkeit des Glühgutes mittels eines vor die Glühlampe geschalteten Regelwiderstandes. Die nach dem Abgleich an der Glühlampe liegende Spannung ist ein Maß für die Temperatur des glühenden Körpers. Das Meßinstrument, das diese Spannung mißt, ist in °C geeicht. Um bei weißer Strahlung Blendwirkungen auszuschalten, ist meist hinter die Okularlinse ein Rotfilter geschaltet, auf das jedoch bei der Messung von Temperaturen unter 1100° verzichtet werden kann

Bei einer anderen Art von Teilstrahlungspyrometern bleibt das Vergleichslicht konstant; die zu messende Strahlung wird durch Drehen eines Rauchglaskeilringes in Übereinstimmung mit der Helligkeit des Vergleichslichtes gebracht. Die Stellung des Rauchglasringes ist in Temperaturgraden geeicht.

Durchführung der Temperaturmessung. Bei Tiegelöfen ist die Temperaturmessung schwierig. Für den Fall, daß sie direkt im Tiegel vorgenommen werden soll, kann dies durch eine Öffnung im Ofendeckel erfolgen. Von der Art der Schmelze wird es abhängen, ob ein Thermoelement oder ein optisches Pyrometer zu benutzen ist. Das Thermoelement wird bis zur Berührung mit der Schmelze in den Tiegel eingeführt. Auf der Schmelze schwimmende Schlacke ist vorher zu entfernen.

Bei Muffelöfen kann die Temperatur durch die Schauöffnung im Muffelvorsteller oder durch eine besondere Meßöffnung auf der Rückseite des Ofens gemessen werden.

Segerkegel. Mit Segerkegeln ist im Muffelofen eine Temperaturmessung ebenfalls möglich. Segerkegel stellen eine Reihe von nacheinander schmelzenden Oxidgemischen dar. Sie haben die Form von länglichen Pyramiden. Beim Fortschreiten der Hitze erweichen sie mehr und mehr und neigen unter dem Einfluß der Schwerkraft die Spitze. Erreicht diese den Boden, so wird der Temperaturgrad angezeigt, auf den der Schmelzpunkt der einzelnen Segerkegel abgestimmt ist.

An einfachen Hilfsmitteln, um im Betrieb häufig vorkommende niedere Temperaturen zu messen, die noch keine Glühfarbe zeigen, seien erwähnt: Thermochrom- und Temperaturmeßfarben, Temperaturmeßfarbstifte (*Thermocolore*). Sie dienen zur Temperaturmessung im Bereich von 40–650° und können daher für dokimastische Zwecke nur selten verwendet werden.

1.2.4. Schätzen der Temperatur

Die Temperaturschätzung anhand der Glühfarben ist die gebräuchlichste Temperatur-„meß"-methode der Dokimasie. Nur durch lange Übung und mehrfaches, vergleichendes Kontrollmessen mit einer der im vorigen Abschnitt genannten Meßeinrichtungen ist es möglich, bei der Schätzung einer Temperatur grobe Fehler wenigstens einigermaßen auszuschalten. Bei der Schätzung spielt nicht nur die Farbempfindlichkeit der Augen des Beschauers eine wichtige Rolle, sondern auch das Ausstrahlungsvermögen des Körpers, dessen Temperatur erkannt werden soll. Ferner ist die Helligkeit des Arbeitsraumes, in dem zum Beispiel eine Muffel glüht oder etwas geschmolzen wird, von Einfluß. Nur wenn es möglich ist, die Raumhelligkeit einigermaßen konstant zu halten, kann von einer gewissen Treffsicherheit bei der Temperaturschätzung die Rede sein.

Die Bestimmung der Temperatur durch Strahlungsmessung ist um so genauer, je dunkler der anvisierte Körper ist. Den Idealfall stellt ein schwarzer Körper dar, der die höchste Wärmeabsorption hat und die höchste Strahlung aussendet. Hellere Körper senden entsprechend ihrer Farbe weniger Strahlen aus, wodurch die Meßergebnisse verfälscht werden. Der Einfluß der Färbung auf die Intensität der Wärmestrahlung läßt sich zum Beispiel leicht erkennen, wenn man am Boden eines Tiegels aus feuerfestem (weißem) Porzellan mit einer feuerfesten (dunklen) Farbe eine Zeichnung anbringt. Wird der Tiegel dann in der Dunkelheit bis zur hellen Rotglut erhitzt, so erscheint die Zeichnung hell auf dunkel.

Um in Fällen, bei denen die Färbung des strahlenden Körpers eine Rolle spielt (Metallschmelzen), sicherzugehen, empfiehlt es sich, zur Schätzung der Temperatur die Glühfarbe des Ofenmauerwerks heranzuziehen. Zur annähernd richtigen Beurteilung glühenden Mauerwerks gilt folgende Farbenskala:

Glühbeginn (braun)	600°	Dunkelgelb	1100°
Dunkelrot (blutrot)	700°	Hellgelb	1200°
Hellrot (signalrot)	800°	Weißgelb (elfenbein)	1300°
Lachsrot	900°	Blendende Weißglut	1400°
Orangerot	1000°		

Weißglutschätzen mit Kobaltglas:

Dunkelamethyst	1500°
Hellamethyst	1600°
Weißamethyst	1700°

1.3. Einsatzgefäße

1.3.1. Schmelztiegel

Tiegel werden in verschiedenen Ausführungsformen verwandt, mit rundem und dreieckigem Querschnitt, die ersteren mit und ohne Ausguß. Ihre Höhe schwankt zwischen 40 und 370 mm, ihr oberer Durchmesser zwischen 30 und 260 mm, ihre Fassung zwischen 20 und 9000 ml. Infolge der kleineren Bodenfläche ist ihre Standfestigkeit geringer als die der Tuten. Wenn man auch gelegentlich kleinere Tiegel im Muffelofen erhitzt, sind besonders die größeren Typen nur für die Arbeit im Tiegelofen entwickelt. Kleinere werden meist mit, größere fast immer ohne Deckel verwandt. Falls man die Schmelze ausgießt, lassen sich auch Schamottetiegel wiederholt – wenn auch nicht risikolos – verwenden, was man aus wirtschaftlichen Gründen besonders bei größeren Einheiten anstrebt. Sicherer ist bei solcher Arbeitsweise allerdings die Benutzung gußeiserner Tiegel, wenn dies die Art der Arbeit gestattet.

Je nach den zur Herstellung verwendeten Rohstoffen, die zum Teil als Füllversatzmittel des Tones benutzt werden, lassen sich die Tiegel etwa in folgende Arten einteilen:

a) Schamottetiegel   d) Oxidkeramische Tiegel
b) Quarzhaltige Tiegel   e) Eisentiegel.
c) Graphittiegel

Von den Schmelztiegeln wird allgemein verlangt, daß sie einen genügenden Grad von Schwerschmelzbarkeit besitzen und in der Hitze genügend dicht bleiben, um dem Druck und der chemischen Einwirkung des Schmelzgutes und der Feuerung des Schmelzofens widerstehen zu können. Die richtige Wahl des Bindetones ist von ausschlaggebender Bedeutung; denn er allein gibt dem Tiegel durch die Verkittung und Einschließung der zur Herstellung der Masse verwendeten Zusätze den erforderlichen Halt. Die Tone müssen bei niedriger Temperatur dicht brennen, dürfen aber nicht glasig werden; denn dadurch würde die so wichtige Widerstandsfähigkeit gegen Temperaturwechsel herabgesetzt. Das Dichtbrennen ist deshalb wichtig, weil dadurch das Eindringen der im Tiegel zu schmelzenden Stoffe verhindert wird. Eine Masse, die der zerstörenden Wirkung der in der Probierkunde vorkommenden verschiedenartigen Schmelzen unbedingt und dauernd Widerstand leistet, gibt es aber nicht.

Durch vergleichende Versuche mit Tiegeln verschiedener Fabrikationsstätten läßt sich aber für jeden Verwendungszweck ein geeignetes Material finden. Bei Bekanntgabe der Anforderungen an die benötigten Tiegel vermag die einschlägige Industrie heute für alle vorkommenden Zwecke bereits die richtigen Tiegelsorten zu liefern. Die Fertigung der Tiegel erfolgt entweder durch Freidrehen auf der Töpferscheibe oder bei kleineren Ausführungen mittels Pressen. Als Hilfsmittel werden beim Freidrehen Schablonen benutzt, um gleichmäßige Ausführungsformen der Tiegel zu erzielen. Es gibt zwar auch Spezialmaschinen zur Herstellung größerer Tiegel, jedoch vermögen sie das Fingerspitzengefühl des Drehers nicht zu ersetzen. Die maschinell hergestellten Tiegel sind infolge ihrer Unterschiede im Gefüge nicht für alle Zwecke brauchbar.

Schamottetiegel. In der Hauptsache bestehen sie aus einer Mischung feuerfester Tone mit Schamotte und werden wegen ihrer Widerstandsfähigkeit gegen basische Schmelzen überwiegend quarzhaltigen Tiegeln vorgezogen.

Quarzhaltige Tiegel. Sie werden aus feuerfesten Tonen mit einem Zusatz von Quarz oder von Schamotte und Quarz hergestellt. Die bekanntesten Erzeugnisse dieser Art sind die quarzhaltigen hessischen Tiegel, die in der Gegend von Großalmerode hergestellt werden und deren Temperaturwechselbeständigkeit besonders gut ist. Sie werden als runde Schmelztiegel (Abb. 5), Dreieckstiegel (Abb. 6) und „Gekrätzprobentiegel" in besonders geeigneten, widerstandsfähigen Qualitäten geliefert. Goldglühtiegel (Abb. 7) aus den gleichen Rohstoffen werden am zweckmäßigsten aus weißgebrannten Tonen und Schamotten im Preßverfahren hergestellt.

Graphittiegel. Zu ihrer Herstellung werden Ton und reinster Graphit verwendet. Je nach den Eigenschaften des Tones wird gegebenenfalls noch Schamotte und Quarz zugesetzt. Da der Graphit zu den praktisch unschmelzbaren Körpern gehört, erhöht er die Feuerfestigkeit der Tonmasse und bewirkt wegen seiner größeren Wärmeleitung, daß der daraus gefertigte Schmelztiegel eine rasche Erhitzung gut verträgt. Wegen der besseren Wärmeleitfähigkeit des Scherbens schmelzen außerdem die Beschickungen schneller. Der Kohlenstoff schützt die Metallschmelze vor Oxydation und verhütet dadurch Metallverluste. Zur Verhütung der Aufnahme von Feuchtigkeit und der Oxydation des Graphits werden die Tiegel im allgemeinen mit einer Schutzglasur versehen an die Verbraucher geliefert.

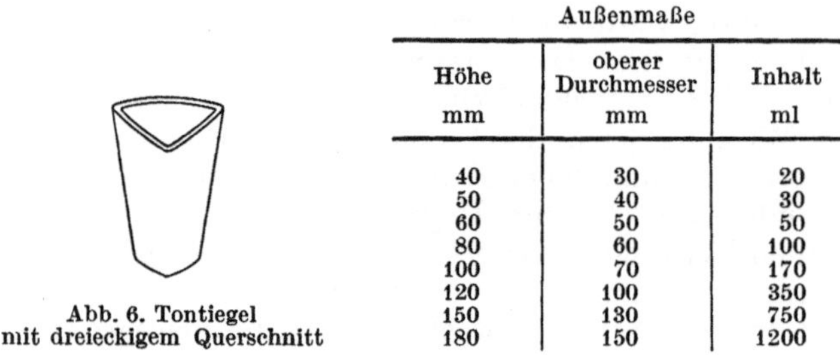

| | Außenmaße | |
Höhe mm	oberer Durchmesser mm	Inhalt ml
90	50	120
110	60	150
130	70	210
140	75	250
155	80	350
100	70	150
120	80	240
150	100	400
170	120	850
190	140	1200

Abb. 5. Tontiegel mit kreisförmigem Querschnitt

Graphittiegel müssen in einem trockenen, warmen Raum aufbewahrt werden. Bevor ein neuer Graphittiegel in Gebrauch genommen wird, empfiehlt es sich, denselben zunächst ohne Füllung ganz langsam so zu erwärmen, daß man ihn mit der

| | Außenmaße | |
Höhe mm	oberer Durchmesser mm	Inhalt ml
40	30	20
50	40	30
60	50	50
80	60	100
100	70	170
120	100	350
150	130	750
180	150	1200

Abb. 6. Tontiegel mit dreieckigem Querschnitt

bloßen Hand nicht mehr anfassen kann. Dann wird der Tiegel im Ofen langsam auf Dunkelrotglut gebracht und ist sodann für den Schmelzprozeß bereit. Die weitere Erwärmung auf Schmelztemperatur soll so schnell wie möglich erfolgen. Mechanischen Beanspruchungen darf ein Graphittiegel nicht ausgesetzt werden. Man darf

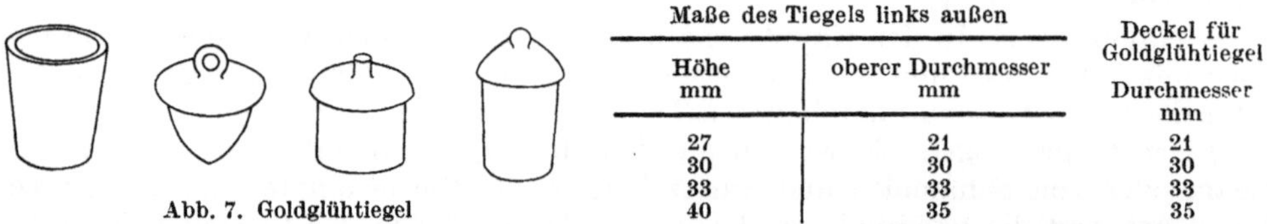

| | Maße des Tiegels links außen | | Deckel für Goldglühtiegel |
	Höhe mm	oberer Durchmesser mm	Durchmesser mm
	27	21	21
	30	30	30
	33	33	33
	40	35	35

Abb. 7. Goldglühtiegel

z. B. bei der Probenahme Metallblöcke oder Schrott nicht in den Tiegel fallen lassen, sondern soll sie vorsichtig hineinlegen, damit die Glasur nicht beschädigt wird. Gußblöcke usw. müssen lose im Tiegel liegen und dürfen sich nicht klemmen. Nach dem Guß ist der Tiegel vollkommen zu entleeren; Metallreste dürfen nicht zurückbleiben und darin erkalten.

Oxidkeramische Tiegel. Weniger für dokimastische als vielmehr für besondere chemische und metallurgische Laboratoriumsarbeiten, wie Schlackenschmelzen sowie für das Schmelzen und Verdampfen von edlen und unedlen Metallen, sofern es dabei auf höchste chemische und physikalische Beanspruchungen ankommt, empfiehlt es sich, Gefäße aus reinsten, siliciumdioxidfreien, hochschmelzenden Metalloxiden zu verwenden. Solche sind Al_2O_3, MgO, BeO, ZrO_2 oder ThO_2, die nach der

Formgebung bei Temperaturen über 1900° gesintert werden. In bezug auf die Hitzebeständigkeit beherrscht man mit ihnen Temperaturen bis fast zur Höhe des betreffenden Oxidschmelzpunktes (z.B. Al_2O_3: etwa 2000°).

Eisentiegel. Eisentiegel können aus Guß- oder Schmiedeeisen (Stahl) gefertigt sein. Neben gepreßten, kleineren, dünnwandigen Tiegeln von relativ geringer Haltbarkeit mit den Außenmaßen 40–53 mm Höhe und 40–46 mm Durchmesser werden Tiegel in schwerer Ausführung verwendet, wobei das Eisen des Gefäßes selbst als Reduktionsmittel dient (Abb. 8). Es scheidet infolge seiner reduzierenden Wirkung aus gewissen Oxiden und Sulfiden, wie z.B. Blei- und Silbersulfid, die Metalle ab, wobei der Tiegel allmählich aufgezehrt wird. Auch die sogenannte belgische Tiegelprobe wird in diesen Tiegeln durchgeführt, die eine Höhe von 120 und 130 mm,

Größe	Höhe mm	oberer Durchmesser mm
1	40	44
2	53	46
3	120	75
4	130	75

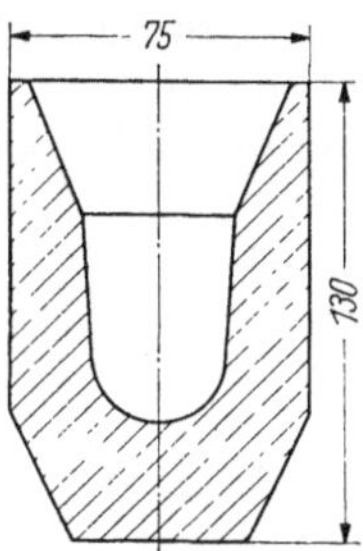

Abb. 8. Tiegel aus Schmiedeeisen

einen Durchmesser von 75 mm und eine Wandstärke von etwa 12–15 mm haben. Der Guß kann gelegentlich porös sein und überhitztes, sehr dünnflüssiges Blei durchlassen. Ausgezeichnete Erfahrungen wurden mit Tiegeln erhalten, die aus Wellenstahl ausgedreht waren. – Mit einem Tiegel lassen sich etwa 20–25, günstigenfalls 30–35 Schmelzen durchführen.

1.3.2. Tuten

Gebräuchlich sind Schamottetuten für Kupfer- und Bleiproben (Abb. 9) von kelchartiger oder bauchiger Form. Für die Edelmetallproben kommen hauptsächlich Bleituten in Frage. Als Deckel benutzt man den abgeschlagenen Fuß einer gebrauchten Tute. Die obere Öffnung einer Bleitute ist größer als die der Kupfertute.

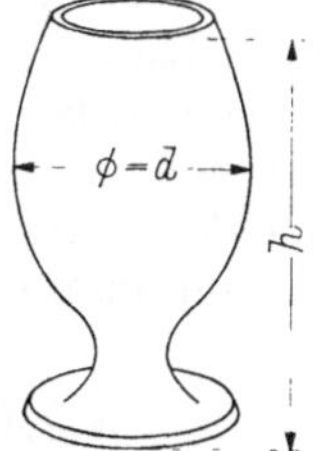

Bleituten		
h mm	d mm	V ml
85	50	70
115	55	125
125	70	190
135	80	275

Kupfertute		
130	82	200

Abb. 9. Tute
h Höhe [mm]; d Durchmesser [mm]; V Inhalt [ml]

Tuten müssen wegen ihrer Dünnwandigkeit aus guter, feuerbeständiger und gegen Oxidangriffe widerstandsfähiger Schamotte bestehen. Die Höhe liegt zwischen 85 und 135 mm, der Durchmesser der Ausbuchtung zwischen 50 und 80 mm und das Fassungsvermögen zwischen 70 und 275 ml entsprechend Probeguteinwaagen zwischen 5 und 30 g.

1.3.3. Ansiedescherben, Röstscherben, Garscherben

Verschlackungs- oder Ansiedescherben, Röstscherben oder -schalen sowie Garscherben werden aus Schamotte oder hochwertigem Ton gefertigt.

Ansiedescherben müssen dicht, feuerbeständig, unempfindlich gegen schroffen
Temperaturwechsel und widerstandsfähig gegen chemische Angriffe, vor allem durch
Metalloxide, sein. In den meisten Fällen werden sie kalt in den heißen Ofen ein-
gesetzt. Damit sie der korrodierenden Wirkung der Metalloxide widerstehen können,
ist ihre Wandstärke reichlich bemessen. Dies erreicht man ferner durch geeignete Zu-
sammensetzung der Schamottemasse, d. h. hohen Gehalt an Tonerde und geringen an
Siliciumdioxid, durch feine Aufmahlung derselben – grobe Quarz- und Eisenoxid-
teile müssen fehlen –, durch hohen Druck bei der Herstellung und kräftigen Brand.
Ansiedescherben werden mit einem oberen Außendurchmesser von 50–100 mm,
Höhen von 20–30 mm und einem Inhalt von 14–70 ml hergestellt (Abb. 10).

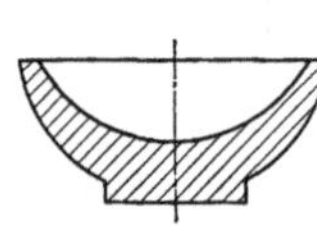

Durchmesser mm	Inhalt ml	Gewicht g je Stück
50	14	30
60	22	60
70	30	100
80	50	200
100	70	300

Abb. 10. Ansiedescherben

Das Ansieden besteht, wie später näher beschrieben wird, in einem Schmelzen
edelmetallhaltigen Materials mit silberfreiem Blei (Probierblei) und wird in der
Muffel durchgeführt.

Röstscherben sind flacher als Ansiedescherben, aber etwas größer im Durchmesser
und häufig von rechteckiger Form. Sie brauchen nicht aus so hochwertiger Schamotte wie die Ansiedescherben zu bestehen.

In den Röstscherben werden Proben mit Schwefel-, Arsen- und Antimongehalten
in der offenen Muffel unter Luftzutritt derart erhitzt, daß kein Schmelzen eintritt,
wohl aber eine Oxydation stattfinden kann, bei welcher unter Verflüchtigung von
schwefliger, arseniger und teilweise auch antimoniger Säure sich Metalloxide bilden.
Wenn der Röstprozeß beendet ist, wird das Röstgut mit einem Spatel aus dem
Scherben gelöst.

Ansiede- und Röstscherben sind mit einem niedrigen Fuß versehen, damit die
Klaue der Gabelkluft beim Zufassen einen besseren Halt findet.

Garscherben (oder Spleißscherben) entsprechen in ihrer Form den flachen Röstscherben, sind aber meist noch kleiner. Sie dienen dem oxydierenden Schmelzen von
Metallen bzw. hochkonzentrierten Metallverbindungen mit dem Ziele der Verschlackung von Verunreinigungen.

1.3.4. Kupellen oder Kapellen

In ihrer äußeren Form gleichen Kupellen einem Kegelstumpf mit halbkugel- oder
kugelkalottenähnlicher Vertiefung (Herdfläche) zur Aufnahme des Bleiregulus. Sie
sind sowohl in ihrem Äußeren als auch in ihrer Zusammensetzung dem uralten be-
trieblichen Treibherd nachgebildet.

Kupellen (Abb. 11) dienen bei der dokimastischen Probe zum Abtreiben des Bleikönigs, der Gold, Silber und Platinmetalle enthalten kann. Beim Abtreiben handelt
es sich, wie noch erörtert werden wird, um ein oxydierendes Schmelzen in der
heißen Muffel unter Luftzutritt, wobei das Bleioxid zum größten Teil von dem

porösen Kupellenkörper aufgesaugt, zum anderen Teil verflüchtigt wird, während die Edelmetalle als „Regulus" (Edelmetallkorn) auf der Herdfläche der Kupellen zurückbleiben.

Ursprünglich aus Knochenasche und ausgelaugter Holzasche (meist von Buchenholz herrührend) im Probierlaboratorium selbst hergestellt, hat man mancherorts die Eigenfertigung der Kupellen entweder von Hand oder in einer Hebelpresse beibehalten, wobei als Werkstoff Knochenasche allein oder in Mischung mit Kalk und Ton verwandt wird. Derartige Knochenaschenkupellen werden in unterschiedlichen Größen von 22–88 mm oberem Durchmesser, 11–33 mm Höhe, 4–300 g Gewicht auch

Kupellen aus Knochenasche

Größe	oberer Durchmesser mm	Bleiaufsaugevermögen g	Höhe mm	Gewicht g
1	22	4	11	4
2	24	7	13	7
3	27	10	14	10
4	30	13	15	13
5	33	18	16	18
6	35	24	18	24
7	40	30	19	30
8	50	60	25	60
9	60	100	27	100
10	88	300	33	300

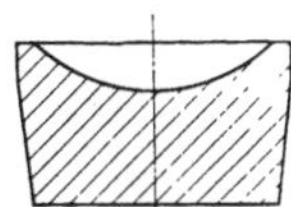

Abb. 11. Kupelle

industriell gefertigt. Ihr Bleiaufnahmevermögen ist 4–300 g. Beschaffungsschwierigkeiten für Knochenasche als nicht alltäglichen Rohstoff und die relativ geringe Haltbarkeit besonders auf Transporten haben jedoch die Entwicklung nach anderen Vormaterialien hin beeinflußt, als welche Mergel, Magnesia und Zement für sich oder in Mischung untereinander oder mit Knochenasche, Ton und Kalk genannt seien. Auf geringste Gehalte ist Siliciumdioxid wegen seiner starken Verbindungsneigung mit Bleioxid zu beschränken. Besonders bewährt haben sich Kupellen aus gesinterter Magnesia (Magnesiumoxid, MgO), die heute fast ausschließlich verwendet werden. Sie haben gegenüber den Knochenaschekupellen die nicht zu unterschätzenden Vorteile großer mechanischer Festigkeit und Unempfindlichkeit gegen Witterungseinflüsse, der geringen chemischen und thermischen Korrosion, hoher Gleichmäßigkeit in der Zusammensetzung und des Wegfalls des scharfen Trocknens vor der Benutzung. Man bezeichnet dies bei der Knochenaschenkupelle als „Abätmen", worunter man das Austreiben der Feuchtigkeit bei mindestens 600° während etwa 20 min versteht. Magnesiakupellen sind auch in hohem Grade temperaturwechselbeständig, reißen und springen beim Einsetzen und während des Gebrauchs kaum, wie das besonders Zementkupellen gelegentlich gerne tun.

Da die Kupellen nur einmal benutzbar sind, muß ihr Preis möglichst niedrig liegen. Der höhere Preis der Zement- und Magnesiakupellen wird durch ihre technischen Vorzüge ausgeglichen.

Die Treibverluste sind bei Magnesia- und Zement-, den sogenannten „harten" Kupellen geringer als bei den „weichen" Knochenaschenkupellen, dagegen ist das Aufsaugevermögen für Bleioxid bei letzteren größer.

1.4. Notwendige Hilfsgeräte für die Ofenarbeiten

1.4.1. Gezähe

Zum Anfassen von Kupellen wird entweder die *gewöhnliche gerade Kluft* (Abb. 12a) verwendet oder die *Backenkluft*, auch Kupellenzange genannt (Abb. 12b), deren beiden Enden schräg nach unten gebogen und flachgeschmiedet sind. Normalerweise werden diese Zangen in einer Länge von 70 cm aus 8 mm breiten Flacheisen hergestellt und müssen so elastisch sein, daß die gefaßten Kupellen nicht zerdrückt werden können. Außerdem wird die Kupellenzange auch zum Eintragen von Skarnitzeln, Königen, Kugelblei oder Bleischweren in die Probiergefäße benutzt. Bei der

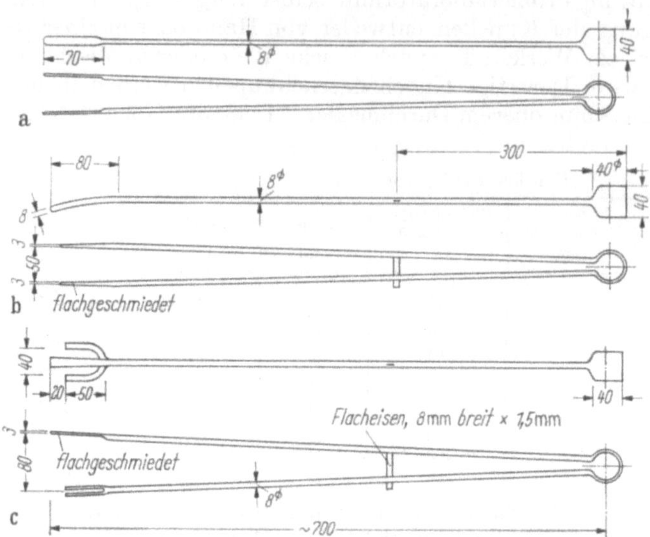

Abb. 12. a) Gewöhnliche gerade Kluft; b) Kupellen- und Eintragezange (Backenkluft); c) Ansiedescherbenzange

Ansiedescherbenzange oder Gabelkluft (Abb. 12c) ist ein Backenende gerade und flach geschmiedet, während das andere vorn mit einer flachen, etwa 50 mm langen und 40 mm weiten, hufeisenförmigen Gabel versehen ist. Bei der sogenannten doppelten Gabelkluft sind beide Enden gabelartig ausgebildet.

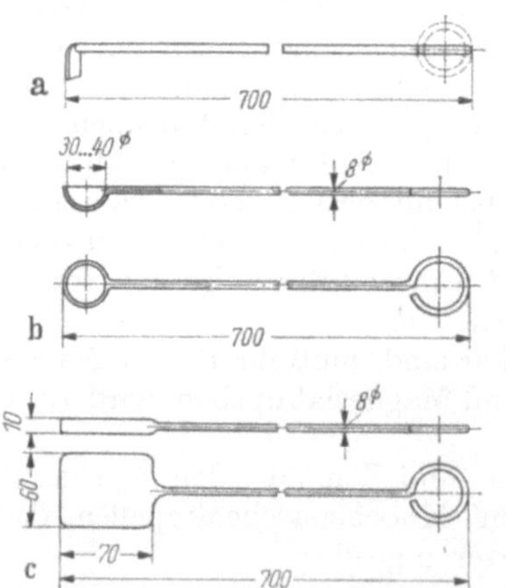
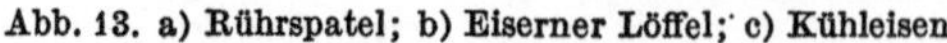
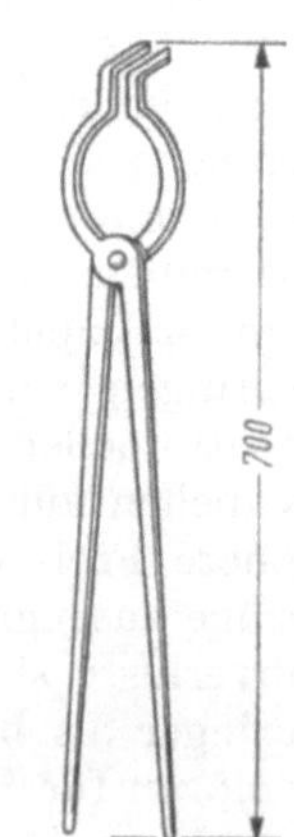

Abb. 13. a) Rührspatel; b) Eiserner Löffel; c) Kühleisen   Abb. 14. Tiegelzange

Krähl- oder *Räumhaken* bestehen aus Rundeisen mit nach unten gebogenem Ende, *Rührspatel* (Abb. 13a) mit abgeplattetem Ende. *Eiserne Löffel* (Abb. 13b) dienen zum Eintragen von Chemikalien. *Kühleisen* (Abb. 13c) besitzen eine 1 cm dicke und 6 × 7 cm große Eisenplatte am Ende; sie werden besonders bei Arbeiten im Muffelofen benutzt, um durch Überstreichen über zu heiß gewordene Kupellen beim Treiben Kühlung zu bringen.

Zum Einsetzen der Tiegel in den Ofen oder zum Herausnehmen werden schmiedeeiserne Tiegelzangen in verschiedenen Größen und Ausführungen (gerade oder gebogen) benötigt. Für Tiegel mit kleinem Gewicht und Durchmesser genügen im allgemeinen *einfache Zangen* (Abb. 14), während für größere Tiegel nur *Korbzangen* in

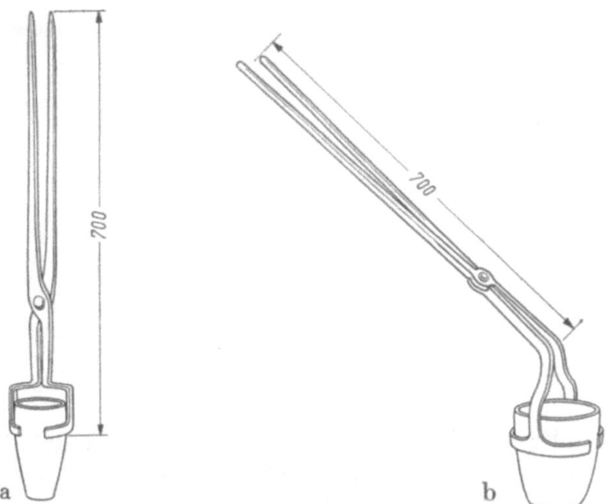

Abb. 15. Tiegelkorbzange. a) gerade Form; b) gebogene Form

gerader oder gebogener Form (Abb. 15) verwendet werden. Korbzangen sollen den Tiegel mit breiten Backen gut umfassen und dem jeweiligen Durchmesser so angepaßt sein, daß der Tiegel in dem Korb hängt und nicht eingeklemmt wird. Durch eine schlecht passende Zange kann ein heißer Tiegel leicht zerdrückt oder die Schutzglasur beschädigt werden.

1.4.2. Ausgüsse für Schlacken und Reguli

Ausgüsse aus Gußeisen für Schlacken und Reguli können kegelförmig (Abb. 16) oder halbkugelförmig ausgedreht bzw. tiefgezogen sein. Im allgemeinen werden die

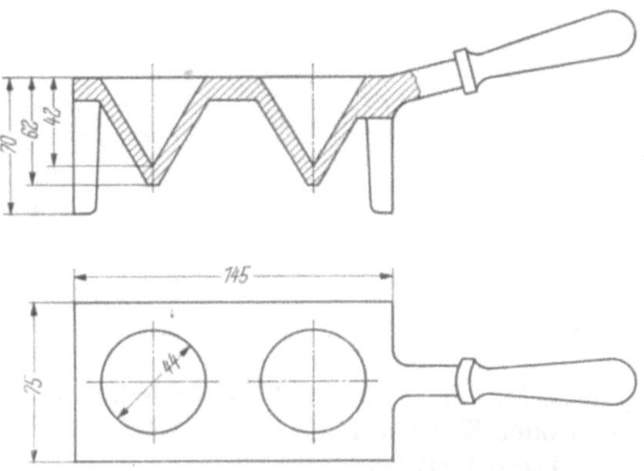

Abb. 16. Ausgießform mit kegelförmigen Vertiefungen

konischen Formen bei Bleiproben in Eisentiegeln zum Eingießen der Schlacke verwendet, während für das zurückbleibende Blei dann die halbkugelförmigen Formen

2*

benutzt werden. Als Ausgüsse für die Bleikönige angesottenen Probematerials in Gewichten von etwa 25 g dienen allein die halbkugelförmigen Formen, sogenannte

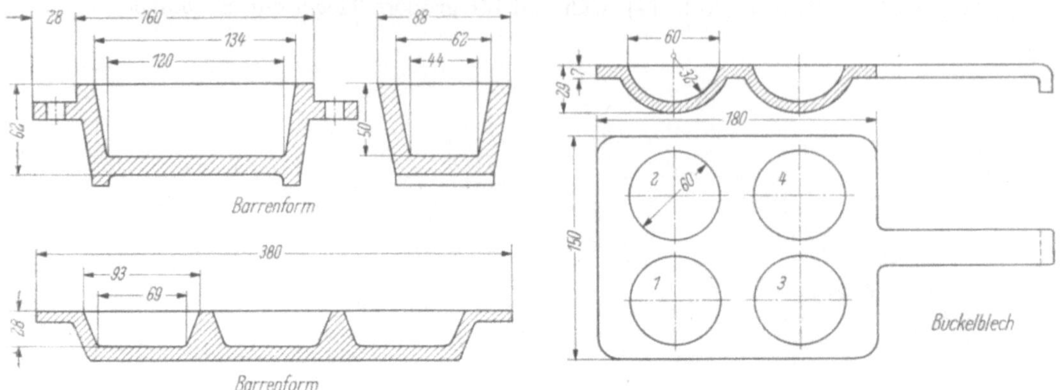

Abb. 17. Barren- und Ausgießformen

„Buckelbleche" aus Eisen oder Kupfer, zum Ausgießen des Inhalts von Ansiedescherben. Größere Metallmengen aus Schmelzöfen werden in Barrenformen (Abb. 17) ausgegossen.

1.4.3. Sonstige Geräte

Sonstige Geräte, deren Ausführungen von den in Laboratorien allgemein üblichen mehr oder weniger abweichen, sind noch:
Mörser, mit Pistillen aus Porzellan oder Gußeisen,
Achatmörser,
Handhämmer verschiedener Gewichte mit doppelseitig polierter Bahn, davon die eine ganz flach, die andere leicht gewölbt,
Ambosse mit polierter Fläche,
Mengschaufeln, Mengkapseln in verschiedenen Größen; es sind dies annähernd halbkreisförmig gebogene, vorn etwas verjüngte, hinten geschlossene, rinnenartige, aus Kupfer- oder Messingblech hergestellte Schaufeln (Abb. 18),

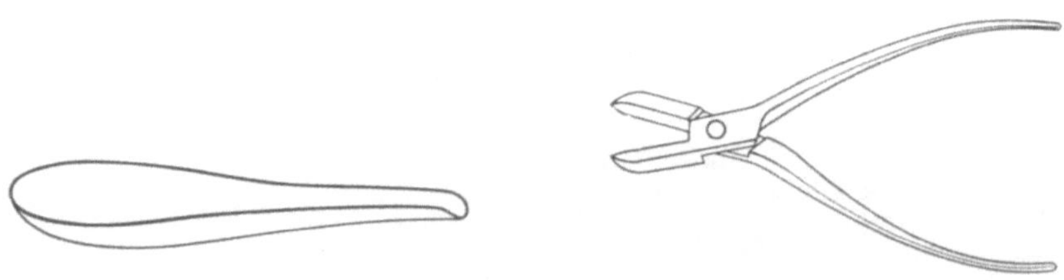

Abb. 18. Mengschaufel   Abb. 19. Kornzange

einfache Löffel oder Löffel mit Spatelstiel in verschiedenen Größen aus Stahl, Reinnickel, Porzellan oder Kunststoffen,
Röstspatel mit angesetzten Pistillen,
Kornzangen etwa in der Ausführung nach Abb. 19,
Blechscheren,
Kornbürsten aus Messing oder mit harten Natur- oder Kunststoffborsten, Stahlbürsten,

Meßlöffel aus Messing (Abb. 20) für verschiedene Gewichtsmengen Kornblei.
Probeböckchen aus Stahlblech (Abb. 21) mit 4 oder 6 Öffnungen zum geordneten

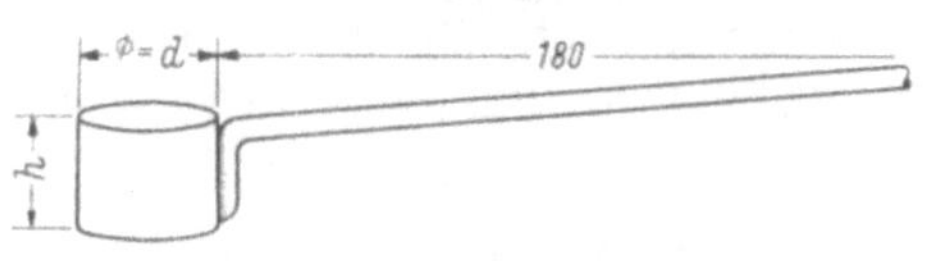

Abb. 20. Bleimaß

Lichter Durchmesser d mm	Höhe h mm	Gewicht g
13	14	10
18	14,5	20
18	18	25
18	21	30

Blechstärke 0,5 mm (Messing)

Aufsetzen von Gekrätzprobentiegeln vor dem Einstellen in den Ofen und beim
nachfolgenden Transport in heißem Zustande,

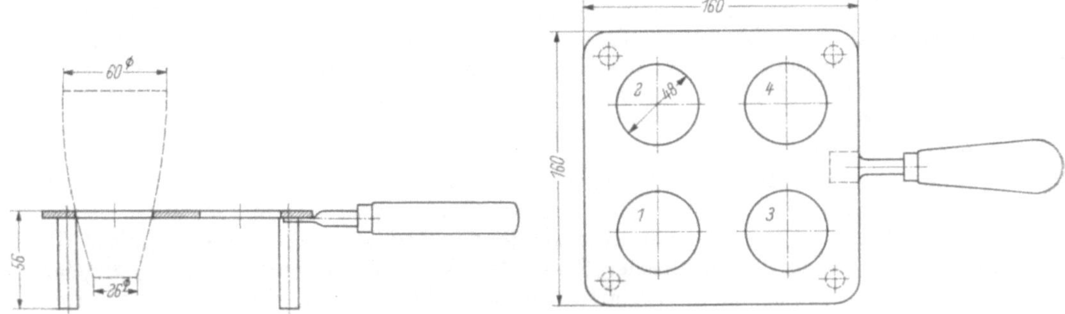

Abb. 21. Probeböckchen für 4 Gekrätzprobentiegel

Probenteller mit 4–20 Einsätzen (Abb. 22) aus Kupferblech oder Probenteller
aus Holz zu dem gleichen Zweck. Um Verwechslungen zu vermeiden, sind die
Öffnungen bzw. Einsätze für die Proben mit Nummern versehen,

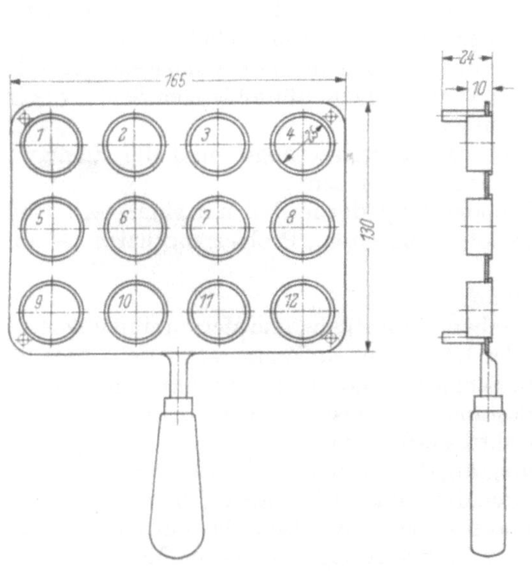

Abb. 22. Probenteller mit numerierten Kupfereinsätzen

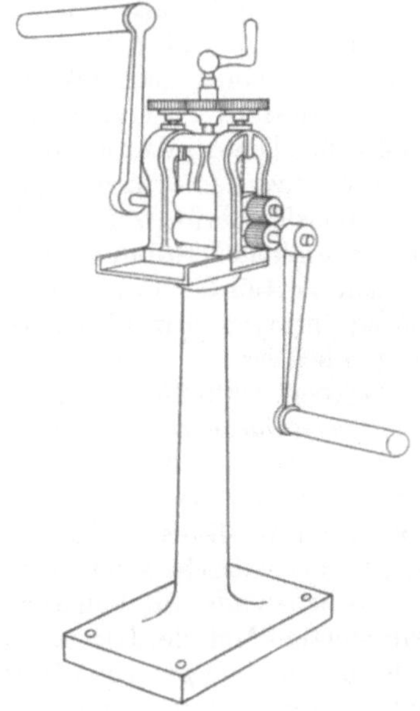

Abb. 23. Kornwalze

Kornbleche aus Blei, Kupfer oder Aluminium mit halbkugelförmigen Vertiefungen mit einem Durchmesser von etwa 5 mm. Sie dienen zur Aufbewahrung und zum Transport der Edelmetallkörner,
Kupellenbleche aus Stahlblech mit flachen Vertiefungen für die Kupellen,
Kornwalzen mit Getriebe und Zentralstellung (Abb. 23), deren Walzenrollen neben- oder übereinander angeordnet sein können, zum Auswalzen der Metallkörner.

1.5. Flußmittel, Abdeckmittel und Edelmetallsammler

Die durch die trockenen Probiermethoden zu untersuchenden Materialien enthalten neben den wertvollen edelmetallhaltigen Bestandteilen noch Verunreinigungen mannigfacher Art, die durch das Schmelzen abzutrennen bzw. meist zu „verschlakken" sind. Bei Erzen pflegt man die Hauptmenge dieser an sich zumeist wertlosen Bestandteile als „Gangart" zusammenzufassen, die man nach ihrem chemischen Charakter als sauer bezeichnet [überwiegend Kieselsäure, bisweilen auch Tonerde sowie höhere Oxydationsstufen des Eisens (Fe_2O_3) und Mangans (Mn_2O_3)], als basisch [Oxide der Alkali- und Erdalkalien, niedere Oxydationsstufen des Eisens (FeO) und Mangans (MnO)] oder als neutral (gegenseitige völlige Abbindung saurer und basischer Bestandteile).

Die wertvollen Bestandteile liegen oft nicht metallisch, sondern in chemischer Bindung (als Sulfide, Arsenide usw.), bei natürlichen Mineralien in „vererzter" Form, vor. Die Gekrätze der edelmetallverarbeitenden Industrie allerdings enthalten die Edelmetalle häufig in metallischer Form. Zweck der Probiermethoden ist zunächst einmal die Trennung der „wertvollen" Bestandteile von den „wertlosen", weiterhin die Zerlegung der Metallverbindungen und zuletzt die Reinigung des abgeschiedenen Metalls, das bestimmt werden soll.

Rücksicht auf die zur Verwendung kommenden Öfen und auf die Haltbarkeit ihrer hitzebeanspruchten Konstruktionsteile und auf die der benutzten Probiergefäße begrenzen die Höhe der Arbeitstemperatur, die kaum über 1100–1200°, also vielfach beträchtlich unter der Temperatur der Betriebsverfahren liegt.

Daraus folgt, daß man nur selten die Probematerialien als „selbstgängig" bezeichnen kann. Unter diesem Ausdruck versteht man die Möglichkeit, den Rohstoff *ohne* Zusatz von Verschlackungsmitteln, sogenannten „Flußmitteln" oder kurz „Flüssen", einwandfrei zu verarbeiten. Fast immer muß man bei der notwendigen oder möglichen Temperatur auf die Bildung einer hinreichend dünnflüssigen Schlacke hinarbeiten, die die Verunreinigung aufzunehmen hat.

Außerdem erfordert die Zerlegung der Metallverbindungen und die Reinigung des angefallenen Rohmetalls den Zusatz von Reagenzien.

Ein Vorteil der dokimastischen Methoden liegt darin, daß mit einer verhältnismäßig geringen Anzahl solcher Zusätze – sogenannter „Probierreagenzien" – auszukommen ist.

Bei den Flußmitteln unterscheidet man:

1. *verschlackende* oder „*Flüsse*". Sie haben die Aufgabe, die Verunreinigungen des Probematerials, die für sich allein bei der herrschenden Temperatur nicht oder nur schwer schmelzbar (Bildung einer zähen Schlacke) sind, in eine dünnflüssige Schlacke überzuführen. Dabei bedürfen saure Bestandteile meist basischer Zusätze, während umgekehrt basische solche sauren Charakters erfordern;

2. *reduzierende*. Sie bewirken die Zerlegung der Verbindungen des oder der zu bestimmenden Metalle. Hierher gehören auch die „präzipitierenden", die man gelegentlich auch in eine getrennte Gruppe einordnet, wie z. B. Eisen, das auf Grund seiner hohen Affinität zum Schwefel viele andere Sulfide zerlegt, also deren Metall „niederschlägt";

3. *oxydierende.* Sie geben – wie der Name sagt – Sauerstoff ab und führen Verunreinigungen in oxydischer Form in die Schlacke über;

4. *sammelnde* oder *konzentrierende.* Sie haben die Aufgabe, zu bestimmende Metalle, deren Konzentration im Probegut für sich allein zur Bildung einer selbständigen Phase zu gering ist oder die sich dafür nicht eignen, möglichst quantitativ aufzunehmen und damit von der Schlacke abzutrennen;

5. *luftabschließende,* sogenannte „*Abdeckmittel*". Sie dienen zur Verhinderung unerwünschter Reaktionen mit der Ofenatmosphäre oder von Verlusten.

Diese Aufteilung ist nicht scharf, da recht vielen Probierreagenzien gleichzeitig verschiedene Wirkungen zukommen und diese auch bei den Probierverfahren ausüben. Bei den meisten Probiermethoden verfolgt man im gleichen Arbeitsgang verschiedene Zwecke: man will beispielsweise zugleich Verunreinigungen verschlacken, wertvolle Metalle abscheiden oder in besonderer Schmelzphase anreichern. Hierbei hat sich für einzelne Operationen als vorteilhaft erwiesen, die benötigten Reagenzien nicht getrennt, sondern in vorbereiteter Mischung festliegender Zusammensetzung dem Probematerial zuzugeben. Solche Mischungen bezeichnet man als „Flüsse", weil ihre vorherrschende Aufgabe die Schaffung eines einwandfreien Schlackenschmelzflusses ist, obwohl sie daneben z. B. auch reduzierende Wirkung ausüben.

Im nachfolgenden sollen die wichtigsten Reagenzien und häufigsten Mischungen kurz besprochen werden. Dabei soll auch ihre Wirkung auf Probegut und Probiergefäß dargelegt werden, sofern das nicht späteren Ausführungen vorbehalten bleibt.

Verschlackende Reagenzien. Es sei mit den verschlackenden Zuschlägen begonnen. Wenn gesagt wurde, daß die Arbeitstemperaturen beim Probieren selten $1200°$ erreichen oder überschreiten, dann wird klar, daß nicht auf Zusätze verzichtet werden kann, die die Bildungs- und damit auch die Schmelztemperatur der Schlacken stark heruntersetzen. Man wird im nächsten Kapitel darauf näher einzugehen haben, daß bei den erzielbaren Arbeitstemperaturen der Probieröfen die normalen Schlackentypen der Hüttentechnik schwer oder nicht schmelzbar sind. Zuschläge, die Bildungs- und Schmelztemperatur erniedrigen, dabei hinreichend dünnflüssige Schlacken ergeben, sind Alkali- und Bleioxide, auf die wir also in keinem Fall verzichten können. Es überwiegt an sich die Anwendung von Natriumverbindungen. Sie sind wesentlich billiger als die Kaliumsalze. Trotzdem werden häufig Mischungen von Salzen beider Alkalimetalle benutzt. Die hier in Frage kommenden sind zumindest in flüssigem Zustand unbeschränkt ineinander löslich. In jenem Falle ergibt sich ein eutektischer Punkt und in diesem ein Schmelzpunktminimum bei Mischungsverhältnissen, die annähernd bei 1 : 1 liegen. Einige wenige Beispiele sollen das belegen:

$NaCl-KCl$		$Na_2CO_3-K_2CO_3$	
F des $NaCl$	$800°$	F des Na_2CO_3	$850°$
F des KCl	$775°$	F des K_2CO_3	$897°$
lückenlose Reihe von Mischkristallen		lückenlose Reihe von Mischkristallen	
mit einem Eutektikum von $663°$		mit einem Eutektikum von $704°$	
bei einem Mischungsverhältnis in		bei einem Mischungsverhältnis in	
Gew.-Teilen 1 : 1		Gew.-Teilen 1 : 1,06	

Die wichtigsten in der Probierkunde angewandten *sauren Zuschläge* sind:

1. Siliciumdioxid (SiO_2), angewandt in Form reinen feinkörnigen *Quarzes.* Um die Zerkleinerungsarbeit zu erleichtern, wird das stückige Rohmaterial längere Zeit geglüht, dann in Wasser abgeschreckt und fein aufgemahlen. Verunreinigungen, wie Eisenoxide usw., laugt man mit heißer konzentrierter Salzsäure aus. Quarz ist einer der stärksten sauren Zuschläge. Seine Zugabe muß erfolgen, wenn die Gangart des Probematerials ausgesprochen basisch ist, also z. B. aus Kalk oder Eisenoxiden besteht, um die Metalloxide als Silikate zu verschlacken. Durch die Zugabe von Quarz

schützt man in diesen Fällen schamottene Schmelzgefäße vor dem zerstörenden Angriff der Metalloxide. Auch überschüssiges Bleioxid wird so abgebunden.

Die Oxide der Schwermetalle besitzen allgemein als Orthosilikate ($2\,MeO \cdot SiO_2$, worin Me ein zweiwertiges Metall ist) die niedrigste Bildungs- und Schmelztemperatur. Sie verschlacken nach der Formel

$$2\,FeO + SiO_2 \longrightarrow 2\,FeO \cdot SiO_2 = Fe_2SiO_4 \quad (F: 1205°)$$

während die Oxide der Erdalkalien in erster Linie als Metasilikate ($MeO \cdot SiO_2$) in die Schlackenphase übergeführt werden,

$$CaO + SiO_2 \longrightarrow CaSO_3 \quad (F: 1450°)$$

Solche Silikate sind naturgemäß bei den Probiertemperaturen unschmelzbar, weshalb Zusätze von Alkaliverbindungen erfolgen müssen. Hingegen schmilzt das Orthosilikat des Bleies ($2\,PbO \cdot SiO_2 = Pb_2SiO_4$) bei 746°, das Metasilikat ($PbO \cdot SiO_2 = PbSiO_3$) bei 766°. Sie bilden sich als sehr dünnflüssige Schlackenschmelzflüsse ohne weiteres bei den herrschenden Temperaturen.

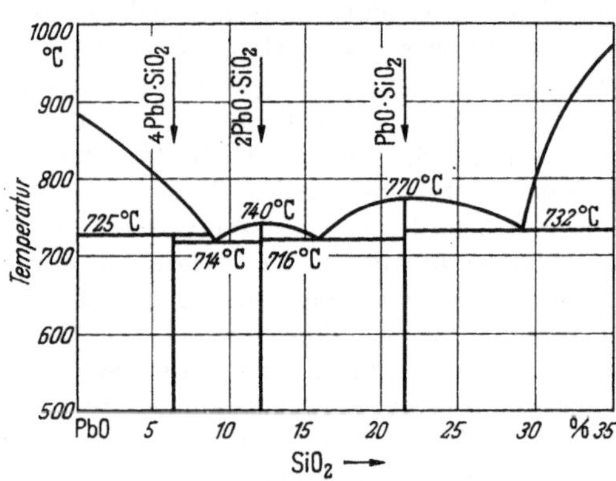

Abb. 24. Zustandsschaubild des Systems PbO-SiO₂
(nach GELLER, CREAMER und BUNTING)

Hier hat ein Zusatz von Alkaliverbindungen den Zweck der Wichteerniedrigung, um die Trennung zwischen der metallischen Blei- und der Schlackenphase zu erleichtern (siehe Abb. 24).

Man muß sich aber vor einem Zuviel an Quarz hüten, weil ungebundenes Siliciumdioxid, dessen Schmelztemperatur bei 1710° liegt, sehr viskose Schlacken ergibt, die metallische Schmelzphasen mechanisch festhalten und damit zu niedrige Ergebnisse liefern.

2. *gepulvertes Glas*, welches man gelegentlich anstelle von Quarz verwendet, weil man dabei gleichzeitig Alkalien in die Beschickung bringt. Der üblicherweise verwendete Fensterglasbruch besteht bekanntlich aus sauren Silikaten des Calciums und der Alkalien (Na_2O bzw. K_2O). Leider kennt man die Menge wirksamen Siliciumdioxids oft nicht genau. Allerdings mildert der Alkaligehalt sehr erheblich die störende Wirkung eines Überschusses an freiem Siliciumdioxid.

5–10 g zuviel an zugeschlagenem Glas schaden nicht und beeinträchtigen die Dünnflüssigkeit der Schmelze nicht merklich, während die gleiche Menge an Quarz sie völlig verdirbt.

Gelegentlich kann Glas wägbare Edelmetallmengen enthalten, deshalb ist stets ein Blindversuch angezeigt. Ebenso muß man natürlich dann auf Bleifreiheit achten, wenn der Bleigehalt eines Probegutes bestimmt werden soll.

3. *Borax*, Natriumtetraborat ($Na_2B_4O_7 \cdot 10\,H_2O$), gibt bereits vor beginnender Rotglut (etwa 350°) sein Kristallwasser unter starkem Aufblähen ab, wodurch Verluste an Probematerial entstehen können. Ungefährlich wird dies erst oberhalb 600°, nachdem praktisch fast alles Wasser entfernt ist. Auf diese Weise entwässerten Borax nennt man „calciniert". Eine restlose Entwässerung gelingt erst durch längeres Erhitzen auf hohe Temperatur (F: 741°). Hierbei fällt ein glasiges Produkt, das sogenannte Boraxglas, an, das man nach Abkühlen zerkleinert. Dieses muß in dicht schließenden Gefäßen aufbewahrt werden, da es Feuchtigkeit aus der Luft anzieht.

Aus dem geschilderten Grund und weil wasserhaltiger Borax nach der Konstitutionsformel rund 47% H_2O enthält, verwendet man fast immer entwässertes Salz. Daher ist grundsätzlich unter Borax künftig calciniertes Material oder Boraxglas verstanden. Geschmolzener Borax ist recht zähflüssig und behält seine hohe Viskosität auch bei relativ starker Überhitzung.

Borax hat nach seiner Zusammensetzung $Na_2O \cdot 2B_2O_3$ einen stark sauren Charakter. Dies wirkt sich dergestalt aus, daß schon bei Rotglut (etwa ab 700°) Borax sich mit allen Oxiden, ganz gleich, ob sie basischen oder sauren Charakter haben, zu verbinden beginnt und bei weiterer Temperatursteigerung leichtschmelzende und dünnflüssige Schlacken mit ihnen bildet. Borax ist auch eines der wirksamsten Flußmittel für Tonerde.

Auf alle Fälle unterstützt Borax, schon auf Grund seines niedrigen Schmelzpunktes, sehr wirkungsvoll die Verschlackung und setzt die Verflüssigungstemperatur herab, wie prinzipiell an dem Schmelzgleichgewicht zwischen Natriummetaborat ($NaBO_2$) und Natriummetasilikat (Na_2SiO_3) gezeigt werden soll (s. Abb. 25).

Grundsätzlich sind die Borate zähflüssiger als die entsprechenden Silikate. Saure Borate zeigen auch starke Unterkühlungserscheinungen.

Bei hohem Siliciumdioxidgehalt der Gangart eines Probegutes muß man deshalb mit dem Zusatz von Borax vorsichtig sein; es entsteht sonst eine sehr zähe Schlacke glasiger oder steiniger Struktur, die sich sehr schlecht vom Bleiregulus trennen läßt.

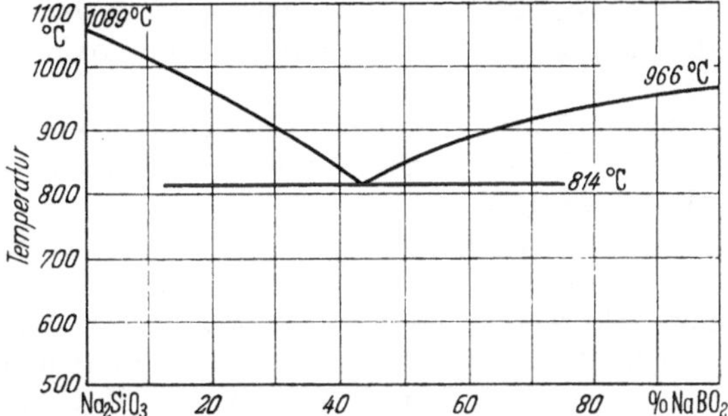

Abb. 25. Schmelzpunktkurve von Natriummetaborat und Natriummetasilikat (nach VAN KLOOSTER)

Als praktische Regel hat sich hierbei ergeben, daß man nicht mehr als 10–20% Boraxglas (oder die doppelte Menge an wasserhaltigem Borax) zu solchen Materialien zuschlagen darf.

Jedenfalls ist Borax oder besser Boraxglas ein fast bei allen verschlackenden Schmelzarbeiten unentbehrliches Reagenz.

4. *Phosphorsalz*, wasserhaltiges Natriumammoniumhydrogenphosphat [Na(NH₄)HPO₄ · 4 H₂O)] wurde früher in viel stärkerem Umfang, insbesondere bei Probiermethoden für hochschmelzende Buntmetalle (z. B. Nickel und Kupfer), verwandt als heute, wo man es wohl der recht seltenen Ausführung solcher Bestimmungen wegen nur noch selten oder gar nicht mehr benützt. An sich wirkt es noch kräftiger verschlackend als Borax, wenn es auch zähere Schmelzen liefert und noch stärker aufbläht als wasserhaltiger Borax (Verlustquelle!). Es darf jedoch nie mit Borax zusammen eingesetzt werden, da hierbei hochschmelzende Verbindungen entstehen.

Beim Erhitzen entsteht unter Wasser- und Ammoniakabgabe das Natriummetaphosphat:

$$Na(NH_4)HPO_4 \cdot 4H_2O \longrightarrow NaPO_3 + NH_3 + 5H_2O$$

das mit Erdalkali- und Schwermetalloxiden dann Doppelphosphate bildet:

$$MeO + NaPO_3 \longrightarrow NaMePO_4$$

Als wichtigste *basisch wirkende Flußmittel* sind zu nennen:

1. *Soda*, Natriumcarbonat (Na_2CO_3). Sie ist sowohl wegen ihrer Preiswürdigkeit als auch wegen ihrer ausgezeichneten chemischen Wirkung ein sehr vielseitig anwendbares und auch sehr häufig gebrauchtes Reagenz, besonders bei Tiegel- und

Tutenproben. Kristallisierte Soda enthält 10 Moleküle Wasser, daher nur rund 37% Na_2CO_3 oder 21,6% wirksames Na_2O, weshalb die Anwendung des calcinierten Produktes oder des auf 1 Mol Kristallwasser entwässerten Salzes ($Na_2CO_3 \cdot 1 H_2O$) empfehlenswert ist. Allerdings ist calcinierte Soda merklich hygroskopisch und muß gut verschlossen aufbewahrt werden.

Calcinierte Soda schmilzt bei 850° und dissoziiert oberhalb 950° schwach in Na_2O und CO_2.

Infolge der großen Affinität zwischen Na_2O und SiO_2 zerlegt freies Siliciumdioxid Natriumcarbonat unter Bildung von Natriumsilikaten und Freiwerden von CO_2, wobei der Umfang der Umsetzung durch die Siliciumdioxidmenge und die herrschende Temperatur bestimmt wird. Zur völligen Zerlegung des Natriumcarbonats muß sich mindestens das Metasilikat ($Na_2O \cdot SiO_2 = Na_2SiO_3$) bilden können, dessen Schmelzpunkt bei 1084° liegt.

Durch Bildung komplexer Silikate wirkt Soda auch lösend, schmelztemperatur- und viskositätserniedrigend, was man in der Sprache des Probierers so ausdrückt, daß „es kräftig auflösend auf Siliciumdioxid, Silikate und Metalloxide wirke" [72, S. 41].

Sie greift also auch stark die Schamottemasse von Schmelzgefäßen an, wenn die aggressive Wirkung des Natriumoxides nicht durch Beschickungsbestandteile neutralisiert wird.

Durch die Leichtflüssigkeit der Alkalisilikate und ihre Neigung, mit anderen Silikaten niedrigschmelzende eutektische Gemische zu geben, wird die Soda also zu einem sehr wesentlichen Flußmittel, dessen Wirkung auf das hoch schmelzende Calciumsilikat (F: 1540°) nach älteren Untersuchungen[1] das Vorhandensein eines Eutektikums mit 20 Gew.-% $CaSiO_3$ und 80 Gew.-% Na_2SiO_3 bei 932° wahrscheinlich macht. Danach erscheint der Zusatz mindest der vierfachen Sodamenge auf 1 Gew.-Teil Calciumcarbonat empfehlenswert. Weiter schmelztemperaturerniedrigend wirkt sich eine Boraxzugabe aus.

Natürlich liegen auch in der Probierpraxis durch die Anwesenheit vieler zu verschlackender Bestandteile kompliziertere Verhältnisse vor, zu deren Meisterung zum Teil die bekannten Zustandsschaubilder einfacher Zwei- und Dreistoffsysteme nur Anhalte geben können.

Infolge der starken Verbindungsneigung zwischen Alkalien und Schwefel wirkt Soda zusätzlich auch schwefelbindend.

Auf eine Vielzahl möglicher Umsetzungen mit anderen Flußmitteln wie Bestandteilen des Probematerials soll später an entsprechender Stelle bei der Diskussion der Tiegelprobe näher eingegangen werden.

2. *Natriumhydrogencarbonat* ($NaHCO_3$) wird anstelle von Soda gelegentlich, besonders wohl in der amerikanischen Probierpraxis, wegen seiner Reinheit angewandt. Es wandelt sich schon bei Temperaturen über 275° unter Abgabe von Wasserdampf und Kohlensäure in Natriumcarbonat um. Dies erfolgt also zu einem Zeitpunkt, zu dem die Beschickung noch fest ist, wodurch Verstaubungsverluste entstehen können.

In seiner Wirkung kann es nur der von knapp zwei Drittel seiner Menge an Soda (Na_2CO_3) entsprechen (63,1%). Als einzige Vorteile kann es die Schwefelfreiheit und die fehlende Hygroskopizität in Anspruch nehmen.

3. *Pottasche*, Kaliumcarbonat (K_2CO_3), hat im Prinzip eine ähnliche Wirkung wie Soda, allerdings einen höheren Schmelzpunkt (897°), ist erheblich teurer, stark hygroskopisch und weist infolge seines höheren Molekulargewichtes geringere Wirksamkeit auf.

Wenn es also trotzdem häufig in Verbindung mit Soda als Flußmittel verwandt wird, so ist das bedingt durch die Herabsetzung der Schmelztemperatur aller Mischun-

---

[1] Z. anorg. allg. Chem. Bd. 63 (1909) S. 1.

gen der Carbonate beider Alkalimetalle. Hierbei stellt man die Mischverhältnisse nach der Zusammensetzung der Schmelzpunktsminima ein.

4. *Bleiglätte*, Bleioxid (PbO), muß ebenfalls als stark basisches Verschlackungsmittel angesehen werden, wenn es auch ebensosehr als Oxydations- und Entschwefelungsmittel und – nach seiner Reduktion – als wirksamer Sammler für Edelmetalle anzusehen ist. Es schmilzt bei 890°. Infolge seines relativ hohen Dampfdruckes beginnt eine merkliche Verdampfung bereits ab etwa 800°, und zwar besonders unter Konvektionseinfluß.

Seine Bedeutung als Flußmittel beruht auf zwei Eigenschaften. Einmal ist dies seine schon bei relativ niedrigen Temperaturen bestehende Verbindungsfähigkeit mit Siliciumdioxid, die zur Bildung sehr dünnflüssiger Silikate schon unterhalb 800° führt. Wie aus der Abb. 24 hervorgeht, schmilzt das Bleiorthosilikat ($2\,PbO \cdot SiO_2 = Pb_2SiO_4$) bei 766°, das -metasilikat ($PbO \cdot SiO_2$) bereits bei 746°. In flüssigem Zustand besteht uneingeschränkte Löslichkeit zwischen PbO und SiO_2; drei Eutektika mit 71%, 84% und 91% PbO erstarren bei 732°, 716° und 714°. Die Bleisilikatschmelzen lösen daneben relativ leicht andere Schwermetalloxide zu dünnflüssigen, relativ niedrig schmelzenden Gemischen und Komplexverbindungen.

Darüber hinaus vermag aber PbO auch mit anderen sauren oder basischen Oxiden Schmelzflüsse zu bilden, die sich zum Teil gleichfalls durch starke Schmelzpunkterniedrigungen und geringe Viskositäten auszeichnen.

Das große Lösevermögen des PbO für SiO_2, Al_2O_3 u.a. verursacht auch eine starke Korrosion feuerfester Materialien, die sich bei Tiegelproben im „Durchgehen" äußern kann, wenn in der Beschickung nicht genug saure Bestandteile vorhanden sind. Dabei wirken nicht nur Glätte korrodierend, sondern auch Bleisilikate, deren Angriff allerdings mit steigendem Siliciumdioxidgehalt immer geringer und beim Molverhältnis $1\,PbO : 2\,SiO_2$ praktisch gleich Null wird. Ähnlich korrodierend kann PbO auf Fe_2O_3 wirken, was besonders unangenehm bei schlechter Massemischung des Tiegelmaterials auftritt, in der nach dem Brennen größere Eisenoxideinschlüsse makroskopisch erkennbar sind.

Reduzierende und niederschlagende Zusätze. *Reduzierende Reagenzien.* Als Reduktionsmittel wird meist *Kohlenstoff* benutzt, der in verschiedenster Form zur Anwendung kommt. Zunächst sei genannt:

1. *Weinstein*, Kaliumhydrogentartrat ($KHC_4H_4O_6$). Seine Wirkung beim Erhitzen besteht im Freiwerden von C und CO:

$$2\,KHC_4H_4O_6 \rightarrow K_2CO_3 + 4\,CO + 3\,C + 5\,H_2O$$

Der besonders in Flußmittelgemischen fein verteilte Kohlenstoff vermag durch seine Dispersität besonders kräftig zu reduzieren, eine Eigenschaft, welche sich bereits die Probierer des Mittelalters – allerdings durch andere Stoffe – nutzbar zu machen wußten.

Durch das entstehende Kaliumcarbonat ist Weinstein daneben natürlich auch ein recht wirksamer basischer Verschlackungszuschlag. Immerhin ist er, wenn auch nur relativ geringe Mengen benötigt werden, ein recht teures Reagenz, das man deshalb oft durch billigere Stoffe, wie z.B. Natriumformiat, dessen Zerfall beim Erhitzen Natriumoxid und Kohlenmonoxid liefert, ersetzt.

2. *Holzkohle* wird meist in gepulverter Form der Probenbeschickung zugesetzt, oft auch in Stück-(Würfel-)Form zum Abdecken der Beschickung und Sicherstellung einer reduzierenden Atmosphäre verwandt. Vorgezogen wird Holzkohle aus hartem Holz, insbesondere aus Buchenholz. Ihre Anwendung empfiehlt sich durch den sehr geringen Aschen- und Schwefelgehalt und dabei andererseits sehr hohen Gehalt an Kohlenstoff. Immerhin darf man auch von gemahlener Holzkohle wegen ihrer relativ großen Aufnahmefähigkeit von Alkalicarbonatschmelzen nicht sehr viel zusetzen, weil sonst zähe Schmelzflüsse entstehen. Das liegt wohl in erster Linie an

der noch zu groben Körnung auch der gepulverten Kohle. Deshalb und wegen der günstigen Wirkung feinverteilten Kohlenstoffes verwendet man noch heute gern, wie schon zu AGRIGOLAS Zeiten:

3. *Mehl* (Roggen- oder Weizenmehl), gelegentlich auch *Zucker* oder *Stärke*, die meist anderen Flußmitteln zugemischt werden und beim Erhitzen unter Luftabschluß „abschwelen" und dabei in der übrigen Beschickung feinverteilten Kohlenstoff zur Abscheidung bringen.

Durch solche Stoffe wird auch das Einbringen von störenden Verunreinigungen, wie Schwefel, Asche usw., vermieden, wie das bei Zugabe von Stein- oder Braunkohle oder Feinkoks der Fall sein würde.

Bei der Besprechung der Tiegelprobe wird noch zu begründen sein, daß sich bei dieser Schmelzoperation Mischungen aus Fluß- und Reduktionsmitteln vielerorts eingeführt haben. Diese enthalten als Reduktionsmittel zumeist entweder Mehl oder Weinstein. Man nennt diese Mischungen „Flüsse". Wir beschränken uns hier auf die Wiedergabe einiger ganz weniger, häufig verwandter Gemenge, während andere Beispiele aus der anfangs verwirrend erscheinenden Fülle von Möglichkeiten später angegeben werden sollen.

Der sogenannte „*weiße Fluß*" wird hergestellt aus der innigen Vermischung durch Verreiben in einem großen Porzellanmörser von 2–3 Gew.-Teilen Pottasche (oder Gemengen von Soda und Pottasche im Verhältnis 1 : 1 bis 1,3) und 1 Gew.-Teil Mehl.

Eine Erhöhung der Mehlmenge muß vermieden werden, da sonst die Schmelze unzulässig viskos würde.

Der „*graue Fluß*" wird wohl nur noch selten verwandt, da seine Herstellung umständlich und nicht ungefährlich ist, die Bestandteile teuer sind und die Aufbewahrung des Gemisches der Reaktionsprodukte wegen seiner Hygroskopizität lästig ist.

Die Vormischung, der „*rohe Fluß*", wird hergestellt durch Vermengen von 2–3 Gew.-Teilen Weinstein mit 1 Gew.-Teil Salpeter. Das Gemisch wird anteilweise in einen glühenden Eisen- oder Schamottetiegel vorsichtig eingetragen, auf den man dann jedesmal lose einen Deckel aufsetzt. Nach Durchwärmen reagiert es explosionsartig unter Bildung eines Gemenges an K_2CO_3 und C, welches, je nach dem Kohlenstoffgehalt, grau bis schwarz gefärbt, „grauer Fluß" genannt wird und zusammenschmilzt bzw. -sintert. Nach dem Pulverisieren ist es verwendungsfähig.

4. *Cyanide* wirken entschlackend und entschwefelnd. Ihre Wirkung läßt sich wie folgt formelmäßig skizzieren:

a) Reduktion unter Bildung von Alkalicyanaten

$$MeO + KCN \longrightarrow Me + KCNO$$
$$MeO + NaCN \longrightarrow Me + NaCNO$$

b) Entschwefelung unter Bildung von Thiocyanaten

$$MeS + KCN \longrightarrow Me + KCNS$$
$$MeS + NaCN \longrightarrow Me + NaCNS$$

Die Anwendung der Cyanide beschränkt sich auf einige Sondermethoden und dies vor allem wegen der außerordentlichen Giftigkeit und der relativen Unbeständigkeit gegen Einwirkung der Atmosphäre (Bildung von Cyanaten unter Umständen auch von Carbonaten), wodurch sie an Wirksamkeit allmählich verlieren.

5. *Eisen*, in Form von Nägeln, Drahtstücken, bisweilen auch als Drehspäne angewandt (oft dient auch der Werkstoff des eisernen Schmelzgefäßes als Reagenz), vermag sowohl die Oxide als auch die Sulfide aller der Metalle zu zerlegen, deren Affinität bei der herrschenden Temperatur zu Sauerstoff oder Schwefel geringer als die des Eisens ist, die also edler als dieses sind. Außerdem vermag es solche Metalle

(wie z.B. Blei) aus ihrer silikatischen Bindung zu verdrängen. Nach der alten Fachsprache hat es also „niederschlagende" (präzipitierende) Wirkung.

Die Umsetzungen seien schematisch wie folgt wiedergegeben:

a) $MeO + Fe \longrightarrow Me + FeO$

Das FeO wirkt als basischer Zuschlag, bindet also z.B. Siliciumdioxid:

$$2\,FeO + SiO_2 \longrightarrow Fe_2SiO_4$$

b) $x\,MeO \cdot y\,SiO_2 + x\,Fe \longrightarrow x\,FeO \cdot y\,SiO_2 + x\,Me$

c) $MeS + Fe \longrightarrow Me + FeS$.

Diese letzte Reaktion verlangt zum quantitativen Umsatz meist eine relativ hohe Temperatur neben einem erheblichen Eisenüberschuß. Auße dem wird wegen einer allgemein vorhandenen Löslichkeit der Eisen(II)-sulfidschmelze für Metalle eine beachtliche Metallverzettelung durch den Übergang in die Sulfidphase eintreten, die bei Anwendung für Zwecke der quantitativen Probierkunde ungenaue, zu niedrige Befunde verursacht.

6. *Alkalicarbonate* (Na_2CO_3 bzw. K_2CO_3) bzw. *Alkalihydroxide* (NaOH, KOH) üben – wie erwähnt – ebenfalls eine entschwefelnde Wirkung aus. Doch bleibt auch hier die Umsetzung wegen der Bildung eines Gleichgewichts unvollständig, falls nicht gleichzeitig Eisen vorhanden ist.

$$MeS + Na_2CO_3 \rightleftarrows MeO + Na_2S + CO_2$$
$$MeO + Fe \longrightarrow FeO + Me$$

oder als Summenreaktion:

$$MeS + Na_2CO_3 + Fe \longrightarrow Me + Na_2S + FeO + CO_2$$

Gefährlich ist eine solche Sulfidbildung immer wegen der Möglichkeit der Edelmetallaufnahme in den Sulfiden.

7. *Bleiglätte*, Bleioxid (PbO), wirkt zugleich entschwefelnd und oxydierend auf die Edelmetalle. Außerdem ist es in der Lage, neben den Sulfiden der letzteren eine weitere Anzahl von Schwermetallsulfiden bei Vorhandensein eines Bleioxidüberschusses nach folgender Gleichung zu zerlegen:

$$MeS + 3\,PbO \longrightarrow MeO + SO_2 + 3\,Pb$$

Speziell:

$$Ag_2S + 2\,PbO \longrightarrow (2\,Pb + 2\,Ag) + SO_2$$

oder

$$PbS + 2\,PbO \rightleftarrows 3\,Pb + SO_2$$

Für eine annähernd quantitative Umsetzung von Schwermetallsulfiden ermittelte bereits P. BERTHIER den notwendigen Bleioxidbedarf. Seine Werte (1825) sind zwar nach den neueren Untersuchungen nur annähernd richtig, genügen jedoch für die dokimastische Praxis auch heute noch vollauf (Tab. 1).

Tabelle 1. *Erforderlicher Bleioxidüberschuß zur Zerlegung von Schwermetallsulfiden* (nach BERTHIER)

Verbindung	1 Gew.-Teil Verbindung erfordert Gew.-Teile PbO	Verbindung	1 Gew.-Teil Verbindung erfordert Gew.-Teil PbO
PbS	1,87	FeS$_2$	50
Sb$_2$S$_3$	2 5	CuFeS$_2$	30–35
ZnS	25		
SnS$_2$	25–30		

Oxydierende Reagenzien.

1. Kaliumnitrat (KNO_3) und Natriumnitrat ($NaNO_3 = Salpeter$) sind die am häufigsten angewandten oxydierenden Reagenzien, die gleichzeitig durch ihren Alkaligehalt die Verschlackung fördern und die Viskosität der Schmelzen erniedrigen.

Die Oxydationswirkung des Natriumnitrats ist naturgemäß wegen des höheren Gehaltes an Sauerstoff größer als die des Kaliumnitrats (Verhältnis $NaNO_3 : KNO_3 = 1 : 1{,}2$), andererseits ist Kaliumnitrat weniger hygroskopisch, enthält höhere Basenteile und wird daher anwendungsmäßig bevorzugt. Kaliumnitrat schmilzt bei 339° und beginnt um 400° unter Sauerstoffabgabe zu zerfallen. Ab 440° reagiert er mit Kohlenstoff nach:

$$4\,KNO_3 + 5\,C \longrightarrow 2\,K_2CO_3 + 3\,CO_2 + 2\,N_2$$

Mit Siliciumdioxid findet bereits ab 450° eine Umsetzung nach

$$4\,KNO_3 + 2\,SiO_2 \longrightarrow 2\,K_2SiO_3 + 4\,NO_2 + O_2$$

statt. Auf die Umsetzung mit Sulfiden in Anwesenheit eines Überschusses an Soda und Bleioxid wird im nächsten Kapitel bei der Tiegelprobe näher eingegangen. Als Beispiel sei hier nur die Gleichung angegeben:

$$6\,KNO_3 + 2\,FeS_2 + Na_2CO_3 \longrightarrow Fe_2O_3 + 3\,K_2SO_4 + Na_2SO_4 + CO_2 + 3\,N_2$$

Die gebildeten Alkalisulfate mischen sich nur unvollkommen mit der Schlacke, sie bilden vielmehr eine Deckschicht. Die Ablehnung seiner Verwendung aus der Befürchtung heraus, daß auch nennenswerte Mengen an Silber oxydiert würden, ist unbegründet.

Die oben angegebenen Reaktionen können durch Freiwerden größerer Gasmengen starkes Schäumen verursachen, weshalb der Zusatz auf das kleinste Maß zu beschränken und außerdem bei seiner Verwendung das Schmelzgefäß langsam und gleichmäßig zu erhitzen ist. Dafür gibt die Muffel bessere Voraussetzungen als der Tiegelofen.

2. *Bleiglätte*, Bleioxid (PbO). Die oxydierende Wirkung dieses Stoffes ist oben beschrieben.

Sammelnde Reagenzien. In der praktischen Metallurgie kennt und benützt man die konzentrierende und sammelnde Wirkung einer Reihe von Elementen.

Die konzentrierende Wirkung beruht auf Ausnützung der temperatur-, konzentrations- und druckabhängigen Affinität einiger Nichtmetalle bestimmten Schwermetallen gegenüber. So konzentriert man durch schwefelndes Schmelzen besonders Kupfer in einer Steinphase, Nickel und Kobalt durch Zugabe von Arsenverbindungen in einer Speise.

Eine Reihe von Metallen haben starkes Legierungsbestreben mit Edelmetallen, weshalb sie diese im Schmelzfluß begierig und meist quantitativ lösen, sie „sammeln". Der bekannteste und geeignetste Sammler für Edelmetalle ist das Blei, daneben sind es auch Kupfer und Nickel, Antimon und Zinn für Gold und Platinmetalle, jedoch nicht für Silber. Auch Eisen tritt als Sammler auf.

Desgleichen nehmen auch Sulfidphasen bevorzugt Silber und Arsenidphasen bevorzugt Gold und Platinmetalle auf, aber dies nur dann quantitativ, wenn es zu keiner Metallregulus-Abscheidung kommt.

Auch die Edelmetalle sammeln sich gegenseitig.

Verständlicherweise bedienen sich die Probierverfahren als letztlich ins Kleine übertragene Betriebsverfahren gleicher bzw. ähnlicher Methoden.

Bei den interessanten, heute aber wegen ihres großen Arbeitsaufwandes und ihrer Ungenauigkeit wohl kaum mehr, weil zu umständlich und zu ungenau, ausgeführten trockenen Kupfer- und Nickelproben bedient man sich des sulfidierenden bzw. arsenizierenden, konzentrierenden Schmelzens.

Das sammelnde Schmelzen ist die Grundlage praktisch jeder trocknen Edelmetallbestimmung, wobei man unter Berücksichtigung der relativ schnellen, genauen und bequemen späteren Trennung des als Sammler dienenden Buntmetalls für die Edelmetalle allgemein *Blei* verwendet. Hierbei wird mit verschiedenen Arten von Zusätzen von Blei gearbeitet, und zwar:

1. mit *metallischem Blei* (Sammelbegriff „*Probierblei*") in Form von

a) kompakten Körpern als Kugeln, Halbkugeln, Zylindern oder Würfeln, die man generell als „Bleischweren" bezeichnet,

b) dünnem Blech („Bleifolie" in Stärke von 0,2–0,4 mm),

c) Bleigries mit einem Durchmesser von ungefähr 0,5–1 mm, als „Kornblei" bezeichnet,

2. mit *Bleiverbindungen*, deren wichtigste

a) die sogenannte *Bleiglätte*, Bleioxid (PbO), ist. Heute wird sie wohl meist in der gelben (engl. „litharge"), gelegentlich (früher überwiegend) in der roten Modifikation (engl. „massicot") benützt. An sich ist bei reinen Substanzen kein Unterschied im Bleigehalt (92,83%). Ältere Probierer bevorzugen oft die rote, tetragonal kristallisierende Glätte deswegen, weil sie allgemein bei der thermischen Dissoziation von Bleicarbonat und -hydroxid entsteht, früher durch Naßreinigung von Blei gewonnen wurde und bestimmt größere Verläßlichkeit auf Edelmetallfreiheit geboten haben mag.

Gelegentlich werden noch angewandt:

b) *Bleiweiß*, basisches Bleicarbonat, mit wechselndem Mengenverhältnis von Carbonat und Hydroxid, meist von der Zusammensetzung: $2 PbCO_3 \cdot Pb(OH)_2$ mit 80,13% Pb, seltener von der Zusammensetzung $PbCO_3 \cdot Pb(OH)_2$ mit 86,3% Pb. Man versichere sich vor Anwendung der Zusammensetzung des benutzten Produktes, weil durch seinen Bleigehalt die zuzuschlagende Menge etwas beeinflußt wird,

c) *Bleizucker*, Bleiacetat $[Pb(CH_3COO)_2 \cdot 3 H_2O]$ mit 54,6% Pb.

Wenn man auch die Art des Bleizuschlages nach den Bedürfnissen des jeweiligen Verfahrens auszuwählen hat, so müssen doch alle verwendbaren Formen metallischen oder gebundenen Bleies eine wesentliche Forderung erfüllen: sie sollen so rein wie möglich sein; vor allem sind praktische Edelmetallfreiheit, daneben aber auch das Fehlen nennenswerter Wismutgehalte unbedingt zu fordern. Das Edelmetall würde beim Schmelzen mit ausgebracht werden und damit das Ergebnis fälschen. Wismut bleibt, als wesentlich edler als Blei, bis zum Ende des Treibens hartnäckig im ständig edelmetallreicher werdenden Regulus und kann ebenfalls zu unrichtigen Silberwerten Anlaß geben.

Die hohen Reinheitsforderungen waren früher naturgemäß noch schwieriger zu erfüllen als heute. Schon AGRICOLA spricht von der Beschaffung kärntnerischen Bleies für diesen Zweck wegen dessen Silberfreiheit. Ebenso findet sich bei BUGBEE [99, S. 10] der Hinweis, daß man für Probierzwecke sich Bleies typischer Herkunft (Missouri) bediene, das aus besonders reinen Erzen hergestellt und trotzdem noch besonders nachgereinigt wird. Daher rührt auch der Vorzug von roter Glätte und zum Teil auch der Gebrauch von Bleisalzen, da man diese über Löse- und Fällprozesse herstellt und dabei noch Verunreinigungen, vor allem Edelmetalle, heraushalten kann.

Wenn SCHIFFNER [72, S. 42] noch vom Gebrauch des nach dem Pattinson- oder Parkesprozeß entsilberten Bleies als „Probierblei" spricht, so muß man die von ihm angegebenen Edelmetallgehalte darin (0,2–0,7 g/t Ag und 0,003 g/t Au) wenigstens für das Silber als fraglich ansehen und mehr Wert auf seine Empfehlung legen, den Edelmetallgehalt zunächst in einer Blindprobe zu ermitteln und zu berücksichtigen.

Heute verwendet man zweimal elektrolytisch raffiniertes oder 6–8mal mit Zink entsilbertes Blei oder aus reinen Bleisalzlösungen durch Zementation gefälltes Metall für Probierzwecke, Die heute im Handel befindlichen Probierbleisorten dürfen nicht über 0,5 ppm = 0,5 g Silber/t und 0,001 ppm = 0,001 g Gold/t enthalten.

Trotzdem darf man nie versäumen, eine neue Sendung von Probierblei oder Bleiverbindungen (ganz besonders aber Glätte) in einer oder besser einigen Blindproben an großer Einwaage (mindestens einige hundert Gramm!) auf praktische Edelmetallfreiheit zu untersuchen. Die häufig, besonders in älteren Werken (das war zu Zeiten, als die Zurverfügungstellung edelmetallfreien Probierbleies noch sehr schwierig realisierbar war) zu findende Empfehlung, einen sich im Probierbefund auswirkenden Edelmetallgehalt des Probierbleies vom Analysenergebnis abzuziehen, ist überholt und bedenklich, da das Blei oder die Bleiverbindung zumeist nicht genau gewogen, vielfach nur abgemessen werden. Richtiger ist es daher auf alle Fälle, ungeeignetes Material nicht zu benutzen. Das Prüfen darf man aber keinesfalls unterlassen; man kann durchaus auch bei den als reinst bezeichneten Materialien Überraschungen erleben.

Zur Verwendung der einzelnen Sorten an Blei und Bleiverbindungen sei Folgendes gesagt:

Metallisches Blei wird bevorzugt und praktisch immer bei verbleiendem Schmelzen in oxydierender Atmosphäre (Scherbenprobe, Abtreiben) verwandt, hingegen oxydische Bleiverbindungen bei Arbeiten in reduzierender Atmosphäre (Tiegel- oder Tutenprobe). Dabei haben die eigentlichen Bleisalze (Bleiweiß und -zucker) wohl den Nachteil eines geringeren Bleigehaltes und höheren Preises als Bleiglätte, dem als Vorteile oft größere Reinheit, vor allem aber größere Feinheit und damit bessere und gleichmäßigere Verteilung in der Mischung gegenüberstehen. Dadurch wird die Beschickung auch wirkungsvoller durch reduziertes Blei durchspült und die Gefahr der Edelmetallrückhalte in der Schlacke gemindert. Allerdings können durch die starke Entbindung von Wasserdampf und Kohlendioxid – die Dissoziation ist bei etwa 500° vollständig – in der noch festen Charge Verstäubungsverluste verursacht werden.

Kornblei läßt sich gut verteilen und mit dem Probegut vermischen. Sein Hauptanwendungsgebiet liegt daher bei der Scherbenprobe. Früher stellte man es her, indem man reinstes, geschmolzenes, eben über den Schmelzpunkt erhitztes Metall in einem hölzernen Kasten kräftig in horizontaler Richtung schüttelte, bis es fest geworden war. Das hinreichend feine Korn wurde abgesiebt, die Gröbe wieder eingeschmolzen. Heute wird es zumeist durch Eingießen in einen schwingenden Siebkasten und Einfallenlassen des Siebdurchfalls in ein Wasserfaß granuliert.

Bleischweren benutzt man einmal beim Treiben, wenn man in das dadurch erzeugte Bleibad Edelmetallkörner zum Quartieren einsetzen oder reiche und reine Proben (z.B. Rohmetalle, Legierungen) direkt unter Verzicht auf das Ansieden abtreiben will. Das „Eintränken" der Edelmetallkörner wird in die auf der Kupelle eben gerade zum Schmelzen und Antreiben gekommene Bleischwere vorgenommen Sie werden auch zum Nachsetzen von Blei auf die Kupelle oder in den Scherber verwendet. Man soll verschiedene Größen vorrätig halten, z.B. solche von 3, 5, 10 oder 15 g Gewicht.

Bleifolien dienen zur Herstellung sogenannter „Skarnitzel", das sind tütenähnliche Behältnisse aus Probierblei, in die man kleine Edelmetallkörner und Quartiersilber oder edelmetallreiche Legierungen zum Eintränken in das Bleibad der Kupelle einpackt (Abb. 26).

Abdeckmittel. Öfter wird die eigentliche Beschickung in Tiegel und der Tute durch eine 5–8 mm starke Schicht von *Kochsalz*, Natriumchlorid (NaCl), abgedeckt, auf die man besonders bei der Tutenprobe noch ein Stück Holzkohle zur Sicherung der Reduktionswirkung legt. Seltener benutzt man andere Materialien, wie Natriumsulfat, Boraxglas + Soda oder sogar nur zusätzliche Flußmittelmischung. Auf all

Fälle ist Kochsalz deswegen vorzuziehen, weil es erst bei 800° schmilzt, sich kaum mit der eigentlichen Schlackenschmelze mischt und geschmolzen sehr dünnflüssig ist. Der Hauptzweck ist die Vermeidung von Verlusten während des Schäumens beim Einschmelzen. Die zähe Decke soll herausgeschleuderte Erz- und Bleiteilchen um-

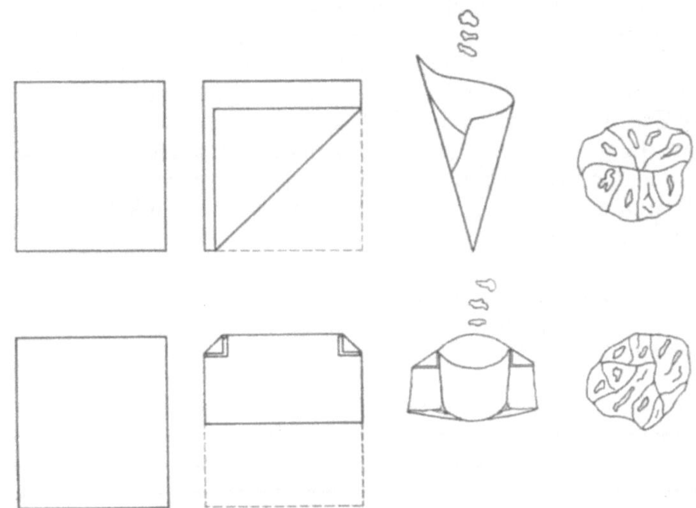

Abb. 26. Formen der Bleifolie, *oben* Falten einer Tüte, *unten* Herstellen eines Schiffchens

hüllen und später nach Beruhigung der Schmelze und nach Steigerung der Temperatur mit der Hauptschmelze wieder vereinigen. Außerdem soll sie zur Fernhaltung des Luftsauerstoffs beitragen.

Spezielle, seltener verwendete Reagenzien.

1. *Flußspat*, Calciumfluorid (CaF_2), dient, obwohl der Schmelzpunkt der reinen Substanz bei 1392° liegt, einer Temperatur, welche bei Probierarbeiten nicht erreicht wird (Maximum bei Tiegelproben wohl gegen 1200°), als reines, neutral wirkendes Flußmittel mit recht günstiger Wirkung. Wahrscheinlich liegt dies an der Bildung niedrigschmelzender Gemische mit Silikaten. Nach einer älteren Veröffentlichung von KARANDIEFF[1] soll z.B. im System $CaF_2 - CaSiO_3$ ein Eutektikum mit einem Schmelzpunktminimum von 1128° bei 54 Mol-% $CaSiO_3$ = etwa 63,8 Gew.-% $CaSiO_3$ existieren. Man bedient sich aber dieses Zusatzes wohl nur selten, da man bessere Wirkung mit Alkalien und Borax erreichen kann.

2. *Kryolith*, Eisstein (Na_3AlF_6), schmilzt bei rund 980° und wird als inertes Flußmittel sehr selten bei der Tiegelprobe benutzt, wenn man seine Eigenschaft, größere Gehalte der Gangart an Tonerde zu lösen, nutzen will. Bekanntlich erniedrigt sich die Schmelztemperatur des Kryoliths mit steigender Tonerdeaufnahme bis zum eutektischen Punkt bei 24% Al_2O_3 und 904°, um dann wieder anzusteigen [100, Bd. III, S. 352].

3. *Ammoniumcarbonat* $(NH_4)_2CO_3$ wurde früher häufig bei der Vorbereitung sulfidischer Rohstoffe auf die Probearbeit beim Totrösten zugesetzt, um Gehalte an gewissen Schwermetallsulfaten unter Bildung flüchtigen Ammoniumsulfats nach folgender allgemeiner Reaktionsgleichung zu zerlegen:

$$MeSO_4 + (NH_4)_2CO_3 \longrightarrow MeO + (NH_4)_2SO_4 + CO_2$$

---

[1] KARANDIEFF, B.: Z. anorg. allg. Chem. Bd. 68 (1910) S. 188f.

Seine Wirkung ist jedoch unvollständig: Blei- und Wismutsulfate werden nur teilweise, die der Erdalkalien und des Magnesiums überhaupt nicht zerlegt. Daneben fördert die Verflüchtigung von Ammoniumsulfat und Kohlendioxid auch die Edelmetallverluste beim Rösten. Da man von solchen Vorbehandlungen wohl allgemein abgegangen ist, ist auch der Gebrauch dieses einzigen, die Verdampfung fördernden Reagenzes praktisch gegenstandslos geworden.

Zusammenfassung. Während man bei der Scherbenprobe mit Blei und Borax (selten ist noch etwas Quarz nötig) auskommt, bedarf die Tiegel- und Tutenprobe einer größeren Anzahl von Flußmitteln und anderen Zusätzen, deren Art und Menge sich nach der Zusammensetzung des Probegutes und hier wieder vor allem nach dem Charakter der Gangart richtet (s. 1.6). Grundsätzlich ist, ebenso wie im Großbetrieb, auch in der Probierkunst die Bildung einer zweckentsprechenden, dünnflüssigen und an den zu bestimmenden Metallen freien Schlacke die entscheidende Voraussetzung. Die Wahl der optimalen Zusammensetzung verlangt auch hier viel Erfahrung.

Um die Zusammenstellung der Beschickung zu erleichtern, wird zusammenfassend nochmals ein tabellarischer Überblick über die wichtigsten Reagenzien und ihre Aufgaben gegeben (Tab. 2).

Tabelle 2. Die wichtigsten Probierreagenzien[1]

Probierer-bezeichnung	Zusammensetzung	Aufgaben und Eigenschaften
Quarz	SiO_2	Schlackenbildung, Flußmittel; sauer
Glas	$xNa_2O \cdot yCaO \cdot zSiO_2$	Schlackenbildung, Flußmittel; sauer (schwächer als Quarz)
Borax	$Na_2B_4O_7 \cdot 10\,H_2O$	Schlackenbildung, Flußmittel; sauer
Boraxglas oder Borax ge-schmolzen	$Na_2B_4O_7$	Schlackenbildung, Flußmittel; sauer
Phosphorsalz	$Na(NH_4)HPO_4 \cdot 4\,H_2O$	Schlackenbildung, Flußmittel, selten gebraucht
Soda	Na_2CO_3	Schlackenbildung, Flußmittel, Entschwefelung, basisch
Natrium-bicarbonat	$NaHCO_3$	Schlackenbildung, Flußmittel; Entschwefelung, basisch
Pottasche	K_2CO_3	Schlackenbildung, Flußmittel, Entschwefelung, basisch
Bleiglätte	PbO	Schlackenbildung, Flußmittel, Entschwefelung, oxydierend, Sammler, basisch
Weinstein	$KHC_4H_4O_6$	Reduktionsmittel und basisches Flußmittel
Holzkohle		Reduktionsmittel
Mehl		Reduktionsmittel
Kaliumcyanid	KCN	Reduktionsmittel und neutrales Flußmittel, Entschwefelung
Eisen	Fe	Reduktionsmittel, Entschwefelung, basisches Verschlackungsmittel
Salpeter	KNO_3 ($NaNO_3$)	Oxydationsmittel, Entschwefelung, basisches Flußmittel
Probierblei	Pb	Sammler
Bleiweiß	$2\,PbCO_3 \cdot Pb(OH)_2$	Sammler, mitunter auch entschwefelnd, oxydierendes basisches Flußmittel
Bleizucker	$Pb(CH_3COO)_2 \cdot 3\,H_2O$	Sammler, bisweilen auch entschwefelnd, basisches Flußmittel
Kochsalz	$NaCl$	Abdeckmittel
Flußspat	CaF_2	inertes, neutrales Flußmittel
Kryolith	Na_3AlF_6	Al_2O_3 lösend
Ammonium-carbonat	$(NH_4)_2CO_3$	entschwefelnd, verflüchtigend

[1] Die älteren Trivialnamen sind hier beibehalten.

1.6. Durchführung der thermischen Arbeiten

1.6.1. Allgemeines

Die trockenen Methoden der Edelmetallbestimmung haben sich aus den uralten Verfahren der Hüttenpraxis entwickelt. Sie bestehen aus einem entweder reduzierend oder oxydierend geführten Schmelzprozeß in Anwesenheit eines relativ großen Überschusses an Blei oder Bleiverbindungen sowie von Verschlackungsmitteln und verfolgen das Ziel, die Edelmetalle der zu prüfenden Substanz unter Ausnutzung der sammelnden Wirkung vorhandenen oder entstehenden Bleies quantitativ in dieses überzuführen, Verunreinigungen der Probe hingegen in einer edelmetallfreien Schlacke abzutrennen. Das edelmetallhaltige Blei (der sogenannte „Bleikönig" oder „Bleiregulus") wird in einem anschließenden Arbeitsgang in schmelzflüssigem Zustand der Oxydationswirkung von Luftsauerstoff ausgesetzt, wobei das im Vergleich zu den Edelmetallen in seiner Affinität gegen Sauerstoff unedlere Blei oxydiert, das entstandene Bleioxid zum Teil verdampft sowie von der porösen Masse des Arbeitsgefäßes (der „Kupelle") aufgesaugt wird. Am Schluß bleibt ein Edelmetall bzw. eine Legierung aus mehreren Edelmetallen praktisch quantitativ und frei von unedlen Verunreinigungen in mehr oder minder der Kugelform angeglichener Gestalt („Edelmetallkorn") zurück, kann genau gewogen bzw. gemessen und wenn notwendig durch kombinierte thermische und nasse Arbeitsgänge in die Komponenten zerlegt werden.

Diese Bestimmungen – insbesondere die für Gold und Silber und die zur Ermittlung niedriger Gehalte in den Vormaterialien – werden bei exakter Durchführung in ihrer Genauigkeit durch kein anderes analytisches Verfahren übertroffen.

Prinzip der Durchführung. Die Probierarbeit gliedert sich in 2 Abschnitte:

1. Das sogenannte *verbleiende Schmelzen*, d.h. Sammeln des Edelmetalls in einem Bleiregulus, ein Prozeß, welcher entweder

a) *oxydierend* in flachen, feuerfesten und weitgehend korrosionsbeständigen Schamottegefäßen unter Zugabe feinkörnigen Bleies und eines Verschlackungsmittels (im allgemeinen wasserfreies Natriumtetraborat $Na_2B_4O_7$) durchgeführt wird. Das Schmelzgefäß hat in seinem Arbeitsraum die Gestalt einer flachen Kugelkalotte. Nach dem Namen des Schmelzgefäßes („Scherben") bezeichnet man diesen Arbeitsgang als *Scherbenprobe* oder, weil die Mischung aus Probegut, Blei und Flußmittel erhitzt und verflüssigt, also „gesotten" wird, als *Ansiedeprobe;* oder

b) *reduzierend* unter Zugabe einer edelmetallfreien Bleiverbindung (meist Bleiglätte (PbO), seltener Bleiweiß [$2Pb(CO_3)_2 \cdot Pb(OH)_2$] oder Bleiacetat [„Bleizucker" $Pb(C_2H_3O_2)_2 \cdot 3H_2O$] und von Gemischen von Fluß- und Reduktionsmitteln erfolgt. Nach den hierbei verwendeten Schmelzgefäßen (fußlosen „Tiegeln" bzw. mit Fuß versehenen „Tuten") bezeichnet man diese Schmelzoperation als *Tiegel-* oder *Tutenprobe.*

2. Die Oxydation des Bleies aus der nach 1a) oder 1b) entstandenen Blei-Edelmetall-Legierung. Ebenso wie in der Betriebspraxis bezeichnet man diesen Prozeß als *Abtreiben* oder *Kupellieren.* Er wird auf den sogenannten „Kupellen" ausgeführt.

Wahl des Verfahrens. Unterschiede grundsätzlicher Art bestehen demnach bei der Ausführung der ersten Operation, beim verbleienden Schmelzen, das also entweder reduzierend oder oxydierend betrieben werden kann. Damit läßt sich das Anwendungsgebiet bereits umreißen. Es ist klar, daß ein oxydierend geführter Schmelzprozeß gewisse verfahrensmäßige Vorteile besitzt und vielseitiger einsatzfähig sein muß:

1. Hierbei wird den Verunreinigungen, aber auch dem im Überschuß zugegebenen Blei größere Möglichkeit zur Oxydation und damit Verschlackung gegeben; der Bleiregulus fällt reiner und kleiner an. Damit wird die Treibarbeit erleichtert, und ihr

Ergebnis ist sicherer als beim reduzierenden Schmelzen. Es entfällt auch die sonst oft bestehende Notwendigkeit, den Bleikönig vor dem Treiben zwecks Reinigung und Verkleinerung einem nochmaligen oxydierenden Schmelzen auf dem Scherben zu unterwerfen.

2. Man erhält lediglich zwei Schmelzprodukte, den Bleiregulus und die Schlacke. Bei einwandfreier Durchführung des Verbleiens (hinreichend hohe Temperatur, richtige Dosierung des Verschlackungsmittels) hält die dünnflüssige Schlacke kein edelmetallhaltiges Blei zurück. Im Probematerial enthaltener Schwefel, Arsen oder Antimon (sowohl als Sulfid, Sulfarsenat oder Sulfantimonat oder auch in Form von Sulfat, Antimonat, Arsenat u. ä.) werden auch in größeren Mengen völlig verflüchtigt oder verschlackt, ohne daß hierbei nennenswerte Edelmetallverluste durch Verflüchtigung oder Verschlackung entstehen.

Beim reduzierenden Schmelzen fallen hingegen leicht weitere Schmelzphasen in Form von Steinen und Speisen an, die auch bei großem Bleiüberschuß erhebliche Mengen an Edelmetall aufnehmen, und bevorzugt zwar die Sulfidphase (Stein) Silber, die Arsenid- bzw. Antimonidphase (Speise) zusätzlich Gold und Platin. Die verzettelte Menge hängt einmal von der Quantität dieser Schmelzphasen, zum anderen von ihrer Zusammensetzung ab, wobei vor allem Kupfer(I)- und Eisen(II)-sulfid oder im anderen Falle Arsenide und Antimonide des Kupfers, Nickels und Kobalts neben sekundär gelöstem Blei den Edelmetalleintritt begünstigen [100, Bd. II, S. 78 ff.]. Die für die analytische Erfassung gegebenenfalls verlorene Menge kann 5–7% der Gesamtkonzentration an Edelmetallen erreichen. Demnach müßten stärker schwefel-, arsen- oder antimonhaltige Probematerialien, falls man sie der Tiegel- oder Tutenprobe unterwerfen will, zuvor geröstet werden. Eine solche Vorbehandlung ist aber nicht unbedenklich: können doch durch Verstäubung, vor allem aber durch Verflüchtigung erhebliche Edelmetallverluste auftreten, die nach SCHIFFNER [72, S. 19] beim Silber in Gegenwart von Arsen bis zu mehr als einem Drittel des Gehaltes ansteigen können. Die Ursachen liegen einmal in der Temperatur (direkte funktionelle Abhängigkeit), zum anderen im Einfluß der Konvektionsverdampfung.

Hieraus geht hervor, daß die Ansiedeprobe auf alle Probematerialien anwendbar ist, während die Tiegel- oder Tutenprobe vor allem auf reinere, bevorzugt aber auf schwefel-, arsen- und antimonfreie bzw. -arme, also bevorzugt oxydische Vormaterialien beschränkt sein sollte, will man nicht eine immerhin riskante Vorbehandlung durch Rösten durchführen.

Allerdings richtet sich die Praxis nicht immer nach diesen Überlegungen. Im Gegenteil, mancherorts wird in recht starkem Umfang die reduzierende Verbleiung auch auf stärker schwefel- oder arsenhaltige Probematerialien angewandt. Die Begründung hierfür folgt aus den Nachteilen der Scherbenprobe, deren hervorragendster der Umstand ist, daß die dem einzelnen Scherben zuwägbare Probemenge selten 5 g überschreitet, oft nur die Hälfte davon oder noch weniger beträgt. Versuche, größere, mehr Probematerial fassende Scherben zu benützen, scheiterten allgemein an deren zu großer Temperaturwechselempfindlichkeit und dem dadurch hervorgerufenen Ausfall. Andererseits besitzen auch die üblichen Muffelgrößen zu geringes Fassungsvermögen für große Gefäße.

Die Scherbenprobe verlangt also – besonders bei geringen Edelmetallkonzentrationen im Probegut – für eine Bestimmung zu viele Einwaagen, deren Anzahl sich noch sehr erheblich bei ungleichmäßiger Edelmetallverteilung (z. B. Auftreten gediegenen Metalls) vergrößern kann. Der Fehler, der durch den Edelmetalleintritt in eine im Tiegel oder in der Tute auftretende Stein- oder Speisephase entstehen wird, kann um so eher vernachlässigt werden oder sogar gewichtsmäßig unerfaßbar sein, je geringer die Edelmetallgehalte im Probematerial sind.

Setzt man beispielsweise die verzettelte Edelmetallmenge zu je 5% der Gesamtmenge an Gold und Silber an, wägt für die Silberbestimmung auf 0,2 mg, für die Goldbestimmung auf 0,02 mg genau aus und nimmt eine Teilungsgrenze der analytischen Befunde zu 0,5 g/t Au und 50 g/t Ag an, so wird bei 100 g Probeneinwaage erst bei einem Gehalt an Gold von 4 g/t, bei einem solchen an Silber von 100 g/t die Wägegenauigkeit und bei einem Goldgehalt von 10 g/t, bei einem Silbergehalt von 1 kg/t die Teilungsgrenze erreicht.

Hieraus folgt, daß man hinsichtlich der Anwendung der Tiegel- oder Tutenprobe nicht zu vorsichtig zu sein braucht. Auch drängen Umsetzungen zwischen Sulfiden und Oxiden – teilweise verschiedener Metalle – die Steinbildung zurück.

Die im älteren Schrifttum immer wiederkehrende Behauptung, daß die Verschlackungsverluste an Edelmetall beim reduzierenden Verbleien größer seien als beim oxydierenden, ist nicht richtig, wenn einwandfrei, d.h. bei ausreichender Temperatur und mit hinreichend dünnflüssiger, ausreagierter, d.h. gasfreier Schlacke gearbeitet wird.

Praktisch kann man demnach beiden Verfahren gleiche Genauigkeit zuerkennen, auch bei schwefel- und arsenhaltigen Probematerialien, wenn die Edelmetallgehalte in diesem Fall nicht zu hoch liegen. Die Tiegelprobe hat bei geringen und mittleren Edelmetallgehalten gegenüber der Scherbenprobe sogar den Vorteil eines geringeren Aufwandes an Probegefäßen und Chemikalien sowie Arbeitsgängen, dazu noch den einer größeren Schnelligkeit.

Vorbereitende Arbeiten. Wie bei jeder analytischen Tätigkeit ist eine noch so große Sorgfalt bei der Durchführung letzten Endes wertlos und für die Richtigkeit des Befundes belanglos, wenn nicht von einer einwandfreien Durchschnittsprobe, die alle Mineralkomponenten und Kornklassen in anteiligem und gleichem Verhältnis der gesamten Rohstoffmenge enthält, ausgegangen wird. Die Herstellung einer solchen ist bei der oft außerordentlich ungleichmäßigen Metallverteilung in edelmetallhaltigen Rohstoffen besonders schwierig [103, Bd. III, S. 222 ff.]. Hierfür und auch für den einwandfreien Ablauf der dokimastischen Methoden ist eine weitgehende Zerkleinerung notwendig, die bei gutartigen, gleichmäßig zusammengesetzten, leicht schmelzenden Materialien auf mindestens unter 0,15 mm, normal aber auf unter 0,09–0,06 mm getrieben werden soll (DIN-Siebe 0,06–0,15 mm lichte Maschenweite). Die beim Zerkleinern und Sieben anfallende Gröbe (gediegenes Metall) ist zu wägen, gesondert zu untersuchen und anteilig bei der Gehaltsermittlung zu berücksichtigen.

Der große Wichteunterschied zwischen gediegenen Edelmetallen und übrigen Bestandteilen kann bei längerem Stehen der Proben zu starken Entmischungen führen, wodurch die Ergebnisse erheblich verfälscht werden können, wenn man eine sorgfältige nochmalige Durchmischung vor dem Einwägen versäumt.

Zu diesem Zweck schüttet man die gesamte Probemenge auf Glanz- oder Ölpapier aus und mischt sie durch längeres Durchrollen des Materials nach verschiedenen Richtungen sorgfältig.

Die Einwaage richtet sich nach der Metallkonzentration und ist naturgemäß so genau wie möglich durchzuführen, besonders bei sehr edelmetallreichen Vorstoffen. Bei den üblichen niedrigen Gehalten braucht sie nicht übertrieben zu werden. Man kommt mit Waagenempfindlichkeiten von 1 mg, ja oft von 100 mg (Apothekerwaagen) besonders bei größeren Einwaagen sicher aus. In vielen Fällen werden sogar Abweichungen von ± 0,5–1 g bei Einwaagen für Tiegelproben (100–500 g Einzelgewicht) noch keine wägbaren Differenzen am analytischen Befund zeigen.

Entgegen der üblichen analytischen Praxis, bei der man im allgemeinen eine der gewünschten Materialmenge möglichst nahekommende Masse exakt abwägt, geht man in der Dokimasie gewöhnlich von ganz bestimmten Mengen aus. Ganz allgemein hat – mit Ausnahme der englisch sprechenden Länder – die Vielzahl früher üblicher spezieller Probiergewichte durch allgemeine Einführung des metrischen Maß- und Gewichtssystems an Bedeutung verloren und findet nur mehr selten Anwendung. Zur Erleichterung der Umrechnung der Auswaagen auf Prozent oder Gramm/Tonne benützt man jedoch gerne volle 10 g oder entsprechende Bruchteile oder Mehrfache davon, also z.B. 0,25 g, 0,5 g, 1 g, 1,25 g, 2,5 g, 5 g, 10 g, 50 g, 100 g, 200 g, 250 g, 500 g, 1000 g.

Da Menge und Art der Verschlackungsmittel, aber auch des Bleizusatzes von der Zusammensetzung des Probematerials abhängen, ist diese zuvor durch eine Sicherprobe zu ermitteln. Dabei kann man oft auch das Vorhandensein gediegener Edelmetalle feststellen oder auf den ungefähren Gehalt schließen, wodurch sich die Größe und die nötige Anzahl der Einzeleinwaagen wenigstens grob festlegen lassen.

Bei völlig unbekannten Materialien und Metallkonzentrationen macht man zunächst einige Probeschmelzen.

1.6.2. Ansiedeprobe

Wie bereits ausgeführt, ist dieses oxydierend geführte, die Verschlackung oder Verflüchtigung der Verunreinigungen fördernde Verfahren auf alle Arten von Vorstoffen anwendbar, also z.B. auf sulfidische oder oxydische Erze mit gediegenem bzw. vererztem Edelmetall, auf alle Arten hüttenmännischer Zwischen- und Abfallprodukte, auf edelmetallärmere Legierungen, auf Abfälle und Zwischenprodukte der Weiterverarbeitung usw.

Das Verbleien wird in Ansiedescherben aus Schamotte durchgeführt (s. 1.3.3). Die Erwärmung auf Schmelz- und Reaktionstemperatur erfolgt im Muffelofen.

1.6.2.1. Vorbereitung der Proben und Einsetzen in die Muffel

Die Einwaage an Probematerial je Scherben ist ebenso wie die zuzusetzende Menge an Probierblei abhängig von der Zusammensetzung des Versuchsgutes, vor allem von dessen Schmelzbarkeit und Reaktionsbereitschaft. Sie beträgt bei gutartigen Stoffen maximal 5 g je Scherben, bei schlecht aufschließbaren 1,25–2,5 g.

Das zu untersuchende Material wird eingewogen, während das gekörnte Probierblei in einem „Bleimaß" verschiedenen Inhalts, z.B. mit 15, 20, 40 g Fassung, angenähert abgemessen wird. Die Hälfte des erforderlichen Bleies wird in den Scherben eingefüllt, darauf das Probematerial gegeben und unter ständigem Drehen des Scherbens mittels metallenen Spatels mit dem Blei innig vermischt. Die zweite Hälfte des Probierbleies wird dann sorgfältig über das Gemenge verteilt, so daß dieses überall gleichmäßig mit Blei abgedeckt ist. Auf das Blei gibt man dann das Verschlakkungsmittel, wofür fast immer calcinierter Borax genügt. Seine Menge ist ebenfalls durch den Materialcharakter bestimmt. Man muß sich allerdings vor einem Zuviel hüten, weil der schon bei etwa 700° schmelzende Borax sonst sofort die gesamte übrige Beschickung bedecken, den Zutritt der Oxydationsluft verhindern und so den Reaktionsablauf stören würde. Man setzt daher anfangs nur $^1/_3$–$^1/_2$ der nötigen Menge zu, indem man diese roh in einem Löffel abmißt. Der Rest wird, wenn nötig, bei völlig oder fast beendeter Verschlackungsarbeit, in ein Papierskarnitzel verpackt, mit der Backenkluft nachgesetzt und soll die oft noch relativ viskose Schlacke dünnflüssig machen.

Für die *zweckmäßigste Gattierung* finden sich bei KERL-KRUG [80] sowie FRICK und DAUSCH [90] einige Angaben über Blei- und Boraxzusätze (Tab. 3). Grundsätzlich brauchen saure Probegüter wenig, basische viel Borax. Oxide von Metallen höherer Sauerstoffaffinität erfordern mehr als relativ edlere Metalle (Kupfer, Wis-

---

Fußnote zu Tabelle 3.

[1] Einwaage: ≪ 1% Edelmetall 5,0 g Konz.-Proben od. größ. Einwaagen (Tiegelprobe)
　　　　　　　 < 1%　　　　　　5,0 g
　　　　　　　 > 1%　　　　　　2,5 g
　　　　　　　 ≫ 1%　　　　　　1–0,5 g

Tabelle 3. *Allgemeine Beschickungsbeispiele für die Scherbenprobe*

Material	Einwaage[1]	Bleimenge -fach	Boraxmenge in %	Verfahren
a) Erze				
Bleiglanz, rein		6	15	ansieden
Bleiglanz, kiesig		8–10	20–25	ansieden
Bleiglanz, blendig		8–10	20–25	ansieden
Dürrerz [72], gewöhnlich		12–14	15	ansieden
Dürrerz, basisch		8	25	ansieden
Dürrerz, sauer		8	25	ansieden
Dürrerz, kiesig		12–14	15	ansieden
Kupfererze	1,25	10–20	15	ansieden
Nickelerze	1,25	20	20	ansieden
Kobalterze	1,25	20	20	ansieden
Zinkerze	1,25	10–20	20	mehrfach ansieden. hohe Temperatur
Zinnerze	1,25–0,5	20	20	mehrfach ansieden. hohe Temperatur
Arsenerze		10–16	bis 50	mehrfach ansieden. hohe Temperatur
Antimonerze	1,25	16	bis 50	ansieden
Schwefelsilber	2,0 (mehrfach)	16–20		ansieden
b) Hüttenprodukte				
Bleistein		10–20	20	ansieden
Kupferstein	2–2,5 (mehrfach)	10–16	15	ansieden
Rohstein	2,5	10–12	25	ansieden
Speise	1,25	10–20	25	ansieden
Ofenbruch		12–14	15	ansieden
Bleiischer Herd		8	20	ansieden
Schlacken		12–14	15	ansieden
Gekrätz		8–9	0–20	ansieden
Zinnoxid	0,5	16	5	mehrfach ansieden
Zinkoxid	1,25	16	20	ansieden
c) Metalle und Legierungen				
Amalgam	2,5–5	6–8	–	ansieden
Argentan	0,5–2,5	20–24	50	ansieden
Blei – Silber:				
Blei, silberarm	20–40	–	–	abtreiben
Blei, silberreich	2,5–20	–	–	abtreiben
Blei, unreines (Werk- u. Hartblei) Cu-, Sn-, Sb-, As-haltig	2,5–10	4	20	ansieden
Blicksilber	0,1–0,5	4–5	–	abtreiben
Brandsilber	0,5	3–4	–	abtreiben
Bronze	1,25–2,5	20–24	20–25	mehrfach ansieden
Unreines Kupfer	1,25–2,5	16–20	20–15	ansieden
Garkupfer	1,25–2,5	18–20	10	ansieden
Gold- u. silberhaltiges Gekrätze		10	20	ansieden
Messing	1–5 (mehrfach)	20	50	ansieden
Münzlegierungen	0,1–0,5	4–16 je nach Cu-Gehalt	20	abtreiben
Zink	0,1–1,5	16	20	Lösen in HCl, Rückstand ansieden
Zinn		16	15	wiederholt ansieden
Eisen		8–12	2–3 1 Glas	Lösen in HCl, Rückstand ansieden
Schwarzkupfer	1,25	20–25	10–15	ansieden
Wismut	2,5	20–25		abtreiben

mut). Siliciumdioxid in Form reinen Quarzes setzt man nur bei anomal hohem CaO-, MgO- oder Fe_2O_3-Gehalt neben Borax zu (maximal 20–30% der Erzeinwaage).

Die Scherben werden direkt in die ungefähr 700–900° heiße Muffel eingesetzt. Untersatzscherben soll man schon aus Sparsamkeitsgründen, da sie selten häufiger als einmal verwendbar sind, gar nicht oder höchstens dann verwenden, wenn anomal schlechte Scherbenqualitäten oder nur wenig Versuchsmaterial verfügbar sind.

Eine *äußere Kennzeichnung der Scherben* durch Rötel (wäßrige Aufschwemmung von tonhaltigem Eisenoxid) ist wenig zweckmäßig und vor allem im Erfolg unsicher, weil überlaufende Schlacke die Zeichen leicht unleserlich macht. Sie ist auch unnötig, wenn man sich bzw. seine Mitarbeiter an eine straffe Ordnung und Einhaltung einer gleichbleibenden Reihenfolge beim Einsetzen und Herausnehmen der Scherben gewöhnt.

Die bereits von SCHIFFNER [72, S. 19] empfohlene Arbeitsweise sei als Beispiel hierfür angegeben.

1. Anordnung der gefüllten Scherben auf dem hölzernen, mit Handgriff versehenen Probenbrett:

$$
\begin{array}{ccc}
1 & 2 & 3 \\
4 & 5 & 6 \\
7 & 8 & 9 \\
10 & 11 & 12
\end{array}
$$

Dabei werden Proben mit schwerer schmelzendem Prüfmaterial zuletzt eingereiht; sie entsprechen also den höheren Nummern.

2. Beim Einsetzen in die Muffel beginnt man vorn am Griffende rechts, in unserem Beispiel also bei dem der Zahl 12 entsprechenden Scherben. Man räumt die Reihen jeweils von rechts nach links ab, so daß also die Scherben in der Muffel wie folgt stehen:

hinteres Muffelende

$$
\begin{array}{cccc}
12 & 11 & 10 & 9 \\
8 & 7 & 6 & 5 \\
4 & 3 & 2 & 1
\end{array}
$$

Muffeltor

Damit kommen also die schwer schmelzbaren Scherbenbeschickungen hinten in der größten Muffelhitze zu stehen.

3. Beim Ausgießen der einwandfrei geschmolzenen Proben beginnt man vorn rechts bei Nummer 1 und entnimmt die Scherben in jeder Reihe von rechts nach links. Im Buckelblech liegen also die Bleireguli mit zugehöriger Schlacke wieder in der Reihenfolge wie die eingewogenen Proben auf dem Holzbrett:

$$
\begin{array}{cccc}
1 & 2 & 3 & 4 \\
5 & 6 & 7 & 8 \\
9 & 10 & 11 & 12
\end{array}
$$

Hält man sich stets strikt an diese oder eine andere, einmal für immer festgelegte Ordnung, ist jede Verwechslung ausgeschlossen und eine Bezeichnung der Scherben unnötig. Es empfiehlt sich, die entleerten Scherben in gleicher Reihenfolge wie die Proben im Buckelblech abzusetzen, da man aus ihrer durch Schlackenrückhalte verursachten inneren Färbung nach dem Erkalten sicherer als aus der Farbe der kompakten Schlacke auf typische Erzverunreinigungen und damit auch auf etwaige Rückhalte im Bleiregulus schließen kann.

Der geübte Probierer wird das Einsetzen mit der geraden Kluft sicher und vor allem schneller vornehmen als mit der Gabelkluft. Vor allem ist das Arbeiten mit jener auch sauberer, da bei weitgehender Füllung der Scherbenvertiefung mit Beschickung und bei Verwendung von nicht oder nicht ausreichend entwässertem Borax leicht Beschickungsteile an dem geraden Schenkel der Gabelkluft hängen bleiben.

Um eine zu starke Abkühlung der Muffel zu vermeiden, muß das Einsetzen der Proben zügig erfolgen. Man gewöhne sich, das Probenbrett auf der Platte links der

Muffel aufzusetzen, mit der linken Hand zu halten und die Scherben der Reihe nach mit der von der rechten Hand allein gehaltenen Kluft einzusetzen.

Benutzt man kohlebeheizte Öfen, so ist kurz vor dem Einsetzen der Rost zu entschlacken und frische Kohle in starker Schicht aufzulegen. Ein Nachlegen während des Ansiedens hat zu erfolgen, wenn man an der Schieberöffnung im Fuchs oberhalb der Muffel keine Flamme mehr sieht. Ein Ausschlacken, das immer mit einer erheblichen Abkühlung des Muffelinneren, teilweise um mehrere hundert Grad, verbunden ist, soll während des Verbleiens unterbleiben.

Das Ansieden gliedert sich in drei unterschiedliche Arbeitsgänge:

1. das Einschmelzen der Probe bei geschlossener Muffel und starker Hitze, „Erstes Heißtun";

2. die Oxydationsperiode bei geöffneter Muffel und Luftzutritt, „Kalttun";

3. Überhitzen der Schmelze, „Zweites Heißtun".

1.6.2.2. Einschmelzen der Probe bei geschlossener Muffel und starker Hitze: „Erstes Heißtun"

Hauptzweck dieser Periode, von alters her als „Erstes Heißtun" bezeichnet, ist das Einschmelzen der Beschickung. Hinreichend hohe Muffeltemperatur beim Einsetzen vorausgesetzt, dauert sie normalerweise zwischen 20 und 30 min, bei schwer schmelzbarem Probegut bis zu 45 min. Das Einschmelzen soll rasch geschehen, weil sonst Blei und Beschickungsteile an rauhen Stellen des Oberteiles der Scherbenmulde hängen bleiben und getrennt von der Hauptmenge oxydieren können, wodurch sich zu niedrige Befunde ergeben würden. Neben dem Schließen des Muffeltores und kräftigem Feuer kann man das Einschmelzen durch Einlegen einiger gröberer Stücke ausgeglühter, „abgeätmeter" Holzkohle in den vorderen Teil der Muffel unterstützen. Das Ausglühen der Kohle ist durch vorheriges kurzfristiges Einlegen in eine leere, heiße Muffel erfolgt, wobei Wasser und flüchtige Bestandteile entfernt wurden. Die Holzkohle zerspringt dann nicht mehr.

Die Muffelatmosphäre ist also während des Ersten Heißtuns neutral oder schwach reduzierend bzw. schwach oxydierend durch den Luftzutritt bei Undichtigkeiten am Tor. Zuerst schmilzt naturgemäß das Blei und nimmt aus dem Probematerial gediegene Edelmetalle auf. Weiterhin setzt es sich mit Silberglanz oder Chlorsilber nach folgenden Reaktionsgleichungen um:

$$Ag_2S + Pb \longrightarrow 2\,Ag + PbS \qquad 2\,AgCl + Pb \longrightarrow 2\,Ag + PbCl_2$$

wobei Bleichlorid verflüchtigt wird.

Daneben werden höhere Schwefelungsstufen der Schwermetalle zu niederen abgebaut.

Flüchtige Stoffe, wie z. B. Arsenoxid und -sulfid, zum Teil auch Zinnsulfid, verdampfen, Carbonate und Sulfate dissoziieren, wobei bei höheren Gehalten Spritzen und Materialverluste eintreten können, wie übrigens auch bei schlecht gebrannten oder feucht gewordenen Scherben. Solche Proben sind naturgemäß zu verwerfen.

Gangartbestandteile, wie Siliciumdioxid, Calciumoxid, Aluminiumoxid und Magnesiumoxid steigen auf und verschlacken je nach ihrer Verbindungsneigung mit Borax bzw. mit PbO und untereinander (saure mit basischen) mehr oder minder rasch und vollkommen mit steigender Temperatur. Höhere Oxydationsstufen des Eisens werden durch Eisen(II)-sulfid etwa wie folgt reduziert:

$$3\,Fe_2O_3 + FeS \longrightarrow 7\,FeO + SO_2$$
$$3\,Fe_3O_4 + FeS \longrightarrow 10\,FeO + SO_2$$

Das gebildete Eisen(II)-oxid verschlackt mit Siliciumdioxid oder Borax. Die höheren Eisenoxide werden durch das Blei reduziert. Es bilden sich hauptsächlich leicht schmelzende und lösliche Bleiferrite.

In relativ geringem Umfang beginnt – besonders bei Luftzutritt und vorwiegend im vorderen Muffelteil – die Oxydation von Blei und das Abrösten von Sulfiden und Arseniden, wobei gebildete Oxide entweder verschlacken (besonders Bleioxid beim Zusammentreffen mit Siliciumdioxid, bisweilen auch durch Korrosion des Scherbenmaterials), verdampfen oder sich im Sinne der Röstreaktion:

$$MeS + 2\,MeO \longrightarrow 3\,Me + SO_2$$

umsetzen können.

Das Erste Heißtun ist beendet nach vollständigem Einschmelzen. Dies äußert sich durch das Fehlen noch ungeschmolzener Beschickungsteile an der Oberfläche, deutlicher aber noch am allgemeinen Bild der Scherbenoberfläche. Am Rand soll sich ein dunkler Ring von gebildeter Schlacke, in der Mitte ein hell leuchtendes, dampfendes Bleiauge befinden. Sollte sich die Schlackenschicht schon völlig oder fast geschlossen haben, so war zuviel Verschlackungsmittel gegeben. Die Probe ist dann zu wiederholen, weil die nachfolgende Oxydation nicht oder nur unvollkommen ablaufen und damit ein vollkommenes Auswaschen noch in unzersetzten Sulfiden, Arseniden und Antimoniden gelösten oder gebundenen Edelmetalles nicht erfolgen könnte.

1.6.2.3. Oxydationsperiode bei geöffnetem Muffeltor und Luftzutritt: „Kalttun"

In der zweiten Ansiedeperiode, dem sogenannten „Kalttun", wird das Muffeltor ganz oder wenigstens teilweise geöffnet, so daß Luft durch den natürlichen Zug eintreten kann. Gelegentlich kann dadurch, besonders an den vorn stehenden Scherbenbeschickungen, eine zu starke Abkühlung erfolgen. Man erkennt dies am Dunkelwerden des Metallauges und Abklingen der Bleioxidverdampfung. Das gebildete Bleioxid wird auch nicht mehr verschlackt, sondern bildet eine mehr oder minder zähe Schmelzschicht auf dem Blei. Man hilft sich dann durch Einlegen einer *niedrigen* Schicht von abgeätmeter (entwässerter) Holzkohle ins Muffeltor. Vor einem Zuviel muß man sich freilich hüten, will man nicht die Hauptmenge des Sauerstoffes bereits für CO_2- und CO-Bildung verbrauchen und damit die Oxydationswirkung zu stark herabsetzen. Allmählich verbreitert sich der dunkle Schlackenring auf Kosten des blanken Metallauges. Ist dieses ganz oder fast geschlossen, bzw. erkennt man bei geringem Bleizusatz, daß allzuviel davon oxydiert, der König also zu klein werden würde, so setzt man in einem Papierskarnitzel, das man aus dreieckigem dünnem Papier faltet, etwas Borax mit der Backenkluft auf die Scherben. Etwa noch nicht völlig geschlossene Schlackendecken gehen dann fast augenblicklich zu. Der Boraxzusatz hat die hauptsächliche Aufgabe, die Dünnflüssigkeit der gebildeten Schlacke zu erhöhen. Bei richtiger Arbeitsweise und genügend hoher Temperatur kann man sicher sein, daß die Zerlegung des Probematerials beendet und das Edelmetall quantitativ in den Bleikönig übergegangen ist. Normalerweise dauert das Kalttun etwa 30 min (zwischen etwa 20 und 40 min als minimaler und maximaler Zeitaufwand).

Zweck dieser Operation ist vor allem das Abrösten noch vorhandener Sulfide, Arsenide und Antimonide unter Bildung der entsprechenden Schwermetalloxide, die verschlacken, und unter bevorzugter Verflüchtigung von Schwefeldioxid, Arsen-(III)-oxid und Antimon(III)-oxid. Daneben entstandenes Schwefel(VI)-oxid, Arsen-(V)-oxid und Antimon(V)-oxid sollen hauptsächlich als Natriumsulfat, -arsenat und -antimonat (letztere beiden auch als entsprechende Schwermetallverbindungen) in die Schlackenphase eintreten. Das Vorhandensein von Natriumsulfat erkennt man häufig am Auftreten weißer Flecken, sogenannter „Glasgallen", an der Oberfläche der erstarrten Schlacke.

Außerdem oxydiert in starkem Umfang am offenen Metallauge PbO, das zum Teil verdampft, verschlackt oder andere Reaktionen bewirkt. Neben diesen stark

exothermen Reaktionen verlaufen schwächer wärmeabgebende, wie die Umsetzung
zwischen Sulfaten und Siliciumdioxid, folgender grundsätzlichen Art:

$$x\,MeSO_4 + y\,SiO_2 \longrightarrow x\,MeO \cdot y\,SiO_2 + x\,SO_2 + \frac{1}{2}\,O_2$$

wobei sich entsprechend der herrschenden Temperatur bevorzugt Meta-, Ortho- und
Pyrosilikate ($2\,MeO \cdot SiO_2$ bzw. $MeO \cdot SiO_2$) bilden. In stärkerem Umfang verläuft
zwischen gebildetem Bleioxid bzw. Bleisulfat und noch vorhandenem Bleisulfid die
wärmeverbrauchende Röstreaktion:

$$2\,PbO + PbS \longrightarrow 3\,Pb + SO_2 \qquad PbS + PbSO_4 \longrightarrow 2\,Pb + 2\,SO_2$$
$$PbS + 3\,PbSO_4 \longrightarrow 4\,PbO + 4\,SO_2 \qquad PbS + 2\,PbSO_4 \longrightarrow Pb + 2\,PbO + 3\,SO_2$$

Daneben vermag Bleioxid auch einige andere Sulfide, z. B. Ag_2S oder Cu_2S, etwa nach
folgenden Umsetzungen zu zerlegen:

$$Ag_2S + 2\,PbO \longrightarrow 2\,(Ag \cdot Pb) + SO_2$$
$$Cu_2S + 2\,PbO \longrightarrow 2\,Cu + 2\,Pb + SO_2$$

Ähnliches gilt auch für As_2S_3, AsS und für Sb_2S_3

$$As_2S_3 + 9\,PbO \longrightarrow As_2O_3 + 3\,SO_2 + 9\,Pb$$

Die Umsetzung zwischen Kupfer(I)-sulfid und -oxid

$$Cu_2S + 2\,Cu_2O \longrightarrow 6\,Cu + SO_2$$

wird nur bei höheren Kupferkonzentrationen in nennenswertem Umfang zu erwarten
sein. So reduziertes Kupfer wird vom Blei aufgenommen und unter Umständen beim
Erkalten wieder ausgeschieden.

Bei richtiger Prozeßführung (anfänglich nur geringem Boraxzusatz) bildet sich
natürlich in großem Überschuß Bleioxid, das bei der niedrigen Bildungs- und
Schmelztemperatur der Bleisilikate sich begierig mit vorhandener oder der Scher-
benmasse entnommener Kieselsäure oder in Umsetzung mit dem Borax zu Bleimeta-
borat $Pb(BO_2)_2$ verbindet bzw. mit anderen Schwermetalloxiden niedrigschmelzende
eutektische Gemische gibt, die ebenfalls verschlacken.

Edlere Metalle als Blei, neben den Edelmetallen also in üblichen Erzen Kupfer,
Wismut, Tellur u. a., haben begreiflicherweise die Neigung, nach Reduktion aus ihren
Verbindungen in den Bleiregulus einzutreten. Während dies ja bei den Edelmetallen
erwünscht und letzten Endes der Zweck der Verbleiung ist, wird durch unedle Metalle
der Bleiregulus verunreinigt und die nachfolgende Oxydation des Bleies erschwert.
Besonders zur Auswirkung kommt dies natürlich hinsichtlich des Kupfers, da die
anderen, wie z. B. Wismut, Tellur, meist nur in geringen, sich nicht stark auswirkenden Konzentrationen auftreten. Man benötigt einen größeren Bleiüberschuß und
muß den König gegebenenfalls nochmals zwecks Reinigung einem verschlackenden
Schmelzen auf den Scherben unterwerfen, meist unter neuerlichem Bleizusatz, wobei
zusätzliche Silberverluste eintreten können. Aus der praktischen Beobachtung heraus, daß die Oxydation edlerer Verunreinigungen bei niederer Temperatur und damit
verzögertem Ablauf der Schmelz- und Oxydationsperiode stärker verläuft und – wie
durch thermodynamische Rechnung auch begründbar – die oben für das Kupfer
gezeigte Reduktion durch Bleioxid bzw. die Röstreaktion bei heißem Arbeiten
viel umfassender stattfindet, empfiehlt sich also eine entsprechende Führung der 1.
und 2. Periode bei höherem Kupfergehalt des Probegutes und eine entsprechende
kleine Einwaage.

Andererseits verlangen stärker zink-, zinn-, arsen-, nickel- oder kobaltreiche Erze
neben einem höheren Bleizusatz hohe Einschmelz- und Oxydationstemperaturen.

Bekanntlich erhöht ja Zinkoxid die Schmelztemperatur der Schlacken und macht diese – wie übrigens auch aufgenommenes Zinksulfid – stark viskos, wodurch Rückhalte edelmetallhaltigen Bleies erfolgen können. Durch Krustenbildung an der Scherbenwandung können ebenfalls Edelmetallrückhalte bedingt sein. Diese Ansatzbildung ist aber viel ausgeprägter bei höheren Zinn- und Nickelgehalten, gelegentlich auch bei arsenreichen Materialien, besonders wenn diese gleichzeitig Nickel oder Kupfer enthalten. Wird die Krustenbildung durch Zinn verursacht, so war der Bleiüberschuß ungenügend, denn dann oxydiert Zinn zu Zinn(IV)-oxid, das bereits in geringer Menge zu starker Viskositätserhöhung der Glätte führt. Nach an sich sehr alten Untersuchungen von Berthier und Percy [39; Die Metallurgie des Bleies, 1878] benötigt 1 Gew.-Teil Zinn(IV)-oxid zur Auflösung mindestens 12 Gew.-Teile Bleioxid. Über das System $PbO - SnO_2$ siehe auch Urazow und Sperenskaya[1].

Nickeloxid wird vom Bleioxid nur in Gegenwart von Glasbildnern gelöst, muß also als komplexes Silikat oder Borat verschlackt werden, wozu ein erheblicher Boraxüberschuß bzw. ein Quarzzusatz nötig ist, will man nicht Gefahr laufen, sehr zähe Schlacken und mögliche Rückhalte edelmetallhaltigen Bleies darin zu bekommen. Eine ähnliche Erscheinung können – wohl infolge Bildung schwer schmelzender, bei der herrschenden Temperatur nicht dissoziierender Schwermetallarsenate – höhere Arsenkonzentrationen im Probegut verursachen.

Wohl schreibt eine alte Probierregel bei solchen Erscheinungen vor, durch Aufsetzen eines Papierskarnitzels mit Kornblei und etwas Holzkohle, letztere in kleinstückiger Form, die Oxide zu reduzieren, zumindest aber etwa darin zurückgehaltenes Edelmetall durch die Bleizugabe auszuwaschen, doch ist dies besonders bei edelmetallreicherem Material keine absolut sichere Maßnahme. Vielmehr empfiehlt sich eine Wiederholung der Probe mit höherem Blei-, Borax- und, bei stark basischer Gangart, auch mit Quarzzusatz unter Verminderung der Einwaage.

Naturgemäß haben sich alle diese Manipulationen aus der Empirie entwickelt. Es soll nicht verschwiegen werden, daß die ablaufenden Reaktionen vielfach noch nicht eindeutig aufgeklärt sind und grundlegende Untersuchungen empfehlenswert wären.

1.6.2.4. Überhitzen der Schmelze: „Zweites Heißtun"

Es folgt nun die dritte Arbeitsstufe, das sogenannte „Zweite Heißtun", welchem lediglich die Aufgabe der Überhitzung der Schmelze und damit der Viskositätsverminderung der Schlacke zukommt. Man will damit letzten Endes eine restlose Vereinigung des Bleies im Regulus bewirken. Zu diesem Zweck wird bei geschlossener Muffelöffnung 5–15 min scharf gefeuert. Man stellt während dieser Zeit das mit Rötel oder Kalk ausgestrichene Buckelblech zum Anwärmen vor das Muffeltor.

Dann entnimmt man die Scherben in der festgelegten Reihenfolge mit der Gabelkluft aus dem Ofen, schwenkt sie kurz und sanft außerhalb des Ofens im Kreise und stößt sie zwei- bis dreimal leicht auf die Arbeitsplatte auf. Das hat den Zweck, etwa noch am Rand haftende Bleiperlen abzuspülen und zum Absitzen zu bringen. Dann gießt man, ebenfalls unter strenger Einhaltung der festgelegten Folge, in die Vertiefungen des angewärmten Buckelbleches aus. Dabei soll man in den ersten Augenblicken langsam gießen, um die nötige Zielsicherheit zu erreichen, die Hauptmenge aber dann rasch durch stärkeres Neigen des Scherbens folgen lassen. Damit wird man praktisch immer erreichen, daß das gesamte Blei vereinigt ist und keine Körner in der Schlacke verbleiben.

Den leeren Scherben setzt man dann, ebenfalls unter genauer Beachtung der Reihenfolge, auf der eisernen Arbeitsplatte ab, entnimmt unverzüglich den nächsten Scherben und fährt analog fort, bis alle ausgegossen sind.

---

[1] Urazow, G. G., E. I. Sperenskaya und Z. Gulyanitskaya: Z. anorg. allgem. Chem. Bd. 1 (1956) S. 1413–1417.

Verständlicherweise muß diese abschließende Manipulation zügig und rasch erfolgen, um zu starkes Abkühlen der noch in der Muffel stehenden Scherben und ihres Inhaltes zu vermeiden. Deshalb setzt man nach Entnahme eines Scherbens bis zur folgenden das Muffeltor wieder vor.

Da besonders beim Herausziehen vieler Scherben die Gabelkluft sich zu stark erwärmt, kühlt man sie nach Bedarf durch kurzes Eintauchen in einen neben dem Ofen stehenden Wasserbehälter. Man gewöhne sich möglichst nicht das Arbeiten mit einem Asbesthandschuh an, da man hierbei leicht das erforderliche Gefühl und die nötige Beweglichkeit der Hand verliert.

Nach beendetem Ausgießen muß man kurze Zeit auf die Abkühlung und Erstarrung der vergossenen Schmelzen in den Vertiefungen des Buckelbleches warten. Man nutzt diese Zeit zum Abschlacken der Feuerung bei Kohleheizung und setzt – will man anschließend treiben – besonders die aus Knochenasche hergestellten Kupellen zum Abätmen, d.h. zur Entwässerung, ein, was mindestens 15–20 min beansprucht.

1.6.2.5. Abschlacken, Beurteilung des Scherbeninneren und des Bleiregulus

Nach erfolgter Abkühlung wird ausgeschlackt, d.h. man greift zunächst die einzelnen erstarrten Schlackenstücke mit einer Pinzette. Oft ist bereits die Hauptmenge der Schlacke vom Bleiregulus abgesprungen bzw. fällt ab, wenn man die Produkte auf einen kleinen Amboß fallen läßt. Trotzdem soll man die Schlacke auf etwa suspendierte Bleikügelchen untersuchen und diese sorgfältig sammeln, um sie später mit der Hammerspitze in den Hauptkönig einzuschlagen. Bei geschicktem Arbeiten und hinreichender Dünnflüssigkeit tritt eine solche Bleiverzettelung allerdings nicht ein.

Es sei darauf hingewiesen, daß insbesondere bei relativ kleinen Bleireguli mit höheren Edelmetallkonzentrationen eine nicht zu unterschätzende Unsicherheit bezüglich der Richtigkeit des Ergebnisses eintritt, wenn Blei in der Schlacke suspendiert bleibt. Ist man nicht sicher, alle Kügelchen gefunden zu haben, so ist die Probe zu verwerfen, oder man muß – etwa bei Probematerialmangel – die *gesamte* Schlacke mit dem Bleiregulus, gegebenenfalls unter Bleizusatz, nochmals ansieden.

Unbedingt ist die Probe bei höheren Edelmetallgehalten dann zu wiederholen, wenn Bleikügelchen beim Ausgießen etwa in Vertiefungen eines rauhen Scherbens hängen geblieben sein sollten. Man erkennt das meist an einer Rauchentwicklung und längerem Nachleuchten des noch flüssigen Bleitropfens in der bereits erstarrten Schlackenglasur des Scherbens. Der gelegentlich in der Literatur gemachte Vorschlag, diese Bleikörnchen nach dem Erkalten auszustechen und mit der Hauptmenge zu vereinigen, ist praktisch fast immer undurchführbar, weil dieses Blei unter dem starken Luftzutritt meist völlig abtreibt bzw. unter der Schlacke nicht mehr erkenntlich ist. Solche kleineren Bleiverluste kann man nur bei sehr edelmetallarmen Probegütern vernachlässigen.

Den Bleiregulus schlägt man auf dem Amboß mit der breiten Bahn des Hammers zu einem Würfel oder Parallelepiped und putzt letzte Schlackenreste, besonders wenn man anschließend treibt, mit einer Kornbürste ab. Man schlage immer auf die Kanten des Regulus, niemals auf die Breitseiten, weil man im letzteren Fall die Schlacke nicht zum Abspringen bringt, sondern ins Blei einschlägt.

Nach dem Erkalten der entleerten Scherben sollte man diese unbedingt nochmals genau betrachten, um aus starken Korrosionsstellen vielleicht auf Bleirückhalte beim Ausgießen und damit auf zu niedrige Befunde schließen zu können (Wiederholung bzw. bei mehreren Einwaagen Verwerfen bei stärkeren Abweichungen gegenüber den anderen Ergebnissen), aber vor allem um aus ihrer durch Schlackenrückhalte verursachten Färbung über die Art der Verunreinigungen und deren Höhe Kenntnis zu erhalten.

Daraus ergeben sich dann Folgerungen, ob man den Regulus unbedenklich treiben kann oder ob man zweckmäßig nochmals, mitunter unter Bleizusatz, ansieden soll.

Aus der *Farbe des Scherbeninnern* kann man ziemlich sicher auf Art und Menge verschlackter Metalle schließen. Durch Kombination mit der Vorprobe auf dem Sichertrog kann man bei einiger Übung ebenfalls verhältnismäßig genau die Probenzusammensetzung feststellen.

Ist *Blei* allein oder stark überwiegend anwesend gewesen (Bleiglanz), so ist der Scherben zitronen- bis hellgelb gefärbt.

Wurde sehr viel *Eisen* verschlackt, hat man einen schwarzbraunen Ton, der bei abnehmender Menge über Rotbraun in Braun und endlich Hellbraun übergeht.

*Mangan*verbindungen färben braunschwarz, in geringen Mengen violett bzw. weinrot.

Kupfer gibt eine dunkelgrüne bis hellgrüne Färbung, die allerdings bei viel oxydiertem Eisen ganz oder teilweise durch dessen Schwarzbraun überdeckt sein kann. Da aber die Oxydationsneigung des Eisens viel größer als die des Kupfers ist, wird jenes sofort beim ersten Ansieden verschlackt, während die Kupferfarbe erst bei einer wiederholten Verschlackung des Bleiregulus erscheint. Der grüne Ton wird durch eine Mischfarbe aus blauen Kupfer-Natriumsilikaten bzw. -borosilikaten und gelben analogen Bleiverbindungen bewirkt.

Chrom gibt gelbe oder rote Schlackenrückhalte.

Kobalt gibt, wenn andere färbende Bestandteile fehlen, eine schöne Blaufärbung, die der Smalte ähnelt, bei hohen Konzentrationen eine Schwarzfärbung.

Nickel färbt grün, tiefbraun oder schwarz je nach der Konzentration. Im übrigen wird man oft Krustenbildung beobachten.

Hohe *Arsen-* und *Antimon*gehalte des Probegutes können ebenfalls für Ansatzbildung verantwortlich sein. In den seltenen Fällen, bei denen im Probematerial andere färbende Schlackenbildner fehlen, ist die Schlacke weingelb gefärbt.

Naturgemäß sind die Farbtöne selten rein, da kaum nur *ein* färbender Bestandteil verschlackt wird. Es ist also einige Übung und eine scharfe Beobachtungsgabe nötig, um richtig zu urteilen.

Aus der Intensität der Färbung und der Tiefe des Farbtons kann man aber auch wichtige Schlüsse auf die Weiterbehandlung des Bleiregulus ziehen.

Generell gilt, daß der *Bleiregulus* nur dann für eine anschließende Kupellation geeignet ist, wenn er

a) hinreichend klein ist (normal unter 20–25 g), sofern es auf eine genaue Silberbestimmung ankommt und der Silbergehalt des Probegutes und damit auch des Bleikönigs hoch ist.

Der Silberverlust ist beim Treiben abhängig von der Oxydationszeit und damit von der Größe des Verhältnisses Blei zu Edelmetall. Nur bei silberarmen Vorstoffen und dann, wenn nur der Gold- und Platinmetallgehalt interessiert, sollte man größere Reguli direkt kupellieren;

b) hinreichend rein ist. Das erkennt man vor allem an der Duktilität des Bleies. Der Regulus soll völlig geschmeidig sein und bei der geschilderten Verformung nicht einreißen. Sprödes und hartes Blei läßt auf unzureichende Verschlackung oder zu hohe Gehalte an Arsen, Antimon, Kupfer, Nickel, Selen oder Tellur schließen. Dadurch werden die Treibverluste an Silber und Gold erhöht. Auch aus der Stärke des Farbtons im benutzten Scherben lassen sich insbesondere unzulässig hohe Kupfer- oder Nickelgehalte im Regulus abschätzen.

In beiden Fällen ist ein *nochmaliges Ansieden* unbedingt erforderlich. Ist ein unreiner Bleiregulus zu klein, soll man Blei als Kornblei oder Bleischweren zufügen. Man putzt den Regulus nicht ab und braucht, um Borax zu sparen, zu Anfang nur etwas von der eigenen Schlacke der Scherbenbeschickung zuzufügen, vorausgesetzt, daß diese dünnflüssig war und nicht zu stark gefärbt, also noch aufnahmefähig für Schwermetalloxide ist. Am Ende der zweiten Periode setzt man noch etwas Borax im Skarnitzel nach.

Von ähnlicher Art wie wiederholtes Ansieden ist die *Konzentrationsprobe*, die dann in Frage kommt, wenn geringe Edelmetallkonzentrationen im Analysenmaterial bei normalen Einwaagen *eines* Scherbens ein zu kleines, unsicher oder gar nicht wägbares Edelmetallkorn beim Treiben ergeben würden. Man vereinigt dann mehrere Reguli (bis zu fünf) auf einem Scherben und engt durch neuerliches, bisweilen noch ein zweites Mal wiederholtes Ansieden die Bleimenge ein.

1.6.2.6. Fehlerquellen beim Ansieden

Gelegentlich beobachtet man – besonders während des ersten Heißtuns – ein Spritzen und Herausschleudern von Bleiteilchen. Da diese nicht alle in den Scherben zurückfallen oder an den Wandungen haften und separat abtreiben, können zu geringe Befunde eintreten. Meist wird dies verursacht durch Feuchtigkeitsaufnahme des Scherbens, was man in der Regel durch Lagern der neuen Gefäße auf der flachen Ofendecke vermeiden kann. Fälle, daß die Masse zu wenig gebrannt ist, also z.B. noch Carbonate enthält, sollten heute nicht mehr auftreten. Selten liegt die Ursache in dekrepitierendem oder sich zu rasch zersetzendem Erz, was bei Einsetzen in die zu stark erhitzte Muffel eintreten könnte. Probegüter mit hohem Carbonat-, Hydrat- oder Nässegehalt soll man besser der Tiegel- oder Tutenprobe unterwerfen.

Gewiß treten Edelmetallverluste, besonders solche an Silber, durch Oxydation bzw. durch Verflüchtigung ein, die durch den Einfluß der Konvektionsverdampfung, das heißt hier durch Anwesenheit größerer Mengen anderer flüchtiger Stoffe, und durch zu hohe Temperatur beim Kalttun (Mitreißen bei zu starker Bleioxidverdampfung) ansteigen können. Allerdings bewegen sie sich normalerweise in so niedrigen Grenzen (maximal 1–2%), daß sie gewichtsmäßig bei den in Frage kommenden Auswaagen im allgemeinen nicht erfaßbar sind. Steigen die Verflüchtigungsverluste, etwa durch Anwesenheit größerer Mengen von Chloriden, zu stark an, empfiehlt sich die Tiegelprobe.

Viel gefährlicher sind die Verluste, die bei zu langsamem Verlauf des Ersten Heißtuns infolge zu niedriger Muffeltemperatur und dadurch verursachter Krustenbildung eintreten können. Als Regel sollte also eine möglichst hohe Einschmelz- und eine relativ niedrige Oxydationstemperatur gelten. Nur Sb-, As-, Zn-, Co-, Ni- und Sn-reiche Erze verlangen auch hohe Verschlackungstemperatur. Ein Auflegen von etwas Holzkohle auf die Schlacke vor dem Zweiten Heißtun, wie es manche Autoren zum „Auswaschen der Schlacke" durch reduziertes Blei vorschlagen, ist empfehlenswert.

1.6.3. Tuten- und Tiegelprobe

1.6.3.1. Anwendungsgebiet

Während die Ansiede- oder Scherbenprobe praktisch allgemein unter oxydierenden Bedingungen beim Einschmelzen (Erstes Heißtun) und Überhitzen (Zweites Heißtun), gelegentlich – bei Vorlage erheblicher Holzkohlemengen hinter das geschlossene Muffeltor – vielleicht auch in annähernd neutraler Atmosphäre durchgeführt wird, ist die Tuten- oder Tiegelprobe ein rein reduzierendes Verfahren.

Damit ist praktisch auch schon das Hauptanwendungsgebiet dieses Probierverfahrens umrissen. Es eignet sich in erster Linie für bevorzugt oxydische Probegüter, einschließlich halogenhaltiger Silbererze (Keratite). Es ist daher auch die gegebene Probiermethode für arme und ungleichmäßig zusammengesetzte Probegüter, wie Gekrätze, Werkstattkehricht und ähnliche Abfall- und Zwischenprodukte der edelmetallerzeugenden und -verarbeitenden Industrie. Gestattet sie doch größere Einwaagen und ermöglicht damit die Erfassung eines einwandfreien Durchschnittes aus dem Probematerial und das Auskommen mit einer kleinen Anzahl von Proben für den gleichen Rohstoff zur sicheren Ermittlung eines einwandfreien Befundes.

Bei vielen Probierern besteht eine – an sich begründete – Scheu vor der Anwendung auf stärker sulfidisches oder arsenidisches bzw. antimonidisches Material, die sich folgerichtig auch auf Rohstoffe mit höherer Sulfat-, Arsenat- oder Antimonatführung erstreckt, da auch aus diesen in der stark reduzierenden Tiegelatmosphäre eine Stein- und Speisebildung und damit Edelmetallverzettelung resultieren kann. Immerhin kann man bei ärmeren Probematerialien, wobei als obere Grenze etwa 0,1% Ag = 1 kg Ag/t und 0,001–0,002% Au = 10–20 g Au/t anzusehen ist, die dann im Vergleich zur Scherbenprobe viel raschere und weniger Kosten, Arbeitszeit und Arbeitsaufwand sowie Probiergefäße und Chemikalien erfordernde Methode ohne Bedenken anwenden, da die in den sulfidischen oder arsenidischen Schmelzphasen gebundenen und somit nicht erfaßten Edelmetallmengen unterhalb der Wäge- und Fehlergrenze bleiben. Sie ist auch verlustärmer als die Scherbenprobe bei Rohmaterialien mit höheren Anteilen an flüchtigen Bestandteilen, wie Chloriden, Carbonaten, Hydraten, hohen Gehalten an Zink oder organischen Stoffen, weil der Einfluß der Konvektionsverdampfung geringer, das Verhältnis zwischen Schmelzgutmenge und Oberfläche günstiger und die Gefahr des Herausschleuderns von Beschickungsteilen kaum gegeben ist. Man darf natürlich das gelegentliche Überschäumen heftig reagierender, noch zäher Schmelzflüsse hier nicht anführen, was auf fehlerhafte Arbeitsweise, wie zu rasches Erhitzen oder Überladen des Füllraumes des Tiegels oder falsche Zusammenstellung der Beschickung, zurückzuführen ist.

Gelegentlich hört und liest man auch den Einwand, daß die Tiegel- bzw. Tutenprobe sich nicht für unreine Rohstoffe eigne, weil bei der recht erheblichen Reduktionswirkung nicht nur Oxide des Bleies, sondern selbstverständlich auch die edlerer und zum Teil auch unedlerer metallischer Verunreinigungen reduziert werden und ein wesentlich unreinerer Metallregulus anfällt, als bei der Scherbenprobe. Man vergißt dabei, daß im allgemeinen im Tiegel oder in der Tute sich ein erheblich größerer Bleiregulus als beim Ansieden ergibt, der, will man die Möglichkeit größerer Silberverluste beim Treiben ausschließen, ohnehin nochmals angesotten werden muß. Auf dieses reinigende und konzentrierende Schmelzen großer Bleikönige kann man nur dann verzichten, wenn es auf eine exakte Bestimmung des Silbergehaltes nicht ankommt, man vielmehr nur den Gehalt an Gold und gegebenenfalls an Platinmetallen braucht. Hierbei pflegen, auch im Hinblick auf die üblicherweise vorliegenden niedrigen Konzentrationen an diesen Metallen, Regulusgröße und -reinheit die Analysenwerte nicht merklich zu beeinflussen.

Zusammengefaßt: Bei richtiger Ausführung und Berücksichtigung der Materialzusammensetzung für die Wahl der Flußmittel und sonstigen Zuschläge ist die Tiegel- und Tutenprobe vielseitiger anwendbar, als insbesondere aus der älteren Probierliteratur hervorgeht. Nicht empfehlenswert, weil zu niedrige Ergebnisse liefernd, ist sie vor allem für hoch schwefel-, arsen- oder antimonhaltige, edelmetallreichere Güter.

1.6.3.2. Grundlagen des Verfahrens

Praktisch fast alle oxydischen (Ausnahme PbO) und die Mehrzahl der sulfidischen oder arsenidischen bzw. antimonidischen Bestandteile der Rohstoffe sind bei den erreichbaren Arbeitstemperaturen der Probieröfen für sich allein nicht oder nur schwer schmelzbar. Nach den Gesetzen der Schlackenbildung läßt sich eine dünnflüssige Schmelze bei um so niedrigeren Temperaturen und um so rascher und vollständiger erreichen, je größer die Anzahl der Komponenten ist, die sich an der Bildung der Schlacke beteiligen. Silikate und Borate der Alkalimetalle und des Bleies bilden sich bei relativ niedrigen Temperaturen; solche Schlacken sind besonders dünnflüssig und auch meist chemisch aggressiv.

Es finden durchaus erwünschte chemische Umsetzungen zwischen Bleioxid und Blei einerseits und den Erzbestandteilen andererseits statt. Die Reduktion von Bleioxid erfolgt durch Kohlenmonoxid, festen Kohlenstoff und durch Erzbestandteile, besonders durch Sulfide, schon bei relativ niedriger Temperatur (ab etwa 500–600°) mit merklicher Geschwindigkeit. Entscheidend für einen vollen Erfolg der Methode ist, daß jedes Rohstoffpartikel mit Blei und Bleioxid mindestens solange in Berührung bleibt, bis das Probematerial völlig zerlegt und sein Edelmetallinhalt quantitativ ins Blei übergeführt ist. Das bedeutet, daß die allmählich entstehende Schmelze bis zum Abschluß dieser Vorgänge zumindest viskos ist, und erhebliche Mengen Blei darin verteilt, also suspendiert, bleiben. Werden die Gesamtheit der Beschickung oder größere Teile davon zu früh flüssig, so können sie Erzteile umhüllen oder auflösen und damit die Genauigkeit der Bestimmung durch Edelmetallrückhalte in der Schlacke erheblich schmälern.

Erst nach völligem Ausreagieren soll durch Temperatursteigerung die Schmelze dünnflüssig werden. Die Bleiteilchen sollen sich dann zu größeren Tröpfchen vereinigen, die sich am Boden absetzen und zum kompakten Regulus zusammenfließen. Das Blei soll also die Schmelze „durchspülen und auswaschen".

Aus diesen Darlegungen folgt die große Bedeutung der zweckentsprechenden *Zusammenstellung der Beschickung*, der richtigen Auswahl der Zuschläge und der Temperaturführung. Es braucht also durchaus nicht einzutreten, daß die Schlackenschmelze noch erfaßbare Edelmetallmengen zurückhält, die beispielsweise durch nochmalige Zugabe von Kornblei zum ausreagierten Tiegelinhalt herausgewaschen werden müßten. Damit erhöht man nur unnötig die Größe des Bleikönigs. Wenn man auch in der Zusammensetzung der Flußmittel nicht übertrieben vorsichtig zu sein braucht und nicht etwa jedes Probegut eigene Zuschlagsrezepte benötigt, so ist doch ein vorhergehendes Sichern und ein orientierender Schmelzversuch bei unbekannten Probegütern sehr empfehlenswert. Man kann daraus wichtige Rückschlüsse auf die Art der Schlackenbildner im Probematerial und auf ihr wahrscheinliches Verhalten beim Schmelzen ziehen. Nur dann, wenn man die Richtigkeit der einzuschlagenden Arbeitsweise nicht dem blinden Zufall überläßt, verfährt man korrekt und verantwortungsbewußt, wie es solche Bestimmungen erfordern.

Wenn auch eine alte Probierregel aussagt, daß man mit um so gröberem Probematerial arbeiten könne, je größer die Einwaage gehalten werden kann, so ist dies mit Einschränkung zu verstehen. Aus den bisherigen Ausführungen ist klar erkenntlich, daß die chemischen Umsetzungen um so rascher, vollständiger und befriedigender sein werden, je inniger die *Vermischung der Beschickungsbestandteile* ist. Daneben steigt auch die Sicherheit der Erfassung eines einwandfreien Durchschnittes aus dem Prüfgut mit der Feinheit der Aufmahlung bei der Probenzurichtung. Es empfiehlt sich somit, auch bei Tiegel- oder Tutenproben den Rohstoff auf mindestens 0,15 mm (Sieb DIN 40) zu zerkleinern. Eine weitgehende Vermischung sicherzustellen, ist auch einer der wesentlichen Gründe für die bevorzugte Verwendung von feingemahlenem Bleioxid, Bleiweiß oder Bleizucker anstelle des bei der Scherbenprobe üblichen Kornbleies. Der gleiche Grund liegt für die häufige Verwendung von Mehl als Reduktionsmittel vor, wodurch die ganze Mischung mit feinverteiltem Kohlenstoff durchsetzt wird. Im allgemeinen vermischt man alle Beschickungsbestandteile für Tiegel oder Tuten recht sorgfältig.

Praktisch alle, wenigstens die unter den herrschenden Schmelzbedingungen beständigen Schwermetalloxide sowie die der Erdalkali- und Alkalimetalle sind basischen Charakters; Eisen(III)-oxid und Zinn(IV)-oxid, die sauer sind, werden ja unter den reduzierenden Bedingungen in die basischen niederen Oxydationsstufen umgewandelt. Sie erfordern also zu ihrer Verschlackung saure *Zuschläge*, der einzige bedeutende saure Bestandteil, Siliciumdioxid, hingegen basische, wenn solche im Probegut nicht oder nicht ausreichend vorkommen. Aluminiumoxid (Tonerde) Al_2O_3

ist amphoter und erhöht in größeren Mengen stark die Zähflüssigkeit der Schlacke. Da man die Reaktion der besagten Oxide kaum voraussehen kann, muß man zweckmäßigerweise hinreichende Mengen saurer und basischer Flußmittel zugeben.

Außer diesen muß man dafür sorgen, daß ausreichende Mengen bleiabgebender Stoffe und Reduktionsmittel vorhanden sind. Es ist hierbei aber sowohl der eventuelle Bleigehalt des Probegutes wie dessen „Charakter", richtiger wohl dessen „Wirkung" in Rechnung zu stellen. Das Probematerial kann nämlich neutral, reduzierend oder oxydierend auf oxydische Bleiverbindungen wirken.

Rein oxydische (silikatische, carbonatische und hydratisierte Stoffe eingeschlossen) Substanzen, die frei von Sulfiden, Arseniden, Telluriden und Antimoniden sind, vermögen Bleioxid bzw. metallisches Blei nicht zu verändern. Höchstens verschlackt PbO mit Siliciumdioxid. In relativ seltenen Fällen oxydieren Erze und andere Prüfgüter Blei.

Dies bewirken vor allem größere Konzentrationen an Eisen(III)-oxid, Mangan-(IV)-oxid und höhere Oxydationsstufen einiger anderer Metalle.

Meist aber besitzen die Probematerialien eine mehr oder minder starke „*Reduktionskraft*", auf deren Ermittlung und Berücksichtigung vielfach auch bei der Zusammenstellung der Mischung Wert gelegt wird. Eine solche die Bleiverbindungen zerlegende Wirkung üben besonders Sulfide, Arsenide, Antimonide, Telluride bzw. bituminöse Substanzen aus.

Begreiflicherweise beeinflussen oxydierende oder reduzierende Bestandteile der Probematerialien die Menge abgeschiedenen Bleies. Will man die Größenordnung ihrer Wirkung berücksichtigen, so verlangen „oxydierende" Erze einen erhöhten Zusatz an Reduktionsmitteln, „reduzierende" einen geringeren. An sich sind die Auswirkungen solcher Nebenreaktionen von Probebestandteilen auf die Richtigkeit des Ergebnisses relativ gering. Wir wissen aus der Betriebspraxis von der quantitativen Sammelwirkung sehr geringer Bleimengen für Edelmetalle, haben aber andererseits die Möglichkeit, einen zu großen Bleikönig durch Ansieden auf die für das Abtreiben geeignete Größe zu reduzieren und dabei gleichzeitig ausreichend zu reinigen.

Trotzdem empfiehlt sich ein Blindversuch durch Verschmelzen des Probematerials mit schlackenbildenden Zuschlägen und oxydischen Bleiverbindungen ohne Zusatz von Reduktionsmitteln, um daraus die „reduzierende" Wirkung zu erkennen. Man spart hierdurch gegebenenfalls den Arbeitsgang des nochmaligen Ansiedens des Regulus. Durch einen analogen Schmelzversuch, jedoch unter Zusatz von metallischem Blei (Kornblei) und ebenfalls ohne Reduktionsmittel, ermittelt man die etwa vorliegende „Oxydationskraft" des Erzes und kann sich durch Feststellung der Differenz zwischen zu erwartendem und tatsächlichem Regulusgewicht vor zu geringem Bleianfall bewahren.

Unter „Reduktionskraft" versteht man die Bleimenge, die 1 g des Probematerials zu reduzieren vermag. Es gilt also die Beziehung:

$$\text{Reduktionskraft} = \frac{\text{Gewicht des Bleiregulus in g}}{\text{Probe (Einwaage in g)}}$$

Analog ist die „Oxydationskraft" die Bleimenge, die von 1 g Probegut beim Schmelzprozeß oxydiert wird, exakter ausgedrückt, das einer bestimmten Menge Reduktionsmittel äquivalente Blei, da durch die Nebenreaktionen bei der praktischen Durchführung nicht die oxydisch vorliegende Bleiverbindung weiter oxydiert werden kann, sondern das Reduktionsmittel verbraucht werden wird.

Es ist einleuchtend, daß der Begriff „Reduktionskraft" ganz analog auf die üblicherweise verwandten Reduktionsmittel anwendbar ist. Nach der Umsetzung:

$$2\,PbO + C \longrightarrow 2\,Pb + CO_2$$

reduzieren 12 g Kohlenstoff $2 \cdot 207$ g Blei. Die Reduktionskraft beträgt also theoretisch $\dfrac{2 \cdot 207}{12} = 34,5$ g Pb/g C.

In der Praxis liegt die Reduktionswirkung niedriger, da die reduzierenden Stoffe niemals reinen Kohlenstoff darstellen, zum anderen noch Nebenreaktionen mannigfacher Art verlaufen und daneben, wie die oft an der Oberfläche der Probe auftretenden Flämmchen zeigen, bei der Reduktion in erheblichem Umfang CO entsteht. Tatsächlich vermag 1 g Holzkohle nur 25–30 g, Mehl 10–12 g, Weizenstärke 11,5–13,0 g, Weinstein 5,5–12 g Blei zu reduzieren.

Von Erzbestandteilen üben vor allem bituminöse Substanzen oder Kohle, metallisches Eisen, Schwefel und Schwermetallsulfide, Arsen, Antimon bzw. Arsenide oder Antimonide Reduktionswirkung aus.

Grundsätzlich muß allerdings weiteren Ausführungen vorangestellt werden, daß sich die „Reduktionskraft" nicht exakt voraussagen oder aus Reaktionsgleichungen ableiten läßt. Maßgeblich bestimmen vielmehr der Siliciumdioxidgehalt des Probegutes, die Menge der Zuschläge, insbesondere von Alkalicarbonaten und die maximal eingehaltene Schmelztemperatur die durch alleinige Reduktionswirkung des Probematerials abgeschiedene Bleimenge. Bereits bei sehr niedrigen Temperaturen bilden sich ja zwischen Bleioxid und Siliciumdioxid Bleisilikate, die durch Kohlenstoff oder Kohlenmonoxid allein nur schwer zerlegt werden, in stärkerem Umfang erst oberhalb 1000°, wenn stärkere Basen, wie überschüssiges Na_2O, CaO oder FeO zur Wiederfreimachung des PbO fehlen sollten.

Demzufolge wird sich eine Reduktionswirkung des Probegutes bei stark sauren Rohstoffen geringer auswirken als bei basischen, und daneben muß sie in jenem Fall bei hohen Arbeitstemperaturen größer als bei niederen sein. Tatsächlich wurde unter sonst gleichen Arbeitsbedingungen die „Reduktionskraft" am gleichen Rohmaterial unter Verwendung von Weinstein in Abhängigkeit von der Schlackenkonstitution wie folgt ermittelt [99]:

zu 11,04 bei einer gebildeten Schlacke vom Typ des Pyrosilikats ($4\,MeO \cdot SiO_2$)
zu 10,93 für das Orthosilikat ($2\,MeO \cdot SiO_2$),
zu 10,62 für das Metasilikat ($MeO \cdot SiO_2$),
zu 9,26 für das Trisilikat ($2\,MeO \cdot 3\,SiO_2$),

wobei unter Me beliebige zweiwerte Metalle zu verstehen sind. Im übrigen wirken sich die durch bituminöse Stoffe oder Kohlenstoffgehalte im Probegut erzielbaren Reduktionswirkungen ganz ähnlich aus wie die durch zugesetzten Kohlenstoff.

Das Metall eines eisernen Schmelzgefäßes oder metallisches Eisen in der Beschickung setzt sich mit Bleioxid um nach

$$PbO + Fe \longrightarrow Pb + FeO$$

Schwefel oder Sulfide reagieren nach BUGBEE [99] je nach An- oder Abwesenheit von Soda bzw. Siliciumdioxid unterschiedlich und demnach ändert sich auch die theoretisch abscheidbare Bleimenge:

$$2\,PbO + S \longrightarrow 2\,Pb + SO_2$$

$$\text{Reduktionskraft} \quad \frac{2 \cdot Pb}{S} = \frac{2 \cdot 207}{32} = 12,9 \tag{1}$$

$$3\,PbO + S + Na_2CO_3 \longrightarrow 3\,Pb + Na_2SO_4 + CO_2$$

$$\text{Reduktionskraft} \quad \frac{3 \cdot Pb}{S} = \frac{3 \cdot 207}{32} = 19,4 \tag{2}$$

$$2\,FeS_2 + 10\,PbO + SiO_2 \longrightarrow FeSiO_4 + 10\,Pb + 4\,SO_2$$

$$\text{Reduktionskraft} \quad \frac{10 \cdot Pb}{2\,FeS_2} = \frac{10 \cdot 207}{2 \cdot 120} = 8,6 \tag{3}$$

4*

$$2\,FeS_2 + 15\,PbO + 4\,Na_2CO_3 \rightarrow Fe_2O_3 + 15\,Pb + 4\,Na_2SO_4 + 4\,CO_2$$

$$\text{Reduktionskraft } \frac{15 \cdot Pb}{2 \cdot FeS_2} = \frac{15 \cdot 207}{2 \cdot 120} = 12,9 \tag{4}$$

$$2\,FeS_2 + 14\,PbO + 4\,Na_2CO_3 + SiO_2 \rightarrow Fe_2SiO_4 + 14\,Pb + 4\,Na_2SO_4 + 4\,CO_2$$

$$\text{Reduktionskraft } \frac{14 \cdot Pb}{2 \cdot FeS_2} = \frac{14 \cdot 207}{2 \cdot 120} = 12,07 \tag{5}$$

Naturgemäß können auch noch ganz andere Reaktionen ablaufen bzw. bei stärker reduzierender Atmosphäre können und werden durchaus niedere Schwefelungsstufen schwefelaffiner Metalle (z.B. FeS, Cu_2S, Ni_3S_2 usw.) beständig bleiben. Aber schon die starke Schwankung der theoretisch aus den Umsetzungen (1) bis (5) ermittelten Reduktionskraft zwischen 8,6 und 12,9 g Pb/g FeS_2 bzw. zwischen 12,9 und 19,4 g Pb/g S weist auf die Zweckmäßigkeit eines Vorversuches mit kleiner Erzmenge, großem Bleiglätteüberschuß und sorgfältig eingehaltener Natriumcarbonatmenge hin.

Ähnliche Umsetzungen unter Reduktion von PbO durch Arsen und Arsenide (bzw. Antimon usw.) in Gegenwart oder Abwesenheit von Natriumcarbonat bzw. Siliciumdioxid sowie Bildung von Alkaliarsenaten usw. und Schwermetallsilikaten oder Verflüchtigung von As_2O_3 bzw. Sb_2O_3 sind ebenfalls möglich.

Zum Abschluß sei eine von BUGBEE [99] zum Teil auf Grund von Versuchen aufgestellte Tabelle der Reduktionskraft häufiger reiner Mineralien wiedergegeben (s. Tab. 4).

Tabelle 4. *Reduktionswirkung wichtiger Mineralien* (nach BUGBEE [99])

Mineral	Zusammensetzung	Errechnet unter der Voraussetzung der Umwandlung von S zu		Experimentell gefunden a)
		SO_2	SO_3	
Bleiglanz	PbS	2,6	3,46	3,11
Kupferglanz	Cu_2S	3,9	5,2	—,—
Arsenkies	FeAsS	5,7	6,96	8,18 b)
Antimonglanz	Sb_2S_3	5,5	7,35	6,75
Kupferkies	$CuFeS_2$	6,2	8,44	7,85
Zinkblende	ZnS	6,37	8,5	7,87
Magnetkies	Fe_mS_{m+1}	7,35	9,9	10,00 b)
Schwefelkies	FeS_2	8,6	12,07	11,05

Anmerkungen:

a) Probeschmelzen mit 5 g Na_2CO_3, 80 g PbO, 2 g SiO_2 und soviel von der reinen Verbindung, daß etwa 25 g Blei anfallen.

b) Versuchsmaterial enthielt offensichtlich zusätzlich Pyrit.

Diese Reduktionswirkung wird gelegentlich zum Teil wieder aufgehoben durch die *oxydierende Wirkung*, die Oxide von Metallen ausüben können, die verschiedene Wertigkeiten aufweisen, z.B. solche des Eisens, Mangans, Arsens, Antimons, Kupfers, Nickels, Kobalts. In reduzierender Atmosphäre und bei hoher Temperatur sind nur die Oxide der niederen Wertigkeitsstufe beständig. Beim Abbau der höheren Oxydationsstufe wird Reduktionsmittel verbraucht, welches dann für die Reduktion von Blei ausfällt, oder aber bereits reduziertes Blei kann wieder oxydiert werden. Zum Beispiel können folgende Umsetzungen ablaufen:

$$2\,Fe_2O_3 + C + 4\,SiO_2 \rightarrow 4\,FeSiO_3 + CO_2$$

wobei 1 g Fe_2O_3 0,037 g C zur Reduktion zu FeO benötigt, oder

$$Fe_2O_3 + Pb \rightarrow 2\,FeO + PbO$$

$$\text{Oxydationskraft} = \frac{Pb}{Fe_2O_3} = \frac{207}{160} = 1,31 \text{ g Pb/g } Fe_2O_3$$

oder

$$MnO_2 + Pb \longrightarrow MnO + PbO$$

$$\text{Oxydationskraft} = \frac{Pb}{MnO_2} = \frac{207}{87} = 2,4 \text{ g Pb/g } MnO_2$$

Gelegentlich verwendet man Mennige Pb_3O_4 als Bleiträger. Auch diese weist eine, wenn auch geringe Oxydationswirkung auf:

$$Pb_3O_4 + Pb \longrightarrow 4\,PbO$$

$$\text{Oxydationskraft} = \frac{Pb}{Pb_3O_4} = \frac{207}{685} = 0,30 \text{ g Pb/g } Pb_3O_4$$

Führt man das Probieren hoch sulfidhaltiger Materialien im Tiegel oder in der Tute durch, so setzt man gelegentlich ein starkes Oxydationsmittel, meist Alkalinitrate, zu, um den anfallenden Bleikönig größenmäßig zu begrenzen und die Sulfide restlos zu zerlegen.

Nach der Umsetzung

$$4\,KNO_3 + 5\,C \longrightarrow 2\,K_2O + 5\,CO_2 + 2\,N_2$$

betrüge die Oxydationskraft 5,12 g Pb/g KNO_3 oder 7,79 g Pb/g $NaNO_3$. In praxi ist sie wegen der nicht restlosen Ausnutzung des Sauerstoffes geringer. Sie wird beeinflußt durch die Acidität der Beschickung, die Temperatur, Badtiefe und Viskosität der Schmelze und schwankt bei KNO_3 zwischen etwa 3,7 und etwa 4,7, bei $NaNO_3$ zwischen 5,47 und 7,15. Der höhere Wert wird bei hochbasischer Zusammensetzung der Charge erhalten. Auch die direkte Oxydation der Sulfide beeinflußt die Reduktionskraft nach etwa folgenden grundsätzlich möglichen Reaktionen:

$$2\,NaNO_3 + FeS_2 + SiO_2 \longrightarrow Na_2O \cdot FeO \cdot SiO_2 + 2\,SO_2 + N_2 \qquad (1)$$

$$6\,NaNO_3 + 2\,FeS_2 + Na_2CO_3 \longrightarrow Fe_2O_3 + 4\,Na_2SO_4 + 3\,N_2 + CO_2 \qquad (2)$$

$$28\,NaNO_3 + 10\,FeS_2 + 6\,Na_2CO_3 + 5\,SiO_2 \longrightarrow 5\,Fe_2SiO_4 + 20\,Na_2SO_4$$
$$+ 14\,N_2 + 6\,CO_2 \qquad (3)$$

Über die Oxydationswirkung von Alkalinitrat bzw. über die Reduktionskraft eines Probegutes ohne und bei bestimmtem Alkalinitratzusatz unterrichten zwei parallele Schmelzversuche mit gleicher Probegut- und sonstiger Zuschlagsmenge. Aus dem Quotient der Differenz zwischen den Regulusgewichten und der verwandten Salpetermenge erhält man dann die Oxydationswirkung in g Pb/g KNO_3, meist zwischen 4,2 und 4,5, entsprechend etwa 6,4 und 6,85 bei Verwendung von $NaNO_3$.

Beim Schmelzen können bei etwa 1000° in nennenswertem Umfang auch Röstreaktionen zwischen etwa vorhandenem Bleisulfid, Bleisulfat und Bleioxid zusätzliche Bleiausscheidung ergeben:

$$PbS + 2\,PbO \rightleftarrows 3\,Pb + SO_2$$

$$PbS + PbSO_4 \rightleftarrows 2\,Pb + 2\,SO_2$$

Auf Grund von Sicherproben kann man bei einiger Übung den Anteil an einzelnen Sulfiden angenähert abschätzen und unter Benutzung von Tab. 4 über die Reduktionswirkung reiner Sulfide die Reduktionskraft annähernd als algebraische Summe der Produkte aus prozentualem Gehalt und Reduktionswirkung der reinen Substanzen mit hinreichender Genauigkeit errechnen.

Beispiel:

Nach der Sicherprobe enthalte das Probematerial vom Sulfid A a%; die Reduktionskraft des reinen Sulfids sei p_a;

Sulfid B b%; die Reduktionskraft des reinen Sulfids sei p_b;
Sulfid C c%; die Reduktionskraft des reinen Sulfids sei p_c;
Die Reduktionskraft R ist dann gleich:

$$R = \frac{ap_a + bp_b + cp_c}{100}$$

Die Probegutmenge für den Vorversuch wählt man dann so, daß unter Berücksichtigung der abgeschätzten Reduktionskraft die abgeschiedene Bleimenge etwa 30 g betragen möchte.

Die vorherige Bestimmung von Reduktions- und Oxydationswirkung des Probegutes mit Zuschlägen *ohne* besonderen Reduktionsmittelzusatz spielt insbesondere in der amerikanischen Methodik eine wesentliche Rolle. Man ist bestrebt, einen sofort treibwürdigen Regulus zu erhalten und damit einen Arbeitsgang, das zwischenzeitliche Ansieden zu großer Bleikönige, zu sparen. Der zweite, oft genannte Grund, es würden beim Ansieden des Bleiregulus zusätzliche Edelmetallverluste entstehen, hält einer exakten Nachprüfung kaum stand. Man stützt sich bei dieser Auffassung auf relativ alte Untersuchungen von MILLER[1] und FULTON[2], wonach beim Probieren eines silberreichen Erzes mit rund 8% Ag gefunden wurde, daß die im Blei gesammelte Edelmetallmenge in direkter funktioneller Abhängigkeit von der zunehmenden Größe des Regulus zunimmt, daß allerdings bei einem Gewicht des Bleikönigs von 28 g die Anreicherung des Edelmetalls quantitativ ist. Daraus läßt sich entgegen der Auffassung vieler Probierer schließen, daß eine Beziehung zwischen der Größe der Probeguteinwaage und dem Gewicht des abgeschiedenen Bleies ebensowenig besteht wie zwischen Edelmetallkonzentration in der Probe und Größe des Bleiregulus.

Wie bereits ausgeführt, ist neben der Vermeidung eines Stein- oder Speiseanfalls der ebenfalls in Amerika bevorzugt übliche, an sich widersinnig erscheinende Zusatz eines kräftigen Oxydationsmittels wie Alkalinitrat (Salpeter) zu einem stark reduzierend geführten Schmelzprozeß bei Probematerialien mit starker eigener Reduktionskraft (hochsulfidhaltig) oder bei stark verunreinigten Versuchsgütern darin begründet, einen nicht zu großen, sofort abtreibbaren, möglichst reinen Bleikönig zu erhalten.

Bei uns wird hierauf, sicher meist zu Unrecht, allgemein sehr wenig Wert gelegt.

1.6.3.3. Schlackenführung bei der Tiegel- und Tutenprobe

Vielfach wird der Zusammensetzung der Schlacke und damit auch Menge und Art der Zuschläge, die sich aus der Gangart und sonstigen zu verschlackenden Bestandteilen des Probegutes ergeben, wenig Bedeutung beigemessen. Gewiß ist ihr Einfluß auf die Probengenauigkeit gering oder praktisch gleich Null, wenn folgende grundsätzliche Forderungen an die Schlacke erfüllt sind:

1. hinreichend niedrige Bildungs- und damit auch Schmelztemperatur bei den in den Probieröfen erzielbaren Temperaturen;

2. geringe Viskosität, um mechanische Rückhalte von Blei auszuschließen. Bleiferrite z.B. sind äußerst dünnflüssig;

3. hinreichender Wichteunterschied gegenüber der metallischen Phase;

4. keine Löslichkeit für Edelmetall oder Blei, jedoch völlige Zerlegung des Probegutes durch die Schmelzzuschläge;

5. möglichst geringe chemische Korrosionswirkung auf das Schmelzgefäß;

6. gleichmäßig homogene Zusammensetzung, wodurch erst die Punkte 2 und zum Teil auch 4 erfüllbar sind; sie muß also ausreagiert haben und soll sich nach dem Erkalten leicht vom Blei trennen lassen;

---

[1] MILLER, E. H., E. J. HALL u. M. J. FALK: Trans. AIME Bd. 34 (1904) S. 387.
[2] FULTON, CH.: Trans. AIME Bd. 34 (1904) S. 964.

7. sie soll keine Sulfide gelöst oder suspendiert enthalten, wodurch sich Edelmetallverluste ergäben.

Manche Probierer sind auch gewöhnt, besonders bei Tiegelproben, eine hinreichende Dünnflüssigkeit durch Nachsetzen von Flußmitteln, vor allem von Alkaliverbindungen (Natriumcarbonat, Kaliumcarbonat, Borax) praktisch zu erzwingen.

Wenn also bei einer dünnflüssigen, homogenen Schlacke Auswirkungen auf den analytischen Befund nicht zu befürchten sind, so ist es doch bei den bei hohem Überschuß längeren Schmelzzeiten und bei der schlechten Ausnutzung des Tiegelfassungsvermögens zumindest eine Frage der Wirtschaftlichkeit, ihre Mengen auf das unbedingt nötige Maß zu beschränken und nur die wirklich wirksamen anzuwenden.

Wie im praktischen Hüttenwesen ist *Bildungs- und Schmelztemperatur der Schlacke* in erster Linie bedingt durch die Art der vorhandenen basischen und sauren Bestandteile sowie durch deren Mengenverhältnis. Bei den in Probieröfen erreichbaren und im Hinblick auf die Tiegelhaltbarkeit einzuhaltenden Temperaturen sind die zum Teil erheblich unterhalb 1000° sich bildenden Silikate des Bleies und der Alkalien sehr dünnflüssig, während die um 1200–1250° schmelzenden Eisen- und Mangansilikate schon schwieriger, die des Calciums, Magnesiums und Aluminiums (Bildungs- und Schmelztemperaturen zum Teil beträchtlich über 1500°) praktisch nicht schmelzbar sind. Diese Feststellungen gelten, und das sei hervorgehoben, nur für die einzelnen Silikate, nicht für Mischungen oder gegenseitige Lösungen, die bemerkenswerte Schmelzpunkterniedrigungen aufweisen können.

Wendet man zur besseren Charakteristik die auch in der praktischen Metallurgie heute noch übliche, wenn auch wissenschaftlich nicht mehr zeitgemäße Einteilung der silikatischen Schlacken nach ihrer sogenannten Silicierungsstufe bzw. Acidität an, so gilt, daß Schlacken vom Typ des Sesquisilikats

$$4\,\text{MeO} \cdot 3\,\text{SiO}_2 = \frac{(\text{O}_2)\ \text{in sauren Bestandteilen}}{(\text{O}_2)\ \text{in basischen Bestandteilen}} = \frac{3}{2}$$

bzw. Metasilikats

$$\text{MeO} \cdot \text{SiO}_2 = \frac{(\text{O}_2)\ \text{in sauren Bestandteilen}}{(\text{O}_2)\ \text{in basischen Bestandteilen}} = \frac{2}{1}$$

die bestgeeigneten sowohl hinsichtlich Bildungs- und Schmelztemperaturen als auch hinsichtlich ihrer korrodierenden Wirkung auf feuerfeste Massen sind. Pyrosilikate $\left(4\,\text{MeO} \cdot \text{SiO}_2\ ;\ \text{Acidität}: \frac{1}{2} = 0{,}5\right)$ und häufig auch Orthosilikate $\left(2\,\text{MeO} \cdot \text{SiO}_2;\right.$ Acidität $\left.\frac{1}{1}\right)$ erfordern zu hohe Temperaturen und greifen daneben auch stark das ff. Material der Gefäße an, aus dem sie vor allem Siliciumdioxid lösen.

Der Probierer verwendet in beträchtlichem Umfang als schlackenbildende Zuschläge Alkaliverbindungen (Na_2CO_3 bzw. K_2CO_3) oder deren Mischungen und Borax ($\text{Na}_2\text{B}_4\text{O}_7$). Der wesentlichste Zweck dieser Zuschläge ist die Erniedrigung der Bildungstemperatur der Schlacken, aber nicht nur etwa durch Bildung von Alkalisilikaten, sondern auch von anderen niedriger schmelzenden Alkaliverbindungen, z.B. Aluminaten.

Bei saurer wie basischer Gangart erniedrigt *Borax als Zuschlag* die Schlackenbildungstemperatur, hält aber die Schlacke während ihrer Bildung noch hinreichend zäh, so daß reduziertes Blei zurückgehalten wird und Zeit genug zur Edelmetallaufnahme hat. STEEL[1] billigt ihm auch eine Schutzwirkung für Schamotteschmelzgefäße gegen chemischen Angriff von Bleioxid durch Bildung eines Schutzüberzuges von zähflüssigen Aluminiumborsilikaten zu. Borax bzw. richtiger Boroxid vermag also Siliciumdioxid als sauren Bestandteil der Schlacken zu ersetzen.

---

[1] STEEL, A. A.: Engng. Min. J. Bd. 87 (1909) S. 1243 ff.

Ein Monoborat entspricht der Zusammensetzung $6\,Na_2O \cdot 2\,B_2O_3$, verlangt also den Zusatz von 5 Molekülen Na_2O, ein Biborat ($3\,Na_2O \cdot 2\,B_2O_3$) den von 2 Molekülen Na_2O.

Wir erhalten also die folgenden Gleichungen:

$$5\,Na_2CO_3 + Na_2O \cdot 2\,B_2O_3 \rightarrow 6\,Na_2O \cdot 2\,B_2O_3 + 5\,CO_2 \qquad (1)$$

$$2\,Na_2CO_3 + Na_2O \cdot 2\,B_2O_3 \rightarrow 3\,Na_2O \cdot 2\,B_2O_3 + 2\,CO_2 \qquad (2)$$

Die analogen Reaktionen zur Erzeugung der entsprechenden Silicierungsstufen lauten:

$$2\,Na_2CO_3 + SiO_2 \rightarrow 2\,Na_2O \cdot SiO_2 + 2\,CO_2 \qquad (1\,a)$$

$$Na_2CO_3 + SiO_2 \rightarrow Na_2O \cdot SiO_2 + CO_2 \qquad (2\,a)$$

Auf Grund der stöchiometrischen Rechnung folgt, daß 100 Gewichtsteile Soda zur Bildung des Monoborats 38,1 Gewichtsteile Borax, zur Formierung des Orthosilikats 28,3 Gewichtsteile Siliciumdioxid benötigen; 1 Gewichtsteil Borax vermag also 0,743 Gewichtsteile SiO_2 zu ersetzen.

Analog verlangen 100 Teile Soda zur Bildung des Biborats bzw. Bisilikats 95,3 Teile Borax bzw. 56,6 Teile Siliciumdioxid. 1 g Natriumtetraborat ist also dann 0,584 Teilen Siliciumdioxid äquivalent. Praktische Schmelzarbeiten bestätigen annähernd diese Zahlen: 10 g wasserfreier Borax bindet die gleiche Menge Bleioxid wie 6–7 g Siliciumdioxid.

Nach älteren amerikanischen Veröffentlichungen von ROSE[1] hat eine Schlacke aus folgenden Bestandteilen und in den genannten Gewichtsverhältnissen

$$9\,MeO + 2\,Na_2B_4O_7 + 9\,SiO_2$$

worin MeO die Summe von

$$CaO + MgO + PbO + ZnO + Cu_2O + FeO + NiO$$

bedeutet, eine recht niedrige Bildungstemperatur, sie ist zwischen 1000 und 1100° dünnflüssig und greift die Schamotte verhältnismäßig wenig an.

Ein oft anzutreffender Irrtum ist es, als allgemein gültig anzunehmen, daß die *Viskosität* von Schlacken mit steigender Temperatur abnähme. Gewiß trifft dies häufig zu; mitunter aber wird die Schlackenschmelze bei einem bestimmten Überhitzungsgrad plötzlich zäh. Im allgemeinen ist dies auf Konstitutionsänderungen zurückzuführen, z.B. durch Entstehen niederer Silicierungsstufen und damit Freiwerden von Siliciumdioxid, wodurch eben die Erhöhung der Zähigkeit bedingt ist.

Kann man im Probegut das zu verschlackende Siliciumdioxid bzw. die Metalloxidmenge genau abschätzen, so kann man sich der bekannten Tabellen[2] für die *Bildung von Schlacken bestimmter Acidität* bedienen (Tab. 5).

Sieht man Quarz und Kalkstein als wesentlichste Gangartbestandteile an, so kann man aus einer graphischen Darstellung nach BUGBEE (Abb. 27) die benötigten Mengen an sauren und basischen Zuschlägen ablesen. Ganz allgemein soll man als sauren Zuschlag beim Probieren niemals Siliciumdioxid allein anwenden, sondern mindestens $^1/_4$–$^1/_3$ der benötigten Menge durch die äquivalente Menge an wasserfreiem Borax ersetzen.

Es wird ebenfalls empfohlen, mindestens die gleiche Gewichtsmenge an Soda und Bleioxid wie an Erz zur Schlackenbildung vorzusehen, was bedeutet, daß man die doppelte Menge an Bleioxid oder äquivalente Gewichte an anderen Bleiverbindungen wie Erz einzuwägen hat.

---

[1] ROSE, T. K.: Inst. Min. Met. Bd. 14 (1905) S. 396ff.
[2] Zum Beispiel F. KÖGLER: Taschenbuch für Berg- u. Hüttenleute. 2. Aufl., Berlin 1929, S. 1017.

Tabelle 5. *Berechnungstabellen für Silicierungsstufen*

	1 g SiO_2 benötigt g Metalloxid usw. zur Bildung eines		1 g Metalloxid usw. benötigt g SiO_2 zur Bildung eines	
	Metasilikats	Sesquisilikats	Metasilikats	Sesquisilikats
FeO	1,20	1,60	0,883	0,625
MnO	1,18	1,57	0,845	0,633
CaO	0,93	1,24	1,070	0,803
MgO	0,66	0,88	1,500	1,125
ZnO	1,35	–	0,740	–
PbO	3,71	4,95	0,269	0,2′2
Na_2CO_3	1,76	1,32	0,570	0,428
K_2CO_3	2.29	1,72	0,440	0,330
$NaHCO_3$	2,79	2,10	0,360	0,270

Fe_2O_3 und Mn_2O_3 erfordern zur Reduktion zu FeO und MnO eine größere Menge an Reduktionsmitteln als bei ihrem Fehlen erforderlich ist.

Die unangenehmste Verunreinigung im Probematerial sind größere Mengen an Al_2O_3. Aluminiumsilikate, Calciumaluminate, Alkalialuminate und ihre Gemische liefern bei den erreichbaren Temperaturen wenn nicht unschmelzbare, so doch zumindest zähe Schlacken, was auch durch Boraxzusätze nicht wesentlich verbessert werden kann. Günstig wirken sich lediglich eine Erhöhung des Bleioxidzusatzes und ein Zusatz komplexer Fluoride, wie z. B. Kryolith (Na_3AlF_6), aus. Glücklicherweise ist zumeist

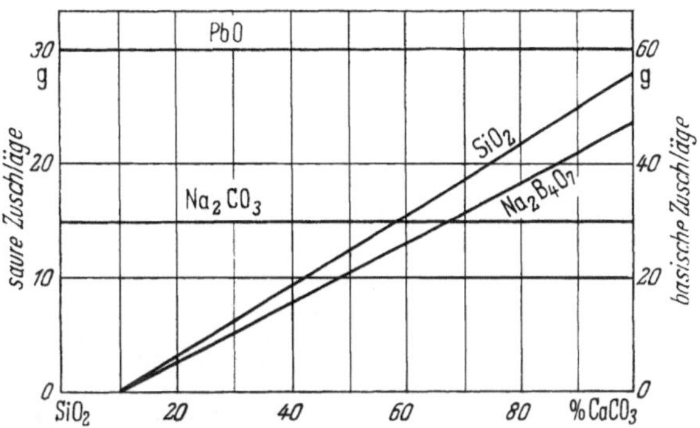

Abb. 27. Menge an Flußmitteln für etwa 30 g einer Mischung von Kalkstein und Kieselsäure (nach BUGBEE)

der Aluminiumoxidgehalt des Probegutes nicht so hoch, daß er im besonderen Maße störend sein könnte.

1.6.3.4. Zusammensetzung der Beschickung

Wenn es auch grundsätzlich empfehlenswert ist, den Zusatz von Flußmitteln individuell der Zusammensetzung des Probegutes anzupassen, um an ihrer Menge zu sparen, so verbieten das doch oft praktische Erwägungen. Das vorherige Sichern und vor allem das Erkennen der einzelnen Bestandteile und das Abschätzen ihrer Mengen verlangt neben Zeit viel Übung und Erfahrung; das Ermitteln, Zuwägen oder Zumessen der einzelnen Zuschläge desgleichen. Es ist deshalb vielseitige Gepflogenheit. nach ganz bestimmten Rezepten zu arbeiten bzw. wenigstens die schlackenbildenden Zusätze bereits gemischt vorrätig zu halten und in festgelegter Menge vom Probegewicht zuzusetzen. Gegebenenfalls korrigiert man nach dem Erzcharakter durch einzelne saure oder basische, niederschlagende (Eisen!) oder oxydierende (Salpeter!) Zuschläge. Gelegentlich erzwingt man, insbesondere bei Tiegelproben, durch Nachsetzen größerer Mengen Flußmittelmischung zu viskosen Schmelzen deren Dünnflüssigkeit, wobei in Sonderheit die Alkaliverbindungen wirksam sind. Eine erhebliche Berechtigung liegt, wie schon erwähnt, darin, daß Veränderungen in Menge und Zusammensetzung der Flußmittel und Reagenzien, wenn keine ganz grundsätzlichen Fehler, wie Zugabe zu geringer Quantitäten an Reduktionsmitteln oder an bleiabgebenden Stoffen, vorliegen, von keiner oder nur geringfügiger Auswirkung auf das Ergebnis sind.

Somit ist es nicht überraschend, daß fast jedes Werk eigene Rezepte besitzt, auf deren Vorteile es meistens – wenn auch sehr häufig ohne tiefere Begründung – schwört. Nachfolgende Beschickungsrezepte sind also lediglich als Beispiele und Anhalte anzusehen. Aus den deutschen Probierlaboratorien stammen folgende Rezepte, wobei der Tiegel- und Tutenprobe überwiegend oxydische Materialien oder solche mit geringem S- oder As-Gehalt unterworfen werden:

Tutenprobe eines edelmetallhaltigen Gekrätzes

Freiberg		*Harz*	
Probegut	5–7,5 g	Probegut	25 g
bas. Bleicarbonat	25 g	Bleioxid	50 g
Borax	2 g	Fluß	
Fluß		(13 Gew.-T. K_2CO_3,	
(1 Gew.-T. Mehl,		10 Gew.-T. Na_2CO_3)	50 g
3 Gew.-T. K_2CO_3)	25 g	Borax	1–2,5 g
Natriumchlorid-		Weinstein	2,5 g
decke etwa	20 g	Glasbruch	1 g
		Natriumchlorid-	
		decke etwa	20 g
		Holzkohlenwürfel	

Tutenprobe eines Chlorsilber enthaltenden Materials

Probematerial	10 g
Fluß	
(13 Gew.-T. K_2CO_3,	
10 Gew.-T. Na_2CO_3)	40 g
Borax	1–2,5 g
Bleioxid	40 g
Glasbruch	1 g
Natriumchloriddecke etwa	20 g
Holzkohlenwürfel	

Tutenprobe saurer Materialien

	quarzige Au-Ag-Erze	Schlacken
Probe	25 g	20 g
Bleioxid	50 g	50 g
Fluß		
(13 Gew.-T. K_2CO_3,		
10 Gew.-T. Na_2CO_3)	50 g	50 g
Borax	1–2,5 g	–
Weinstein	2,5 g	2,5 g
Natriumchloriddecke etwa	20 g	20 g
	Holzkohlenwürfel	Holzkohlenwürfel

Für Tiegelproben (Einwaagen 50–500 g) ärmerer und armer Probegüter wird ein entsprechendes Vielfaches an Reagenzien genommen.

Normalbeschickung bei der Tiegelprobe für Material unbekannter Zusammensetzung

Probematerial	100 g
basisches Bleicarbonat	300 g oder Bleioxid 250 g
Fluß	
(3 Gew.-T. K_2CO_3,	
1 Gew.-T. Mehl)	200 g
Borax	25 g
Natriumchloriddecke	

Andere Richtwerte für Tiegelproben

Auf 100 g Probegut sind empfehlenswert:

bleiische Produkte	100–300 g	Bleioxid *oder* basisches Bleicarbonat
	200–400 g	Bleiweiß *oder* Bleiacetat
Flußmittel	80–300 g	Natriumcarbonat + Kaliumcarbonat im Verhältnis 10 : 13 *oder*
	100–200 g	weißer *oder* grauer Fluß
		(Zugabe eines besonderen Reduktionsmittels ist dann unnötig)

Reduktionsmittel   4– 25 g   Mehl *oder*
                       1– 10 g   Holzkohle *oder*
                       1– 10 g   Weinstein
dazu je nach dem Erzcharakter
                      10–100 g   Borax *oder*
                      10–100 g   Glasbruch *oder*
                                 Quarz *oder*
                      10– 20 g   Natrium- *oder* Kaliumnitrat *oder* ein langer Eisennagel;
abdecken mit einer 5–8 mm starken Natriumchloridschicht.

Bewährte Mischung für Proben im Eisentiegel

100 g   Probegut
100 g   Bleioxid

gut mischen und in Papier verpacken; zuvor in den rotglühenden Tiegel im Ofen etwa 100–150 g
Fluß folgender Zusammensetzung mit Chargierschaufel einsetzen:

6 Gew.-Teile Natriumcarbonat
4 Gew.-Teile Borax
1 Gew.-Teil Weinstein;

danach sofort den Papierbeutel mit Probegut und Bleioxid einbringen und eine gleiche Menge
an Fluß obenauf nachsetzen.

Hochbleihaltige Probegüter, wie Zwischenprodukte der Bleigewinnung für die Tiegelprobe (Rohglätte
vom Treiben, Herdmasse, Abstriche, Abzüge, Krätzen):

Probematerial	100 g
Natriumcarbonat	
(bzw. Mischung aus 13 Gew.-T. K_2CO_3	
und 10 Gew.-T. Na_2CO_3)	100 g
Borax	20 g
pulverisierte Holzkohle	0,5 g
Natriumchloriddecke	
Holzkohlenwürfel	

Bei sehr bleireichen Probematerialien setzt man zur Vermeidung des Anfalls eines zu großen
Bleiregulus noch Quarz in Menge von 10–20 g zu, um einen Teil des Bleiinhaltes als Silikat zu
verschlacken, und verzichtet auf den Zusatz eines bleiabgebenden Reagenzes. Bei höheren Edelmetallkonzentrationen kann man auch die Tute mit kleinerer Einwaage (ungefähr 10–25 g) unter
entsprechender Reduzierung der Zuschlagsmengen verwenden. Schließlich kann man auch relativ reines Bleioxid des Treibprozesses nach folgender einfacher Vorschrift probieren, wobei nur
ein Teil des Bleies reduziert, die Hauptmenge aber verschlackt werden soll:

Bleioxid	100 g
Quarz	15–20 g
Holzkohlepulver	1–1,5 g
Natriumchloriddecke	
gegebenenfalls Holzkohlenwürfel.	

Die amerikanische Probiertechnik pflegt auch, wie ausgeführt, in sehr großem
Umfang rein sulfidische Vormaterialien im Tiegel oder in der Tute zu probieren. Man
unterscheidet hier drei Arten von Probematerialien:

1. reine oxydische, auch chlorhaltige, oder nur schwach durch Sulfide verunreinigte übliche Rohstoffe, deren Untersuchung nur geringe Schwierigkeiten macht,
und die weitestgehend unserer Arbeitsweise entspricht;

2. reine oder bevorzugt sulfidische, die nach der Tiegelprobe in verschiedenen
Modifikationen untersucht werden können:

a) *üblicher Weg:* Bleioxid-Alkalinitrat-Methode: Zufügen einer bestimmten Al-
kalinitratmenge nach Ermittlung der Reduktionskraft, um den Bleikönig klein zu
halten und gemeinsam mit Bleioxid die Sulfide zu zerlegen.

b) *Natriumcarbonat-Eisen-Methode:* Zusatz relativ kleiner Bleioxidmengen zur
Erzielung eines nicht zu großen Bleiregulus; Zerlegung der Sulfide mit Eisen.

c) *Röstmethode:* Totrösten und dann Behandlung wie ein Probematerial nach 1.;
sie ist wenig empfehlenswert wegen der Silberverflüchtigung.

d) *Kombination von Trocken- und Naßbestimmungen:* Aufschluß mit Salpetersäure, Silberfällung als AgCl; Tiegelprobe des mit dem AgCl vereinigten Löserückstandes.

3. solche mit hohen Gehalten an Schwermetalloxiden höherer Oxydationsstufen wie Fe_2O_3, Fe_3O_4, MnO_2, Mn_2O_3, die also eine erhebliche „Oxydationskraft" besitzen. Grundsätzliche Behandlung wie unter 1., jedoch unter Erhöhung des Zusatzes an Reduktionsmitteln, um überhaupt einen oder einen genügend großen Bleikönig zu erhalten und gleichzeitig die Schwermetalloxide in die leicht verschlackbaren, dünne Schmelzflüsse ergebenden niederen Oxydationsstufen zu überführen.

Für die einzelnen Materialsorten seien typische Beschickungsbeispiele gegeben:

Oxydische Probegüter

a) mit saurer Gangart

	I g	II g	III g	IV g
Probematerial	15	30	60	150
Natriumcarbonat	15	30	60	150
Borax	3–5	3–10	6–15	15–25
Bleioxid	50	60–70	90–110	180
Mehl	2,5	2,5	2,5–3	3–3,5

Man achte hierbei auf die Verminderung des prozentualen Anteils an Zuschlägen mit steigender Probenmenge. Häufig wird diese Beschickung *abgedeckt* mit Natriumchlorid, Natriumsulfat. Borax, Borax in Mischung mit Natriumcarbonat oder anderen Mischungen dieser Stoffe.

b) mit basischer Gangart

Auf 30 g Probegut setzt man je nach dem Basengehalt:

30 g Natriumcarbonat
10–25 g Borax
60 g Bleioxid
2,5 g Mehl
10–30 g Quarz
Abdeckung wie oben.

Im übrigen vergleiche man für die Bemessung der sauren Zuschläge Abb. 27.

Bei Sulfide enthaltenden Materialien vermindert man zur Beschränkung allzustarker Bleireduktion die Reduktionsmittelmenge entsprechend dem Ergebnis der Vorbestimmung der „Reduktionskraft", bzw. setzt Salpeter zu.

Sulfidische Materialien

a) Salpetermethode

Erzcharakter	I reiner Bleiglanz g	II reine Zinkblende g	III reiner Pyrit g
Reduktionskraft	3,45	8,5	12,0
Materialmenge	15	15	15
Natriumcarbonat	19	21	25
Borax	0	10	5
Bleioxid	50	60	60
Kaliumnitrat (Oxydationskraft = 4,2)	5	23	35
Quarz	5	6	8

gegebenenfalls Abdeckung wie oben.

b) Natriumcarbonat-Eisen-Methode

Erzcharakter	I Bleiglanz	II $^1/_2$ Bleiglanz $^1/_2$ Pyrit	III Pyrit
	g	g	g
Erzeinwaage	15	15	15
Natriumcarbonat	30	40	50
Borax	10	15	20–25
Bleioxid	20	27	35
Quarz	2	2	2

dazu 3–5 kleine Eisennägel oder ein etwa 10 cm langer Eisendraht
gegebenenfalls Abdeckung wie oben.

Anstelle von Natriumcarbonat (Na_2CO_3) kann auch die äquivalente Menge Natriumhydrogencarbonat ($NaHCO_3$) verwendet werden.

1.6.3.5. Die Rolle des Abdeckmittels

Früher wurden Tiegel- und Tutenbeschickungen allgemein abgedeckt, und zwar verwandte man in Deutschland dafür fast ausschließlich Natriumchlorid, wobei man häufig noch, fast stets bei Tutenproben, ein Stück Holzkohle (einen „Würfel") zur Sicherung reduzierender Atmosphäre obenauf setzte. In anderen Ländern waren und sind auch andere Abdecksalze üblich, z.B. wasserfreies Natriumsulfat, Borax, meist in entwässerter Form, oder Mischungen verschiedener solcher Stoffe, z.B. wasserfreier Borax und Natriumcarbonat. Heute verzichtet man häufiger auf ein besonderes Abdecken der Beschickung, besonders bei der Tiegelprobe und hier wohl allgemein, wenn man die Schmelze ausgießen will.

Dieser Praxis liegt folgende Überlegung zugrunde:

Beim Eintreten der chemischen Reaktionen ist die Schmelze noch zäh, die Entbindung von Reaktionsgasen erfolgt teilweise unter recht starkem Schäumen des Gefäßinhaltes. Dabei können Probegutteilchen und Bleipartikel herausgeschleudert werden, sie haften dann an den Wandungen und können dort festkleben, oft auch weiterreagieren. Es besteht die Gefahr, daß dadurch, falls sie nicht wieder zur Vereinigung mit der übrigen Beschickung kommen, Edelmetallverluste eintreten können. Zur Zeit der heftigsten Reaktion ist das Abdeckmittel ebenfalls noch sehr viskos. Durch das Schäumen der Charge wird das Abdeckmittel in relativ starker Schicht an die Gefäßwandung gebracht; diese umhüllt nun die herausgeschleuderten Erz- und Bleiteilchen und verhindert ihre Reaktion. Bei der weiteren Temperatursteigerung reagiert einmal die Hauptschmelze aus und wird dünnflüssig. Dasselbe trifft für die Überzugsschicht an der Wand zu, die in die Hauptmenge zurückfließt, dabei die eingeschlossenen Material- und Bleiteilchen mitführt und so zur Wiedervereinigung mit der Hauptmenge bringt. Außerdem ist das Abdeckmittel natürlich ein Schutz vor unerwünschter Einwirkung der Atmosphäre (Oxydation), besonders, wenn die Tiegel nicht durch Deckel geschlossen sind.

Von mancher Seite wird die Verwendung von Natriumchlorid für bedenklich gehalten: man befürchtet eine Chlorierung von Gold und Silber und dadurch eintretende Verdampfungsverluste, oft begünstigt durch Konvektionswirkung durch ebenfalls sich verflüchtigende Chloride des Bleies, des Zinns, des Arsens und des Antimons. Andererseits befürchtet man solche Verluste nur dann, wenn die Probiergüter Substanzen, wie Mangandioxid, basische Eisensulfate u.a. enthalten, die aus Natriumchlorid Chlor freizumachen fähig sind. In Freiberg konnten solche Beobachtungen nicht gemacht werden, man zieht ja auch die Tiegel- der Ansiedeprobe für stärker chlorhaltige Probegüter vor, und zwar gerade wegen der geringeren Verflüchtigungsverluste bei jener Methode.

Zusammenfassend können die Bedenken gegen die Natriumchlorid-Verwendung nicht für begründet erachtet werden.

Ein bewährtes Mischverhältnis für eine Decke aus Borax und Natriumcarbonat ist 2 : 3.

Viele, besonders ältere Probierer halten nach wie vor allgemein am Gebrauch einer Decke fest, und die Verfasser halten sie für empfehlenswert bei Tuten und durch Deckel abgeschlossenen Tiegeln und bei Einsatz in den Muffelofen. Beim heute meist wohl üblichen Arbeiten mit offenen Tiegeln, besonders größerer Fassung, die man im Windofen einsetzt, wird ein Verzicht ohne weiteres für vertretbar gehalten. Dabei wird allerdings gewöhnlich nach der Beruhigung der Schmelze noch etwas Flußmittel nachgesetzt, wodurch einmal die Tiegelwandung nachgespült, zum anderen, ähnlich wie beim Zweiten Heißtun der Scherbenprobe, die Viskosität der Schlackenphase noch weiter gesenkt werden soll.

1.6.3.6. Praktische Probendurchführung

Hinsichtlich des *Einsatzes* und der *Mischung* der Bestandteile der Probiercharge gibt es viele, oft ortsgebundene Varianten, ohne daß sich nennenswerte oder klar begründete Vorteile der einen oder anderen Arbeitsweise ergeben hätten.

Generell kann man wohl als üblich feststellen, daß wenigstens die hauptsächlichsten, mengenmäßig überwiegenden Flußmittel und das Reduktionsmittel vorher gemischt werden, obwohl auch hiervon Abweichungen bestehen. Korrigierende kleinere Mengen spezifischer Verschlackungsmittel, wie z. B. Quarz, Glas oder Salpeter, setzt man getrennt zu.

Sehr oft werden auch Verbleiungsmittel und Probegut vorher gemischt. Mitunter werden jedoch die einzelnen Beschickungsbestandteile oder wenigstens die einzelnen Gruppen (bleiabgebende, verschlackende, reduzierende usw.) einzeln in das Probiergefäß gegeben, beispielsweise zuerst die Bleiverbindungen, dann das Erz, darüber Flußmittel und reduzierende bzw. oxydierende Reagenzien, wonach man sie mit einem langen Spatel mischt. Nach anderer Übung setzt man wie folgt ein: Hälfte Flußmittel, Probegut, Bleiverbindung, Reduktionsmittel, Rest Flußmittel, nach Bedarf Borax und Quarz oder Glas, ohne zu mischen. Arbeitet man mit Decke, so schichtet man diese in 5–8 mm starker Schicht darauf und gibt das Holzkohlestück oben darauf.

Die einzelnen Stoffe wägt man verschieden genau, sorgfältiger die Menge an Flußmitteln und kleinen Zusätzen, die anderen grob. Bisweilen mißt man diese auch nur ab oder schätzt die Mengen. Vermengt man alle oder einen Teil der Bestandteile außerhalb des Probiergefäßes, so kann man sich der Mengkapsel bedienen.

Als *Probiergefäß* kommen Tuten und Tiegel von unterschiedlicher Form und wechselndem Fassungsvermögen in Anwendung (s. S. 12 ff.). In den Tuten und häufig auch in den Tiegeln werden die Schmelzprodukte absitzen und erstarren gelassen. Man kann diese Gefäße also nur einmal verwenden, da man sie zur Gewinnung und Abtrennung des Bleiregulus zerschlagen muß. Sie sollen also Preiswürdigkeit mit ausreichender chemischer und thermischer Beständigkeit vereinen. Allgemein verwendet man Schamottegefäße, an die praktisch dieselben Ansprüche, und zwar in erhöhtem Maß, wie an Scherben zu stellen sind. Die korrodierende Wirkung der relativ großen Mengen an Alkaliverbindungen und an Bleioxid ist hier erheblich stärker, andererseits ist die Wandstärke durch Rücksicht auf ausreichende Wärmeleitfähigkeit beschränkt. Graphittiegel zu verwenden, empfiehlt sich der unkontrollierbaren zusätzlichen Reduktionswirkung wegen nicht. Tuten werden grundsätzlich nur in den Muffelofen eingesetzt, der dann mit besonders hoher Muffel („Tutenmuffel") ausgerüstet ist. Immerhin ist damit die Gefäßhöhe und also auch die Fassung beschränkt. Sie eignen sich nur für geringe Einwaagen bis normalerweise maximal 25–30 g Probematerial und daher für edelmetallreichere Substanzen.

Einsetzen und Herausnahme von Tuten und Tiegeln in und aus der Muffel erfolgt am besten und sichersten mit der Gabelkluft; beim Arbeiten am Ofen mit Gebläsebrenner bedient man sich besonders geformter Tiegelzangen.

Fast immer ist anfangs eine recht heftige Reaktion zu erwarten, die starkes Schäumen verursacht und ein Überlaufen der Schmelzprodukte und damit Unbrauchbarwerden der Probe und Schäden besonders am Muffelboden hervorrufen kann. Man soll daher prinzipiell Tuten und Tiegel nur zu $^2/_3$ ihrer Höhe füllen und die Temperatur langsam steigern. Man setzt in die dunkelrote (ungefähr 600° heiße) Muffel ein; bei Verwendung koksbeheizter Tiegelöfen soll die durchgebrannte Koksschicht nur etwa die Hälfte der Höhe ausmachen; die Tiegel selbst werden in noch kaltem Koks eingebettet. Bei gasbefeuerten Öfen setzt man bei abgestelltem Brenner ein und heizt nur langsam hoch. Diese Arbeitsweise ist auch aus anderem Grunde empfehlenswert, und zwar wegen des Vermeidens von Wärmespannungen besonders bei größeren Gefäßen mit sehr eingeschränkter Temperaturwechselbeständigkeit. Innerhalb 15–25 min soll starke Dunkelrotglut erreicht sein, man läßt dann die Proben noch ungefähr 15 min bei starker Hitze stehen (Endtemperatur dunkle bis helle Gelbglut: 1100–1200°). Jedenfalls darf man erst die Gefäße aus dem Ofen nehmen, wenn die Schmelze dünn und vor allem völlig ruhig geworden ist. Das erkennt man allerdings nur bei Benutzung des Windofens und bei offenem Tiegel oder nach Abnehmen des Deckels. Manche Probierer geben dann nochmals mit einer gebogenen Schaufel etwas Fluß nach und erhitzen noch etwa 10 min. Bei Arbeiten in der Muffel kann man aus dem Wegbleiben oft auftretender Flämmchen am Deckel der Tuten und Tiegel (verbrennendes Kohlenoxid), daneben durch Temperaturabschätzung auf das Ende schließen.

Nach dem Herausnehmen der Gefäße schwenkt man sie gleichmäßig und sanft im Kreise und stößt leicht auf, um etwa noch in der Schlacke suspendiertes Blei mit dem König am Boden zu vereinigen. Dann ist sofort ein gegebenenfalls benutzter Deckel abzuheben, weil er sonst durch erstarrende Schlacke ankleben könnte. Will man ausgießen, so muß man das anschließend sofort tun, und zwar in spitzkegelige Formen, in deren Spitze sich das Blei ansammelt. Bei einiger Übung kann man auch Schlacke und Regulus getrennt abgießen. Man bestreicht dann die Wandungen nochmals mit einem Holzspan und schlägt den Tiegel mehrmals verkehrt auf, um etwa hängengebliebene Bleikügelchen zu entfernen, die mit dem Regulus vereinigt werden. Diese Arbeitsweise ist besonders angezeigt bei eisernen Tiegeln; bei Schamottegefäßen ist sie nicht ganz unbedenklich, weil an Unebenheiten der Wandungen zu leicht Blei hängen bleibt.

Hier ist es richtiger und sicherer, den Tiegel bzw. die Tute (bei letzteren verfährt man allgemein so) ruhig stehen zu lassen bis zur sicheren Erstarrung auch des Bleiregulus. Dies wird daran erkannt, daß man die Außenwand in Höhe des Sitzes des Bleies anfassen kann. Das gelegentliche erzwungene Kühlen des Gefäßes durch Eintauchen in Wasser oder durch dessen Darüberfließenlassen ist abzulehnen, da dabei der Regulus zerlaufen kann. Man zerschlägt nun das Gefäß, wobei man erste kräftige Schläge an der Stelle des vermutlichen Bleikönigssitzes führt.

Schlacke und Regulus sollen sich einwandfrei und scharf trennen lassen; die richtig gebildete Schlacke soll an der Berührungsstelle auch keinen Film von Blei aufweisen. Ist die Schlacke zäh gewesen und enthält sie noch Bleikügelchen, so ist die Probe besser unter Variation der Zuschläge zu wiederholen. Dasselbe gilt bei stärkerer Stein- oder Speisebildung.

Der Regulus wird bei der Scherbenprobe zu einem Würfel geschlagen und kann, wenn er hinreichend klein – bei Silberbestimmung nicht über 30 g; interessiert lediglich der Goldgehalt, nicht über dem doppelten Gewicht – und duktil ist, direkt getrieben werden. Ein zu schwerer oder harter bzw. brüchiger, d.h. durch Antimon, Arsen, Zink, Schwefel, Kupfer oder Nickel stark verunreinigter Regulus wird nochmals, gegebenenfalls unter Bleizusatz, angesotten.

Neben der Schlacke sollte man auch die Gefäßbruchstücke über dem Schmelzestand auf Bleirückhalte prüfen. Nur bei niedrigen Edelmetallgehalten und dabei großem Regulus sollte man bei positivem Resultat die Metallkügelchen quantitativ zu sammeln versuchen und mit der Hauptmenge vereinigen, sonst wiederholt man besser die Probe.

Aus der *Farbe der Schlacke* kann man, wenn auch nicht so gut wie bei der Scherbenprobe, auf Verunreinigungen schließen. Allerdings bewirkt die ganz andere Schlackenzusammensetzung im Vergleich zu der beim Ansieden erhaltenen – sie enthält mehr Alkaliverbindungen und Kieselsäure, und weniger Bleioxid – oft andere Farbtöne. Große Eisen- und Manganmengen färben schwarz, normale Gehalte an Eisen(II)-silikaten grün. Geringe Mangankonzentrationen allein färben purpurrot bis lichtrosa; auf Eisensilikate wirken sie entfärbend, Kupfer färbt ziegelrot (Einfluß von Kupfer(I)-oxid).

1.6.4. Treibprozeß oder Kupellation

1.6.4.1. Grundlagen

Der Treibprozeß ist die *selektive Oxydation* des Bleies und anderer, nicht edler Verunreinigungen aus der bei der Ansiede-, der Tiegel- oder Tutenprobe erhaltenen Blei-Edelmetall-Legierung. Daß er auch bei stark gesunkener Bleikonzentration ohne nennenswerte Edelmetallverluste durch Mitoxydation verläuft, ist begründet durch den sehr hohen Affinitätsunterschied zwischen edlen und unedlen Metallen gegen Sauerstoff. Die vorherrschende Reaktion ist also:

$$\mathrm{Pb} + \frac{1}{2}\,O_2 \longrightarrow \mathrm{PbO}$$

oder

$$(\mathrm{x\,Pb \cdot Ag}) + \frac{x}{2}\,O_2 \longrightarrow \mathrm{x\,PbO} + \mathrm{Ag}$$

Das gebildete Bleioxid soll dünnflüssig sein. Erstarrtes Bleioxid würde die noch nicht oxydierte Legierung bedecken, den weiteren Luftzutritt dazu verhindern, zum mindesten stark einschränken und damit den Prozeß vorzeitig zum Abschluß bringen. Die Probe „friert ein".

Die *Temperatur* muß also erheblich über dem Schmelzpunkt des Bleioxids liegen, um hinreichende Dünnflüssigkeit zu erzielen. Gewiß wird die Schmelztemperatur der Glätte bereits durch geringe Mengen von Oxiden typischer Verunreinigungen herabgesetzt. Zum Beispiel bildet Kupfer(II)-oxid mit Bleioxid ein bei 689° schmelzendes Eutektikum mit 32% CuO. Andererseits bedürfen alle Oxide der Verunreinigungen eines zum Teil sehr großen Bleioxidüberschusses, um bei den möglichen oder zur Vermeidung von Silberverlusten zweckmäßigen Temperaturen des Treibprozesses hinreichend dünne Schmelzen zu erzielen. Nach älteren Untersuchungen von PERCY [39], die zum Teil sogar noch auf BERTHIER [22] zurückgehen, müssen bestimmte Verhältnisse zwischen Bleioxid und Oxiden der in Frage kommenden Verunreinigungen zur Erzielung leichtflüssiger Oxidschmelzen eingehalten werden (Tab. 6).

Über den Einfluß von Verunreinigungen auf den Treibprozeß wird im übrigen noch zu sprechen sein.

Über die günstigste Arbeitstemperatur werden verschiedene Angaben gemacht. Die Unterschiede rühren sicher einmal von der gewählten Meßstelle her, d.h. ob die Muffeltemperatur in der Legierung oder über dieser in verschiedener Höhe gemessen wurde. Zum anderen erweist sich je nach dem Charakter der Legierung eine individuelle Arbeitsweise als notwendig, wobei die Edelmetallkonzentration, das Ver-

Tabelle 6. *Notwendige Gewichtsverhältnisse für einen einwandfreien Schmelzfluß*

Verunreinigung	1 Gew.-Teil Oxid der Verunreinigung benötigt Gew.-Teile Bleioxid	100 Gew.-Teile Bleioxid entsprechen Gew.-Teilen Verunreinigungen
Cu_2O	1,5	66,7
CuO	1,8	55,5
ZnO	8,0	12,5
SnO_2	12–13	7,7–8,3
Sb_2O_3	in allen Verhältnissen dünnflüssig	in allen Verhältnissen dünnflüssig
Sb_2O_4	5,0	20,0
As_2O_3	1,1–4,0	25,0– 88,8
As_2O_5	1,0–3,9	25,6–100,0

hältnis von Silber zu anderen Edelmetallen, die Bleimenge, die Menge und Art der Verunreinigungen von Einfluß sind. Schließlich zeichnet sich darin das Stadium des Prozesses ab. Sicher muß die Mindesttemperatur der Schmelze über 900°, besser über 950° liegen; sie muß mit fortschreitendem Arbeitsgang allmählich steigen und am Ende erheblich über 1000° liegen, und zwar um so mehr, je höher die Konzentration an Gold und Platinmetallen im Edelmetallkorn liegt. Allerdings muß man um so vorsichtiger gegen eine Überhitzung sein, je höher der Silbergehalt ist, bzw. je exakter seine Ermittlung ausfallen soll.

Die Oxydation des Bleies und seiner Verunreinigungen ist ein *exothermer Prozeß*. Bei der relativ großen zu oxydierenden Bleimenge spielt die Wärmetönung eine nicht zu unterschätzende Rolle; dies kann man auch rein visuell beim gleichzeitigen Abtreiben einer Anzahl von Proben und bei unterschiedlicher Luftströmung in der Muffel an auftretenden Temperaturunterschieden und der erheblich variierenden Oxydationsgeschwindigkeit beobachten.

Das auftretende Bleioxid wird überwiegend von der mehr oder minder porösen Kupellenmasse aufgesaugt, ein Teil verdampft. Es mag dahingestellt sein, ob LIDDELS[1] Angaben (98,5% Aufnahme in die Kupelle, 1,5% Übergang in die Dampfphase) allgemeine Gültigkeit haben. Natürlich ist hierfür die Arbeitstemperatur maßgeblich, untergeordnet auch das Aufsaugevermögen der Kupelle (Porosität). Die Porosität ist wiederum von der Zusammensetzung der Kupelle abhängig. Eine zu starke Verdampfung muß die Silberverluste durch Konvektion erhöhen, ist also ungünstig.

1.6.4.2. Durchführung des Treibprozesses

In erheblichem Umfang ist Erfolg und Genauigkeit der Edelmetallbestimmung vom Gefäß abhängig, in dem die selektive Oxydation abläuft. Neben den auf S. 16 f aufgeführten Eigenschaften soll eine gute Kupelle aufweisen:

1. ein hohes Aufsaugevermögen für Bleioxid und andere etwa entstehende Oxide der Verunreinigungen, während Metall selbst nicht aufgenommen werden darf. Die Knochenaschenkupelle vermag etwa 133% ihres Gewichtes an Bleioxid, die Zementkupelle etwa ihr Eigengewicht, mitunter auch nur $^3/_4$ davon an Bleioxid aufzunehmen, während Magnesiakupellen infolge ihrer größeren Dichte nur etwa $^2/_3$–$^3/_4$ ihres Gewichtes an Bleioxid aufnehmen;

2. eine glatte und auch bei Benutzung so bleibende Herdfläche. Durch Risse und Sprünge kann einmal Blei mit Edelmetall in die Masse einsickern, oder es können sich in tieferen Löchern Bleimengen von der Gesamtheit abspalten, die getrennt abtreiben. Beides verursacht Edelmetallverluste. Andererseits soll sich das Korn leicht von der Masse abheben lassen, deren Reste sollen leicht vom Metall abzuputzen sein, was gelegentlich bei Zementkupellen Schwierigkeiten macht. Es sollen auch keine

---

[1] LIDDEL, D. M.: Engng. Min. J. Bd. 89 (1910) S. 1264.

Edelmetallwurzeln („Bleisäcke") in die Masse eindringen. Alle diese Faktoren beeinflussen die Genauigkeit, vor allem durch den „Kupellenzug" (1.6.5.), der bei der „harten" Magnesia- und Zementkupelle etwas niedriger als bei der „weichen" Knochenaschenkupelle liegt;

3. eine gleichmäßige Korngröße und ein gleiches Porenvolumen der Masse, wodurch bei den oft in größerer Anzahl parallel durchzuführenden Bestimmungen auch gleichmäßige Resultate gesichert sind;

4. eine größere Herdtiefe, die zweckmäßiger ist; denn zu breite flache Mulden geben durch ihre relativ große Oberfläche im Verhältnis zur Tiefe Anlaß zu stärkerer Silberverflüchtigung.

Manche Probierer bevorzugen trotz der Ausführungen auf S. 17 nach wie vor die Knochenaschenkupelle für besonders exakte Bestimmungen und bezweifeln, was allerdings unseres Erachtens unbewiesen ist, die gleichwertige Entfernung von Verunreinigungen auf solchen aus anderem Material. Ganz allgemein ist aber die Meinung, daß sich die Zementkupelle für sehr genau auszuführende Proben nicht eignet, und zwar wegen eines größeren Edelmetallverlustes und sehr fester mechanischer Bindung von Edelmetallkorn und Kupellenmasse. Magnesiakupellen erfordern wegen ihrer höheren spezifischen Wärme und besseren Wärmeleitfähigkeit eine höhere Treibtemperatur, ohne daß allerdings dadurch der Edelmetallverlust größer wird.

Die Gefäßgröße muß dem Regulus angepaßt sein. Kupellen- und Regulusgewicht sollen annähernd gleich groß sein oder die Kupelle je nach Materialzusammensetzung und Porosität wenig bis zur Hälfte schwerer, um das Bleioxid aufsaugen und die geschmolzene Metallmenge aufnehmen zu können. Auf jeden Fall muß vermieden werden, daß Bleioxid flüssig aus dem Boden der Kupelle austritt, weil dadurch der Muffelboden stark korrodiert.

Benutzt man den kohlebefeuerten Muffelofen, so ist dessen Feuerung vor dem Treibebeginn abzuschlacken und neu zu belegen. Knochenaschenkupellen müssen mindestens 20 min in starkem Feuer bei geschlossenem Tor „abätmen", Magnesiakupellen läßt man lediglich heiß werden. Dann setzt man mit der Backenkluft die Reguli in beschriebener Reihenfolge ein und schmilzt sie bei geschlossenem Tor nieder. Ist die Oberfläche der Schmelze blank und hat die Oxydation begonnen, so öffnet man das Tor, um der Oxydationsluft stärkeren Zutritt zu gewähren. Eine zu starke Abkühlung durch eintretende Kaltluft wird durch ein teilweises Öffnen des Tores oder Vorlegen von etwas ausgeglühter Holzkohle vermindert. Die Kupellen sollen übrigens nicht zu weit hinten in der Muffel, am besten in der vorderen Hälfte stehen.

Beim direkten Abtreiben edelmetallreicher, wenig verunreinigter Legierungen schmilzt man zunächst Blei in Gestalt von Bleischweren des benötigten Gewichtes ein und setzt nach dem Verschwinden der dunklen Oxidschicht das exakt abgewogene Probegut, im Bleiskarnitzel verpackt, auf. Bei kurzzeitigem nochmaligem Schließen des Tores stellt man die Treibtemperatur wieder ein und verfährt dann weiter wie beschrieben.

Beim Einsetzen des Bleiregulus soll die Muffel hellrot, also rund 850° heiß sein, damit nicht durch Verzögerung des Einschmelzens Bleikügelchen separat hängen bleiben und durch ihr getrenntes Abtreiben Verluste verursachen.

Nach dem Einschmelzen ist die Bleioberfläche zunächst mit einer schwärzlichgrauen Krätzeschicht bedeckt, die bei richtiger Muffelhitze binnen 1–2 min aufreißt und den hellen Bleispiegel freigibt. Damit endet das sogenannte *„Antreiben"*, dem nun der normale Treibvorgang folgt.

Der *normale Treibverlauf* zeigt anfangs oberflächliches Auftreten von sogenannten „Glätteperlen", ölähnlichen Tropfen von Bleioxid, die nach dem Rand wegschwimmen und von der Kupellenmasse aufgesaugt werden. Vor dem Aufsaugen bildet das flüssige Bleioxid an der Peripherie der konvexen Bleischmelze einen nicht zu breiten Ring, der, etwas dunkler als die durch die rasche Oxydation überhitzte Legierungsschmelze, sich deutlich von dieser abhebt. Ebenso erkennt man an der Kupellenmasse oberhalb der Schmelze schon nach wenigen Minuten einen sehr dunkel erscheinenden Streifen von Bleioxid, daneben setzt sich an der kalten Innenseite kristallines, schuppiges Bleioxid, die sogenannte „Federglätte", an. Die Kupelle soll sich dunkel vom Muffelboden abheben und ebenfalls dunkler sein als die Schmelze. Der Bleioxiddampf soll in mäßig wirbelnder Bewegung aufsteigen. Gegen Ende des Treibens verschwinden die „Glätteaugen" völlig. An ihrer Stelle huschen in den Regenbogenfarben schillernde dünne Bleioxidhäute über die helle Restschmelze, das sogenannte „Blumen", bis dieses und die Rauchentwicklung schlagartig aufhören und das Edelmetallkorn kurz aufglüht: es „blickt", um dann aber sofort dunkel und fest zu werden. Man muß daraufhin die Kupelle unverzüglich aus der Muffel nehmen, da nach dem „Blicken" die Silberverdampfungsverluste steil ansteigen. Allerdings soll das Herausziehen, besonders bei etwas größeren Körnern, schonend geschehen, will man nicht Gefahr laufen, daß das Korn „spratzt", wenn es noch nicht vollkommen erstarrt ist.

Zu diesen und anderen Abweichungen vom normalen Treibverlauf und zu weiteren Einzelheiten seien noch einige Erläuterungen gegeben:

Wenn die Kupellen heißer oder mindestens gleich heiß wie Muffelboden und treibende Legierung erscheinen, der geschmolzene Glättring sich nicht mehr abhebt oder gar verschwindet, keine Federglätte auftritt, die Bleioxidschicht in der Kupellenmasse hell leuchtet und der Bleioxidrauch steil aufsteigt, wird zu heiß getrieben. Man erniedrigt die Temperatur bei gas- oder ölbeheizter Muffel durch Reduktion der Brennstoffmenge; bei kohlebeheizter erstrebt man den gleichen Effekt durch weiteres Öffnen des Tores, Herausnahme der Holzkohle, Einsetzen kalter Scherben vor und hinter die Kupellen, Führen eines angefeuchteten spatelförmigen Gezähes, des „Kühleisens", direkt über den Kupellen und weitere Zugverminderung durch entsprechende Einstellung des Essenschiebers.

Als Ursache für die Bildung der „Federglätte" ist die Kondensation von Bleioxidrauch anzusehen. Wenn die Temperatur zu niedrig ist, kann die Kupelle nicht mehr rasch genug das relativ viskos gewordene flüssige Bleioxid aufsaugen. Die Kupellen erscheinen dann sehr dunkel, der Bleioxidring verbreitert sich zusehends und wird ebenfalls dunkelrot; Federglätte setzt sich in dicker Schicht um die immer matter wirkende Legierungsschmelze an. Der Bleioxidrauch zieht langsam und träge direkt über die Kupelle hin. Das sind Alarmzeichen für das gefürchtete *Einfrieren der Probe*. Die Ursache braucht nicht ausschließlich und nicht unbedingt an mangelnder äußerer Wärmezufuhr zu liegen. Ein großer Teil des Wärmebedarfs wird ja durch die Reaktionswärme sich bildenden Bleioxids gedeckt. Der Luftzug in der Muffel ist erfahrungsgemäß nicht gleichmäßig. Einzelne Kupellen können zu wenig Oxydationsluft erhalten und somit solche eben geschilderte Erscheinungen aufweisen, während benachbarte recht heiß gehen können.

Werden gegen das Erkalten nicht unverzüglich Gegenmaßnahmen ergriffen wie sofortiges kräftiges Heizen, Schließen des Muffeltores, Einlegen von mehr Holzkohle, so kommt es zum Einfrieren der Probe. Das Bleioxid erstarrt auf der Schmelze und verhindert weiteren Luftzutritt zu der oft noch flüssigen Metallschmelze. Solche eingefrorenen Kupellen sind zu verwerfen. Gewiß kann man, falls das Einfrieren zu Anfang des Treibens bei noch reichlichem Bleiüberschuß eintritt, durch Auflegen eines Stückchens Holzkohle, durch vorübergehendes Schließen des Muffeltores und Steigern der Arbeitstemperatur den Kupelleninhalt wieder zum Treiben bringen. Diese Maßnahmen kann man durch Nachsetzen einer oder einiger Bleischweren oder in Ermangelung dessen von Kornblei im Bleiskarnitzel ergänzen. Allerdings sind dann die Werte immer unsicher; besonders die Silberbestimmung fällt stets merklich oder gar sehr erheblich zu niedrig aus, sicherlich durch erhöhten „Kupellenzug" (s. S. 74) und verstärkte Verdampfung. Bei reinen Goldbestimmungen lassen sich bei nicht zu hohen Konzentrationen im Probegut allerdings meist keine wägbaren Abweichungen feststellen. Aber richtiger und sicherer ist die konsequente Wiederholung.

Gegen Ende des Treibprozesses läßt natürlich die Auswirkung der exothermen Bleioxydation nach; man muß also die Muffelhitze durch verstärktes Heizen allmählich steigern. Bei normaler Treibgeschwindigkeit und nicht zu großem Bleiregulus bedeutet das beim kohlebefeuerten PLATTNER-Ofen nicht etwa nochmaliges Auflegen von Brennstoff; vielmehr steigert sich die Temperatur von allein infolge des Durchbrennens der zu Beginn des Treibens aufgelegten Kohle, wobei man durch geschicktes Regulieren des Essenschiebers erheblich nachhelfen kann. Ein Durcharbeiten des Belags einer Rostfeuerung und Neuauflegen von Brennstoff während des Treibens ist grundsätzlich falsch und unter allen Umständen zu vermeiden, sinkt doch dabei zwangsläufig die Temperatur in der Muffel beträchtlich, gelegentlich um mehrere 100°. Sieht man sich bei noch geringer Übung vor solcher Notwendigkeit, so muß man durch Schließen des Tors und Einlegen erheblicher Mengen von Holzkohle in die Muffel das Treiben praktisch für eine – meist erhebliche – Zeitdauer unterbrechen. Das kann sehr fühlbare Einwirkung auf die Genauigkeit der Befunde haben.

Die Endtemperatur beim „Blumen" und „Blicken" hängt natürlich von der Zusammensetzung des Edelmetallregulus ab. Höhere Gehalte an Gold und vor allem an Platinmetallen verlangen wesentlich höhere Blickhitze als die bevorzugt Silber enthaltenden Körner.

Vom Auftreten erster Anzeichen des „Blumens" an ist der Treibvorgang in den einzelnen Kupellen sorgfältigst zu beobachten. Nach dem „Blicken", also dem kurzen starken Aufglühen der Edelmetallkörner durch das Freiwerden der latenten Schmelzwärme – es ist an kleinen, erstarrenden Körnern besonders gut zu beobachten –, soll man zwecks Vermeidung starker Verdampfungsverluste die Kupellen unverzüglich aus der Zone hoher Temperatur ziehen. Solche mit sehr kleinen oder aber gold- und platinmetallreichen Edelmetallkörnern, die mindestens zu $^1/_3$ ihres Gewichtes aus Gold und/oder Platinmetallen bestehen, kann man sofort herausnehmen, da sie durch und durch erstarrt sind. Größere Körner und unter diesen besonders die silberreichen würden bei solchem Verfahren „spratzen". Man zieht solche Kupellen in kurzen Abständen in der Muffel stückweise nach dem Tor zu zurück. Damit soll vermieden werden, daß sich überhaupt eine erstarrte Außenschicht, zumindest aber keine dicke (höchstens ein Häutchen) bildet, die dann der aus der Restschmelze im Inneren freigesetzte Sauerstoff explosionsartig durchbrechen und zerklüften würde. Erst nachdem das Korn erstarrt ist, was man meist an der leuchtenden Silberfarbe erkennt, soll man die Kupelle völlig herausnehmen. Trotz aller Vorsicht ist oft auch hierbei ein Spratzen unvermeidbar. Deshalb deckt man häufig die Kupelle mit dem noch flüssigen Korn durch eine zweite, sehr heiße ab. Damit will man erreichen, daß das Edelmetall nicht zuerst außen, vielmehr von innen her erstarrt. Erst danach nimmt man die Schutzkupelle ab und die Probe aus dem Ofen.

Unter „Spratzen" ist das explosionsartige Entbinden von Sauerstoff durch Zerfall von Ag_2O zu verstehen. Die Löslichkeit von Sauerstoff in reinem Silber unter Oxidbildung ist in der Nähe des Erstarrungspunktes am größten. Hierauf ist zurückzuführen, daß der im Vakuum bestimmte Schmelzpunkt des Silbers von 960,5° unter Atmosphärendruck nur 955° beträgt. Das „Spratzen" ist so zu erklären, daß die dünne Oberflächenschicht nach dem „Blicken" erstarrt, das Korn also dunkel wird. Im Innern bleibt das Ag_2O haltige Silber bis zu einer Temperatur von 938° flüssig. Bei dieser Temperatur zerfällt das Oxid, der Sauerstoff entweicht rasch, die Restschmelze erstarrt, die Temperatur steigt nochmals auf 960° an. Durch das schlagartige Freiwerden von Sauerstoff können die Oberfläche aufgerissen und

Silberteilchen herausgeschleudert werden. Dadurch und durch das „blumenkohl"-artige Aufblühen an der Oberfläche entstehen oft hohe Silberverluste. Durch langsames Abkühlen kann diese Erscheinung weitgehend, wenn auch besonders bei größeren Körnern nicht mit absoluter Sicherheit, verhindert werden. Das „Spratzen" ist an sich ein Zeichen für die Reinheit des Edelmetallkorns; es unterbleibt bei höheren Rückhalten an unedlen Verunreinigungen. Doch wurde es auch wiederholt bei höheren Kupfergehalten, wenn diese bis zu $^1/_4$ des Silbers betragen, bemerkt.

Kleinere Edelmetallkörner sind annähernd rund bis auf eine kleine Abflachung an der Aufsitzstelle, je größer sie werden, desto flacher werden sie, um schließlich mehr einer Linse zu ähneln. Über Beeinflussung der Form und der Farbe des Korns durch andere Elemente s. S. 71. Bei einwandfreier Arbeit soll das Edelmetallkorn zwischen 99,6–99,8% Edelmetall führen.

1.6.4.3. Verhalten von Verunreinigungen des Bleiregulus beim Treiben

Wird ein durch Ansieden sorgfältig vorgereinigter Bleikönig abgetrieben, so verläuft der Prozeß ohne Sonderheiten und Störungen. Lediglich die Verunreinigungen des Bleies, deren quantitative Entfernung durch Verschlackung beim Auftreten hoher Konzentrationen im Probegut schwierig ist, wie Kupfer, Wismut oder Tellur, können geblieben sein, ohne daß die dann meist geringen Mengen Schwierigkeiten oder Fehler verursachen werden.

Anders allerdings ist es, wenn entweder unzureichend gereinigte Reguli vorliegen, oder wenn man edelmetallreiche Probematerialien, wie z.B. Legierungen, Abfälle, Edelmetallschlämme usw., durch Eintränken in eine Bleischmelze in der Kupelle direkt abtreiben will. Man wird dann oft zu dem Schluß kommen, daß das direkte Abtreiben unzulässig ist und ein verbleiendes, und zugleich reinigendes Schmelzen auf dem Scherben vorweg zu gehen hat.

An der Färbung der Kupellenvertiefung, am Auftreten von unschmelzbaren Krusten und anderen Störungen des normalen Treibverlaufes kann der Probierer nicht nur wichtige Schlüsse über die sonstige Zusammensetzung seines Probematerials ableiten, sondern ebenso solche über die Zweckmäßigkeit seiner eingeschlagenen Methodik und über mögliche Ungenauigkeiten seines analytischen Befundes. Mitunter gehört dazu viel Erfahrung, da ja meist nicht nur *ein* verunreinigender Bestandteil vorliegt, Färbungen sich mischen bzw. eine stark färbende Substanz andere weniger intensive überdecken können.

In Kürze seien einige Charakteristika häufiger Verunreinigungen aufgeführt:

Wurde nur oder ganz überwiegend *Blei* oxydiert, so ist der mit der Schmelze in Berührung gewesene Teil der Innenseite der Kupelle bräunlichgelb gefärbt.

Wismut, wesentlich edler als Blei, reichert sich zunächst in der Bleiedelmetallschmelze an und wird in Analogie zum praktischen Betrieb erst oxydiert, wenn die Hauptmenge des Bleies abgetrieben ist. Bi_2O_3 (Schmelzpunkt rund 820°, Siedepunkt 1890°, beginnende Verflüchtigung ab etwa 950°) verhält sich, abgesehen von einer geringeren Verdampfungsneigung, analog wie PbO, löst sich in diesem und wird von der Kupelle aufgesaugt. Damit ist Wismut praktisch das einzige Metall gleichen Verhaltens wie Blei bei der Kupellation; es ist an sich möglich, edelmetallhaltiges Wismut direkt abzutreiben. Der Kupellenzug ist dann außerordentlich hoch, und es besteht die Gefahr, daß die Kupelle beim Abkühlen gesprengt wird. Man erkennt, daß es vorhanden war, an einem rötlichorangegelben Fleck um das Edelmetallkorn.

Kupfer, mit noch geringerer Sauerstoff-Affinität als Wismut, ist ebenfalls schwierig zu oxydieren, bei großen Konzentrationen kann sogar ein Teil im Edelmetall verbleiben. Seine vollständige Entfernung erfordert einen relativ großen Bleiüberschuß. Gebildetes Kupfer(I)-oxid (F 1235°) wird begierig vom Bleioxid unter starker Herabsetzung von dessen Schmelzpunkt gelöst und mit diesem von der Kupelle aufgesaugt. Auf diese starke Löslichkeit in Bleioxid ist wohl zurückzuführen, daß Kupfer eigentlich während der ganzen Treibperiode, wenn auch verstärkt an deren Ende, oxydiert wird. Es färbt die Kupellenmulde – je nach vorhanden gewesener Menge– schmutziggrün bis schwarz. Durch Anreicherung in der treibenden Schmelze kann es deren Einfrieren verursachen, vor allem aber können beträchtliche Konzentrationen im Korn zurückbleiben. Das Korn ist zwar häufig schwarz, braucht aber seine Farbe nicht zu verändern. Es weicht im allgemeinen dann nur stärker von der Kugel- bzw. Halbkugelgestalt ab, „es ist breiter gelaufen". Bei schwärzlich-grün-gefärbter Kupelle ist es unbedingt zu empfehlen, beim Scheiden der Körner die Lösung auf Kupfer zu prüfen und bei positivem Befund die Probe zu wiederholen. Die bei Kupferrückhalten im Korn entstehenden niedrigschmelzenden Kupfer-Silber-Oxid-Phasen verursachen durch Aufsaugen in der Kupelle Verluste.

Tellur färbt die Kupelle blaßrosa, allerdings verblaßt die Farbe bei der Abkühlung. Viel Tellur kann der Oberfläche des Edelmetallkorns ein mattes, „glasiertes", unebenes Aussehen verleihen, was übrigens auch Selen bewirkt. Beide Elemente erhöhen durch Verminderung der Oberflächenspannung der Schmelze die Verdampfungsverluste an Edelmetall und entfernen sich selbst erst gegen Ende des Treibens, wobei kleinere Mengen im Edelmetallkügelchen verbleiben können.

Antimon, in jedem Mengenverhältnis in geschmolzenem Blei löslich, kann bei unzureichendem Ansieden gelegentlich noch im abzutreibenden König vorliegen. Es oxydiert gleich am Anfang stark unter erheblicher Verdampfung in Form dicker Nebel von Trioxid (Erhöhung der Edelmetallverflüchtigung durch Konvektion) und bildet außerdem Bleiantimonit und Bleiantimonat ab Gehalten von etwa 2% Antimon im Regulus, das bei der meist noch niedrigen anfänglichen Treibtemperatur erstarren und in größeren Mengen dadurch die Kupelle unter Auslaufen eines Teiles der Schmelze zersprengen kann. In kleineren Mengen macht es die Kupelle rissig und bildet einen charakteristischen Ansatz gelber Schlacke, in der Edelmetallrückhalte vorliegen können. Allerdings sollen solche Erscheinungen bei einwandfreier Vorarbeit nicht auftreten.

Arsen kommt seltener vor, verhält sich im übrigen ähnlich, wenn auch nicht so ausgeprägt wie Antimon.

Besonders unangenehm können Zink, Zinn, Eisen oder Nickel und Kobalt infolge der geringen Löslichkeit ihrer Oxide in geschmolzenem Bleioxid wirken. Eigentlich können sie in nennenswerter Menge nur beim Eintränken entsprechender Vormaterialien auftreten.

Zink brennt dabei teilweise gleich zu Anfang mit seiner typischen grünweißen, leuchtenden Flamme ab; das übrige gebildete Zinkoxid (F etwa 2000°) bildet, da ein ausreichendes Angebot von geschmolzenem Bleioxid zu seiner Auflösung allgemein fehlt, unschmelzbare Krusten an der Kupellenoberfläche und bringt durch Abschluß des Luftzutritts zur Schmelze das Treiben zum Stillstand.

Ebenso können größere Mengen an *Zinn*, dessen Verbindungen im Anfangsstadium des Treibens in Oxide bzw. Stannate umgewandelt werden, bei Fällen einer für die Verflüssigung ausreichenden Menge Bleioxid das Treiben verhindern.

In Gegenwart von *Eisen*, *Kobalt* und *Mangan*, die die Kupelle rot färben würden, ist darauf zu achten, daß ihre Oxide mit genügend Bleioxid leicht schmelzbare Verbindungen vom Typ basischer Ferrite bilden, die von der Kupelle aufgenommen werden.

Das gleiche gilt für *Nickel*, das grün färbt. Durch größere Mengen könnte Einfrieren der Probe verursacht werden. Ansätze oder Krusten an der Kupellenwandung können auch durch unsauberes Arbeiten (mangelhaftes Abputzen des Bleikönigs) verursacht sein. Alle solche Proben sind unsicher, weil in den Ansätzen edelmetallhaltiges Blei eingeschlossen oder zurückgehaltene Bleikügelchen für sich abgetrieben sein können. Man sollte sie daher grundsätzlich verwerfen, aber vor ihrer Wiederholung die Ursachen der Krustenbildung klären.

1.6.4.4. Das Edelmetallkorn

Wie bereits erwähnt, besitzen kleine Körner fast kugelige Gestalt, größere sind linsenförmig, sehr große, wie sie allerdings beim Probieren bei richtig gewählter Einwaage üblicherweise nicht anfallen, sind breitgelaufen und knopfähnlich. Infolge des Schwindens beim Erstarren ist die Oberfläche an einer oder einigen Stellen schwach, aber deutlich eingefallen. Körner, die nur aus reinem oder güldischem Silber bestehen, sollen absolut blank sein und deutlich glänzen. Das gleiche gilt für die Aufsatzfläche auf der Kupellenmasse. Gelbliche oder matte Oberflächen deuten auf Rückhalte an Blei oder Kupfer hin, was auf unzureichende Endhitze in der Muffel schließen läßt oder auch auf Gehalte an Platinmetallen. Deshalb ist eine genaue Betrachtung der Körner mit bloßem Auge oder der Lupe wichtig und oft sehr aufschlußreich. Wir kommen darauf in Kürze nochmals zurück.

Die Körner sind wegen geringer Gehalte an Blei und etwas Kupfer nicht ganz ohne Verunreinigungen, ihre Reinheit schwankt vielmehr zwischen 996 bis über $998^0/_{00}$. Oft meint man, daß der Rückhalt an Unedelmetallen die Treibverluste an Edelmetall ausgleiche. Doch ist dies sehr unsicher; man verlasse sich nicht darauf, sondern wende in allen wichtigen Fällen die Treibekontrolle an (s. S. 79).

Bevor wir uns mit der Weiterbehandlung der Edelmetallkörner befassen, seien noch einige Ausführungen zum *Einfluß von Verunreinigungen auf ihr Äußeres* gemacht.

Gelbliche, matte Körner haben nicht „geblickt", sie enthalten noch Blei. Dasselbe gilt, wenn ihre Aufsitzfläche nicht glänzend ist oder sie gar „Wurzeln" aufweisen. Dann ist die Probe zu wiederholen bzw. bleibt diese bei mehreren Kontrollbestimmungen, die man allgemein durchführt, bei der Ermittlung des durchschnittlichen Gehalts ohne Berücksichtigung. Übrigens verfährt man genau so bei sogenannten „Ausreißern", extrem hohen oder niedrigen Werten von Einzelproben, aus denen man auf Fehler oder auf das Vorliegen recht unregelmäßiger Edelmetallverteilung, also z. B. auf Vorliegen gediegenen Metalls im Probegut schließen kann.

Kupfer in Mengen von 1–2% vom Korngewicht braucht sich nicht am Kornaussehen bemerkbar zu machen. Allerdings wird schon eine schwärzlichgrüne Kupellenfarbe darauf zu schließen gestatten; mitunter auch können die Körner eine matte, schwärzlichgraue Farbe zeigen oder blanke Körner breitgelaufen sein, was zusammen mit der für Kupfer typischen Kupellenfärbung auf Rückhalte an diesem Metall deutet.

In güldischem, d. h. goldhaltigem Silber braucht ein *Gold*gehalt nicht erkennbar zu sein. Das ist vor allem dadurch bedingt, daß erst ab 44% Au bei einem diese beiden Edelmetalle enthaltenden Korn eine Farbänderung gegenüber dem reinen Silberglanz eintritt. Kleine Goldgehalte verstärken sogar den Silberglanz und die Glätte der Oberfläche. Erst oberhalb 44% Au wird das Korn gelbstichig, der Goldton wird mit steigender Konzentration immer deutlicher. Die reine Goldfarbe weisen allerdings erst Körner mit mindestens 98% Au auf. Solche überwiegend oder nur Gold enthaltende Kügelchen haben geschmolzen die typische leuchtende, grüne Farbe dieses Edelmetalls und zeigen erhebliche „Unterkühlungserscheinungen", die durch Kupferrückhalt noch erhöht werden[1]. Beim Erstarren „blicken" sie mit starkem grünlichem Licht.

Interessant ist die von älteren amerikanischen Probierern wiedergegebene Beobachtung, daß beim Abtreiben reinen Silbers oder Goldes mit ebenso reinem Blei die Aufsatzstelle des Edelmetallkorns grüngefleckt ist, und daß bei hoher Treibtemperatur und dadurch erhöhtem Edelmetallverlust dieser grüne Fleck vergrößert ist, woraus man auf Verluste schließen kann.

---

[1] Riemsdjik, A. D. v.: Chem. News Bd. 41 (1880) S. 126 ff.

Während kleine Platin- und Palladiumgehalte (mit Sicherheit Pd-Gehalte unter 0,15%, Pt-Gehalte nach SCHIFFNER schon in der Größenordnung von 0,015%, nach anderen und unseren Beobachtungen erst ab etwa 0,4–0,5%) das Blicken von Silber- und Goldkörnern nicht verhindern, genügen hierzu schon Spuren von Iridium, Rhodium, Osmium oder Ruthenium. Dies bietet eine Möglichkeit, diese seltenen Platinmetalle bzw. -beimetalle zu erkennen. Ganz grundsätzlich kann man aber sagen, daß die Anwesenheit dieser Metalle sich dem sorgfältigen Analytiker entweder durch die Oberfläche des Korns oder gar an Absonderlichkeiten während der Endphase des Treibens enthüllt.

Am wenigsten äußert sich das an *Palladium*, das sich grundsätzlich wie Platin, aber weniger deutlich verhält. *Platin* ist besser an bevorzugt Silber als an Gold enthaltenden Körnern erkennbar. Bei schwacher Vergrößerung erkennt man an jenen bei 0,4% Pt mit bloßem Auge die charakteristische matte Oberfläche. Bei einigen Prozent Platin wirkt das silberreiche Korn rauh, matt und kristallin. Oberhalb 8% ist das Körnchen breitgelaufen, es läßt sich nur bei sehr starker Hitze annähernd fertigtreiben, enthält aber fast immer noch mehrere Prozent Blei. Ebenso haftet es sehr fest an der Kupellenmasse.

Iridium legiert sich schlecht auch mit geschmolzenem Gold oder Silber und scheidet sich daher in größerer Menge als schwärzliche Flecken bereits in der flüssigen Phase aus. Noch deutlicher werden die Flecken nach dem Auswalzen oder Ausplatten für die Scheidung bemerkbar. Die Kornoberfläche ist wohl weniger rauh als bei Platin, läßt aber deutlich Korngrenzen erkennen. Unter dem Mikroskop sieht man gestreifte, „gestrickte“ Kristallflächen. Schon Mengen von $^1/_{100}$% verspröden die Körner. Außerdem verhindert es – wie ausgeführt – schon in geringsten Konzentrationen das Blicken.

Rhodium ist leicht schon in Spuren erkennbar; ab 0,004% bewirkt es in Silberkörnern makroskopisch sichtbare Kristallisation (wie ein „geschliffener Edelstein“). Oberhalb 0,04% Rh ist ein Spratzen des Silberkorns trotz aller denkbaren Vorsichtsmaßnahmen unvermeidlich. Die Oberfläche des Korns wird bereits durch solche kleinen Mengen blaugrau gefärbt.

Ruthenium gibt blauschwarze kristalline Ausscheidungen besonders an den unteren Partien des Korns, mit bloßem Auge ab 0,004% erkennbar. Mikroskopisch sieht man eine typisch „verstrickte“ und „verzahnte“ Oberflächenstruktur.

Osmium wird beim Treiben größtenteils als Osmium(VIII)-oxid verflüchtigt. An silberreichen Körnern will man schwarze Flecken, die gegen Ende des Treibens abwechselnd aufleuchten und verblassen, nach dem Erstarren aber verschwinden, beobachtet haben.

Naturgemäß haben viele Probierer höchst selten mit diesen Metallen zu tun, höchstens noch mit Platin und Palladium. Wir mußten uns bei diesen Beobachtungen vielfach auf Veröffentlichungen von LODGE [75], BANNISTER[1] und SCHIFFNER [72] stützen.

1.6.4.5. Weiterbehandlung und Wägung der abgeblickten Edelmetallkörner

Nach dem Blicken und Erstarren der Edelmetallkörner setzt man die Kupellen unter Einhaltung der festgelegten Reihenfolge auf dem „Kupellenblech“ ab und läßt sie auskühlen. Dann faßt man die Körnchen mit einer mit blanken Spitzen ausgerüsteten Kornzange (Abb. 19), man „sticht sie aus“. Dabei übt man, nachdem man die Körner fest gepackt hat, einen Druck aus, wodurch sie etwas verformt werden. Dann legt man sie auf einem kleinen Amboß ab, faßt nochmals mit der Zange im rechten Winkel zum ersten Ergreifen und drückt wieder stark. Dadurch erhalten die ursprünglich runden Körner mehr würfelige Gestalt, wodurch sie bei den fol-

---

[1] BANNISTER, F. B.: Trans. Inst. Min. Met. Bd. 23 (1913) S. 163ff.

genden Manipulationen sicherer gefaßt werden und nicht so leicht wegspringen können. Dabei löst sich bereits ein Teil etwa anhaftender Kupellenmasse.

Unter keinen Umständen darf man die Edelmetallkörner mit den Fingern berühren, da die Handfeuchtigkeit nicht nur das Gewicht verfälschen, sondern auch die Natriumchloridausscheidung der Haut bei der Scheidung stören würde. Man bürstet dann die Auflegfläche sauber mit einer harten Messingbürste, der „Kornbürste", ab und prüft gegebenenfalls mit der Lupe, ob keine Masseteilchen mehr anhaften. Die gereinigten Körner legt man dann in den Vertiefungen eines „Kornbleches" unter Beobachtung der ein für allemal festgelegten Ordnung ab.

Danach werden die Körner gewogen, und zwar bei der Silberbestimmung auf 0,2 mg, bei der von Gold und Platinmetallen auf 0,01–0,02 mg genau. Da man allgemein eine Reihe von Parallelbestimmungen durchführt, kann man dabei verschieden verfahren: entweder wägt man die Körner einzeln und bildet dann unter Ausschaltung der Extremwerte – bei starken Abweichungen von den in späteren Kapiteln zu erörternden zulässigen Toleranzen ist eine Wiederholung an einer neu gezogenen Durchschnittsprobe nötig! – den Mittelwert, oder man vergleicht jeweils 2 Körner durch Auflage auf die beiden Waageschalen, tariert aus, notiert die Differenz und wägt dann alle Körner, ebenfalls unter jeweiligem Heraushalten von „Ausreißern", gemeinsam, spart dabei an Zeit, ohne die Genauigkeit zu mindern (im Gegenteil: man wird exakter auswägen können), und erhält so leichter den Durchschnitt.

Edelmetallwaagen. Schon vor Jahrhunderten benutzte man zum Auswägen der Edelmetallkörner besonders empfindliche Waagen. Bereits AGRICOLA kennt drei Arten Waagen unterschiedlicher Wägegenauigkeit: die gröbste für Schmelzzuschläge, die mittlere zum Einwägen der Probegüter und die feinste, wie ältere heutige Modelle als „Aufziehwaage" konstruierte, für die Edelmetallkörner mit Empfindlichkeiten offensichtlich bis unter 1,0 mg. Gehäuse schützten schon damals die Waagen vor Verschmutzung und vor Luftzug.

Die Waagen sind naturgemäß im Laufe der Zeit erheblich verbessert worden. Die empfindlichsten unter ihnen, die Goldwaagen, sollen auf 0,02 mg genau wägen und die Abschätzung der Hälfte davon gestatten. Für höchste Genauigkeit reichen die sogenannten „Semimikrowaagen" oder „Torsionswaagen" völlig aus, wie sie von allen renommierten Spezialfirmen heute gebaut werden.

Die älteren speziellen Goldwaagen besitzen aushebbare Wägeschälchen geringen Durchmessers, oft annähernd halbkugeliger Form. Bei den modernen Semimikrowaagen hat man oft mit dem Gehänge fest verbundene Waageschalen von 60–70 mm Durchmesser. Man setze auf diese auch Edelmetallkörner nie direkt auf, sondern benutze genau austarierte besondere Wägeschälchen oder Wägegläser.

Es ist selbstverständlich mit größter Sorgfalt und Genauigkeit zu arbeiten, da sich Wägefehler bei der üblichen Umrechnung der Edelmetallgehalte auf g/t unter Berücksichtigung der üblichen Einwaagen an Probegut in einem Vielfachen vergrößern. Man soll aber bei dieser Endstufe nur die Genauigkeit anwenden, die durch die Exaktheit und Fehlermöglichkeiten der Bestimmung gegeben und damit sinnvoll ist. Man wird also vielfach, z.B. bei Silberbestimmungen an Erzen und Hüttenprodukten, durchaus mit der Genauigkeit der üblichen Analysenwaagen (0,1 mg) auskommen. Auch hier gilt übertragen der Satz, daß „sich durch nichts der Mangel an mathematischer Bildung so deutlich erweist, als durch übertriebene Genauigkeit im Zahlenrechnen".

1.6.5. Genauigkeit der Bestimmung

Unter den Edelmetallen ist Silber am flüchtigsten. Daraus resultiert, daß sich Verluste in erster Linie an diesem bemerkbar machen. Dazu kommt, daß normalerweise die Silberkonzentration die der anderen Edelmetalle im zurückbleibenden Edelmetallkorn um ein Mehrfaches, ja meist um ein Vielfaches, übertrifft, so daß Verluste an diesen oft, da sie unter der Wägegenauigkeit liegen, unbemerkt bleiben. Es hat sich daher – verständlicherweise – eingebürgert, nur von „Silberverlusten" zu sprechen, obwohl solche an den anderen edlen Metallen durchaus auch eintreten.

Verluste können bedingt sein:

1. durch die Zusammensetzung, die Porosität und Form der Gefäße,
2. durch die Arbeitstemperatur,
3. durch das Verhältnis Blei zu Edelmetall und damit durch die Prozeßdauer,
4. durch Menge und Art der Verunreinigungen des Regulus,
5. durch die Stärke des in der Muffel herrschenden Luftzuges,
6. durch das „Spratzen" des Edelmetallkorns,
7. durch den Übergang von Silber und anderen Edelmetallen und in geringem Umfang gebildetem Silberoxid in das Bleioxid,
8. durch Verdampfung.

Die einzelnen Verlustquellen wirken sich unterschiedlich aus, am meisten der Punkt 2, durch den auch 7 und 8 maßgeblich bestimmt sein können, sowie 3.

Andererseits können zu hohe Befunde vor allem durch Rückhalt von Blei im Edelmetallkorn bei zu niedriger Arbeitstemperatur oder durch Rückhalt von relativ edleren Verunreinigungen, wie z. B. Kupfer, infolge unzureichender Vorverschlackung und zu geringer Bleimenge im Verhältnis zur Menge dieser relativ edlen Unreinheiten bedingt sein. Meist muß man mit einem Bleirückhalt in der Größenordnung von 0,2–0,3% des Korngewichtes rechnen. Verursacht durch zu poröse oder rissige Kupellen, aber auch durch höhere Zink- oder Antimongehalte im Bleiregulus kann die *Basisfläche* der Edelmetallkörner nicht glatt sein, sondern sogenannte „Wurzeln" oder einen „Bleisack", d. h. also Auswüchse in das Kupelleninnere, aufweisen. Solche Proben sind immer ungenau, da einmal die Wurzeln infolge unzureichenden Luftzutritts meist recht bleireich anfallen (daher der zweite Name: „Bleisack" dafür), zum anderen solche Ansätze auch abreißen und in der Kupellenmasse verbleiben können. Diese Proben sind zu verwerfen.

Ideal wäre es natürlich, wenn beide Arten von Fehlerquellen sich aufheben würden, womit man aber nicht rechnen darf. Daraus ergibt sich die Notwendigkeit ihrer weitestgehenden Ausschaltung.

Auf die einzelnen *Verlustursachen* sei im folgenden etwas näher eingegangen:

Die Anforderungen, die an ein gutes Treibgefäß (Kupelle) gestellt werden müssen, wurden bereits auf S. 17 und 65 genannt. Ergänzend ist anzuführen, daß durch Freisetzen von Gasen (Wasserdampf, Kohlendioxid usw.) aus einer ungeeigneten Kupelle unter Umständen Schmelzeteilchen herausgeschleudert werden können.

Eine direkte funktionelle Abhängigkeit besteht zwischen Edelmetallverlusten und der *Arbeitstemperatur*, sie steigen mit dieser. Die Auswirkungen zu starker Hitze sind verschieden: Zunächst einmal besitzt flüssiges Silber beim Schmelzpunkt eine sehr starke Löslichkeit für Sauerstoff (bis zum Zwanzigfachen seines eigenen Volumens), während eine solche in der festen Phase praktisch nicht gegeben ist. Es wurde bereits darauf hingewiesen, daß hierauf die recht unangenehme, mit der Reinheit ansteigende Neigung des Silbers zum „Spratzen" beim Übergang vom flüssigen in den festen Zustand beruht. Der Sauerstoff liegt gemäß der Umsetzung

$$2\,Ag + 1/2\,O_2 \rightleftharpoons Ag_2O$$

hauptsächlich als Oxid im schmelzflüssigen Silber vor. Dem beträchtlichen Lösungsvermögen für Silberoxid steht durch den Zerfall, der bei 160° einsetzt und bei 182° beendet ist, eine Störung des Gleichgewichtes gegenüber, wodurch das Reaktionsprodukt Sauerstoff rasch abgeführt wird. Geschmolzenes Silber vermag bei einem Sauerstoffpartialdruck von 1 at 3,25 Mol-% Ag_2O = ungefähr 6,75 Gew.-% Ag_2O unter Erniedrigung des Erstarrungspunktes auf 928–930° zu lösen. Bleioxid nimmt bei Atmosphärendruck mindestens 10 Mol-% Ag_2O = etwa 10,5 Gew.-% Ag_2O auf, wodurch die Schmelztemperatur auf 750° absinkt. Noch größer ist die Löslichkeit von Silberoxid in flüssigem Kupferoxydul: 44 Mol-% = etwa 56 Gew.-% Ag_2O bei 980°[1]. Es leuchtet ein, daß die Silberoxidauflösung in geschmolzenem Bleioxid in direkter funktioneller Beziehung zum Gehalt des Bleioxids an Oxiden des Kupfers steht.

Zumindest ein Teil des Silberoxids wird mit der Hauptmenge des Bleioxids von der Kupelle aufgesogen. Dies bezeichnet man als den „*Kupellenzug*", dessen Höhe in direkter Abhängigkeit zur Treibtemperatur, zu der Porosität der Kupellenmasse und der Dauer des Abtreibens, also letztlich der Bleimenge steht.

Ebenso ist der *Verflüchtigungsverlust* an Silber temperaturabhängig. Daneben wird er aber stark beeinflußt durch die Prozeßdauer, die Oberfläche, die Silberkonzentration in der Legierung (Ansteigen mit deren Erhöhung, am größten an Reinsilber), die Gasströmung und deren Zusammensetzung sowie durch Anwesenheit größerer Mengen leichtflüchtiger Elemente und deren Verbindungen, besonders von Zink, Arsen, Antimon, aber auch von Selen, Tellur, Cadmium u.a., also durch Konvektion. Da der Siedepunkt des Silbers nach KOHLMEYER zu 2170° einzusetzen ist und nach der allgemeinen Dampfdruckformel

$$\log p = AT^{-1} + B \log T + CT + D \text{ [mm Hg-Säule]}$$

sich für 1000° ein Partialdruck von rund 0,0057 mm Hg, für 1100° von rund 0,034 mm Hg errechnet, wird häufig die intermediäre Bildung eines flüchtigen Silberoxids angenommen. (In der obigen Formel bedeuten T die absolute Temperatur, A, B, C, D Konstante, die für flüssiges Silber nach KUBASCHEWSKI-EVANS[2] zu A = − 14,260, B = − 1,055, C = 0, D = 12,23 einzusetzen sind.) Dies wird durch die experimentelle Beobachtung bestätigt, daß bei 1400° die Silberverflüchtigung den etwa dreifachen Umfang in Sauerstoffatmosphäre und den etwa zweieinhalbfachen in Luft gegenüber der in Kohlenmonoxid beobachteten annimmt [100, Bd. I, S. 82]. Daneben begünstigen Platin, Palladium, Iridium und die relativ sauerstoffaffinen Metalle Eisen, Nikkel und Kobalt die Silberverdampfung.

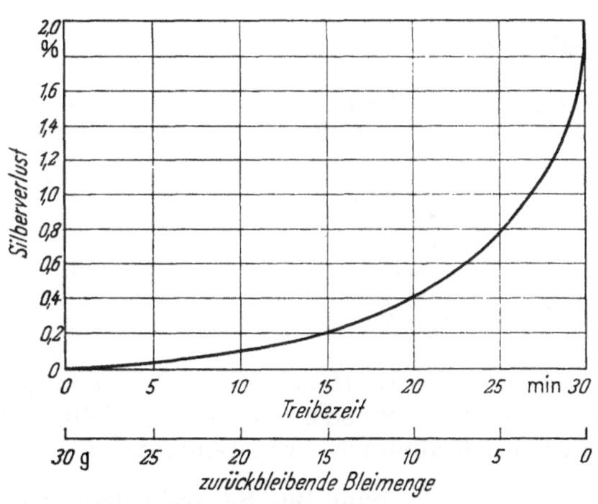

Abb. 28. Silberverlust beim Abtreiben eines Bleiregulus von 30 g mit 0,1 g Ag (nach BUGBEE)

Die Abhängigkeit des Silberverlustes von der *Treibzeit* und der *Bleimenge* veranschaulicht Abb. 28 nach einer Darstellung von BUGBEE [99, S. 106]. Seinem Werk sind auch die Tabellen 7–9 entnommen, welche die Abhängigkeit des Silberverlustes von der Temperatur, dem Bleiüberschuß und dem Verhältnis Blei zu Silber aufzeigen.

Zu im Prinzip gleichen, wenn auch in der Größenordnung der Verluste zum Teil stärker abweichenden Feststellungen war bereits früher BERINGER [70] gekommen. Offensichtlich erklären sich aber die Differenzen der Befunde durch Unterschiede der Temperatur, deren exakte Ermittlung schwierig ist, und der Kupellenqualität.

---

[1] KOHLMEYER, E. J., und H. HENNIG: Erzmetall Bd. 7 (1954) S. 153 ff. – H. HENNIG: Erzmetall Bd. 8 (1955) S. 117 ff. (hier auch weitere Lit.-Angaben).
[2] KUBASCHEWSKI-EVANS: Metallurgical Thermochemistry. 2. Ausg. 1956, S. 322.

Tabelle 7. *Temperaturabhängigkeit des Silberverlustes* (nach BUGBEE [99])

Ag mg	Pb g	Treibetemperatur °C [1]	Durchschnittlicher Ag-Verlust % v. Vorlauf	Bemerkungen
200	10	700	1,02	Federglätte rings um das Korn (also zu kalt getrieben)
200	10	775	1,30	Federglätte an kälterer Seite der Kupelle (nach Muffeltor, richtig gearbeitet)
200	10	850	1,73 ⎫	keine Federglätte, also zu heiß getrieben
200	10	925	3,65 ⎬	
200	10	1000	4,88 ⎭	

[1] Die Treibtemperatur wurde mittels Platin-Rhodium-Thermoelement etwa 6 mm über dem Korn gemessen.

Tabelle 8. *Auswirkung einer Veränderung des Blei-Silber-Verhältnisses durch Erhöhung des Blei-gehaltes bei gleichbleibender Silbermenge und Temperatur* (nach BUGBEE [99])

Ag mg	Pb g	Bleiüberschuß x-fach	Temperatur °C [1]	Silberverlust % v. Vorlauf
200	10	50	685	1,39
200	15	75	685	1,38
200	20	100	685	1,52
200	25	125	685	1,85

[1] Meßstelle und verwandtes Instrument nicht angegeben. Augenscheinlich erheblich über der treibenden Legierung angeordnet.

Tabelle 9. *Auswirkung eines veränderten Blei-Silber-Verhältnisses (Bleimenge konstant, Silbermenge variiert) bei gleicher Treibtemperatur* (nach BUGBEE [99])

Bleimenge g	15	15	15	15	15	15	15
Silbermenge mg	200	100	50	20	10	5	2
Bleiüberschuß x-fach	75	150	300	750	1500	3000	7500
Silberverlust % v. Vorlauf	1,73	2,03	2,65	2,82	3,44	4,46	6,90

BERINGER ermittelte an Legierungen aus 20 g Pb und 0,1 g Ag allein bzw. mit entweder 0,5 g Sb oder 0,5 g Cu (Verhältnis Pb : Ag : Verunreinigung = 200 : 1 : 5) noch den Einfluß von Verunreinigungen:

reine Blei-Silber-Legierungen	Silberverlust 2,9%
mit Antimonzusatz	Silberverlust 3,2%
mit Kupferzusatz	Silberverlust 4,9%

Er schließt hieraus verständlicherweise auf einen schädlichen Einfluß des im Vergleich zum Antimon viel edleren Kupfers, das im Gegensatz zu jenem bereits anfänglich oxydierten Metall hartnäckig bis fast zum Ende des Treibens in der Legierung verbleibt und dessen Auswirkungen auf die Silberverluste bei Bleimangel noch ansteigen.

Diese Beobachtungen müssen um so bedeutungsvoller erscheinen, als größere Mengen an *Kupfer* im Probegut auf Grund seines relativ edlen Charakters kaum bei der Ansiede-, geschweige denn bei der Tiegel- oder Tutenprobe völlig verschlackt werden, daß also immer mit einem mehr oder minder hohen Rückhalt im Regulus zu rechnen ist.

Allerdings kommen EAGER und WELCH in einer bei BUGBEE wiedergegebenen Untersuchung zu etwas anderen Ergebnissen und Folgerungen (s. Tab. 10).

Tabelle 10. *Einfluß von Kupfergehalten des Bleiregulus auf die Silberverluste beim Treiben bei gleicher Temperatur*

Zusammensetzung des Bleiregulus			Verhältnisse			Silberverluste aus 3 Proben	Bemerkungen
Pb g	Cu mg	Ag mg	Pb : Cu	Cu : Ag	Pb : Ag	% v. Vorlauf	
10	10	202	1000 : 1	1 : 20	50 : 1	1,03	
10	20	203	500 : 1	1 : 10	50 : 1	1,11	
10	30	202	333 : 1	1 : 6,7	50 : 1	1,31	
10	40	202	250 : 1	1 : 5	50 : 1	1,46	
10	50	204	200 : 1	1 : 4	50 : 1	1,02	Silberkorn Cu-haltig

Hier ist freilich die Kupferkonzentration wesentlich geringer und das Verhältnis Pb : Cu : Ag ganz anders als bei BERINGERs Experimenten (BERINGER: Pb : Cu : Ag = 200 : 5 : 1; EAGER und WELCH: 50 : 0,05 bis 0,25 : 1). Aus den letzteren Versuchen scheint hervorzugehen, daß allerdings nur sehr kleine Kupfergehalte der Legierung die Silberverluste vermindern, wie teilweise angenommen wird, durch die oxydationshemmende Wirkung des Kupfers. Bei höheren Kupferkonzentrationen (ab etwa 1 Cu : 5 Ag) scheint der Silberverlust gegenüber kupferfreien Legierungen anzusteigen. Vor allem besteht aber die Gefahr des Kupferrückhaltes im Edelmetallkorn, was man nur durch Erhöhung der Treibtemperatur verhindern könnte, wodurch allerdings zwangsläufig die Silberverluste durch verstärkte Oxydation und Verdampfung ansteigen müßten. Leider läßt die mangelnde Vergleichsmöglichkeit der Treibtemperatur einen zwingenden Schluß darauf nicht zu, ob nicht diese und der Bleiüberschuß bevorzugt für die Verluste verantwortlich sind. Letzten Endes kann man also aus BERINGERs und EAGER-WELCHs Untersuchungen nicht gänzlich verschiedene Schlüsse herleiten, vielmehr dürften sie sich durchaus ergänzen.

Grundsätzlich ist aber festzustellen, daß verunreinigte Bleireguli die Silberverluste erhöhen, wobei es durchaus gleichgültig zu sein scheint, ob die Verunreinigung oder ihre Oxide bei den Arbeitstemperaturen hohen oder niedrigen Dampfdruck aufweisen. Verlustfördernd scheint also auch ihre im Vergleich zum Edelmetall höhere Sauerstoffaffinität zu sein.

Analog haben Untersuchungen über *Goldverluste* ergeben, daß solche beim Treiben durchaus eintreten. Allerdings liegen sie niedriger als die Silberverluste, weil die Oxydationsneigung und der Dampfdruck des Goldes bei der Treibhitze erheblich geringer als die des Silbers sind. Die höhere Schmelztemperatur des Metalls (1063°) und auch der relativ silberreicheren Legierungen (bis 60% Ag: über 1000°) fordert natürlich auch erhöhte Treibhitze und steigert damit die Verdampfung. Bei den meist geringen Goldauswaagen kann allerdings das Minderausbringen als unterhalb der Wägegenauigkeit liegend unbemerkbar sein. Bei größeren Mengen ist es jedoch immerhin beachtlich. Die Verluste liegen bei silberfreien Körnern etwa in der Größenordnung eines Viertels der bei Silber bei gleicher Temperatur beobachteten. Eine gleichzeitige Anwesenheit von Silber, die fast immer gegeben ist, vermindert die Differenz zwischen wahrem Gehalt und Probierergebnis; Silber schützt also das Gold vor Verschlackung und Verdampfung (Abb. 29).

Analog wie bei Silber erhöhen sich die Goldverluste bei Anwesenheit von Verunreinigungen im Bleiregulus. Kleine Kupferkonzentrationen im Regulus bleiben ohne stärkere Auswirkungen auf die Richtigkeit des Befundes; ab solchen von etwa $^1/_{10}$ der Goldmenge besteht die Gefahr des Kupferrückhaltes im Edelmetallkorn bei niedriger Treibtemperatur und bei zu geringem Bleiüberschuß (mindestens 500 Gewichtsteile Blei zu 1 Gewichtsteil Kupfer). Bei gleichzeitiger Anwesenheit von Silber und Kupfer bedingt ein Ansteigen des Kupfergehaltes ein entsprechendes Wachsen des Goldverlustes. Dieser steigt ebenfalls mit dem Bleiüberschuß und der Temperatur; der Minderbefund beim Probieren handelsüblichen Goldes (999 $^o/_{oo}$) wird zu 0,03–0,07% des Vorlaufes genannt.

Genau wie im Hüttenbetrieb sind die Edelmetallverluste über die Treibperiode hin nicht gleich; sie steigen vielmehr mit zunehmender Edelmetallkonzentration im Bleikönig.

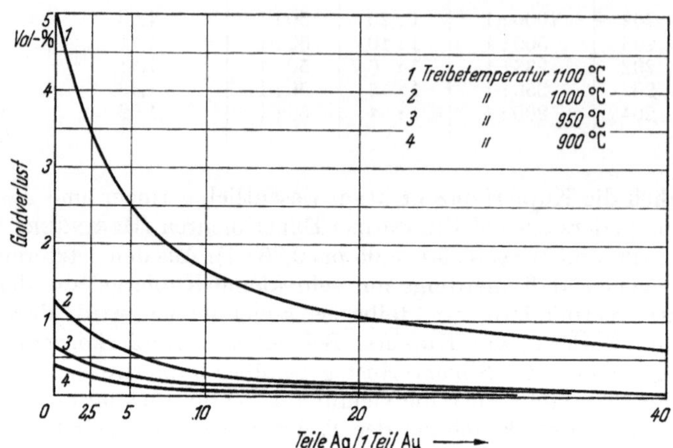

Abb. 29. Schutzwirkung von Silber auf den Goldverlust beim Treiben (nach SANGER und BUGBEE)

Eine kritische Auswertung aller bekannten Einflüsse auf Gold- und Silberverluste beim Treiben weist auf die *vorherrschende Bedeutung dreier Faktoren* hin:

1. des Bleiüberschusses,
2. der Temperatur,
3. der Kupfergehalte und der Gehalte anderer Verunreinigungen.

Weniger Einfluß scheint die Größe der Edelmetallkörner zu haben. Gewiß wird mit Recht allgemein darauf verwiesen, daß bei kleinen Edelmetallkörnern sich eine relativ größere prozentuale Abweichung gegenüber dem tatsächlichen Gehalt des Probegutes ergibt als bei größeren. Dabei darf allerdings nicht übersehen werden, daß die praktischen Auswirkungen bei hohen Edelmetallkonzentrationen trotz dem relativ kleineren Verlust stärker ins Gewicht fallen als bei kleinen (Wägegenauigkeit; in ersterem Fall kleinere Einwaage an Probegut, also stärkere Vervielfachung des Fehlers bei der Umrechnung auf die Einheit).

Entscheidend bestimmt aber auch hierbei der Bleiüberschuß die unterschiedliche Differenz von Befund und effektivem Gehalt, wie sowohl die vorher angeführten Tabellen als auch eine Gegenüberstellung der von SCHIFFNER [72] mitgeteilten BERINGERschen Versuchsergebnisse erkennen lassen (Tab. 11).

Tabelle 11. *Einfluß der Größe des Silberkorns auf die Höhe der Abweichung*

a) veränderliches Pb/Ag-Verhältnis				b) gleichbleibendes Pb/Ag-Verhältnis			
Pb g (Einwaage)	Ag mg	Verhältnis Pb : Ag	Ag-Verlust % v. Vorlauf	Pb g (Einwaage)	Ag mg	Verhältnis Pb : Ag	Ag-Verlust % v. Vorlauf
20	12,5	1600 : 1	5,6	0,65	65	10 : 1	1,22
20	25,0	800 : 1	5,6	6,5	650	10 : 1	1,13
20	50,0	400 : 1	3,2	16,25	1625	10 : 1	1,07
20	100,0	200 : 1	2,9				
20	200	100 : 1	2,8				
20	400	50 : 1	1,7				
20	800	25 : 1	1,7				

Während bei veränderlichem Bleiüberschuß der Unterschied zwischen minimalem und maximalem Fehler mehr als das $3^1/_2$fache ausmacht, beträgt er bei gleichbleibendem und dabei relativ geringem Bleiüberschuß nur knapp 1,5%, was sich sowohl mit Ungenauigkeiten beim Ein- und Auswägen als auch durch unvermeidliche kleine Unterschiede in der Temperaturführung, dem Luftzutritt und der erforderlichen Treibzeit erklären läßt. Insofern erscheint die von SHARWOOD[1] empirisch entwickelte Gesetzmäßigkeit, daß bei gegebener Edelmetallmenge und konstant gehaltenen sonstigen Arbeitsbedingungen (Temperatur, Bleiüberschuß usw.) beim Treiben der Gewichtsverlust an Edelmetall direkt proportional der Oberfläche des rückbleibenden Edelmetallkorns sei, zumindest anfechtbar, und zwar auch schon deshalb, weil es in der Praxis unmöglich ist, solche konstanten Bedingungen wirklich einzuhalten.

Es ist fraglos richtiger und genauer, den Edelmetallverlust durch einen praktischen Versuch, die sogenannte „Treibkontrolle", zu bestimmen, als ihn anhand des Korngewichtes graphisch aus dem von SHARWOOD entwickelten Diagramm zu ermitteln, das Korngewicht zu Silberverlust in Beziehung setzt. Unter „*Treibkontrolle*" versteht man das Einsetzen von Kupellen mit festliegender Edelmetall- und Bleimenge (bei Legierungen auch Zuwiegen der entsprechenden Menge typischer Verunreinigungen, z.B. Kupfer – sogenannte synthetische Proben –) zwischen die der Gehaltsbestimmung dienenden, Ermittlung des Edelmetall-Minderausbringens bei jenen und entsprechende Korrektur der Probenbefunde.

Wenn man für genaue Silberbestimmungen möglichst kleine Bleireguli abtreibt, also ein nochmaliges Ansieden nicht spart, bei niedrigstmöglicher Hitze arbeitet und Blindproben zur Treibekontrolle einsetzt, kann man optimale, reale Befunde erwarten. Man schließt dabei auch weitestgehend den Einfluß von Verunreinigungen aus.

Hinsichtlich der Temperatur gilt die alte Probierregel:

„Kalt getrieben, heiß geblickt,
ist des Probierers Meisterstück!"

Bei richtiger Führung des Prozesses soll an der dem Muffeltor zugewandten Innenseite der Kupelle kristallines, schuppiges Bleioxid, die sogenannte „Federglätte", sitzen. Umgibt diese jedoch, und noch dazu in breiter Schicht, völlig das Edelmetallkorn, dann war die Temperatur zu niedrig. Die Wahrscheinlichkeit eines unzulässig hohen Blei- und auch Kupferrückhaltes im Korn ist dann sehr groß. Mit zunehmender Edelmetallkonzentration in der Legierung muß unter Berücksichtigung der ansteigenden Schmelztemperatur die Treibhitze stetig gesteigert werden, und zwar um so mehr, je höher der Anteil an Gold und

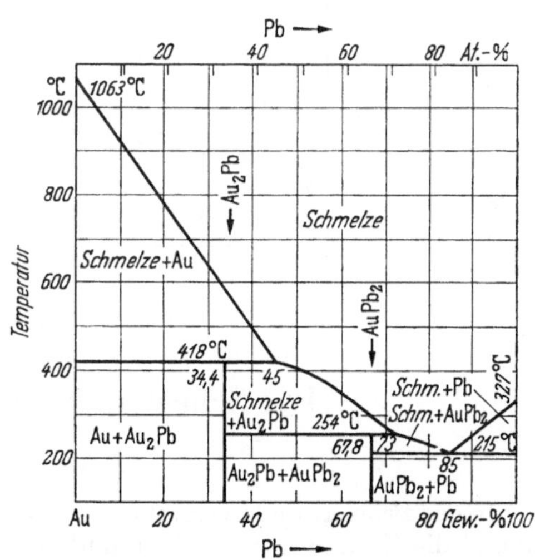

Abb. 30. Schmelzdiagramm Gold-Blei

Platinmetallen ist. Die Schmelzdiagramme Gold-Blei (Abb. 30), Silber-Blei (Abb. 31) und Silber-Gold (Abb. 32) gestatten eine zumindest weitgehende Abschätzung.

Auch bei einwandfreier Prozeßführung hält das reine Silberkorn 0,2–0,3% seines Gewichtes an Blei zurück; bei höheren Gold- und vor allem Platinmetallgehalten können die zurückbleibenden Bleimengen noch erheblich größer sein (bis zu mehreren Prozent). Man arbeitet in letzterem Fall also zweckmäßig so, daß man für die zur Ermittlung des Platinmetall- und Goldgehaltes der Probegüter dienenden Ein-

---

[1] SHARWOOD, W. J.: Trans. AIME Bd. 52 (1915) S. 180ff.

waagen von vornherein einen starken Überschuß an Feinsilber zur Senkung der Erstarrungstemperaturen der Edelmetall-Endlegierungen und zur Förderung der möglichst restlosen Entfernung letzter Blei- und auch Kupfermengen zugibt. Trotzdem muß man in solchen Fällen zum Schluß heißer treiben, wodurch der Silberverlust ansteigt. Wie schon ausgeführt, hält sich Kupfer bis zum Ende des Treibens in der Legierung. Es läßt sich annähernd quantitativ nur durch einen hohen Bleiüberschuß und eine relativ hohe Endtemperatur entfernen. Ein ähnliches Verhalten können auch höhere Wismutkonzentrationen im Bleikönig zeigen. Während sich höhere Bleirückhalte am matten, blaßgelben Aussehen des Korns erkennen lassen und dieses nicht „blickt", brauchen durch Kupferreste bis zu 2% des Korngewichtes keinerlei Absonderlichkeiten veranlaßt zu werden.

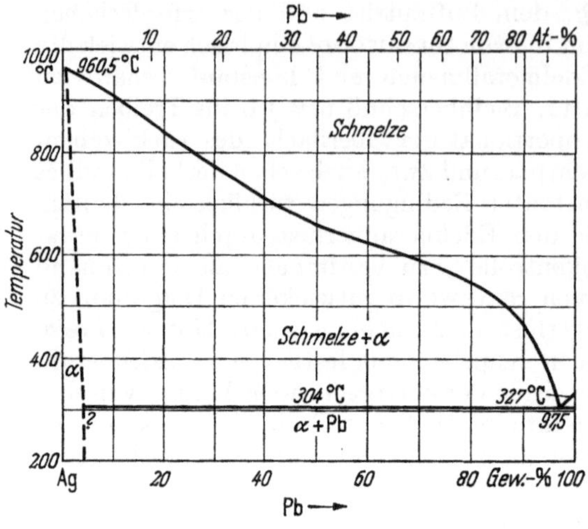

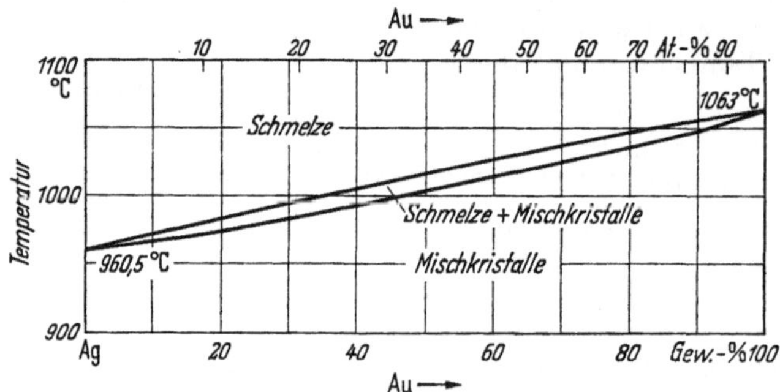

Abb. 31. Schmelzdiagramm Silber-Blei

Abb. 32. Schmelzdiagramm Silber-Gold

1.7. Scheiden der Edelmetallkörner

1.7.1. Grundlagen

In der Probierkunde versteht man ebenso wie in der Betriebspraxis unter „Scheidung" die Trennung von Gold und Silber durch Säuren. Durch die eigentlichen probierkundlichen, d.h. dokimastischen Verfahren kann man außer diesen beiden Edelmetallen mit ausreichender Genauigkeit nur noch Platin, wenn es in geringen Konzentrationen im Vergleich zu den Gold- und Silbergehalten des Korns (max. 6%) vorliegt, bestimmen. Die Ermittlung der Gehalte an anderen Platinmetallen sowie höherer Platinkonzentrationen auf dokimastischem Wege ist ungenau; solche Bestimmungen, die zu den langwierigsten und schwierigsten zählen, gehören in das Gebiet der naßanalytischen Chemie (s. S. 159 ff.).

Die Hüttenpraxis kennt neben der elektrolytischen Trennung der Edelmetalle zwei an sich sehr alte Scheideverfahren:

a) Die „Scheidung durch die Quart" mittels „Scheidewasser", worunter man Salpetersäure der Dichte 1,2 versteht. Dieses zumindest seit dem Beginn des 15. Jahrhunderts bekannte und damals wichtigste Trennverfahren wird heute noch in der Technik angewandt.

b) Die „Affination" oder Trennung mit konzentrierter Schwefelsäure, im 17. Jahrhundert von dem Alchimisten KUNKEL erfunden, wird heute ebenfalls noch praktisch durchgeführt.

In beiden Fällen wird das unedlere Silber als Nitrat bzw. Sulfat herausgelöst, während das Gold unangegriffen bleibt.

Die Probierkunde hat bei ihren Scheideverfahren grundsätzlich, soweit es sich um die Trennung nur von Gold und Silber handelt, an dem älteren Salpetersäureverfahren festgehalten. Nur bei Anwesenheit von Platin und Palladium bedient man sich bei der Scheidung des Silberkorns der konzentrierten Schwefelsäure, da Palladium in heißer Salpetersäure völlig, Platin besonders in Gegenwart von Silber sehr erheblich löslich ist.

Bei weiteren Trenngängen wird jedoch auch hier Salpetersäure benutzt. Allerdings läßt sich das Silber nicht bei Vorliegen jedes beliebigen Mengenverhältnisses zu Gold (aber auch zu den Platinmetallen) quantitativ herauslösen. Vielmehr müssen auf 1 Teil Gold mindestens etwa 3 Teile Silber vorhanden sein, woher auch der Begriff „Scheidung durch die Quart" ($^1/_4$ Au auf $^3/_4$ Ag) bzw. „Quartieren" für das Einstellen eines für das Scheiden günstigen Ag-Au-Verhältnisses kommt, das durchaus nicht 1 Au auf 3 Ag zu sein braucht, sondern oft sehr erheblich größere Silberüberschüsse aufweist.

Die Klärung dieses Verhaltens verdanken wir G. TAMMANN, der das sogenannte „Achtelmolgesetz" aus der Beobachtung heraus aufstellte, daß die Löslichkeit des Silbers in Salpetersäure bei zunehmender Menge nicht gleichmäßig, sondern sprunghaft zunimmt. Diese Sprünge liegen jeweils bei Konzentrationen, die um $^1/_8$ Mol auseinanderliegen (z.B. also $^2/_8$ Mol Au, $^6/_8$ Mol Ag).

Wir wissen, daß in Gold-Silber-Legierungen infolge unbeschränkter gegenseitiger Löslichkeit in der festen und flüssigen Phase eine lückenlose Reihe von Mischkristallen vorliegt. Diese Silber-Gold-Mischkristalle weisen ein flächenzentriertes, kubisches Raumgitter auf, an dessen Ecken und Seitenmitten die Gold- und Silberatome angeordnet sind Ein Angriff dieses Gitteraufbaues durch die Säure erfolgt nur dann, wenn in Richtung zumindest einer Würfelkante nur lösliche Silberatome angeordnet sind. Die Goldatome hemmen sonst das Herauslösen der Silberatome.

Wenn also das Verhältnis Ag : Au = 3 : 1 sein soll und natürlich die Gefahr des Silberrückhaltes im Gold mit ansteigender Silbermenge kleiner, die Kinetik des Lösevorganges dagegen größer wird, so wirkt sich doch die effektiv vorliegende Ag-Au-Proportion im physikalischen Charakter des Löserückstandes, also des Goldes, aus. Bei $^1/_4$ Gold auf $^3/_4$ Silber ist wohl die Auflösegeschwindigkeit relativ gering; der Gefahr des Zurückbleibens nachweisbarer Silbermengen im Goldrückstand muß man durch Steigern der Säurekonzentration bei späteren Aufgüssen (z.B. erster Zusatz von HNO_3 (1,2); zweiter und dritter Zusatz von HNO_3 (1,3) begegnen, weiter müssen Auflösungsgeschwindigkeit und -vollständigkeit durch Ausplatten (Breitschlagen) kleiner und Auswalzen größerer Körner zu sehr geringer Schichtdicke erhöht werden. Andererseits bleibt der Goldrückstand zusammenhängend und weist noch die ursprüngliche Form der Legierung auf. Damit ist die Gefahr eines Goldverlustes bei den verschiedenen nötigen Wechseln von Säure und Waschwasser durch Dekantation nicht zu befürchten.

Auf diesem Prinzip beruht die sogenannte „Röllchenprobe", die besonders auf goldreiche Legierungen (z.B. Münzgold, Rohgold usw.) Anwendung findet.

Leichter und sicherer durchzuführen ist die „Staubgoldprobe", so genannt, weil beim Aufschluß der Goldrückstand in Gestalt einer braunen bis schwarzen, pulvrigen, nicht zusammenhängenden Masse anfällt, die erst durch Glühen, wenn rein,

die typische Goldfarbe annimmt. Am günstigsten erweist sich hierbei die Relation
Ag : Au = 8–10 : 1.

Gewiß wird bei sorgfältiger Arbeit die Genauigkeit der Goldbestimmung bei
höherem Silberüberschuß nicht, zumindest nicht wesentlich beeinflußt, wie eine
Überlegenheit der „Röllchen-'' vor der „Staubgoldprobe'' nicht gegeben ist. Je
mehr das Silber aber im Vergleich zum Gold überwiegt, desto feiner werden die
zurückbleibenden Goldteilchen, desto weniger folgen solche Flitter von „Flutgold''
der Schwerkraft, so daß also die Gefahr ihres Abschwimmens bei der Dekantation
wächst.

Man kann also folgendermaßen zusammenfassen, daß die Möglichkeit mechanischer Goldverluste mit ansteigendem Silberverhältnis wächst. Trotzdem ist die
Staubgoldprobe für Erze und Hüttenprodukte und sonstige goldarme Probematerialien das gegebene und häufigst angewandte Verfahren. Verständlicherweise kann
man bei silberreichen, goldarmen Körnern mit schwächerer Säure arbeiten, man
benötigt kürzere Einwirkungszeiten für die quantitative Trennung und kann, besonders bei kleineren Edelmetallkörnern, auf eine vorherige Verformung verzichten.

1.7.2. Vorbereitung der Edelmetallkörner zum Scheiden

Die sauber geputzten, gewogenen Körner bedürfen, wenn ein großer Silberüberschuß vorliegt und wenn sie relativ klein sind (Grenze etwa 100 mg), keiner besonderen Vorbereitung. Trotzdem ist es vielfach üblich, und diese Arbeitsweise sollte
man sich zur Vergrößerung der Angriffsfläche bei schwereren, hochsilberhaltigen Körnern zur Regel machen, sie mit der polierten, absolut blanken Bahn eines Hammers
auf einem ebensolchen kleinen Amboß durch Schläge in einer Richtung zu ver-
flachen, „auszuplatten''.

Dies ist unentbehrlich, wenn das Verhältnis Ag : Au $\leqq$ 8 : 1 ist, will man nicht
Gefahr laufen, daß der Lösevorgang sehr langsam verläuft und dabei unvollständig
bleibt. Kommen nur 2,5–3 Teile Ag auf 1 Teil Au, so wird man zweckmäßig die
„Röllchenprobe'' anwenden Das bedeutet die Verformung des Kornes zu einem Band
oder Streifen von etwa 10 mm Breite und 0,25–0,5 mm Stärke sowie einer der Masse
des Korns entsprechenden Länge (normal 25–70 mm).

Am besten verfährt man dergestalt, daß man mit polierter Hammerbahn auf
ebenfalls blankem Stahlamboß das Korn möglichst nach einer Seite keilförmig ver-
flacht und dann in einem kleinen Walzwerk mit ebenfalls glatten, polierten Walzen
auf die gewünschte Stärke herunterwalzt. Der Walzvorgang muß durch häufige
Zwischenglühung des Bandes in einer nichtleuchtenden Gas- oder Spiritusflamme
unterbrochen werden, da die Legierung durch Kornvergröberung sonst spröde wird.
Bei Fehlen eines Walzwerkes kann man das Band notfalls aushämmern – ebenfalls
unter wiederholtem Glühen. Doch erzielt man dabei kaum gleichmäßige Stärke, und
es besteht die Gefahr des Abspringens kleiner Teilchen. Das Band rollt man dann
um die Spitzen einer Kornzange oder Pinzette zu einem Röllchen.

Man benutze bei diesen Arbeiten grundsätzlich die Stahlpinzette, da durch die
Salzabscheidung der Haut beim Berühren mit dem Finger unvermeidlich Natriumchlorid an die Legierung gelangen würde, das beim Scheiden stört. Man muß daher
dieses Salz nach Anfassen des Bandes durch sehr starkes und langes Glühen entfernen.

Naturgemäß kennt man zunächst das Verhältnis Ag : Au von vornherein nicht,
mit Ausnahme der sicher seltenen Fälle, bei denen an sich in ihrer Zusammensetzung bekannte „punzierte'', d.h. gestempelte Edelmetall-Legierungen, Feingold
usw. zu prüfen sind.

Ist ein Korn gelb gefärbt, so kann man wohl von vornherein sagen, daß man Silber zulegieren muß. Jedoch ist die Abschätzung des Goldgehaltes aus der Farbe spekulativ und unsicher. Auch die „Strichprobe" des Goldschmiedes gibt selbst bei Zuhilfenahme der Tüpfelprobe mit Salpetersäure und Salzsäure nur einen ungefähren Anhalt.

Man sollte daher allgemein eine Vorprobe durchführen, indem man das gewogene Edelmetallkorn mit einem ausreichenden Silberüberschuß legiert und die Staubgoldprobe zunächst vornimmt. Die Differenz des ursprünglichen Korngewichts zu der Auswaage an Gold stellt dann den Silberwert dar.

Erst nach solcher Ermittlung des Ag-Au-Verhältnisses kann man ein exaktes Quartieren vornehmen. Obwohl man grundsätzlich auch bei hohen Goldgehalten – wie ausgeführt – die Staubgoldprobe durchführen kann, wobei man allerdings ungern eine höhere Proportion für Ag : Au als 8–10 : 1 einstellt, um einer Bildung von Goldflittern beim Scheiden vorzubeugen und damit Verluste auszuschalten, zieht man bei goldreichen Probematerialien oft die Röllchenprobe vor, bei der das Gold kompakt in Gestalt des Röllchens zurückbleiben soll. Das erfordert das annähernde Einhalten des für eine quantitative Herauslösung des Silbers erforderlichen Mindestverhältnisses von 2,5 Gewichtsteilen Silber auf 1 Gewichtsteil Gold.

Ausgehend von der Überlegung, daß die Möglichkeit eines Goldverlustes bei der Scheidung mit wachsender Goldmenge steigt, kam ROSE[1] zu der Empfehlung, je nach der im Edelmetallkorn vorhandenen Goldmenge den Silberüberschuß zu variieren. Dabei ist dieser mit steigender Goldauswaage abzusenken. Die ROSEschen Vorschläge, nach denen gelegentlich beim Probieren verfahren wird, sind in Tab. 12 wiedergegeben.

Das *Quartieren* wird wie folgt ausgeführt: Dem Edelmetallkorn wird die zuzulegierende Silbermenge annähernd genau (zulässige Differenz $\pm 2\%$ der benötigten Menge für die Röllchenprobe) zugewogen, wobei man selbstverständlich Feinsilber, am besten in Gestalt von dünnem Blech oder feinen Granalien, verwenden muß. Edelmetallkorn und Silber werden in ein Bleiskarnitzel verpackt.

Tabelle 12
Abhängigkeit des Silberüberschusses von der Goldauswaage

Auswaage an Gold mg	Verhältnis Ag : Au Gew.-Teile
0,1	20–30 : 1
$\approx$ 0,2	10 : 1
$\approx$ 1	6 : 1
$\approx$ 10	4 : 1
50	2,25–2,5 : 1

Inzwischen hat man in einer abgeätmeten Kupelle eine angemessene Menge Probierblei (eingesetzt als sogenannte „Bleischwere" von Kugel-, Halbkugel- oder Zylinderform im Gewicht von etwa 4–10 g) eingeschmolzen und zum Antreiben gebracht. Man setzt mit der Gabelkluft das Skarnitzel zu, schließt das Muffeltor nochmals kurz bis zum völligen Einschmelzen und neuerlichen Treibbeginn und setzt dann das Treiben wie üblich fort.

Selbstverständlich braucht bei der Staubgoldprobe der Silberzusatz nur sehr grob zugewogen zu werden. Oft verzichtet man, besonders bei zu erwartender geringer Goldauswaage, überhaupt auf das Wägen und fügt „nach Gefühl" einen sicheren Überschuß zu.

Ist in einer Probe lediglich der Goldgehalt zu bestimmen, der Silberwert also uninteressant, kann man sich den Arbeitsgang des Quartierens sparen, indem man bereits beim verbleienden Schmelzen, also beim Ansieden auf dem Scherben oder dem reduzierenden Schmelzen im Tiegel, der Beschickung das sogenannte „Quartiersilber" zusetzt.

---

[1] ROSE, T. K.: Metallurgy of Gold. London 1916. S. 511.

1.7.3. Scheidegefäße

Obwohl ganz grundsätzlich spezielle Gefäße für die Durchführung des Scheideprozesses nicht unbedingt erforderlich sind (man sieht gelegentlich die Benutzung von Porzellantiegeln, wie sie in der analytischen Chemie verwandt werden, oder von Reagenzgläsern oder von kleinen Bechergläsern, beide letztere mit nachfolgendem Einsatz von Porzellan- oder Goldglühtiegeln zum Trocknen und Glühen des Goldes vor dem Wägen), haben sich doch zwei Sonderausführungen von Lösegefäßen allgemein eingeführt:

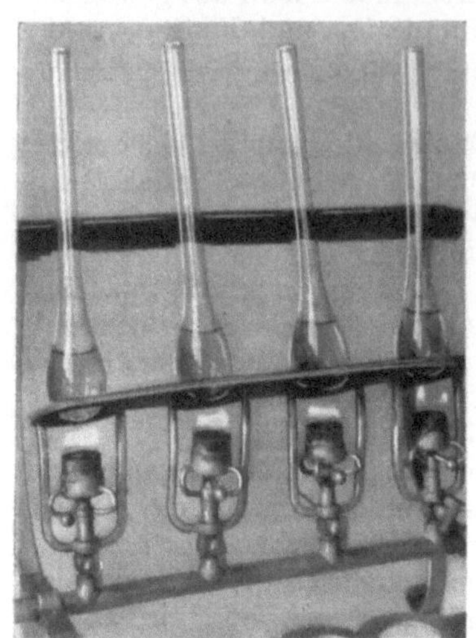

Abb. 33. Goldlöseapparat mit Scheidekolben

a) sogenannte „*Scheidekolben*", das sind langhalsige Glaskolben von 150–250 mm Länge (15 mm lichter Halsdurchmesser) mit einer birnenförmigen Erweiterung (Durchmesser 40–50 mm) am unteren geschlossenen Ende zur Aufnahme des Scheidegutes, die oft in langer Reihe (6–12 und mehr Stück) schrägliegend in einem Brennergestell (Heizung, Gas oder Spiritus) angeordnet sind, wobei die offenen Enden in Schlitzen einer Absaugeinrichtung aufliegen (Abb. 33).

b) „*Scheideschälchen*" aus dünnem weißem Qualitätsporzellan von etwa 35–40 mm Durchmesser, 50–60 mm Höhe mit umgebogenem Rand, die man auf normalem, mit Drahtnetz bedecktem Dreifuß, am besten zur Vermeidung von Gesundheitsschädigungen, unter dem Abzug mit einem Gas- oder notfalls Spiritusbrenner erhitzt.

Die Anwendung der einen oder anderen Einrichtung – Scheidekolben oder Scheideschälchen – ist vielfach ortsgebunden. Oft wählt man auch Kolben für die Röllchen-, Schälchen für die Staubgoldprobe. Bei sorgfältiger Arbeit wird man – entgegen oft vertretener Ansicht – keine Unterschiede in der Genauigkeit feststellen.

Gewiß haben beide Apparate ihre Vor- und Nachteile: Beim Lösevorgang erscheinen die Kolben den Schalen überlegen, insofern, als man das Kochen weniger sorgfältig zu überwachen braucht. Auch bei starkem, langem Kochen und möglichem Stoßen können Edelmetallverluste durch Herausschleudern praktisch nicht auftreten; es sei denn, die Flüssigkeit ist fast völlig verkocht, was nur bei grober Nachlässigkeit erfolgen wird. Hingegen muß man das Kochen in Schälchen auch bei Abdecken mit Uhrgläsern sehr sorgfältig betreiben und mit kleiner oder fächelnder Flamme und unter ständiger Überwachung erhitzen, da durch Spritzen bei starkem Sieden oder in Auswirkung von Siedeverzug leicht Verluste eintreten können. Das gelegentliche Stoßen der Flüssigkeit ist in allen Arten von Lösegefäßen unangenehm: In Kolben bringt es die Gefahr des Zerreißens von Röllchen und kompakten Goldrückständen, in Schälchen bedeutet es erhöhte Verlustgefahr. Es wird häufig empfohlen, dem durch Zugabe eines Holzkohlesplitters oder einer gebrannten Linse zu begegnen. Doch ist dies kein absolut sicher wirkendes Gegenmittel. Andererseits ist das Arbeiten mit Schälchen besonders beim wiederholten Dekantieren der Löse- und Waschflüssigkeiten einfacher und verlangt weniger Übung und Geschick. Beim Abgießen aus dem Kölbchen können einem ungeschickten, unaufmerksamen Probierer leichter Verluste unterlaufen als beim Schälchen, auf dessen weißer Farbe sich schwimmende Flitter auch geringer Größe deutlich abheben.

Ein Vorteil der Arbeit mit Schälchen besteht darin, daß nach beendetem Auswaschen der Goldrückstand in ihm verbleiben und weiterbehandelt werden kann. Dagegen muß das Gold am Ende des Auswaschens aus dem Scheidekolben entfernt werden, wobei einmal Teilchen an der Wandung hängenbleiben können, zum anderen das Überführen in den Goldglühtiegel besonderes Geschick verlangt, sollen hierbei keine Verluste entstehen. Demgegenüber erscheint wenig bedeutend, daß das poröse, unglasierte Goldtiegelchen das letzte Wasser aufsaugt und beim Erhitzen so langsam abgibt, daß das bei rascherem Erwärmen des Schälchens öfter beobachtete Spritzen vermieden wird.

Hinsichtlich Temperaturwechselbeständigkeit geben Schälchen aus dünnwandigem Qualitätsporzellan dem Schamotteglühtiegel kaum nach. Durch Splitter der nicht allzu festen Glühtiegelmasse kann leicht eine Verunreinigung des Goldes eintreten.

Obwohl es auch andere Ansichten gibt, eignet sich der Lösekolben besonders für die Scheidung goldreicher Legierungen, bei denen der Goldrückstand zusammenhängend verbleibt, allerdings relativ lange Lösezeiten bei siedender Säure zur vollständigen Herauslösung des Silbers nötig sind. Für die Staubgoldprobe, die für geringe Goldauswaagen und hohe Silberüberschüsse (ab etwa 8 Ag : 1 Au) angezeigt ist, wird die Arbeit im Schälchen bevorzugt.

1.7.4. Säuren für das Scheiden

Wie unter „Grundlagen" bereits ausgeführt, benutzt man für die Auflösung von Silber aus platinfreien Goldsilberkörnern grundsätzlich nur verdünnte Salpetersäure, während bei Platin oder Palladium enthaltenden Körnern das Silber bei der ersten Scheidung mit konzentrierter Schwefelsäure gelöst wird.

Die anzuwendende Salpetersäure muß frei von Chlor und Chloriden sein, weil durch diese Gold gelöst werden würde und Silberchlorid gebildet werden und ausfallen könnte. Man erreicht dies durch Zusatz einiger Tropfen Silbernitratlösung zur Säure; ausgefallenes Silberchlorid läßt man absitzen und dekantiert die klare Säure in ihrer Hauptmenge ab, den Rest filtriert man. Ein Überschuß von Silbernitrat in der Säure ist unschädlich. Natürlich muß Chlor usw. auch in der Schwefelsäure und dem Waschwasser (grundsätzlich destilliertes Wasser verwenden!) völlig fehlen.

Die Stärke der verwandten Salpetersäure ist nicht gleichgültig. Bei großem Silberüberschuß kommt man mit stark verdünnter Säure von der Dichte 1,05–1,2 aus bzw. soll man zur Vermeidung einer allzu stürmischen Anfangsreaktion solche beim ersten Aufguß verwenden, wenn man auch meist für den zweiten und dritten Aufguß stärkere Säure von der Dichte 1,25–1,3 zur Sicherstellung völliger Silberauflösung benutzt. Bei einem Verhältnis von 1 Au auf 2,5–3 Ag beginnt man ebenfalls mit Säure von maximal 1,2 Dichte, da bei stärkerer Anfangskonzentration das Röllchen, Band oder Plättchen zerreißen und der zusammenhängend erwünschte Rückstand in mehreren Stücken vorliegen würde. Die Säuremenge muß nicht exakt abgemessen sein. Man gewöhne sich aber an den Zusatz von jeweils rund 10–20 ml, die für die üblichen Korngrößen gut ausreichen.

1.7.5. Durchführung des Scheidens

1.7.5.1. Staubgoldprobe

Man gibt das ausgeplattete Korn in das Schälchen, fügt 10–15 ml HNO_3 (1,1) zu, erhitzt mit schwacher Flamme oder auf der Heizplatte langsam bis nahe zum Sieden und hält diese Temperatur solange, bis die rotbraunen Stickstoffoxiddämpfe ver-

schwunden sind. Zur Vermeidung von möglichen Gesundheitsschädigungen arbeitet
man unter dem Abzug. Greift die Säure nicht an, so gibt man tropfenweise Säure
(1,3) bis zum Lösebeginn zu. Das Schälchen bedeckt man vorsichtshalber mit einem
Uhrglas. Nach beendeter Auflösung dekantiert man die Flüssigkeit in eine größere
weiße Schale oder ein Becherglas. Sollten leichte Flitter aufschwimmen, so bringt
man diese zuvor durch leichtes Aufstoßen oder aber durch Berühren mit einem Glasstab zum Absitzen. Dann füllt man zweimal je 10 ml Salpetersäure (1,3) ein, erhitzt
bei bedecktem Uhrglas bis zum Sieden und hält jeweils 5–10 min, zumindest aber
solange, als noch rotbraune Dämpfe entstehen, am Kochen. Darauf dekantiert man
jeweils wieder unter Beachtung gleicher Vorsichtsmaßnahmen hinsichtlich Flutgold
wie eben beschrieben ab, gibt dreimal je etwa 20 ml destilliertes heißes Wasser
aus der Spritzflasche so zu, daß der Wasserstrahl gegen die Wandung unter ständigem
Drehen des Schälchens gerichtet wird, kocht jedesmal kurz auf und dekantiert, das
letzte Mal besonders sorgfältig.

Man entfernt nun vorsichtig, gegebenenfalls mit fächelnder Flamme, die letzten
Wasserreste, bringt die Goldteilchen durch schwaches Neigen und Klopfen an einer
Stelle zusammen und erhitzt mit starker Flamme oder in der Muffel auf mindestens
etwa 800° während 3–5 min. Dabei nehmen die Goldteilchen erst ihre typische gelbe,
leuchtende Farbe an und sintern oberflächlich schwammartig zusammen. Nach dem
Auskühlen kann ausgewogen werden.

Zuvor soll man sich allerdings von der Reinheit des Goldrückstandes unter Zuhilfenahme einer Lupe überzeugen. Er soll die rein gelbe Farbe des Edelmetalles
zeigen, wobei dem noch unerfahrenen Probierer ein Vergleich mit Feingold zu empfehlen ist. Ist der Goldrückstand hellgelb gefärbt, so ist wahrscheinlich das Silber
nicht quantitativ herausgelöst. Dunkle Stellen auf dem Goldkorn oder ebensolche
Flecken im Porzellanschälchen nahe beim Edelmetallkorn deuten auf unzureichendes
Waschen. Beim Glühen zersetzt sich nämlich das Silbernitrat zu metallischem Silber
unter Verflüchtigung von Stickstoffoxiden.

Durch das Glühen sollen auch Reste organischer Substanz restlos verbrannt sein.
Nicht brennbare Verunreinigungen (Stückchen Schamotte, Kupellenmassereste) sucht
man mit einer feinen Pinzette oder einem Draht völlig zu entfernen.

Der Goldrückstand wird um so kompakter sein, je kleiner der Silberüberschuß
war, je weniger das Korn ausgeplattet wurde und je geringer die Durchwirbelung
war, welche die Lösung während des Scheidevorganges erfuhr.

Bleibt der Rückstand kompakt, so kann man – besonders bei geringem vorheri-
gem Ausplatten – im Zweifel sein, ob das Silber auch im Innern völlig entfernt wurde.
Man drückt den Rückstand dann mit einem dünnen, abgeplatteten Glasstab. Ist
der Rückstand mürbe und läßt sich zerbrechen, wird man quantitatives Herauslösen
des Silbers annehmen können. Allerdings sind so massive Rückstände mindestens
10 min mit Salpetersäure (1,3) auszukochen und sehr sorgfältig auszuwaschen, da
in den feinen Poren Silbernitrat hartnäckig zurückgehalten wird. Das letzte Waschwasser wird durch Zusatz eines Tropfens verdünnter Salzsäure unbedingt auf
Silberfreiheit geprüft.

Manche Probierer empfehlen, beim ersten Zusatz von verdünnter Salpetersäure
(1,1–1,2) die Säure zuerst zu erhitzen und dann erst das Korn einfallen zu lassen.
Dadurch soll man die Bildung zu feiner Goldflitter auch bei großem Überschuß an
Silber verhindern können. Andere verzichten aus gleichem Grund ganz auf das
Kochen oder schränken es zumindest auf kürzeste Zeit ein. Sie halten lediglich die
Aufschlußsäure längere Zeit nah am Sieden. Konzentrierte silberhaltige Salpeter-
säure löst merklich Gold, soll also niemals zum Scheiden benutzt werden!

Bleiben nur wenige Goldflitterchen zurück, deren Gewicht Bruchteile eines Milli-
grammes ausmacht, kann man auf den zweiten und dritten Zusatz konzentrierter
Säure (1,3) verzichten. Bestehen Zweifel an der restlosen Silberentfernung oder ist

der Rückstand stärker mechanisch verunreinigt, so scheue man nicht die Arbeit, ihn mit der sechs- bis achtfachen Silbermenge in ein Bleiskarnitzel einzupacken, nochmals sorgfältig abzutreiben und nochmals zu scheiden.

Bei exakter Arbeit soll der Goldrückstand nicht mehr als 0,03% seines Gewichtes an Silber zurückhalten. Man kann dann mit großer Wahrscheinlichkeit annehmen, daß durch diesen Rückhalt der Treibverlust an Gold ausgeglichen ist. Bei Vorhandensein von Platinmetallen ist – wie im speziellen Teil erörtert werden wird – der Silberrückhalt größer.

1.7.5.2. Röllchenprobe (oder das Arbeiten im Scheidekölbchen)

Vielfach wird im Scheidekolben nur bei Ag-Au-Verhältnissen von 2,5 bis etwa 4 : 1 gearbeitet, also dann, wenn der Rückstand zusammenhängend bleibt oder höchstens in mehrere größere Stücke zerfällt. Das geschieht im Hinblick darauf, daß man jetzt unbesorgt längere Zeit kochen kann, ohne Verspritzungsverluste fürchten zu müssen. Andererseits verwenden andere Betriebe ganz allgemein den Scheidekolben auch bei völligem Zerfall des Rückstandes; man muß aber dafür besonders geübt sein, um bei der Überführung des Rückstandes in den Glühtiegel Verluste sicher zu vermeiden.

Das Lösen unterscheidet sich grundsätzlich nicht von der eben beschriebenen Arbeitsweise, höchstens insofern, als oft länger erhitzt und gekocht wird.

Beim Auswaschen füllt man drei- bis viermal zu zwei Drittel der Kölbchenlänge heißes destilliertes Wasser ein, kocht jeweils kurz auf und dekantiert dazwischen wie üblich. Sodann wird der Kolben bis zum Überlaufen mit kaltem Wasser gefüllt, unglasierter Goldglühtiegel über den Kolbenmund gestülpt und dieser rasch umgekehrt, wobei das Gold quantitativ in den Tiegel fallen soll. Man führt diese Operation am besten über einer weißen Unterlage aus (gekachelter Tisch) oder aber über einer größeren weißen Schale, die das überlaufende Wasser aufnehmen soll, so daß man das restlose Absinken des Goldes in den Tiegel erkennen kann. Sollten Flitter hängengeblieben sein, schüttelt oder klopft man den Kolben leicht. Der Löserückstand soll sich am Boden absetzen. Nun wird der Kolbenmund langsam seitlich an der Tiegelwandung gezogen, bis er mit seiner Oberkante bündig mit der des Glühtiegels steht. Durch eine ganz rasche, kurze Bewegung trennt man anschließend Kölbchen und Tiegel und dreht den Kolben dabei um. Dieses kurze ,,Abschnappenlassen'' ist besonders bei pulverigem Rückstand der kritische Augenblick. Das Gold darf nämlich praktisch nicht aufgewirbelt werden, weil sonst Verluste mit überlaufendem Wasser entstehen.

STERNER-RAINER[1] schlägt vor, den beim Umschütten gelegentlich eintretenden Verlust der Probe dadurch zu vermeiden, daß er nach dem Lösen, Auswaschen und Auffüllen durch eine Kapillare einige Tropfen Quecksilber fließen läßt, die sich mit dem Gold zu Amalgam vereinigen. Nach dem Abgießen der Waschflüssigkeit löst er dann das Quecksilber mit konzentrierter Salpetersäure, wobei das Edelmetall wohl porös und schwammig, aber doch zusammenhängend verbleibt und ohne Verlustgefahr wie ein Röllchen oder kompaktes Korn in den Glühtiegel umgeschüttet werden kann. Ganz unbedenklich ist dieser Vorschlag deswegen nicht, weil durch die konzentrierte Säure merkliche Goldmengen gelöst werden können.

Nach möglichst vollständigem Abgießen des Waschwassers trocknet man den Tiegel vorsichtig, um Spritzen oder den Zerfall stark poröser Rückstände zu verhindern, und glüht, analog wie bei der Staubgoldprobe beschrieben, bis zur hellen Rotglut.

---

[1] STERNER-RAINER, L.: Österr. Z. f. Berg- u. Hüttenwes. 1911, S. 416ff.

1.7.6. Einfluß von edlen und unedlen anderen Metallen im Edelmetallkorn auf das Scheiden

Aus dem Abschnitt über das Edelmetallkorn (1.6.4.4.) ist zu entnehmen, daß dieses neben Spuren von Blei, Wismut, Kupfer, Tellur u. a. praktisch quantitativ die Platinmetalle und -beimetalle enthält. Über ihr Erkennen beim Treiben und im abgeblickten Korn ist dort ebenfalls berichtet worden. Naturgemäß werden sich Kleinstmengen sowohl an edlen wie an unedlen Beimischungen dem visuellen Erkennen entziehen. Aber gewisse Erscheinungen beim Scheiden können auf solche Beimengungen aufmerksam machen und damit Irrtümer und Fehler vermeiden helfen.

Nach Beobachtungen von KELLER[1] zeigen Gold-Silber-Körner, die mehr als 1% Fremdmetalle enthalten, viel stärkere Neigung zum Zerfall des Rückstandes beim Scheiden. Die Erscheinung ist offensichtlich auf eine Störung des gleichmäßigen Gitteraufbaus der Gold-Silber-Mischkristalle durch Zwischenlagerung von Verbindungen, eutektischen Gemischen usw. oder von Verunreinigungen zurückzuführen.

Bemerkt man also beim vorliegenden Gold-Silber-Verhältnis einen anomal starken Zerfall des Löserückstandes, so prüft man insbesondere die erste Aufschluß-lösung qualitativ auf typische unedle Verunreinigungen, wie Kupfer, Blei usw., und wiederholt bei positivem Befund die Bestimmung. Von den Platinmetallen gehen Platin, Palladium und Osmium beim Behandeln mit Salpetersäure – in Abhängigkeit von ihren Konzentrationen, der Säurekonzentration und dem Silberüberschuß – zum Teil in Lösung. Der Rest verbleibt im Löserückstand. Übersteigt der Platingehalt des Korns den an Gold erheblich und ist dessen absoluter Anteil relativ gering (5% des Korngewichtes), so bewirkt das Platin einen besonders feinpulvrigen Goldrückstand. Die ungelöst gebliebene Platinmenge verändert die typische Goldfarbe von gelb über braun und stahlgrau in schwarz. Größere Platinmengen in der salpetersauren Lösung färben diese braun bis schwärzlich. Allerdings ist diese Färbung nicht sehr empfindlich. Ganz ähnlich verhält sich Palladium, das wesentlich stärker von der Scheidesäure gelöst wird. Es genügt schon ein im Verhältnis zum Palladium dreifacher Silberüberschuß zur quantitativen Überführung dieses Platinmetalles in Lösung. Salpetersaure palladiumhaltige Lösungen sind orangefarben. Dieses Erkennungszeichen ist sehr scharf. Schon 0,05 mg Pd geben eine nicht übersehbare Färbung.

Iridium, Rhodium, Ruthenium und Osmium treten schon in der Größenordnung von hundertstel Prozent als schwarze, stahlblauglänzende Flecken im Goldrückstand in Erscheinung, die auch bei starkem Glühen ihre Färbung behalten. Allerdings wird sich dabei Osmium als Tetroxid weitestgehend verflüchtigen.

Gelegentlich wird der Goldrückstand nochmals ohne Silber abgetrieben. Auch an dem Goldkorn lassen sich Platinmetalle erkennen. Platin liefert eine sogenannte „gestrickte", facettenartig gerauhte, matte Oberfläche. Bei höheren Konzentrationen an Platin ist auch ein kleines Goldkorn breitgelaufen und graugefärbt.

Die Platinbeimetalle Iridium, Rhodium, Osmium, Ruthenium lösen sich nicht oder nur wenig im Gold. Auch bei hoher Blicktemperatur zeigt dann das Goldkorn rauhe Stellen, es wird spröde. Bei selten vorkommenden höheren Konzentrationen an diesen Elementen kann es sogar zerfallen oder aufreißen.

1.7.7. Sonstige Fehlermöglichkeiten

Auf eine Reihe von Ursachen für Ungenauigkeiten: Silberrückhalt im Rückstand, Möglichkeiten der Goldauflösung usw., wurde schon verwiesen. Bei exakter Arbeit sollten sie allerdings keine merkbare Auswirkung haben. Stärkere Fehler können hin-

---

[1] KELLER, E.: Trans. AIME Bd. 60 (1917) S. 706 ff.

gegen bei der Dekantation entstehen durch Abschwimmen feinster, oft kaum sichtbarer Goldflitter.

Besonders ein relativ noch unerfahrener Probierer soll die Exaktheit seiner eigenen Arbeit häufig überprüfen. Man sammelt ja ohnehin die Abgüsse zwecks gelegentlicher Rückgewinnung des in ihnen enthaltenen Silbers. Es empfiehlt sich nun, aus den vereinigten Aufschlußlösungen und Waschwässern *einer* Scheidung eine kleine Menge des Silbers mit Salzsäure zu fällen. Das Silberchlorid reißt beim Absitzen auch feinste Goldpartikel mit nieder. Man filtriert, trocknet und siedet den Niederschlag mit Probierblei an, treibt dann schließlich den König ab und scheidet das Silberkorn, das bei einwandfreier Arbeit goldfrei sein muß.

1.7.8. Wägen des Goldrückstandes

Das geglühte Edelmetall wird durch vorsichtiges Neigen und leichtes Klopfen des Glühgefäßes in die Wägeschale der empfindlichsten Probierwaage, der sogenannten „Goldwaage", übergeführt. Zuvor prüft man den Rückstand nochmals sorgfältig mit der Lupe auf Reinheit. Die Wägeschale setzt man auf dunkles Glanzpapier, um besonders bei Staubgold etwa daneben gefallene Partikelchen zu erkennen und noch zu erfassen. Der Goldrückstand soll leicht aus den Glühschälchen oder -tiegeln herausrutschen. Klebt er an, so können sowohl Verluste durch Rückhalt im Glühgefäß entstehen, wie man auch auf Unreinheit durch unzureichendes Auswaschen schließen muß. Kleine Flitterchen sammelt man mittels eines feinen Haarpinsels und kehrt sie in die Wägeschale, die man selbstverständlich niemals mit der Hand, sondern nur mit der mit Elfenbeinspitzen versehenen Pinzette anfassen darf. Man wägt auf mindestens 0,02 mg genau aus.

Der gelegentlich geäußerten Empfehlung, Staubgold zwecks Vermeidung von Verlusten und zur Nachreinigung nochmals im Bleiskarnitzel zu verpacken und heiß auf ein Reingoldkorn abzutreiben, nachzukommen, ist unseres Erachtens unnötig. Eine Erhöhung der Genauigkeit tritt kaum ein; im Gegenteil kann ein höherer Fehler durch Kupellenzug bei zu hoher, durch Bleirückhalte bei zu niedriger Treibtemperatur entstehen. Die hierbei erhaltenen Goldkörner werden dann wie normale Edelmetallkörner gewogen oder ihr Gewicht, wenn sie nur von geringer Größe sind, nach der Meßmethode der Lötrohrprobierkunde mittels des „Kornmaßstabes" ermittelt (4.1.3.4.). Das Messen kleinster Edelmetallkörner geht auf die quantitative Lötrohrprobierkunde zurück, die mit kleinen Probemengen zu arbeiten gezwungen ist und daher in der Regel nur kleine Edelmetallkörner ausbringt.

2. Kombinierte naß-trockene Methode

2.1. Allgemeines

Es ist das Ziel der dokimastischen Verfahren, die Edelmetalle in einem Regulus von möglichst reinem Blei zu sammeln und sie nach dem Oxydieren des Bleies auf einer Kupelle restlos als Silber- oder Güldischkorn zu erhalten. Nun gibt es in den verschiedenen edelmetallhaltigen Materialien manche Elemente, welche obiges Ziel störend beeinflussen, wie z.B. hohe Kupfer-, Nickel- und Kobalt-, Arsen-, Antimon- und Zinngehalte. Diese können Stein oder Speise bilden, die meist mehr oder weniger edelmetallhaltig sind, lose am Regulus haften und bei dessen Reinigung durch Abklopfen leicht abspringen und verlorengehen. Durch Legieren mit besagten Elementen kann auch das Blei des Regulus hart oder gar spröde werden, mehrmaliges Verschlacken erfordern oder beim direkten Abtreiben so hohe Temperaturen beanspruchen, daß übermäßige Treibverluste entstehen. Früher röstete man hoch

schwefel-, arsen- und antimonhaltige Erze vor dem Niederschmelzen ab, mußte
dabei aber befürchten, daß mit den Röstgasen auch etwas Edelmetall entwich,
dessen Menge schwer festzustellen war. Bei reinem Bleiglanz war der Schwefelgehalt
nicht ins Gewicht gefallen, da man ja im Eisentiegel schmelzen konnte; auch Zink-
erze ließen sich so behandeln. Doch mußte man bei allen anderen Sulfiden und Erzen
sowie bei Metallen die Ansiedeprobe durchführen, die einen erheblichen Aufwand an
Scherben und Kornblei notwendig machte, da trotz kleiner Einwaagen ein öfteres
Verschlacken des Regulus nicht zu vermeiden war. Gewöhnlich wog man 12mal
2,5 g oder 20mal 1 g ein und konzentrierte die Reguli entsprechend, um Edelmetallkörner aus entweder 3mal 10 g oder 4mal 5 g Einwaage zum Auswägen und Weiter-
behandeln bringen zu können.

Durch die Anwendung der kombinierten naß-trockenen Methode ist es möglich,
dieses lästige oftmalige Verschlacken zu vermeiden und bei edelmetallärmeren Substanzen beliebig hohe Einwaagen zu machen. Bei ihr behandelt man die edelmetallhaltigen Materialien mit Säuren, meist nur mit Schwefelsäure, fällt das in Lösung
gegangene Silber mit Natriumchlorid oder -bromid, bringt gelöste Spuren von Gold
oder Platinmetallen durch Zugeben von etwas Kaliummetabisulfit zum Ausfällen
und erzeugt in der schwefelsauren Lösung durch Hinzufügen von Bleiacetatlösung
einen Niederschlag von Bleisulfat, der alles feinverteilte Edelmetall mit zu Boden
reißt. Ein längerdauerndes Absitzenlassen, meist über Nacht, ist erforderlich. Um
ein Auskristallisieren von Sulfaten zu vermeiden, hält man die Lösung mäßig warm.
Dann wird filtriert und ausgewaschen. Der Niederschlag wird nach dem Veraschen
des Filters auf dem Ansiedescherben mit Kornblei oder besser im Gekrätzprobentiegel mit Bleioxid und Fluß niedergeschmolzen.

2.2. Erze und Schlämme

Man geht hier so vor, daß man je nach dem Edelmetallgehalt kleinere oder größere
Einwaagen in einem Becherglas geeigneter Größe mit etwas Wasser aufschlämmt,
dann mit konzentrierter Schwefelsäure in großem Überschuß versetzt und auf freier
Flamme kocht, bis bei stark rauchender Säure alles zersetzt und der Rückstand hell
geworden ist. Dies dauert meist mehrere Stunden. Zersetzt sich die Probe schwer oder
gar nicht mit Schwefelsäure, wie z.B. bei Speisen, Arseniden, Nickel- und Kobalt-
erzen, so löst man erst mit einer hinreichenden Menge von Salpetersäure, fügt dann
konzentrierte Schwefelsäure hinzu und bringt sie zum Rauchen.

Nach dem Erkalten wird der Sulfatbrei vorsichtig mit Wasser aufgenommen und
aufgekocht. Bemerkt man dabei am Boden des Gefäßes noch dunkle, unzersetzte
Teilchen, so gießt man die verdünnte Lösung ab, fügt zum Rückstand abermals
Säure und wiederholt das Aufschließen und Kochen wie vorher. Bisweilen muß man
noch ein drittes Mal nachbehandeln. Nun vereinigt man alle Lösungen und den Rückstand in einem Becherglas passenden Volumens, verdünnt gegebenenfalls noch weiter
und fällt in der Siedehitze das Silber mit Natriumchlorid- oder -bromidlösung (10 ml
einer Lösung von 6 g NaCl im Liter fällen etwa 0,1 g Ag). Bei Verwendung von Salpetersäure zum Aufschließen empfiehlt es sich nicht, Natriumbromid zum Silber-
fällen zu benutzen, da trotz des Abrauchens mit Schwefelsäure noch vorhandene
Spuren von Salpetersäure das Bromid zu Brom oxydieren könnten, welches seiner-
seits lösend auf Gold einwirken würde. Ein größerer Überschuß an Fällungsmittel
ist zu vermeiden, da er Silberchlorid löst.

Nun setzt man das Kochen noch etwas fort, fügt 25 ml Schwefligsäurelösung oder
2 g Natriumsulfit zu und erzeugt durch Zugeben von etwas Bleiacetatlösung einen
Niederschlag von Bleisulfat, der beim Absitzen alles in der Lösung Suspendierte mit
niederreißt. Darauf läßt man bei schwacher Wärme im Dunkeln absitzen. Handelt

es sich beim Lösungsprozeß um Antimonerze oder antimonhaltige Anodenschlämme, so gibt man nach dem Verdünnen der schwefelsauren Lösung das 3- bis 5fache der Antimonmenge an Weinsäure zu, um die Fällung von Antimonsäure möglichst zu verhinde n.

Die Einwaagen bei hohen Gehalten an Edelmetallen, z.B. bei Anodenschlämmen, die bisweilen bis zu 50% Ag enthalten, sind so einzurichten, daß als Auswaage ein Güldischkorn von nicht mehr als 1 g erhalten wird. Man wird daher hier meist mit Einwaagen von 2–5 g auskommen.

Nach dem Absitzenlassen der Fällung über Nacht wird durch ein mit Filterschleim gedichtetes, doppeltes Filter filtriert und das Fällungsgefäß mit einem Gummiwischer gesäubert. Nun folgt das Auswaschen des Niederschlages erst mit heißem, dann mit kaltem Wasser, bis keinerlei Lösungsrückhalte mehr zu befürchten sind. Das nasse Filter bringt man in einen Gekrätzprobentiegel, auf dessen Grund sich ein wenig Bleioxid befindet, und läßt es auf dem Sandbad soweit trocknen, daß es mit Hilfe eines Fidibusses abgebrannt werden kann. Dann mischt man den Rückstand mit 40 g Bleioxid und 100 g reduzierendem Fluß (35 Teile Soda, 35 Teile Pottasche, 30 Teile Borax, 10 Teile Weinstein) sowie 2 g Eisenpulver und erhitzt im Tiegelofen erst gelinde, dann heiß bis zum ruhigen Schmelzen, wobei man zum Schluß noch etwas Fluß und Bleioxid nachsetzt.

Ist sehr viel Zinnsäure vorhanden, so wird dem Fluß etwas Flußspat (bis zu 5 g) zugegeben. Bei hohem Edelmetallgehalt empfiehlt es sich, die abgeklopfte Schlacke mit 10 g Bleioxid und 40 g Fluß nachzuschmelzen und die Reguli zu vereinigen. Man verschlackt sie im Ansiedescherben, bis der König zum Abtreiben geeignet ist und das passende Gewicht (etwa 20 g) erreicht hat.

2.3. Metalle

Edelmetalle in nicht zu vernachlässigenden Mengen finden sich hauptsächlich in Rohkupfersorten, im Antimon, Wismut und bisweilen auch im Rohzink. Das im *Werkblei* enthaltene Edelmetall wird nur dokimastisch bestimmt. Von Roh*kupfer*sorten, wie Schwarzkupfer, Anodenkupfer, Zementkupfer, kann man beliebig hohe Einwaagen in Form von Spänen oder Staub nehmen, sie mit der 3fachen Menge Wasser und der 6fachen Menge Schwefelsäure (1,84) versetzen und sie unter starkem Rauchen der Säure bis zur Zersetzung des Kupfers über freier Flamme erhitzen. Nach dem Erkalten verdünnt man mit Wasser, kocht auf und überzeugt sich, daß alles Kupfer zersetzt ist. Sollte dies nicht der Fall sein, so gießt man die Lösung ab und wiederholt das Zersetzen. Bei Schwarzkupfer mit viel Antimon und Zinn ist häufig noch eine Behandlung mit Bromwasserstoffsäure und anschließendes Abrauchen mit Schwefelsäure erforderlich. Die vereinigten Lösungen samt dem Rückstand verdünnt man, kocht auf, fällt das Silber in der Siedehitze mit Natriumbromidlösung unter Beigabe von schwefliger Säure und Bleiacetat. Nach dem Absitzenlassen und Filtrieren muß gegebenenfalls auskristallisiertes Kupfersulfat restlos durch Auswaschen entfernt werden. Die weitere Behandlung des Niederschlages geschieht wie bei 2.2.

Roh*zink* löst man in Schwefelsäure unter Zufügen von etwas Kupfersulfat zur Beschleunigung des Lösens.

3. Nasse Methoden für Silber, Gold, Platin und Platinmetalle

3.1. Silber

Qualitativer Nachweis

Chlorionen fällen aus neutralen oder sauren Silberlösungen weißes Silberchlorid aus, unlöslich in Salpetersäure, aber leicht löslich in Ammoniak unter Bildung von Diamminsilberchlorid ($Ag(NH_3)_2Cl$). Auf Zusatz von Salpetersäure wird dieses Komplexsalz wieder zerlegt unter Abscheidung von Silberchlorid.

Quantitative Bestimmung

3.1.1. Maßanalytisches Verfahren nach Gay-Lussac

Grundlage. Das Silber wird in salpetersaurer Lösung mit Natriumchloridlösung titriert.

Anwendungsbereich und Bedeutung. Die GAY-LUSSAC-Probe wird zur Analyse von handelsüblichen Silberlegierungen mit 500–1000 °/₀₀ Silber, von Münzsilber, Hütten- und Feinsilber und Silbernitrat verwendet.

Genauigkeit. 1.

Dauer. 4 Std. für 10–12 Bestimmungen.

Ausführung. Die Einwaage der Probe wird so bemessen, daß sie einen Silberinhalt von 1,005 g besitzt. Dies ist durch eine Bestimmung des annähernden Silbergehaltes durch eine trockene Vorprobe (6.1.2.1.) festzustellen. Bei Legierungen unter 980 °/₀₀ wägt man eine entsprechende Menge Feinsilber hinzu. Die Probe wird in 10 ml Salpetersäure (1,2) in einem Stöpselkolben (c) gelöst.

Die Fällung des Silbers erfolgt durch eine Natriumchloridlösung, die durch Auflösen von 5,4190 g chemisch reinem Natriumchlorid zu 1 l hergestellt wurde (a). 100 ml dieser Lösung fällen genau 1,000 g Silber. Aus dieser Lösung wird durch Entnahme von 100 ml und Auffüllen zu 1,000 l eine zehnfach verdünnte Lösung hergestellt (d).

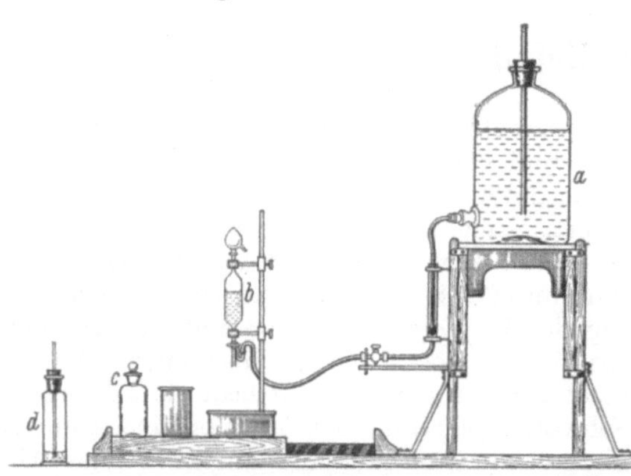

Abb. 34. Apparat zur Silberbestimmung nach GAY-LUSSAC
a Vorratsflasche für n/10 NaCl-Lösung; *b* geeichte Pipette; *c* Schüttelgefäß für Titration; *d* Vorratsflasche für n/100 NaCl-Lösung mit graduierter geeichter Pipette

Man läßt zunächst aus der Pipette *b* (Abb. 34) genau 100 ml der starken Lösung zulaufen und schüttelt diese solange, bis sich das Silberchlorid beim Stehen klar absetzt. Die Fällung der über 1,000 g hinausgehenden Silbermenge wird durch kubikzentimeterweise Zugabe der verdünnten Lösung vorgenommen. Diese wird so zugegeben, daß sie langsam an der Wand des Glases auf die Oberfläche der Lösung abläuft. Enthält die Lösung noch ungefälltes Silber, so entsteht eine Trübung. Nach jeder Natriumchloridzugabe wird die Lösung klargeschüttelt. Der Endpunkt der Titration wird nach der letzten Natriumchloridzugabe durch Vergleich der Trübungsintensität von Analysenprobe und Titerprobe, die stets mit durchlaufen muß, erkannt.

Fehlermöglichkeiten. Zinn wirkt bereits in Mengen von 0,5% an störend, da die ausfallende Metazinnsäure die Lösung trübt und das scharfe Erkennen des Endpunktes verhindert. Man kann durch Zusatz von Weinsäure die Fällung von Zinnsäure vermeiden.

3.1.2. Maßanalytisches Verfahren nach Volhard

Grundlage. Aus der salpetersauren Lösung der Probe wird das Silber in Gegenwart von Eisen(III)-ammoniumsulfat als Indicator mit Kaliumthiocyanatlösung (oder Ammoniumthiocyanat) als weißes Silberthiocyanat ausgefällt. Der Endpunkt der Reaktion wird durch die rote Färbung des durch einen Überschuß des Fällungsmittels entstehenden Eisen(III)-thiocyanats angezeigt.

Anwendungsbereich und Bedeutung. Das Verfahren dient zur Feingehaltsermittlung von Silberlegierungen und zur schnellen Untersuchung von Bädern für die Silberelektrolyse.

Genauigkeit. 2.

Dauer. 2–5 Std. für 10 Bestimmungen.

Ausführung.

a) *Legierungen.* Man löst 0,5 g Probegut mit 5 ml chlorfreier Salpetersäure (1,2), erwärmt die Lösung bis zum Austreiben der Stickstoffoxide, läßt sie dann abkühlen und verdünnt nach Zusatz von 1–2 ml Eisen(III)-ammoniumsulfatlösung (5 g/100 ml) mit 100–200 ml Wasser. Aus einer Bürette läßt man dann unter Umschwenken die eingestellte n/10-Kalium- bzw. Ammoniumthiocyanatlösung zufließen. Man titriert bis zur bleibenden Rotfärbung, die auch bei kräftigem Umschwenken oder Rühren nicht mehr verschwinden darf.

1 ml n/10-Kaliumthiocyanatlösung entspricht 10,788 mg Silber.

b) *Elektrolyt der Silberelektrolyse.* 1–5 ml des zu untersuchenden Elektrolyts werden mit etwa 100 ml Wasser verdünnt, nach dem Ansäuern mit einigen Milliliter Salpetersäure mit 2–3 ml Eisen(III)-ammoniumsulfatlösung als Indicator versetzt und, wie oben angegeben, mit Thiocyanatlösung titriert.

Fehlermöglichkeiten. Der Verbrauch an Kaliumthiocyanat ist meist etwas zu hoch. Nach P. TREADWELL scheinen die Versuche von C. HOITSEMA zu zeigen, daß frisch gefälltes Silberthiocyanat die Eigenschaft besitzt, Kaliumthiocyanat zu adsorbieren. Bei hohem Kupfergehalt der Legierung (über 60%) wird der Farbumschlag durch die blaue Kupferfärbung verdeckt, ebenso können Kobalt und Nickel das Erkennen des Umschlages stören. Dagegen sind Arsen, Antimon, Zinn, Zink, Cadmium, Blei und Wismut ohne schädlichen Einfluß.

Literatur. TREADWELL, P.: Lehrbuch der analytischen Chemie Bd. II (1946) S. 614. – HOITSEMA, C.: Z. angew. Chem. Bd. 17 (1904) S. 674.

3.1.3. Maßanalytisches Verfahren mit Kaliumjodid

Grundlage. Das Silber wird in Gegenwart eines Oxydationsmittels, wie z. B. Kaliumpermanganat, mit Kaliumjodidlösung und Stärke als Indicator maßanalytisch bestimmt.

Anwendungsbereich und Bedeutung. Unter den angegebenen Bedingungen kann die Methode anstelle der GAY-LUSSAC-Methode zur Bestimmung des Silbergehaltes von Anodensilber, Elektrolytsilber und Silbernitrat verwendet werden.

Genauigkeit. 1.

Dauer. 2 Std.

Ausführung. 1 g Probematerial wird in einem mit einem Uhrglas bedeckten 600 ml-Becherglas mit 30 ml reinster, chlorfreier Salpetersäure (1,2) unter vorsichtigem Erwärmen gelöst. Man engt die Lösung ungefähr auf die Hälfte des Volumens ein, verdünnt sie mit 100 ml chlorfreiem Wasser und kocht sie auf. Nach dem Erkalten wird sie unter Rühren mit einem Glasrührer nacheinander mit genau 25 ml Stärkelösung, 100 ml (geeichte Pipette!) einer n/10-Kaliumjodidlösung und 0,5 ml n/10-Kaliumpermanganatlösung versetzt. Danach wird unter Verwendung einer Mikrobürette mit der n/10-Kaliumjodidlösung bis zum Farbumschlag nach Blaugrün titriert. Der Endpunkt ist an der Blaufärbung der überstehenden klaren Lösung sowie an der Verfärbung des Silberjodidniederschlages zu erkennen. Der schwach gelbe Silberjodidniederschlag wird kurz vor dem Umschlag intensiv gelb und beim ersten überschüssigen Tropfen der Kaliumjodidlösung deutlich blaugrün. Der annähernde Silbergehalt der Probe wird durch eine Vorprobe ermittelt. Für jede Probe muß zur Wertbestimmung der Kaliumjodidlösung eine Vergleichsprobe aus reinstem Elektrolytsilber, deren Silbergehalt dem der Probe gleichkommt, mit durchgeführt werden. Der Verbrauch an Kaliumjodidlösung soll zwischen 102 und 103 ml liegen. Dies kann entweder durch Änderung der Einwaage oder durch Verstärken der Kaliumjodidlösung erreicht werden.

Für die Wertbestimmung des Silbernitrats werden 1,699 g eingewogen und in 100 ml kaltem Wasser unter Zusatz von 10 ml Salpetersäure (1 + 1) gelöst. Für die Vergleichslösung werden 1,0788 g Elektrolytsilber eingewogen. Die Weiterbehandlung erfolgt wie vorstehend angegeben.

Lösungen. 14,75 g Kaliumjodid werden in Wasser gelöst, die Lösung wird auf 1 l aufgefüllt. 1 g lösliche Stärke wird mit 20 ml kaltem Wasser angerührt und dieser Ansatz in 180 ml kochendes Wasser eingetragen.

Fehlermöglichkeiten. Wismut, Kupfer, Blei, Nickel und Zink stören in den vorkommenden Größenordnungen nicht; ebenso haben Zinngehalte bis etwa 5% keinen störenden Einfluß gezeigt. Quecksilber oder Palladium dagegen dürfen nicht zugegen sein.

Literatur. QINN, J. H., u. W. M. Mo. NABB: J. Franklin Inst. Bd. 240 (1945) Nr. 1 S. 47 bis 51.

3.1.4. Potentiometrisches Verfahren

Grundlage. Die Titration des Silbers wird mit einer Alkalihalogenidlösung als Fällungstitration vorgenommen. Der Endpunkt der Ausfällung wird potentiometrisch bestimmt.

Anwendungsbereich und Bedeutung. Das Verfahren eignet sich für Feinsilber und Silberlegierungen.

Genauigkeit. 1.

Dauer. 5–25 min.

Geräte und Lösungen. Potentiometrische Ausrüstung mit einer Quecksilber(I)-sulfat-Normalelektrode (eine Kalomelelektrode ist nicht geeignet)
als Stromschlüssel eine gesättigte Kaliumnitratlösung
ein Röhrenvoltmeter
Titerlösung: Alkalibromid oder Alkalithiocyanidlösung n/10, n/100 oder n/1000

Ausführung. Von Feinsilber oder Silberlegierungen mit höheren Silbergehalten als 10% wird eine einem Silberinhalt von etwa 400 mg entsprechende Menge der Legierung in Salpetersäure (1 + 2) so gelöst, daß auf je 1 g Legierung etwa 10 ml Salpetersäure zugegeben werden. Nach der Auflösung verjagt man durch Kochen die Stickstoffoxide, spült in ein 400 ml Becherglas und titriert nach dem Erkalten mit einer n/10-Kaliumbromidlösung mit potentiometrischer Indication. Der Potentialsprung im Äquivalenzpunkt beträgt etwa 180 mV. Bei kleineren Silbergehalten kann mit einer n/100- oder n/1000-Lösung titriert werden, wobei die Einwaage jeweils so zu wählen ist, daß etwa 40–50 ml der Lösung zur Ausfällung des Silbers benötigt werden. Bei Verwendung von Thiocyanatlösungen zur Titration kann das

Silber nur in solchen Legierungen bestimmt werden, die kein Kupfer und Quecksilber enthalten. Trübungen der Lösung durch Zinn(IV)-oxid und Färbung durch gefällte Ionen stören die Titration nicht.

Zur Herstellung der Kaliumbromidlösung werden 11,032 g des Salzes zu 1 l gelöst, entsprechend 10 mg Silber/ml. Die Titerstellung erfolgt mit 0,5000 g Feinsilber. Man behandelt das Feinsilber, wie vorstehend angegeben, und titriert. Es sei der Verbrauch b ml bis zum Potentialsprung. Dann ist unter Berücksichtigung einer Einwaage von 0,5 g der Faktor der Kaliumbromidlösung $= \dfrac{50}{b \text{ ml Bromidlösung}}$.

3.1.5. Titrimetrisches Verfahren mit Dithizon

3.1.5.1. Chloridfreie Erze

Lösungen.
1. Silbertestlösung, die in 10 ml 60 μg Silber enthält, hergestellt durch Verdünnen einer stärkeren Silbernitratlösung (chlorionenfrei).
2. Verdünnte Schwefelsäure, 5,5 ml (1,84)/l.
3. Kaliumthiocyanatlösung (2 g/100 ml).
4. Verdünnte Salpetersäure, 176 ml (1,4)/l.
5. Hydrazinsulfatlösung (5 g/100 ml).
6. Dithizonlösung (15 mg Dithizon in 500 ml Tetrachlorkohlenstoff).

Ausführung. 1 g des unter 0,08 mm gepulverten Erzes wird mit 5 ml bidestilliertem Wasser angeschlämmt und in 20 ml Salpetersäure (1,4) durch Erwärmen gelöst. Nach dem Verkochen der Stickstoffoxide verdünnt man mit etwa 80 ml bidestilliertem Wasser, setzt zur Bindung etwa noch vorhandener salpetriger Säure etwa 0,5 g festen Harnstoff zu und hält die Lösung etwa 5 min im Sieden. Anschließend wird sie in einen 500 ml-Meßkolben übergespült, mit weiteren 300 ml bidestilliertem Wasser verdünnt und etwa 30 min kräftig geschüttelt (am besten in einem Schüttelapparat). Danach füllt man die Lösung im Kolben mit bidestilliertem Wasser bis zur Marke auf, schüttelt gut durch und filtriert über ein trockenes Faltenfilter, wobei die ersten 20–40 ml verworfen werden. Von dem Filtrat werden 100 ml = 0,2 g Einwaage in einen Scheidetrichter abpipettiert; die Silbermenge soll hierin 0,006 mg bis 0,3 mg betragen. Man neutralisiert mit konzentriertem Ammoniak gegen Lackmus und säuert dann mit verdünnter Salpetersäure (4) soeben an. Jetzt gibt man 4 ml verdünnter Salpetersäure (4) im Überschuß sowie 5 Tropfen einer Hydrazinsulfatlösung (5) hinzu und extrahiert mit Dithizonlösung (6) Silber, Quecksilber und Kupfer. Silber reagiert mit gelber Farbe zuerst; dann folgt Quecksilber mit orangegelber Farbe, und schließlich zeigt sich das Kupfer mit violettem Farbton. Man extrahiert solange, bis der letzte Milliliter Dithizonlösung (6) einwandfrei violett erscheint. Die einzelnen Extrakte werden in einem Scheidetrichter gesammelt und hier mit 5 ml verdünnter Schwefelsäure (2) gewaschen. Die Kohlenstofftetrachloridschicht wird abermals in einen anderen Scheidetrichter abgelassen und dieser dreimal mit je 1 ml verdünnter Schwefelsäure (2) und 5 ml Kaliumthiocyanatlösung (3) etwa 30 sec geschüttelt. Das Silber geht in die wässerige Phase, während Quecksilber und Kupfer in der Kohlenstofftetrachloridschicht verbleiben. Die 3 wässerigen Anteile werden in einem 400 ml-Becherglas vereinigt und mit 2 ml Schwefelsäure (1,84) annähernd zur Trockne geraucht. Der Trockenrückstand wird mit 4 ml verdünnter Salpetersäure (4) durch kurzes Erwärmen gelöst und mit destilliertem Wasser auf 20 ml verdünnt. In dieser Lösung wird das Silber unter Zugabe von 5 Tropfen Hydrazinsulfatlösung (5) mit der eingestellten Dithizonlösung (6) unter portionsweiser Zugabe titriert, d.h. geschüttelt und der Extrakt jeweils abgelassen. Wenn die letzten 0,1-0,2 ml Dithizonlösung (6) grün erscheinen, ist der Endpunkt erreicht.

Ausrechnung.

$$\frac{\text{Verbrauchte ml Dithizon} \cdot \text{Faktor}}{\text{Einwaage}} = \mu\text{g Ag/g}$$

$$\frac{\mu\text{g Ag/g}}{10\,000} = \%\ \text{Ag}$$

Titerstellung der Dithizonlösung gegen Silber. Man pipettiert in einen Scheidetrichter 10 ml der Silbertestlösung (1), gibt 10 ml desti liertes Wasser und 4 ml verdünnte Salpetersäure (4) sowie 5 Tropfen Hydrazinsulfatlösung (5) hinzu und titriert mit Dithizon wie oben nach der Reinigung.
10 ml Dithizon = 60 µg Silber. Verbrauch: 5,8 ml.

$$\frac{60\ \mu\text{g Silber}}{5,8} = 10,34\ \mu\text{g Silber/ml.}$$

3.1.5.2. Chloridhaltige Erze

1 g des Erzes wird wie unter 3.1.5.1. beschrieben in Salpetersäure gelöst und die Lösung anschließend nach Zugabe von 10 ml verdünnter Schwefelsäure (1 + 1) bis zum deutlichen Rauchen der Schwefelsäure eingedampft. Nach dem Erkalten wird der Rückstand in etwa 80 ml bidestilliertem Wasser und 10 ml Salpetersäure (1,4) gelöst und die Lösung nach Zugabe von etwa 0,5 g Harnstoff etwa 5 min. lang im Sieden gehalten. Man verfährt weiter wie unter 3.1.5.1. beschrieben.

Fehlermöglichkeiten. Sämtliche verwendeten Reagenzien und das destillierte Wasser müssen chloridfrei sein.

Literatur. FISCHER, H., G. LEOPOLDI u. H. v. USLAR: Z. anal. Chem. Bd. 101 (1935) S. 1 bis 23.

3.1.5.3. Blei und andere Metalle

Grundlage. Beim Schütteln einer schwach sauren Silberlösung mit der grünen Dithizonlösung wird durch Bildung von Silberdithizonat in der Kohlenstofftetrachlorid-Phase ein Farbumschlag nach gelb hervorgerufen.

Anwendungsbereich und Bedeutung. Das Verfahren dient zur schnellen Bestimmung von Silber in Blei und anderen Metallen wie Wismut, Zink und Cadmium. Mit dieser Methode gelingt es, bis zu $10^{-5}\%$ Silber mit Sicherheit zu bestimmen.

Genauigkeit. 1.

Dauer. Nach dem Lösen 95 min.

Lösungen.
1. Verdünnte Salpetersäure, 176 ml (1,4)/l.
2. Weinsäure (50 g/100 ml).
3. Dithizonlösung (15 mg Dithizon in 500 ml Tetrachlorkohlenstoff).
4. Verdünnte Schwefelsäure, 5,5 ml (1,84)/l.

Ausführung. 5 g des Metalls werden in 20 ml Salpetersäure (1,2) [bei Anwesenheit von Zinn und Antimon unter Zusatz von 5-10 ml Weinsäure (2)] gelöst. Anschließend wird die Hauptmenge der Säure verdampft und der Rest mit heißem Wasser verdünnt. Nach Zusatz von 0,5 g Harnstoff wird die Lösung einige Minuten aufgekocht, in einen 100 ml-Meßkolben übergeführt, nach dem Abkühlen auf 20° mit Wasser bis zur Marke aufgefüllt und gut durchgeschüttelt. Von dieser Lösung werden je nach dem zu erwartenden Silbergehalt 5–10 ml in einen Scheidetrichter pipettiert, die freie Säure mit Ammoniak annähernd neutralisiert und mit verdünnter Salpetersäure (1) angesäuert. Das in der Lösung befindliche Silber reagiert mit Dithizonat vor dem Blei bzw. Wismut. Man läßt aus einer Bürette etwa 5 ml Dithizonlösung (3) zu der Lösung in einen Scheidetrichter fließen und schüttelt so lange, bis die grüne Reagenzlösung sich vollkommen mit dem Silber umgesetzt hat. Die Lösung vom Silberdithizonat in Kohlenstofftetrachlorid hat eine goldgelbe Farbe und wird abgetrennt. Man wiederholt die Zugabe von je 1–2 ml Reagenzlösung; solange beim Schütteln die goldgelbe Farbe schnell auftritt, sind noch größere Mengen Silber in der Lösung vorhanden, darum extrahiert man so lange, bis letzte Milliliter Dithizonlösung (3) einwandfrei violett, rot oder grün erscheint. Die einzelnen Extrakte werden in einem Scheidetrichter gesammelt und hier mit 5 ml verdünnter Schwefelsäure (4) gewaschen. Man verfährt weiter wie unter 3.1.5.1. beschrieben.

Ausrechnung. Siehe unter 3.1.5.1.

Titerstellung der Dithizonlösung gegen Silber. Siehe unter 3.1.5.1.

Fehlermöglichkeiten. Sämtliche verwendeten Reagenzien und das destillierte Wasser müssen chloridfrei sein.

Literatur. FISCHER, H., G. LEOPOLDI u. H. v. USLAR: Z. anal. Chem. Bd. 101 (1935) S. 1–23.

3.1.6. Fällen und Auswägen als Silberchlorid

Grundlage. Man stellt eine schwach salpetersaure Silberlösung her, fällt nach dem Erwärmen daraus mit verdünnter Salzsäure das Silber als Chlorid, läßt es absitzen, filtriert es auf einen Filtertiegel ab, wäscht aus, trocknet bei 180° und wägt als Silberchlorid.

Anwendungsbereich und Bedeutung. Die Bestimmung wird hauptsächlich bei größeren Silbergehalten, z.B. bei Feinsilber und Silberlegierungen, angewandt; nur klare Silberlösungen dürfen gefällt werden.

Genauigkeit. 1.

Dauer. 6–8 Std.

Ausführung. Man löst 1 g der Feinsilber- oder Silberlegierungsprobe im 500 ml-Becherglas mit 8 ml Salpetersäure (1,2) unter schwachem Erwärmen, verjagt die Stickstoffoxide durch gelindes Sieden, verdünnt die Lösung auf etwa 200 ml und fällt das Silber bei 90° unter kräftigem Rühren mit verdünnter Salzsäure [1 ml Salzsäure (1 + 9) fällt ungefähr 0,110 g Ag]. Nach dem Fällen hält man für einige Zeit das schwache Sieden bei, rührt öfters um und läßt dann die Fällung an einem vor Licht geschützten Ort absitzen. Ist dies nach etwa 3 Std. geschehen, so dekantiert man die Flüssigkeit durch einen dichten Glas- oder Porzellanfiltertiegel, wäscht den Niederschlag im Becherglas mehrmals mit kaltem, schwach salpetersäurehaltigem Wasser aus und bringt ihn schließlich auf den Tiegel, der kurz mit reinem Wasser nachgewaschen wird. Ist er nicht durch einen Palladiumrückhalt mehr oder weniger gelb gefärbt, so trocknet man bei 180° bis zur Gewichtskonstanz und wägt.

Falls in der Lösung aber *Palladium* enthalten sein sollte, so muß man entweder aus stark verdünntem Medium tropfenweise mit Salzsäure (1,04) fällen oder aber den erhaltenen Silberchloridniederschlag nach dem Abfiltrieren in Ammoniak lösen und die Lösung unter Zusatz von einigen Tropfen Salzsäure mit Salpetersäure wieder schwach ansäuern. Nach englischen bzw. amerikanischen Vorschriften wird die ammoniakalische Lösung unter Beifügen von etwas Ammoniumchlorid mit Essigsäure sauer gemacht.

Fehlermöglichkeiten. Silberchlorid absorbiert leicht andere Metallsalze; deshalb ist z.B. auch bei Gegenwart von viel Kupfer- oder Nickelsalzen ein Umfällen des Niederschlages, wie oben angegeben, erforderlich. Quecksilber und größere Bleimengen sowie Antimon dürfen vorhanden sein, da die beiden ersteren schwer lösliche Chloride bilden und dann Antimonoxide vom Silberchlorid aufgenommen werden.

3.2. Gold

Qualitativer Nachweis

Reduktionsmittel, wie z.B. Eisen(II)-salze, Schwefeldioxid oder unedlere Metalle, wie Eisen, Zink, Aluminium, Magnesium, fällen aus schwach salz- oder schwefelsauren Lösungen das Gold in kolloidaler Form als feines braunes Pulver oder als zusammenhängenden braunen Metallschwamm aus. Zinn(II)-chlorid z.B. erzeugt den bekannten CASSIUSschen Goldpurpur. Diese Reaktion ist äußerst empfindlich und eignet sich deshalb auch zum Nachweis des Goldes in sehr verdünnten Lösungen, wie z.B. in Ablaugen, Abwässern u.dgl.

Quantitative Bestimmung

3.2.1. Gravimetrische Bestimmung durch Fällung mit Reduktionsmitteln

Grundlage. Das Gold wird durch Reduktionsmittel, wie z.B. Hydrazinsalze, Eisen(II)-chlorid, Eisen(II)-sulfat, Oxalsäure oder schweflige Säure aus seinen Lösungen als Metall abgeschieden und nach dem Filtrieren, Waschen und Glühen gewogen.

Anwendungsbereich und Bedeutung. Die Methode wird für Lösungen angewandt, in denen das Gold als Goldchlorwasserstoffsäure vorliegt, und in denen keine freie Salpetersäure enthalten ist.

Genauigkeit. 1.

Dauer. 1 Tag.

Ausführung. Enthält die zu untersuchende Lösung freie Salpetersäure, so dampft man sie zu deren Entfernung zweimal mit etwa 10 ml Salzsäure (1,19) ab, nimmt zum Schluß mit 3–5 ml verdünnter Salzsäure (1 + 1) auf und verdünnt auf 20–25 ml. Nach dem Erwärmen fällt man bei etwa 70–80° mit 5–10 ml Hydrazinhydrochloridlösung (10 g/100 ml) das Gold aus und prüft nach Klarwerden der Lösung durch Zusatz einiger weiterer Tropfen Hydrazinhydrochloridlösung die Vollständigkeit der Fällung. Man läßt das ganze einige Stunden auf dem Wasserbad stehen und filtriert nach genügend langem Absitzen (mindestens 5 Std.) des Niederschlages diesen durch ein Blaubandfilter ab, wäscht zuerst mit heißem, salzsäurehaltigem und anschließend mit reinem Wasser aus. Das Filter wird nach dem Trocknen verascht, der Goldrückstand geglüht und ausgewogen. Man kann auch quartieren und wie üblich das Korn in Salpetersäure scheiden.

Die Fällung des Goldes mit *Oxalsäure* wird aus einer mit Wasser verdünnten, schwachsauren Goldlösung in der Wärme vorgenommen. Der Niederschlag muß zur Erzielung einer quantitativen Fällung längere Zeit absitzen und wird dann wie oben angegeben weiterbehandelt.

Schwefeldioxid reduziert wässerige Goldlösungen bei gewöhnlicher Temperatur langsam, schneller beim Erwärmen. Gold kann auch aus basischer Lösung mit *Wasserstoffperoxid* abgeschieden werden. Versetzt man nämlich eine Goldlösung mit Kaliumhydroxid und Wasserstoffperoxid, so scheidet sich in kurzer Zeit das Gold quantitativ ab. Der Niederschlag erscheint fast schwarz, ballt sich beim Erhitzen zusammen und nimmt dann eine rotbraune Farbe an.

Die Fällung mit zweiwertigen Eisensalzen erfolgt etwas langsamer als die mit Hydrazinsulfat. Bei dieser Methode ist besonders darauf zu achten, daß der Goldniederschlag mit salzsäurehaltigem Wasser so lange ausgewaschen wird, daß er bestimmt eisenfrei ist. Als weiteres Reduktionsmittel zur Goldfällung ist *Formaldehyd* zu nennen.

Fehlermöglichkeiten. Das quantitative Auswaschen der Eisensalze aus dem Goldschwamm macht öfters Schwierigkeiten, weshalb Reduktionsmittel wie Oxalsäure und besonders Hydrazinhydrochlorid empfehlenswert sind.

3.2.2. Elektrolytische Bestimmung aus cyankalischer Lösung

Grundlage. Das Gold wird aus einem alkalischen cyanidhaltigen Elektrolyten an einer gewogenen Platinkathode als Metall abgeschieden und gewogen.

Anwendungsbereich und Bedeutung. Die Methode dient zur Analyse von Lösungen, in denen Gold als $[Au(CN)_2]^-$ vorliegt und die keine anderen Schwermetalle enthalten, z.B. von galvanischen Bädern.

Genauigkeit. 2.

Dauer. 1–4 Std.

Ausführung.

a) *In ruhenden Elektrolyten.* Man macht die Goldlösung mit Kaliumhydroxid schwach alkalisch, fügt auf 0,1 g Metall 1–2 g Kaliumcyanid zu und elektrolysiert mit 0,3–0,1 A Stromstärke. Bei 60° dauert die Fällung 2–3 Std. Aus kalter Lösung fällt man zweckmäßig über Nacht bei 2,4–2,5 V Klemmenspannung. Zur Unterbrechung des Stromes hebt man die WINKLERsche Netzelektrode allmählich aus dem Bad und spritzt sie gleichzeitig mit destilliertem Wasser ab. Hierauf spült man nochmals gründlich über dem Ablauf erst mit Wasser, dann mit Alkohol ab, trocknet über der Flamme und wägt. Der Niederschlag ist von matter, hellgelber Farbe. Man prüft, ob die Fällung vollständig war, indem man die Elektrolyse nochmals etwa $^1/_2$ Std. fortsetzt. Beim Arbeiten in einer Platinschale mit scheibenförmiger Anode füllt man vor der Unterbrechung der Elektrolyse $^1/_2$ cm mit Wasser auf und sieht nach, ob sich an den neu benetzten Stellen der Schale noch Gold niederschlägt. Wenn dies nicht der Fall ist, hebert man den Elektrolyten unter gleichzeitigem Ersatz durch destilliertes Wasser ab, bis die Stromstärke etwa den Wert Null erreicht hat.

b) *In bewegten Elektrolyten.* Man macht die Goldlösung mit Kaliumhydroxid schwach alkalisch, setzt auf 0,1 g Au 1–2 g Kaliumcyanid zu und elektrolysiert mit rotierender Netzkathode mit 500 Upm/min; Temperatur 30–50°, Klemmenspannung 2,5–2,6 V, einer Stromstärke von 0,3–0,05 A entsprechend. 0,1 g Au werden in 30 min gefällt. Die Unterbrechung des Stromes geschieht in der unter a) beschriebenen Weise.

Fehlermöglichkeiten. Silber, Cadmium, Kupfer, Quecksilber, Blei u.a. Schwermetalle werden mit dem Gold zusammen abgeschieden. Zu beachten ist, daß der cyanalkalische Elektrolyt nach dem Abschalten des Stromes bei Luftzutritt das Gold wieder langsam auflöst.

Literatur. TREADWELL, W. D.: Elektroanalytische Methoden. Berlin 1915, S. 94 u. 95.

3.2.3. Photometrische Bestimmung mit o-Toluidin

Grundlage. o-Toluidin gibt mit Goldchlorwasserstoffsäure in mineralsaurer Lösung eine gelbgefärbte Verbindung, die zur photometrischen Bestimmung geeignet ist.

Anwendungsbereich und Bedeutung. Das Verfahren eignet sich zur Bestimmung von 0,5 bis 10 µg in 25 ml Lösung.

Genauigkeit. 2.

Dauer. 15 min.

Lösungen.

1. Das handelsübliche o-Toluidin muß durch dreifache Umkristallisation aus heißer 2n-schwefelsaurer Lösung gereinigt werden. Die Filtration des schwefelsauren Toluidins darf nicht durch Papierfilter erfolgen, sondern muß durch Glasfritte oder Porzellanfiltertiegel vorgenommen werden.

2. Das o-Toluidinreagenz wird durch Sättigen einer 1n-Schwefelsäure mit gereinigtem Toluidin hergestellt. Diese Lösung wird mit 19 Vol. 1n-Schwefelsäure verdünnt.

Ausführung. Die salzsaure Lösung, die das Gold enthält, wird bis zur Sirupdicke eingedampft und mit 25 ml der Reagenzlösung vereinigt und gut durchgemischt. Die Farbe entwickelt sich nach 1–3 min und ist 10–30 min, je nach Reinheit der Reagenzien, konstant. Es wird die Absorption bei 437 nm gemessen.

Fehlermöglichkeiten. Es stören freies Chlor, OsO_4, Rutheniumsalze, Vanadate, Wolframate und Nitrite. Eisen(III)-ionen können durch Phosphorsäure getarnt werden. Silber, Kupfer, Nickel und Zink in der Größenordnung von 500 µg stören nicht.

Literatur. POLLARD, W. B.: Analyst Bd. 44 (1919) S. 94–95. – SANDELL, E. B.: Colorimetric determination of traces metals. Interscience publishers Inc. New York 1959, S. 506.

3.3. Platin

Qualitativer Nachweis

Da der Aufschluß der Platinmetalle gewisse Schwierigkeiten bietet, zumal Osmium und Ruthenium als Oxide leicht flüchtig sind, ist für den qualitativen Nachweis die Spektralanalyse allen naßchemischen Methoden weit überlegen. Doch seien im folgenden einige Nachweisreaktionen der Platinmetalle angegeben:

Zinn(II)-chlorid färbt salzsaure Platinlösungen gelb bis rot. Die Färbung läßt sich mit Äther ausschütteln. Da Gold, Palladium, Iridium und Rhodium ähnliche Reaktionen zeigen, wird diese Methode nur angewandt, um festzustellen, ob eine Lösung eines oder mehrere dieser Edelmetalle enthält.

Salzsaure Platin(IV)-lösungen geben, mit Kalium- und auch Ammoniumchlorid eigelbe Fällungen der Hexachloroplatinate (IV). Verunreinigungen durch Iridium, Rhodium, Ruthenium, gegebenenfalls auch Palladium verfärben den gelben Niederschlag. Eine grünliche Verfärbung deutet auf Rhodium hin, während Iridium, Ruthenium oder Palladium der Fällung einen bräunlichen Farbton verleihen.

Quantitative Bestimmung

3.3.1. Fällen als Ammoniumhexachloroplatinat(IV)

Grundlage. Man fällt das Platin aus einer Hexachloroplatinsäure (H_2PtCl_6) enthaltenden Lösung als Ammoniumchloroplatinat(IV), reduziert dieses Salz zu Platinmetall und wägt; anschließend folgt eine Nachfällung des Filtrates mit Schwefelwasserstoff.

Anwendungsbereich und Bedeutung. Die Methode dient zur Reinheitsprüfung von Platinschwamm oder zur Bestimmung des Platingehaltes in Altplatin.

Genauigkeit. 1.

Dauer. 2 Tage.

Ausführung. Eine salzsaure Lösung von Hexachloroplatinsäure, die in 20 ml etwa 1 g Pt enthält, wird mit 80 ml einer kalt gesättigten, heißen Ammoniumchloridlösung versetzt. Das Platin fällt dabei als kanariengelber Niederschlag aus. Man läßt ihn über Nacht absitzen und filtriert dann über ein hartes Filter unter Verwendung eines Platinkonus ab. Zur Entfernung des überschüssigen Ammoniumchlorids wäscht man mit reinem Alkohol nach. Das vor dem Trocknen zusammengefaltete Filter wird mit der Spitze nach oben im bedeckten Porzellantiegel zum Vertreiben des Ammoniumchlorids erst sehr vorsichtig erhitzt, dann ebenso vorsichtig verascht und sein Inhalt schließlich bei Luftzutritt stark geglüht und als Metall gewogen. Das Filtrat der Ammoniumchloridfällung säuert man schwach an, erhitzt und sättigt es mit Schwefelwasserstoff, bis es erkaltet ist. Darauf erwärmt man die Fällung auf dem Wasserbad, bis kein Schwefelwasserstoffgeruch mehr wahrzunehmen ist. Die Flüssigkeit wird dabei wasserhell, während der Niederschlag von Platinsulfid sich braun bis schwarz abscheidet. Er enthält auch das in der Legierung etwa vorhandene *Kupfer*, wird abfiltriert, geglüht und im Wasserstoffstrom reduziert. Zur Entfernung des gegebenenfalls anwesenden Kupfers wird er mit Salpetersäure (1 + 4) ausgezogen, der Rückstand dann erneut geglüht, mit Wasserstoff reduziert und zur Auswaage gebracht. Das ausgewogene Platin gibt man zur Hauptmenge. War Siliciumdioxid in der Lösung vorhanden, so raucht man das Platin vor der Auswaage mit Flußsäure ab.

Fehlermöglichkeiten. Die Hexachloroplatinsäurelösung muß frei von Nitrationen und Stickstoffoxiden und von Kaliumsalzen (K_2PtCl_6 ist ebenfalls schwer löslich) sein und darf nur geringe Mengen von Salzen des Kupfers oder anderer, mit Schwefelwasserstoff fällbarer Metalle enthalten. Ist die Fällung mit Ammoniumchlorid nicht reingelb, sondern orange bis rot gefärbt, so deutet dies auf einen geringen Gehalt von Iridium hin.

3.3.2. Fällen als Platinschwamm

Grundlage. Reduktion der salzsauren Platinsalzlösung mit Magnesium oder Zink zu Metall, das geglüht und gewogen wird.

Anwendungsbereich und Bedeutung. Die Methode ist zur Bestimmung geringerer Platinmengen aus verdünnten Lösungen geeignet.

Genauigkeit. 2.

Dauer. 1 Tag.

Ausführung. Die heiße, 1–2 n-Salzsäure und 10–100 mg Platin in 150 ml enthaltende Lösung von Hexachloroplatinsäure wird in einem geräumigen, mit einem Uhrglas bedeckten Becherglas anteilsweise mit 10 g geraspeltem Zink oder Magnesiumgrieß versetzt. Unter starker Wasserstoffentwicklung wird dabei das Platinsalz zu schwarzem Platinschwamm reduziert. Sobald die Lösung völlig farblos ist, wird sie durch ein Blaubandfilter filtriert und der Niederschlag mit verdünnter Salzsäure (5 g/100 ml) und anschließend mit heißem Wasser säure- und zinkfrei ausgewaschen. Das getrocknete Filter wird im Porzellantiegel an der Luft verascht und der Rückstand mit verdünnter Salpetersäure (1 + 4) ausgezogen. Das ungelöste Platin wird abfiltriert und nach dem Veraschen und Glühen bei etwa 700° gewogen. Andere Reduktionsmittel für Platinsalzlösungen sind Ameisensäure oder Formiate in saurer Lösung, die Platin(IV)-salze bei etwa 80° zu Platinschwamm reduzieren.

Fehlermöglichkeiten. Das durch Zink auszementierte Platin muß mit Salpetersäure sorgfältig ausgekocht werden, da alle mit Zink reduzierten elektropositiveren Metalle dazu neigen, das Zink legierungsartig festzuhalten. Nitrathaltige Lösungen können nicht quantitativ reduziert werden; man dampft sie vorher dreimal mit Salzsäure (1,19) zur Trockne und nimmt mit 1 n-Salzsäure auf. Andere Metalle, Gold und Unedelmetalle wie Kupfer werden mit dem Platin zugleich reduziert.

3.3.3. Fällen als Platinsulfid

Grundlage. Das Platin wird als PtS_2, dem PtS beigemengt sein kann, gefällt und dieses im Wasserstoffstrom zu Metall verglüht.

Anwendungsbereich und Bedeutung. Das Verfahren dient dazu, in sehr verdünnten Lösungen eine Prüfung auf Vollständigkeit der Fällung auf anderem Wege auszuführen.

Genauigkeit. 1–2.

Dauer. 1 Tag.

Ausführung. Die salzsaure Lösung (höchstens 100 mg Platin in 150 ml) wird heiß mit 50 ml einer 2proz. wässerigen Lösung von Thioacetamid versetzt; oder man leitet Schwefelwasserstoff ein. Das ausgefällte schwarze Platinsulfid wird nach mehrstündigem Absitzen auf dem Wasserbad abfiltriert und mit heißem Wasser ausgewaschen; nach dem Veraschen des Filters wird im Wasserstoffstrom bei etwa 700° reduziert, das Metall mit Salpetersäure (1 + 4) ausgezogen und nach erneutem Filtrieren geglüht und gewogen. Bei Anwesenheit von Siliciumdioxid raucht man das Platin vor der Wägung mit Flußsäure ab.

Fehlermöglichkeiten. Andere Platinmetalle, Gold, Kupfer und alle mit Schwefelwasserstoff in salzsaurer Lösung fällbaren Elemente fallen mit aus und werden beim Ausziehen mit Salpetersäure nur teilweise entfernt.

3.3.4. Photometrische Bestimmung

Grundlage. Zinn(II)-chlorid gibt mit Hexachloroplatinsäure ein wasserlösliches rotbraunes Reaktionsprodukt, dessen Farbintensität bei 405 nm verglichen wird.

Anwendungsbereich und Bedeutung. Man wendet das Verfahren bei sehr verdünnten Lösungen von Platin (0,5–1 mg/100 ml) an.

Genauigkeit. 2.

Dauer. 2 Std.

Ausführung. Zu der kalten, 3–6 n-Salzsäure enthaltenden Lösung der Hexachloroplatinsäure wird dasselbe Volumen einer frisch bereiteten Zinn(II)-chloridlösung (0,2 g $SnCl_2 \cdot 2H_2O$ in 100 ml 1n-HCl gelöst) zugesetzt. Die Extinktion dieser Lösung wird frühestens $^1/_2$ Std., spätestens 2 Std. nach Zugabe der Zinn(II)-chloridlösung bei 405 nm gemessen. Die Eichkurve wird auf gleiche Weise mit Lösungen mit 0,512 und 5 mg/100 ml Platin erstellt.

Fehlermöglichkeiten. Die Anwesenheit von Metallsalzen, die färben oder mit Zinn(II)-chloridlösung farbige Verbindungen geben, oder die anderer Platinmetalle macht die photometrische Bestimmung unmöglich.

Literatur. LANGE, B.: Kolorimetrische Analyse. Weinheim/Bergstr. 1956. – GILCHRIST, R.: Technical News, Bulletin of the National Bureau of Standards, Juni 1935, S. 62–63.

3.4. Palladium

Qualitativer Nachweis

Diacetyldioximlösung reagiert mit Palladium in schwach salzsaurer Lösung unter Bildung eines kanariengelben Niederschlages. Ist zweiwertiges Platin zugegen, so hat die Fällung einen grünlichen Farbton. Oxydiert man das Filtrat einer Ammonium- oder Kaliumchloroplatinatfällung mit Chlor oder Wasserstoffperoxid, so fällt das Palladium als leuchtend rotes Ammonium- oder Kaliumchloropalladat aus.

Quantitative Bestimmung

3.4.1. Fällen mit Diacetyldioxim

Grundlage. Das Palladium wird mit Diacetyldioxim (D) aus verdünnter salzsaurer oder salpetersaurer Lösung ausgefällt, der Niederschlag verascht und als Metall ausgewogen.

Anwendungsbereich und Bedeutung. Die Methode eignet sich zur Reinheitsprüfung des Palladiums und zur Bestimmung des Palladiumgehaltes in den meisten Legierungen und Palladiumverbindungen.

Genauigkeit. 1.

Dauer. 1 Tag.

Ausführung. Die maximal 0,2 g Palladium enthaltende Palladiumchloridlösung wird auf 500 ml verdünnt. Dann fügt man bei möglichst niedriger Temperatur (Kühlung mit Eis oder unter fließendem Wasser) eine alkoholische D-Lösung (1 g Diacetyldioxim zu 100 ml Äthanol) hinzu und rührt kräftig um (0,1 g Palladium werden von etwa 30 ml dieser Lösung gefällt). Der entstandene Niederschlag ist kanariengelb und sehr voluminös; er ballt sich nach längerem Stehen zum größten Teil an der Oberfläche der Lösung zusammen. Erscheint die Lösung klar und durchsichtig, so ist die Fällung beendet. Etwa vorhandenes vierwertiges Platin wird, selbst wenn es den Palladiumgehalt um das Hundertfache übersteigt, nicht mitgefällt, wenn die Ausgangslösung 1–2 ml Salpetersäure (1,4) enthalten hat. Man filtriert den Niederschlag auf ein Filter ab, wäscht ihn mit kaltem und erst zum Schluß mit heißem Wasser aus und verascht das Filter samt dem Inhalt unter einer Ammoniumchloriddecke in einem Platintiegel vorsichtig. Darauf wird im Wasserstoffstrom geglüht und das Palladium gewogen.

Fehlermöglichkeiten. Bei höherer Temperatur und Abwesenheit von Salpetersäure wird etwa anwesendes Platin durch die alkoholische D-Lösung teilweise zur zweiwertigen Stufe reduziert und dann ebenfalls durch D gefällt, was an der grünlichen Färbung des Palladiumniederschlags zu erkennen ist. – Das Veraschen der D-Fällung muß mit besonderer Vorsicht erfolgen, da sonst leicht Verluste entstehen können.

Literatur. [89, S. 1541].

3.5. Iridium

Qualitativer Nachweis

Iridium wird durch Erhitzen der Lösung mit konzentrierter Schwefelsäure bis zum Auftreten von Schwefelsäuredämpfen, Erkaltenlassen und Zugabe von Ammoniumnitrat nachgewiesen. Erwärmt man die Lösung dann wieder und versetzt sie nötigenfalls mit weiterem Ammoniumnitrat, so zeigt eine kräftige Blaufärbung die Anwesenheit von Iridium an.

Quantitative Bestimmung

3.5.1. Fällen als Metall

Die Bestimmung des Iridiums erfolgt hauptsächlich durch Fällung als Metall.

Grundlage. Aus einer salzsauren Iridium(III)- oder Iridium(IV)-chloridlösung wird das Iridium mit Zink ausgefällt und nach dem Glühen als Metall gewogen.

Anwendungsbereich und Bedeutung. Das Verfahren dient zur Reinheitsprüfung von Iridiumpulver oder Iridiumverbindungen.

Genauigkeit. 1.

Dauer. 2 Tage.

Ausführung. 0,5–1 g Iridiumpulver werden mit 5–10 g reinstem, geschmolzenem Natriumchlorid gut gemischt und quantitativ in ein Quarzschiffchen übergeführt. Das Gemisch wird in einem Rohrofen langsam, unter Überleiten von trokkenem Chlor, auf 850° erhitzt und 1–2 Std. bei dieser Temperatur im Chlorstrom gehalten. Das austretende Chlor wird durch eine mit wenig Wasser gefüllte Vorlage geleitet, um etwa flüchtiges Iridiumchlorid aufzufangen. Nach dem Abkühlen löst man den Schiffcheninhalt in 100 ml heißem Wasser und setzt 10 ml Salzsäure (1,19) zu; dazu fügt man den Inhalt der Vorlage. Diese Lösung (oder die Lösung eines Iridiumsalzes in 2 n-HCl) wird heiß im bedeckten Becherglas mit 20–40 g geraspeltem Zink reduziert. Ist die Flüssigkeit farblos geworden, so wird filtriert und das Metall nacheinander mit Salzsäure (1 + 9) und mit heißem Wasser säure- und zinkfrei gewaschen. Das Filter verascht man an der Luft; das Iridium wird im Wasserstoffstrom verglüht und gewogen.

Fehlermöglichkeiten. Andere Platinmetalle werden mitaufgeschlossen und mitgefällt und können so Unstimmigkeiten verursachen.

3.6. Rhodium

Qualitativer Nachweis

Für Rhodium gibt es keine spezifische Reaktion. Der Analytiker erkennt es an der Rotfärbung der Lösungen nach der Abtrennung der übrigen Platinmetalle. Auch die rote Farbe des durch Chlorieren des Metallschwammes bei 700° entstandenen, in Königswasser unlöslichen Rhodiumchlorids ist ein Kennzeichen dieses Metalls. Aus dem im Verlaufe des Analysenganges zurückbleibenden Rhodium-Iridium-Gemisch kann man das Rhodium durch eine Hydrogensulfat- oder Wismutschmelze herauslösen. Beim Kochen mit Zinn(II)-chlorid färben sich stark salzsaure Rhodiumlösungen zunächst gelb bis braun. Diese Farbe schlägt nach dem Abkühlen in Himbeerrot um.

Quantitative Bestimmung

3.6.1. Fällen als Metall

Grundlagen. Aus einer salzsauren Rhodium(III)-chloridlösung oder einer Natrium-Rhodium-Chlorid-Lösung wird das Metall mit Zink ausgefällt und nach dem Glühen gewogen.

Anwendungsbereich und Bedeutung. Das Verfahren dient zur Reinheitsprüfung von Rhodiumpulver und Rhodiumsalzen.

Genauigkeit. 1–2.

Dauer. 2 Tage.

Ausführung. 0,5–1,0 g Rhodiumpulver werden mit 5–10 g reinstem, geschmolzenem und danach feingeriebenem Natriumchlorid gut gemischt und quantitativ in ein Quarzschiffchen überführt. Das Gemisch wird im Rohrofen langsam unter Überleiten von trockenem Chlor auf 700–850° erhitzt und 2 Std. bei dieser Temperatur chloriert. Nach dem Abkühlen löst man den Schiffcheninhalt in 100 ml heißem Wasser und setzt 10 ml Salzsäure (1,19) zu. Diese Lösung oder auch die salzsaure Lösung eines Rhodiumsalzes wird unter Erwärmung im bedeckten Becherglas mit etwa 20–40 g geraspeltem Zink durch allmähliches Eintragen reduziert. Wenn die Flüssigkeit farblos geworden ist, wird der Niederschlag abfiltriert, mit heißem, salzsäurehaltigem Wasser zinkfrei gewaschen, verascht und danach im Wasserstoffstrom reduziert. Nach dem Behandeln und wiederholten Veraschen reduziert man abermals mit Wasserstoff und wägt.

Fehlermöglichkeiten. Andere Platinmetalle werden mitgefällt; die Fällung hält häufig Spuren von Zink zurück. Liegt das Rhodium als grober Schwamm oder gar stückig vor, so gelingt der Natriumchloridaufschluß nicht quantitativ. In diesem Fall muß das Rhodium zu Beginn der Analyse durch eine Zinkschmelze aufgeschlossen werden.

3.6.2. Fällen als Sulfid

Grundlage. Rhodium wird aus salzsaurer Lösung in der Siedehitze durch Einleiten von Schwefelwasserstoff gefällt und das Sulfid reduzierend zu Metall verglüht.

Anwendungsbereich und Bedeutung. Man benutzt das Verfahren zur Ermittlung des Rhodiumgehaltes von reinen Rhodiumlösungen und Rhodiumsalzen.

Genauigkeit. 1.

Dauer. 1 Tag.

Ausführung. Die ausgewogene bzw. abgemessene Rhodiumlösung oder die Lösung eines eingewogenen Salzes wird, falls komplexe Lösungen vorliegen, zweimal mit Salzsäure abgedampft. Sulfatlösungen, z.B. aus galvanischen Bädern, werden mit Salzsäure versetzt und so lange gekocht, bis die gelbe Färbung des Sulfates in die rosarote des Chlorids übergegangen ist. Man stellt die Lösung auf einen Gehalt von 3–5 Vol.-% konzentrierte Salzsäure ein, leitet in der Siedehitze einen kräftigen Schwefelwasserstoffstrom bis zum Erkalten der Lösung ein und verkocht dann vorsichtig den überschüssigen Schwefelwasserstoff. Nach dem Absitzenlassen wird filtriert und zunächst mit verdünnter Schwefelsäure (2,5 + 97,5), dann mit verdünnter Salzsäure (1 + 99) ausgewaschen. Das Filter mit dem Niederschlag wird nun getrocknet, verascht, reduziert und ausgewogen. Man prüft auf Siliciumdioxid durch Abrauchen mit Fluorwasserstoffsäure und nachfolgende Kontrollwägung.

Fehlermöglichkeiten. Alle anderen Edelmetalle und die Metalle der Schwefelwasserstoffgruppe fallen gleichfalls mit aus.

Literatur. WICHERS, E.: Am. Chem. Soc. Bd. 46 (1924) S. 1823. – GILCHRIST, R., u. E. WICHERS: Am. Chem. Soc. Bd. 57 (1935) S. 2571.

3.6.3. Elektrolytische Abscheidung

Grundlage. Das Rhodium wird aus schwefelsaurer oder aus einem Gemisch schwefelsaurer und salzsaurer Lösung im bewegten Elektrolyten auf einer verkupferten Elektrode abgeschieden.

Anwendungsbereich und Bedeutung. Man gebraucht das Verfahren zur Bestimmung des Rhodiumgehaltes in neuen Rhodiumbädern.

Genauigkeit. 1.

Dauer. $^1/_2$ Std.

Ausführung. Eine Drahtnetzelektrode nach FISCHER wird stark verkupfert, nacheinander in Alkohol und Äther gewaschen und lufttrocken gewogen. Zur Elektrolyse benutzt man 200 ml einer Lösung mit einem Gehalt von 50–100 mg Rhodium. Es spielt dabei keine Rolle, an welche Säure das Rhodium gebunden ist. Vor Beginn der Elektrolyse wird 1 ml Schwefelsäure (1,84) zugegeben und die Lösung auf etwa 60° erwärmt. Die Elektrolyse führt man bei etwa 4 V unter starkem Rühren durch. Nach etwa 5 min ist die Lösung farblos, so daß die Elektrolyse nach 10 min beendet werden kann. Man läßt bei 0,1 A abkühlen, nimmt die Kathode heraus, wäscht sie mit Wasser, Alkohol und Äther und wägt sie lufttrocken.

Fehlermöglichkeiten. Edelmetalle sowie Kupfer, Cadmium, Nickel und Kobalt werden unter diesen Bedingungen ganz oder teilweise mit abgeschieden.

Literatur. GRUBE, G., u. E. KESTING: Z. Elektrochem. Bd. 39 (1933) S. 949

3.7. Ruthenium (Einzelbestimmungen)

Qualitativer Nachweis

Ruthenium reagiert mit Thioharnstoff in salzsaurer Lösung unter Blaufärbung.

Mit Rubeanwasserstoff (Dithiooxamid) entsteht beim Kochen einer stark salzsauren, Ruthenium enthaltenden Lösung eine tiefblaue Färbung, die für Ruthenium selektiv ist und deshalb seinen Nachweis neben sämtlichen anderen Platinmetallen gestattet. Diese Reaktion ist besonders im Hinblick auf die Unterscheidung der einander sehr ähnlichen Metalle Ruthenium und Osmium sehr wertvoll.

Quantitative Bestimmung

Vorbemerkungen. Ruthenium wird im Trennungsgang gewöhnlich als Ruthenium(VIII)-oxid aus alkalischer Lösung durch Einleiten von Chlor abdestilliert. Die trockene Destillation verläuft bei Ruthenium im Unterschied zum Osmium nicht quantitativ. Daher können die salzsauren Destillate der nassen Rutheniumdestillation direkt zu Rutheniumchlorid eingedampft werden, das nach dem Verfahren 3.7.2. weiterbehandelt wird.

3.7.1. Fällen als Sulfid

Grundlage. Ruthenium wird in einer salzsauren Lösung durch Einleiten von Schwefelwasserstoff bei Siedehitze als Sulfid gefällt, dann abfiltriert, abgeröstet und reduzierend geglüht.

Anwendungsbereich und Bedeutung. Das Verfahren dient zur Prüfung des Rutheniumgehaltes reiner Lösungen und Salze.

Genauigkeit. 1.

Dauer. 1 Tag.

Ausführung. Die Lösung wird auf einen Gehalt von 7–8 ml Salzsäure (1,19) in 100 ml eingestellt, zum Sieden erhitzt und mit Schwefelwasserstoff gesättigt. Man kocht auf, um geringe Mengen Ruthenium(II)-chlorid, die die Lösung blau färben, zur Ausfällung zu bringen. Nach kurzem Aufkochen ist die Fällung beendet, der Niederschlag setzt sich rasch ab und wird von der farblosen Lösung abfiltriert. Man wäscht ihn erst mit verdünnter Salzsäure und dann mit heißem Wasser aus. Nach dem Trocknen trennt man Niederschlag und Filter möglichst sorgfältig und verascht das Filter für sich im Porzellantiegel. Die Hauptmenge des Sulfides wird dann der Asche zugefügt und vorsichtig abgeröstet. Nach dem Abrösten wird kurz an der Luft geglüht und im Wasserstoffstrom reduziert.

Fehlermöglichkeiten. Zu rasches Abrösten führt zu Rutheniumverlusten; unvollständig abgeröstete Fällungen enthalten noch Schwefel. Andere Edelmetalle und Metalle der Schwefelwasserstoffgruppe fallen mit.

Literatur. RUFF, O., u. E. VIDIC: Z. anorg. allg. Chem. Bd. 143 (1925) S. 169.

3.7.2. Verglühen von Rutheniumchlorid zu Rutheniummetall

Grundlagen. Das Verfahren besteht aus dem Verglühen und Reduzieren von Rutheniumchlorid zu Rutheniummetall.

Anwendungsbereich und Bedeutung. Man benutzt das Verfahren zur Bestimmung des Rutheniumgehaltes in den durch die Destillation erhaltenen Rutheniumchloridlösungen.

Genauigkeit. 1.

Dauer. $^1/_2$ Tag.

Ausführung. Die Einwaage von 1–2 g Rutheniumchlorid oder die durch Eindampfen des salzsauren Destillats erhaltenen Chloride werden unter einer Ammoniumchloriddecke langsam geglüht. Dabei beginnt man mit kleiner Flamme, um Verluste durch Dekrepitieren der Kristalle zu vermeiden. Allmählich steigert man die Temperatur zu der vollen Bunsenflamme; das gesamte Verglühen dauert etwa 1 Std. Danach wird der Glührückstand mit Wasserstoff reduziert, mit Flußsäure abgeraucht und über ein Blaubandfilter filtriert. Man wäscht mit heißem Wasser aus, verascht, reduziert wieder im Wasserstoffstrom und wägt als Metall.

3.8. Osmium (Einzelbestimmungen)

Qualitativer Nachweis

Da Osmium in salzsaurer Lösung mit Thioharnstoff eine Rotfärbung zeigt, die durch Ruthenium gestört wird, muß es vor der Prüfung von Ruthenium durch oxydierende Verflüchtigung als Osmium(VIII)-oxid getrennt werden. Man weist es dann im Destillat mit Thioharnstoff nach, kann es aber auch an dem stechenden Geruch des Osmiumtetroxids deutlich erkennen.

Eine sehr empfindliche Tüpfelreaktion läßt sich mit einer essigsauren Benzidinlösung durchführen, die mit Osmium(VIII)-salzen unter Violettfärbung reagiert.

Quantitative Bestimmung

Vorbemerkungen. Jede Trennungsmethode für Osmium beruht auf der Destillation des leichtflüchtigen Osmium(VIII)-oxids, die je nach dem Ausgangsmaterial trocken bei Glühtemperatur oder naß aus saurer Lösung durchgeführt werden kann. Die Flüchtigkeit des Osmium(VIII)-oxids macht eine Bestimmung des Osmiums durch Zink- oder Magnesiumfällung aus saurer Lösung nicht unbedenklich, da der entweichende Wasserstoff bei stärkerer Säurekonzentration etwas Osmium(VIII)-oxid mitreißt, so daß zu niedrige Werte gefunden werden.

3.8.1. Fällen als Sulfid

Grundlagen. Durch Einleiten von Schwefelwasserstoff in die wässerige Lösung wird Osmium als Sulfid gefällt. Das Sulfid wird mit Wasserstoff zu metallischem Osmium reduziert und ausgewogen. Zur Kontrolle kann das ausgewogene Osmium durch oxydierendes Glühen verflüchtigt werden.

Anwendungsbereich. Man gebraucht das Verfahren zur Ermittlung des Osmiumgehaltes der Lösungen in den Vorlagen nach beendeter Osmiumdestillation bzw. in löslichen Osmiumsalzen.

Genauigkeit. 1–2.

Dauer. 1 Tag.

Ausführung. Man bemißt die Einwaage des Salzes bzw. die Menge der osmiumhaltigen Lösung so, daß eine Auswaage von 0,2–0,3 g Osmium zu erwarten ist.

In die wässerige Lösung leitet man in der Kälte Schwefelwasserstoff bis zur Sättigung ein. Durch Erhitzen auf dem Wasserbad wird der überschüssige Schwefelwasserstoff verflüchtigt, dann wird der Niederschlag auf einen Porzellanfiltertiegel filtriert und ausgewaschen. Zur Beseitigung des beigemischten freien Schwefels wird der Filtertiegel zweimal mit Schwefelkohlenstoff gefüllt, darauf trocken gesaugt und mit Alkohol nachgewaschen. Jetzt stellt man den Filtertiegel in einen Platintiegel passender Größe und leitet bei Raumtemperatur durch einen durchlochten Deckel zuerst Kohlendioxid und dann Wasserstoff ein. Nach 5–10 min Einleiten wird mit langsam größer werdender Flamme bis zur Rotglut erhitzt und das Osmiumsulfid zu Metall reduziert. Die Reduktion ist 3–5mal zu wiederholen, d.h. so lange, bis ein konstantes Tiegelgewicht erreicht ist.

Bei reinen Lösungen ergibt die Auswaage den reinen Osmiumgehalt. Können im Ausgangsmaterial noch andere Metalle enthalten sein, die mit Schwefelwasserstoff gefällt werden, so wird das Osmium in einer Quarzapparatur, in welche der Filtertiegel einzustellen ist, im Sauerstoffstrom verflüchtigt und das entweichende Osmium(VIII)-oxid in einer Vorlage, die mit 10–15% Natriumhydroxid beschickt ist, aufgefangen. Die Temperatur wird auf 700–800° gesteigert. Nach 30–40 min ist alles Osmium verflüchtigt. Dann wird der Tiegelinhalt erneut mit Wasserstoff reduziert und gewogen. Die Gewichtsdifferenz zwischen dem reduzierten Osmiumsulfid und dem reduzierten, nach der Verflüchtigung verbliebenen Rückstand ergibt den Osmiumwert.

Fehlermöglichkeiten. Die Werte fallen oft etwas zu hoch aus, da der Schwefel sehr hartnäckig festgehalten wird.

3.8.2. Weitere Verfahren

Man kann das Osmium auch aus dem alkalischen kaliumhaltigen Destillat durch Zugabe von Kaliumsalzen und Alkohol als violettes, kristallines Kaliumosmiat ($K_2OsO_4 \cdot 2H_2O$) fällen. Auf diese Weise gelingt es, die Hauptmenge des Osmiums schwefelfrei zu erfassen. Die Mutterlauge wird mit Schwefelwasserstoff gefällt und der Sulfidniederschlag wie oben beschrieben weiterbehandelt.

Literatur. [101].

4. Sonderproben

4.1. Probieren vor dem Lötrohr
Qualitative und quantitative Mikrodokimasie

Unter dem Begriff „Mikrodokimasie" werden die Verfahren zur qualitativen und quantitativen Bestimmung von Edelmetallen mit Hilfe des Lötrohres zusammengefaßt. Sie kommen überall da in Betracht, wo aus räumlichen, wirtschaftlichen oder technischen Gründen der Aufwand eines größeren Probierlaboratoriums nicht möglich oder nicht gerechtfertigt ist, so vor allem bei der Erzprospektion, in Goldschmiedewerkstätten und dergleichen. Weiterhin werden die Arbeitsmethoden der Mikrodokimasie ihrer Einfachheit und Schnelligkeit halber auch häufig in edelmetallverarbeitenden Betrieben zu Schnell- oder Orientierungsbestimmungen angewandt.

Den Edelmetallproben vor dem Lötrohr liegen die gleichen pyrochemischen Prinzipien wie der allgemeinen Dokimasie zugrunde. Wie bei dieser werden auch in der Mikrodokimasie Bestimmungen auf trockenem bzw. auf kombiniertem naß-trockenem Wege durchgeführt. Wichtigstes Hilfsmittel ist dabei das Lötrohr, mit dem durch Einblasen von Luft in normale kleine Flammen, wie sie z.B. eine kleine Paraffinöllampe oder ein leuchtender Gasbrenner liefert, Flammenarten erzeugt werden, die als Wärmequellen, Oxydations- und Reduktionsmedien die Funktion der makrodokimastischen Probierofenatmosphäre übernehmen.

4.1.1. Der Gebrauch des Lötrohrs

Das *Lötrohr* (Abb. 35) ist eine dünne Metallröhre, die mit einer Luftdüse versehen ist. Es kann entweder als Handlötrohr mit dem Munde oder auch als Standlötrohr, auf einem Stativ befestigt, mit kleinen mechanischen Drucklufterzeugern geblasen werden. Handlötrohre sollen zur Verdampfung von Atemluftfeuchtigkeit, die sich bei längerem Blasen im Rohr kondensiert und durch Herausspritzen die Flamme stört, mit einem sogenannten „Wassersack" versehen sein. Als mechanische Gebläse werden meist Gummiballgebläse, wie sie von den Parfümzerstäubern her bekannt sind, benutzt. Die auswechselbare Lötrohrdüse soll bei quantitativen Arbeiten aus Platin (0,2 g) oder aus Nickel sein und eine Bohrung von 0,5 mm aufweisen.

Als Flammenquelle werden heute meist – vor allem bei transportablen Einrichtungen – kleine zylindrische Hartparaffinlampen benutzt, die am oberen Rande einen abgeschrägten, schmalen Dochthalter besitzen und mit einem Deckel verschlossen werden können. Im stationären Betrieb finden auch Flüssigparaffinlampen, die den bekannten Spirituslampen ähneln, sowie bei Leucht- oder Propangasanschlüssen auch der HIRSCHWALDsche Gaslötrohrbrenner Verwendung.

Die Besonderheit der mit Hilfe des Lötrohrs erzeugten Flammen (Abb. 36) ist ihr thermochemisches Verhalten, insbesondere ihre Reduktions- und Oxydationseigenschaften. Sie lassen sich etwa folgendermaßen kennzeichnen: Der Brennstoff einer in normaler Luft brennenden Lötrohrlampe, die in ihrem Prinzip einer Kerze ähnelt, wird in einem großen Teil des Flammenraumes nur unvollständig verbrannt. Man erkennt dies an dem durch glühende Rußteilchen gelb gefärbten Kern der Flamme. Eine solche Flamme besitzt an und für sich schon reduzierende Eigenschaften, die aber infolge der geringen Flammentemperatur praktisch nicht zu verwerten sind. Wird nun in eine solche Flamme eine so geringe Luftmenge unter schwachem Druck mit dem Lötrohr eingeblasen, daß sie gerade ausreicht, um

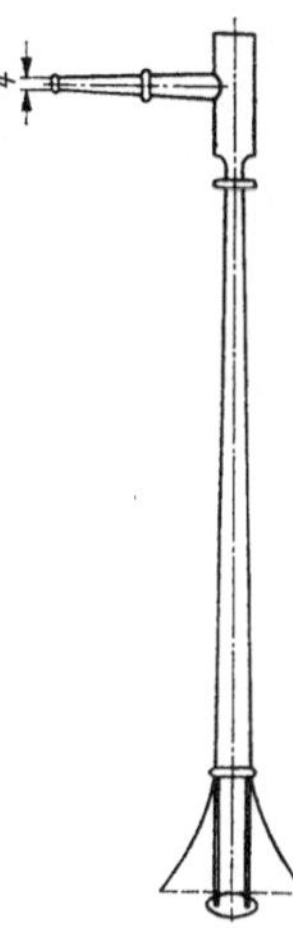

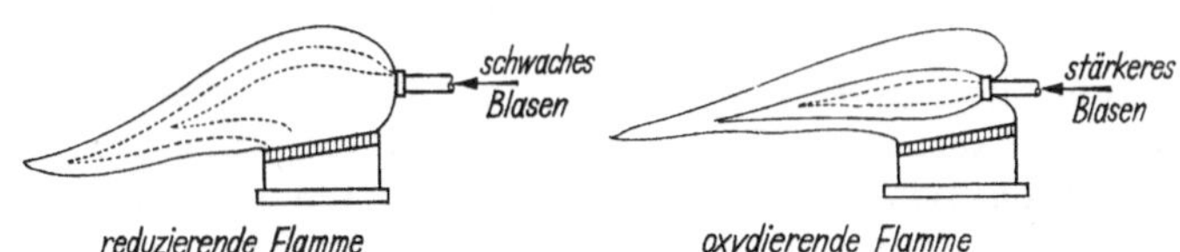

Abb. 35
Lötrohr, Länge etwa 250 mm
Abb. 36. Lötrohrflammen

die glühenden Rußteilchen und damit die Gelbfärbung zum Verschwinden zu bringen, so erhält man eine Flamme, die sich nicht nur durch eine höhere Temperatur, sondern auch durch einen höheren Gehalt an reduktionsaktiven Gasen auszeichnet. Eine solche Flamme heißt „*Reduktionsflamme*".

Das Lufteinblasen erfolgt dabei derart, daß die Flamme gleichzeitig zur Seite abgelenkt wird. Die Spitze des Lötrohrs ist hierzu an den unteren Flammenrand dicht oberhalb des Dochtendes zu halten und dann ist schwach zu blasen. Die richtige Luftdosierung läßt sich an der Flamme erkennen, die ohne deutliche Ausprägung eines Luftkegels im Inneren durchweg blau aussehen, nur noch wenige gelbleuchtende Schlieren aufweisen und ruhig brennen soll.

Wird nun die eingeblasene Luftmenge so verstärkt, daß nicht nur die restlichen Kohlenstoffanteile, sondern auch die reduzierend wirkenden Flammengase praktisch vollständig unter starker Temperaturerhöhung der Flamme verbrannt werden und daneben noch ein gewisser Luftüberschuß vorhanden ist, so erhält man eine Flamme mit starker Oxydationswirkung und spricht dann von einer „*Oxydationsflamme*".

Die Lötrohrspitze wird hierzu ebenfalls dicht oberhalb des Dochtes etwas in die Flamme eingetaucht, wobei man kräftig, jedoch nicht zu stark bläst. Es entsteht dabei eine spitze, fast unsichtbare, sehr heiße Flamme mit einem ausgeprägten hellblauen, spitzen Luftkegel im Innern (ähnlich dem eines Bunsenbrenners bei geöffneten Luftlöchern). Dieser Luftkegel muß sauber begrenzt sein. Er verschwindet bei zu starkem Lufteinblasen, die Flamme wird unruhig, rauscht und flattert und ist zu normalen Lötrohrarbeiten nicht zu gebrauchen.

Bei quantitativen Proben ist meist die Erzeugung einer längere Zeit gleichmäßig brennenden Lötrohrflamme und deshalb ein Konstanthalten der Gebläseluft erforderlich. Dies bereitet in der Regel keine Schwierigkeit, wenn mechanische Gebläse benutzt werden, deren Gummischlauchzuleitung durch kleine Quetschhähne gedrosselt werden kann. Beim Blasen mit dem Munde, das der besseren Regulierbarkeit halber auch bei quantitativen Proben immer vorzuziehen ist, bedarf es jedoch einer bestimmten Atemtechnik. In der Lötrohrprobierkunde wird niemals Atemluft, d. h. Luft aus der Lunge, sondern nur „Wangenluft" geblasen. Hierzu wird durch die Nase Atem geholt, der Mundraum mit Luft gefüllt und diese mit Hilfe der Wangenmuskeln durch das Lötrohr gedrückt. Dabei bleibt die Mundhöhle so lange mit dem Gaumensegel verschlossen, bis infolge Nachlassens des Druckes das „Mundreservoir" von neuem mit Luft gefüllt werden muß. Dieses hat ohne Unterbrechung des Blasens zu geschehen und wird dadurch erreicht, daß man beim nächsten Einatmen wieder Luft durch den Schlund einläßt. Man erlangt diese Fertigkeit bald, wenn man sich übt, mit aufgeblasenen Wangen durch die Nase zu atmen, dann ein Lötrohr zur Hand nimmt und bei aufgeblasenen Wangen und gleichzeitiger Nasenatmung Luft durch dieses preßt.

Wie bereits bemerkt, ist die Blasrichtung und daher auch die Brennrichtung der Lötrohrflamme seitwärts, bei den hier in Frage kommenden Untersuchungen gewöhnlich um etwa 20° von der Horizontalen nach unten geneigt. Auf diese Weise können die Untersuchungsobjekte bequem an die Flamme gebracht und vor dieser bewegt werden.

4.1.2. Erforderliche Geräte und Hilfsmittel

Außer dem bereits beschriebenen Lötrohr und seinem Zubehör sind zur Durchführung quantitativer Untersuchungen einige besondere Gerätschaften erforderlich, die nachfolgend aufgeführt, jedoch erst später bei den jeweiligen Arbeiten ausführlicher beschrieben werden.

Solche besonderen Hilfsmittel sind die *Reaktionsgefäße:* Sodapapierpatronen, Kohletiegel, Lötrohrkohlen und Lötrohrkupellen, zu denen Unterlagen und Halterungen gehören.

Zur Herstellung der Reaktionsgefäße werden Spezialgeräte benutzt wie: Patronenformzylinder, Preßformen für Tiegel, Kupelleneisen und -bolzen.

An *Meßinstrumenten* werden benötigt: eine Probierwaage, Probiergewichte, ein Probemengenmaß, ein Probierbleimaß und ein Kornmaßstab.

Als *Gezähe und Werkzeuge* kommen in Frage:

1 kleiner plan- und keilförmiger, etwa 100 g schwerer Hammer
1 polierte, 60 × 60 × 10 mm große Stahlplatte als Amboß
2 etwa 100 mm lange schmale Eisenspatel, mit abgeflachten und ungeschärften, runden Enden
1 Kohlebohrer mit Griff, der das Bohren von 20 mm weiten und 15 mm tiefen Löchern gestattet
1 kleine Stahlpinzette mit spitzen Schnäbeln
1 kleine Flachzange oder Stahlpinzette mit flachen Schnäbeln
1 Kornzange

weiterhin eine kleine Mengkapsel, Einwäglöffel, Pinsel, ein Probierbleisieb, Messer, eine Lupe (10fach), ein kleines Stativ, eine Spirituslampe, Porzellanschälchen und Reagenzgläser für Arbeiten auf nassem Wege.

4.1.3. Die trockene Güldisch-Silber-Probe

4.1.3.1. Vorbereitende Arbeiten und Zurichtung des Probegutes

Für quantitative Edelmetallbestimmungen vor dem Lötrohr kommen die gleichen Stoffe in Betracht, die in der Dokimasie ganz allgemein untersucht werden, in erster Linie also Erze, Rückstände und Zwischenprodukte der Verhüttung, Schlacken, Metallegierungen u. a. Da die Lötrohrprobierkunde im Gegensatz zu jener nur relativ kleine Probemengen verarbeitet, verlangt sie vor allem hinsichtlich der Probenahme besondere Sorgfalt und Genauigkeit.

Diese richtet sich nach der Art des Materials und ist nach dem in dem Werk „Analyse der Metalle" Bd. III, *Probenahme* [103/3] angegebenen Richtlinien durchzuführen. Gleiches gilt auch für die Probenzerkleinerung, die bei Lötrohrproben jedoch nicht zu weit getrieben werden soll, um die Gefahr von Zerstäubungsverlusten beim Zurichten der Beschickung zu vermeiden. Im allgemeinen genügt es daher, sprödes und in der Hitze nicht dekrepitierendes Gut mit einem Schüttgewicht unter 3 kg/dm³ auf eine Korngröße von 0,2 mm, solches mit einem Schüttgewicht über 3 auf eine Korngröße von 0,1 mm zu zerkleinern. Dekrepitierende Materialien sollen jedoch möglichst auf Korngrößen unter 0,1 mm zerkleinert werden. Bei zerspanbarem und einheitlichem Material reicht meist eine Zerkleinerung bis auf 0,5 mm aus. Die Feinzerkleinerung wird mit kleinen Stahlmörsern und Achatreibschalen durchgeführt, sehr hartes Gut wird in kleinen ABICH-Mörsern vorgebrochen.

Zum Sieben empfiehlt sich der Gebrauch eines kleinen Rundsiebes von 120 mm lichter Weite und 50 mm Randhöhe, das auswechselbare Siebböden mit den Gewebegrößen: 1,0, 0,5, 0,2, 0,1 mm nach DIN 1171 besitzt, als Unterlage, je nach Stoffart, schwarzes oder weißes Glanzpapier.

Zum Einwägen der notwendigen Probenmenge sind besondere Lötrohrprobierwaagen entwickelt worden, die in ihrem Aufbau den älteren Goldaufziehwaagen ähneln und zum Transport – etwa beim Prospektieren – leicht zerlegt werden können. Ihre Maximalbelastbarkeit beträgt in der Regel 2 g, ihre Wägegenauigkeit 0,05 mg. Die dazugehörigen Probiergewichtssätze umfassen 2 g bis 0,5 mg; die kleineren Werte werden durch die Zungenversetzung der Waage ermittelt. In Ermangelung einer solchen verhältnismäßig kostspieligen Präzisionswaage kann im stationären Betrieb selbstverständlich auch jede andere geeignete Analysenwaage benutzt werden, vorausgesetzt, daß ihre Empfindlichkeit mindestens 0,1 mg beträgt.

Die Gewichtseinheit der Lötrohrprobierkunde ist auch heute noch der „Lötrohrprobierzentner" (Abkürzung: „ztr.")

$$1 \text{ Lötrohrprobierzentner} = 1 \text{ ztr.} = 100 \text{ mg}$$

Zur Durchführung der Edelmetallbestimmungen werden normalerweise Einzelproben von genau 1 ztr. Gewicht abgewogen und mit den erforderlichen Zuschlägen gemischt. Je nach den zu erwartenden Gehalten bereitet man eine oder bei kleineren Gehalten auch mehrere Proben vor, die getrennt eingeschmolzen und angesotten werden. Die erhaltenen Reguli werden dann später vereint, gemeinsam feingetrieben und das Ausbringen auf die Gesamtprobenmenge bezogen. Man spricht in solchen Fällen von einem „Konzentrieren" der Proben. Läßt sich der Edelmetallgehalt des Probegutes von vornherein nicht abschätzen, so tut man gut, seine ungefähre Höhe auf Grund einer vorläufigen Probe zu ermitteln. Hierzu wird 1 ztr. Probegut roh abgewogen, mit Zuschlägen versehen, in der nachfolgend beschriebenen Weise abgetrieben und der ungefähre Prozentgehalt an Gold oder Silber mit dem Maßstab (s. S. 117) roh ermittelt. Liegen Erze zur Untersuchung vor, die bei einem Verreiben auf 0,1 mm infolge ihrer Gangartbeimengungen meist Schüttgewichte in der Größenordnung von 1 kg/dm³ aufweisen, so kann die vorgegebene Probenmenge der Einfachheit halber mit hinreichender Sicherheit auch volumetrisch festgelegt werden. Man benutzt hierzu als Maß einen kleinen Meßlöffel oder ein kleines Glasröhrchen, das genau 0,1 ml faßt. Das randvolle Meßgefäß enthält dann rund 1 ztr. Probegut.

Bei Edelmetallgehalten der Probe von	Sind an Probegut zu konzentrieren
%	ztr.
100 −1	1
1 −0,1	2
0,1 −0,05	4
0,05 −0,01	10
0,01 −0,005	20
0,005−0,001	40

Als Zuschläge finden beim Lötrohrprobieren hauptsächlich Kornblei, Borax und Natriumcarbonat Verwendung, in Ausnahmefällen auch noch andere Chemikalien, wie Bleiglätte, Schwefel u. a.

Das Kornblei soll die für dokimastische Zwecke übliche Reinheit und möglichst eine Korngröße zwischen 0,2 und 0,5 mm haben. Es wird daher zweckmäßig mittels eines kleinen Probierbleisiebes mit entsprechender Maschenweite aus handelsüblichem Probierblei abgesiebt. Der Bleizuschlag hat dieselbe Aufgabe zu erfüllen wie bei der Ansiedeprobe in der Muffel. Er dient einmal als Sammler für die Edelmetalle, zum anderen auch vor allem in Form des bei seiner Verbrennung entstehenden Bleioxides als Oxydations- und Verschlackungsmittel der Begleitelemente. Die Höhe des Bleizuschlages richtet sich nach dem Gehalt des Probegutes an solchen Elementen, die in weiten Temperaturgebieten eine geringere Sauerstoffaffinität als das Blei besitzen. Dies sind in erster Linie Kupfer, Nickel, Wismut und Tellur, von denen vor allem das Kupfer als wichtigstes Begleitelement der Edelmetalle am häufigsten auftritt. Es wird, wie auch die anderen Begleitelemente, beim Einschmelzen vom Blei mit aufgelöst, kann jedoch mit diesem zusammen nur in beschränktem Umfange oxydieren, da seine Affinität zum Sauerstoff gegenüber der des Bleies im Bereich der Treibtemperaturen (750–950°) noch relativ ungünstige Werte aufweist; außerdem spielen noch besondere Lösungsgleichgewichte in den gebildeten Oxidphasen hierbei eine Rolle. Zu seiner sicheren Entfernung sind daher relativ große Bleimengen erforderlich, die der Probe je nach der vermuteten Höhe des Kupfergehaltes zugeschlagen werden müssen. Einen Anhalt gibt folgende Aufstellung:

0–10% Cu in 1 ₃tr. Probe benötigen 5 ₃tr. Blei
10–30% Cu in 1 ₃tr. Probe benötigen 8 ₃tr. Blei
30–50% Cu in 1 ₃tr. Probe benötigen 10 ₃tr. Blei
50–70% Cu in 1 ₃tr. Probe benötigen 12 ₃tr. Blei
70–90% Cu in 1 ₃tr. Probe benötigen 14 ₃tr. Blei

Ähnlich verhält sich auch das Nickel, bei dessen Gegenwart ebenfalls die oben angegebenen Bleimengen zugesetzt werden müssen. Tellur- und Wismutgehalte erfordern noch höhere Bleizuschläge, die etwa das Doppelte der aufgeführten Werte betragen. Man setzt sie daher zweckmäßig nicht von vornherein im ganzen zu, sondern zuerst einen Teil, z. B. 20 ₃tr., und gibt den Rest (8 ₃tr.) während des Treibens nach. Diese hohen Bleizuschläge bewirken zwangsläufig einen erhöhten Kupellenzug, (s. u.), so daß es oft von Vorteil ist, auf diese Zuschlagsmengen zu verzichten und die meist nur unbedeutenden Tellur- und Wismutrückhalte im Silberkorn in Kauf zu nehmen.

Nachträgliche Bleizusätze sind auch immer dann erforderlich, wenn sich aus dem Werkblei während des Treibens hochschmelzende und oft schwer zu zerstörende intermetallische Verbindungen ausscheiden, wie z. B. Nickelarsenide u. ä. Da die Bleizuschläge an sich schon reichlich bemessen sind und es auch auf allzu genaue Bleigewichte nicht ankommt, wird das der Beschickung zuzusetzende Kornblei nicht gewogen, sondern mittels eines Probierbleimaßes volumetrisch festgelegt.

Dieses besteht aus einer kleinen, ungefähr 35 mm langen und 8 mm weiten Glasröhre mit einem genau hineinpassenden und mit Marken für 2, 5, 8, 10, 12, 14 und 20 ₃tr. versehenem Holzstöpsel. Wird der Stöpsel bis zu einer solchen Marke herausgezogen, so faßt der freie Raum der Röhre die durch die betreffende Marke angezeigte Bleimenge. Man stellt sich dieses Maß durch einmaliges Abwiegen der genannten Bleimengen und entsprechende Markierung selbst her.

Soda und Borax dienen wie bei der Muffelprobe als Verschlackungs- und Lösemittel für hochschmelzende, oxydische Beimengungen der Beschickung bzw. deren Verbrennungsprodukte. Statt spezifischer Mischungsrezepte ist es viel zweckmäßiger, sich auf seine eigenen Erfahrungen und pyrochemischen Stoffkenntnisse zu verlassen und mit möglichst wenigen und einfachen Zuschlägen zu arbeiten. So empfiehlt es sich z. B. bei Erzproben oder oxydischen Gemengen, auf 1 ₃tr. Probegut anfänglich nur je 1 ₃tr. Soda und Borax zu geben und je nach der Beschaffenheit der beim Einschmelzen entstehenden Schlackenflüsse nach Gutdünken wechselnde Mengen des einen oder anderen nachzusetzen. Bei niedrig schmelzenden Metallegierungen wird meist Borax allein zugeschlagen. Gewisse Metalle machen jedoch oft auch noch einen Sodazusatz notwendig.

Weitere, meist nur selten angewandte Zuschlagschemikalien sind Bleioxid (Bleiglätte) und Schwefelblumen. Ein Bleioxidzuschlag kommt in Frage, wenn das Probegut aus sehr schwefelreichen Sulfiden, wie z. B. Pyrit, besteht, da dadurch bereits während des Einschmelzens ein großer Teil des Schwefels entfernt wird, der, wenn er in zu großer Menge vorliegt, in Blei teilweise gelöst wird und beim Haupttreiben zu Verspritzungsverlusten führen kann.

Zum Aufschluß schwerer oxydierbarer und hochschmelzender Metalle, wie z. B. Nickellegierungen, Ofensauen, Speisen und dergleichen, wird Schwefel als Sulfidierungsmittel zugesetzt. Bleioxid und Schwefel kommen gewöhnlich in Mengen von $^1/_2$–1 ₃tr. zur Anwendung.

Probegut und Zuschläge werden nach dem Abwägen auf Glanzpapier gut vermischt und zum Einschmelzen in eine Sodapapierpatrone gefüllt. Hierzu wird ein kleiner 20 × 30 mm breiter Natriumcarbonatpapierstreifen um einen etwa 25 mm langen und 8 mm breiten Holzzylinder zu einem Röllchen gewickelt. Man läßt dabei das Papier etwas überstehen und falzt das Ende mit einer Bleistiftspitze oder ähnlichem zu einem Boden zusammen. In die so entstandene Hülse wird die Beschickung mit einer kleinen Mengkapsel gegeben und die Hülse dann in ähnlicher Weise verschlossen.

4.1.3.2. Einschmelzen und Ansieden der Probe

Das Einschmelzen der Probenbeschickung erfolgt in einem kleinen Kohletiegel, der in einen entsprechend ausgebohrten Bimssteinzylinder als Halterung eingesetzt wird. Die Tiegel werden aus einer plastischen Masse aus Holzkohlepulver und Stärkekleister mittels einer kleinen Preßform hergestellt. Nach dem Pressen werden sie unter Luftabschluß ausgeglüht. In Ermangelung einer Tiegelform oder der Tiegel kann man notfalls auch eine gewöhnliche prismatische Lötrohrkohle benutzen, die am Ende mit einer der Patronengröße angemessenen Bohrung versehen wird.

Der Einsatz wird dann mit einer guten Reduktionsflamme bis zum völligen Aufschmelzen aller Beschickungsbestandteile und Trennung von Schlacke und Werkblei erhitzt. Die Natriumcarbonatpapierumhüllung verkohlt hierbei und löst sich allmählich in der entstehenden Schlacke auf. Sollte letztere infolge größerer Gehalte an hochschmelzenden oxydischen Beimengungen bei heller Rotglut noch zähflüssig sein und dadurch den Zusammentritt der in ihr anfänglich suspendierten Metalltröpfchen erschweren, so muß je nach Verdacht etwas Soda oder Borax nachgesetzt werden. Haben sich alle Metalltröpfchen zu einem Korn vereinigt, so wird dieses durch leichtes Wenden der Unterlage an den Rand der Schlacke gebracht und mit einer nicht zu starken Oxydationsflamme weiterbehandelt.

Zweck dieser, auch „Ansieden" genannten Behandlung ist die möglichst weitgehende Entfernung solcher Elemente, die eine höhere Sauerstoffaffinität besitzen als das Blei und die beim reduzierenden Einschmelzen der Probe wie die Edelmetalle von diesen mit aufgenommen werden. Es handelt sich bei ihnen hauptsächlich um Schwefel, Arsen, Zinn, Antimon, Zink, Eisen, Kobalt u. a. Beim oxydierenden Schmelzen entstehen (im Zusammenwirken mit der Kohleunterlage) niedrigwertige Oxide dieser Elemente, die je nach ihren besonderen Eigenschaften entweder verflüchtigt oder von dem gleichzeitig in größerem Umfange gebildeten Bleioxid aufgelöst werden.

Sind die unedlen Elemente auf diese Weise ganz oder größtenteils aus dem Werkblei entfernt, so beginnt sich in stärkerem Maße eine Reaktion zwischen dem zuletzt allein nur entstehenden Bleioxid und der Kohlenunterlage bemerkbar zu machen, bei der unter Rückbildung von Blei Kohlenoxidgas frei wird. Letzteres bewirkt eine lebhafte und unter „Brausen" verlaufende Rotationsbewegung des Bleies, die das Ende der Schmelzoxydation anzeigt. Man läßt das Metall dann abkühlen, bricht es nach dem Erstarren mit einem spitzen Messer aus und schlägt es auf dem Amboß zur Entfernung anhaftender Schlacke zu einem kleinen Würfel.

4.1.3.3. Abtreiben des Werkbleies

Dem Ansieden folgt das Abtreiben des Werkbleies, das wie bei der Muffelprobe auf einer für die Lötrohrbelange entsprechend geänderten Kupelle durchgeführt wird. Die Lötrohrkupellen werden vom Probierer jeweils vor Gebrauch mit Hilfe des sogenannten Kupelleneisens („Nonne") und des Kupellenbolzens („Mönch") angefertigt. Das Kupelleneisen dient zur Aufnahme des Kupellenmaterials und ist eine kleine, 20 mm breite, 10 mm dicke Eisenscheibe, in die auf der oberen Seite eine mit konzentrischen Abstufungen versehene Kalotte von etwa 18 mm größter Weite und 8 mm Tiefe eingefräst ist. Die Kalotte wird mit feingesiebter Knochenasche oder feinkörnigem Magnesitmehl vollgefüllt; dann setzt man den Kupellenbolzen auf und schlägt die Füllung mit einigen nicht zu starken Hammerschlägen dicht.

Das so ausgefütterte Kupelleneisen wird auf ein Kupellenstativ gesetzt. Dieses besteht aus einem in einer hölzernen und mit einem Fuß versehenen Handhabe befestigten starken Eisendraht, auf dessen Spitze ein kleines, der Kupellengröße angepaßtes und an den Enden aufgebogenes Blechkreuz sitzt, das die Kupelle aufnimmt. Auf der Unterseite des Kupelleneisens ist gewöhnlich noch ein kreuzförmiger Nut eingefeilt, um das beim Gebrauch heiß werdende Kupelleneisen bequem mit einer kleinen Flachzange oder Pinzette vom Stativ abheben zu können.

Eine ausländische Ausführungsform der Lötrohrkupelle benutzt als Kupelleneisen eine 15 mm starke und 30 mm breite Eisenscheibe, die eine konzentrische Ausbohrung von 15 mm mittlerer Weite besitzt. Der Hohlraum wird mit Knochenasche gefüllt, die mit etwas Natriumcarbonatlösung angeteigt und dann getrocknet wurde. In diese wird dann mit einem entsprechend gearbeiteten Mönch eine Kalotte eingedrückt. Als Unterlage dieses so präparierten Kupelleneisens wird eine Lötrohrkohle benutzt.

Jede Kupelle muß vor dem Aufsetzen des Werkbleies mit einer starken Oxydationsflamme gut abgeätmet (getrocknet) werden, um Verspritzungsverluste während des Treibens zu vermeiden. Die Lötrohrkupellen werden wegen ihrer schlechten Wärmeleitfähigkeit und einer einseitigen Bestreichung durch die Flamme nur bis zu einer geringen Tiefe hinreichend erwärmt, so daß das beim Treiben entstehende flüssige Bleioxid nur im beschränkten Umfange von der Kupellenmasse aufgenommen werden kann. Das Treiben erfolgt deshalb in zwei Stufen, dem „Haupttreiben" zur Entfernung der größten Bleimenge und dem „Feintreiben" zur Entfernung des Restbleies.

1. Haupttreiben. Beim Haupttreiben wird der auf die Kupelle gelegte Werkbleiwürfel mit einer kräftigen Oxydationsflamme geschmolzen und weitererhitzt. Schmilzt das Blei schwer bzw. treten schwerschmelzende dunkle Oxidschichten auf, so enthält es meist größere Mengen von Kupfer oder Nickel, die infolge ihres edlen Charakters durch das Ansieden praktisch nicht entfernt werden. In solchen Fällen ist ein Nachsetzen von 2–3 ztr. Blei notwendig. Nach dem Aufschmelzen des Bleies wird die Flamme so weit gedrosselt, daß nur ihre Spitze das Metall berührt und die entstehende „Perlenglätte" (Bleioxid) ruhig abfließt. Sie dringt aus den erwähnten Gründen nur anfänglich etwas in die Kupellenmasse ein, setzt sich dann auf dieser um das Metall herum ab und erstarrt.

Entsteht sehr viel Bleioxid, so ist es zweckmäßig, die Kupelle etwas zu schwenken, um durch Verlagern des Metallkornes und damit auch der Bleioxidablagerung den Raum auf der Kupelle möglichst auszunutzen. Hat das abgesetzte Bleioxid einen solchen Umfang angenommen, daß es das Metall bedeckt, so muß das Haupttreiben abgebrochen und unter Umständen mit einer neuen Kupelle fortgesetzt werden. Normalerweise beendet man das Haupttreiben, wenn das Werkblei bei einem vermuteten Edelmetallgehalt der Probe von über 60% Gewürzkorngröße, zwischen 30 und 60% Streichholzkopfgröße und unter 30% Senfkorngröße erreicht hat. (Das Blei-Silber-Korn weist dann einen Ag-Gehalt von etwa 50% auf.) Man läßt es langsam im Bleioxid abkühlen und bricht nach vollständiger Erstarrung den Teil der Kupellenmasse, auf dem das Bleioxid mit dem Korn liegt, mit dem Spatel heraus. Oft wird das Korn auch von dem zuerst erstarrenden Bleioxid emporgedrückt und kann dann auch mit einer Kornzange herausgebrochen werden. Das Entschlacken des Kornes erfolgt am besten durch wechselseitiges Drücken mit einer kleinen ungerauhten Flachzange.

Hat man das Werkblei zu weit abgetrieben und hat dessen Silbergehalt dabei mehr als 60% erreicht, so treten während des Erstarrens oft mattgraue und leicht zerreibliche Ausblühungen an seiner Oberfläche auf, deren Form an die eines Blumenkohles erinnert. Ursache dieser unter ähnlichen Bedingungen auch bei der Muffelprobe zu beobachtenden Erscheinung ist die Ausscheidung und der Zerfall instabiler Silber-Blei-Sauerstoff-Komplexe, die unter bestimmten Bedingungen bei Sauerstoffeinwirkung auf schmelzflüssige Silber-Blei-Legierungen gebildet werden.[1] Die Ausblühungen erreichen ihren größten Umfang, der unter Umständen das 6fache des Kornvolumens betragen kann, wenn das Werkblei mit einem Silbergehalt von etwa 66% erstarrt. Bei höheren Gehalten ist ihr Mengenanteil wieder geringer. Enthält das Werkblei auch noch Kupfer, so wird das Ausblühen vermindert bzw. auch ganz unterdrückt, wenn der Kupfergehalt des Werkbleies mehr als etwa $^1/_3$ des Bleigehaltes beträgt. Kupfergehalte, die unter diesem Verhältnis liegen, beeinflussen den Ausblühvorgang nur wenig. Kupferhaltige Ausblühungen besitzen eine schwarze Farbe und bei höheren Gehalten auch eine nadelige Struktur.

Alle Ausblühungen können infolge ihrer Brüchigkeit Anlaß zu Silberverlusten geben. Es ist deshalb ratsam, beim Haupttreiben nicht zu weit zu verglätten. Sollte man trotzdem in den Ausblühbereich geraten sein, so darf beim Auftreten dieser Erscheinung das Korn nicht von der Kupelle entfernt werden, sondern wird unter Zugabe von einigen Körnchen Probierblei mit einer Reduktionsflamme eingeschmolzen und danach im schwachen Feuer langsam abgekühlt. Nach vollständiger Erstarrung wird es dann, wie oben beschrieben, von der Kupelle entfernt. Sollten die beim Haupttreiben erhaltenen Körner nicht die reine Bleifarbe, sondern schwarze, von Kupfer- und Nickelgehalten herrührende Oxidschichten aufweisen, so war der vorgegebene Bleizuschlag zu niedrig. Das Haupttreiben wird dann auf einer neuen Kupelle unter Zugabe einer angemessenen Probierbleimenge bis zum Verschwinden der schwarzen Oxidschichten fortgesetzt.

2. Feintreiben. Zum Feintreiben wird eine neue Kupelle geschlagen, die eine besonders saubere und glatte Kalottenfläche haben muß. Man ätmet sie ab und setzt das feinzutreibende Werkbleikorn auf ihren inneren oberen Rand. Dann erhitzt man die Kupellenmasse schräg vor dem Korn mit einer kräftigen Oxydationsflamme auf helle Glut und bringt gleichzeitig das Korn durch kurze Berührung mit dem Flammensaum zum Schmelzen. Durch vorsichtiges Kippen der Kupelle sorgt man dann dafür, daß das schmelzflüssige Korn langsam in den vorerhitzten Raum der Kupelle hineingleitet. Sobald dies geschieht, wird die Flamme vorverlegt und dadurch der Raum kontinuierlich verlängert. Das treibende Korn wird durch entsprechendes Drehen und Schrägstellen der Kupelle ebenfalls kontinuierlich nachgezogen. Hier-

---

[1] KOHLMEYER, E. J. u. H. HENNIG: Erzmetall Bd. 7 (1954) S. 133 ff.

durch erreicht man, daß einmal die Flamme das Korn nicht direkt berührt, sondern letzteres lediglich durch die heiße Kupellenmasse flüssig gehalten wird, zum anderen, daß das entstehende Bleioxid restlos in diese einziehen kann. Zur besseren Ausnutzung des Kupellenraumes wird die Bewegung des Kornes bzw. des Glutfleckes auf der Kupelle am besten so geführt, daß sie eine Spirale beschreibt, deren Endpunkt das Kupellenzentrum ist.

Wie bei der Muffelprobe gibt sich das Ende des Treibens durch das „Blumen" genannte Regenbogenfarbenspiel auf der Kornoberfläche und durch das anschließende „Blicken" zu erkennen. Sobald das Blicken auftritt, wird das Korn kurz mit der Oxydationsflamme berührt, diese durch Verschieben der Lötrohrdüse innerhalb der Flamme und langsames Drosseln der Luft in eine allmählich schwächerwerdende Reduktionsflamme umgewandelt und das Korn in dieser bis zur Erstarrung abgekühlt. Auf diese Weise wird ein Spratzen vermieden. Sollte das Korn aus irgendeinem Grunde dennoch spratzen, so kann man es, wenn nur geringfügige Auswüchse auf der Oberfläche entstanden sind, nach Zusatz einiger Körnchen Probierblei nochmals schmelzen und erneut fertigtreiben. Körner, bei denen durch Spratzen, Versprühungen oder durch rissige Kupellen „Bleisäcke" bewirkt wurden, sind unbrauchbar; die Probe muß in solchen Fällen wiederholt werden. Kupferrückhalte im Feinkorn geben sich durch Schwarzblicken, größere Gehalte an Gold durch Elfenbein- bis Gelbfärbung, solche an Platinmetallen durch matte, aufgerauhte Oberflächen zu erkennen. Schwarzblickende Körner müssen nach entsprechenden Bleizusätzen nochmals feingetrieben werden. Werden sie ohne Bleizusatz weiter oxydiert, so wird eine dem Kupferrückhalt proportionale Menge des Silbers mit verschlackt.[1]

4.1.3.4. Gewichtsbestimmung des Edelmetallkorns

Die feingetriebenen Edelmetallkörner lassen sich mit einer Kornzange, bei kleineren Größen auch mit einer spitzen Pinzette, meist leicht von der Kupelle abheben.

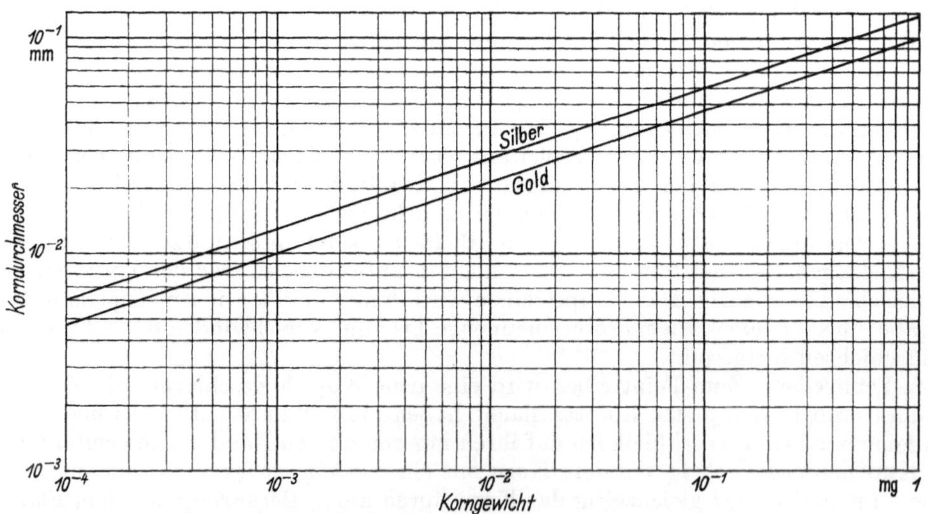

Abb. 37. Abhängigkeit des Korngewichtes vom Korndurchmesser

Man reinigt sie am besten durch Rollen unter leichtem Druck auf rauhem Papier, bei größeren Körnern auch mit Hilfe einer Kornbürste. Körner, die weniger als etwa 0,005 mg wiegen, lassen sich wegen ihrer kleinen Größe meist nicht mehr von der Kupelle abnehmen. Bei solchen kommt dann eine Konzentrationsprobe in Betracht.

---

[1] HENNIG, H.: Diplomarbeit, Technische Universität Berlin 1952.

Die Korngewichte werden entweder durch Wägen auf der Probierwaage oder durch Messen mit dem „Kornmaßstab" ermittelt. Von diesen beiden Möglichkeiten spielt in der Lötrohrprobierkunde vor allem die Kornmessung eine besondere Rolle, weil infolge der kleinen Probiermenge bei geringhaltigen Proben oft so kleine Körner erhalten werden, daß sie infolge der dann nur noch unvollständigen Säuberung von Kupellenresten u. dgl. nicht mehr genau genug gewogen werden können. Auch im Hinblick auf die Waagenempfindlichkeit wägt man im allgemeinen nur noch Körner, die größer als 0,5 mm sind bzw. mehr als etwa 0,5 mg wiegen. Für alle kleineren Körner kommt das Meßverfahren in Anwendung, das erfahrungsgemäß für Korngrößen unter 0,5 mm genauere Werte liefert als das Wägen. Gemessen wird dabei der größte Durchmesser des Kornes.

Bekanntlich sind alle auf der Kupelle erstarrten Körner aus physikalischen Gründen etwas abgeflacht und weisen daher je nach ihrer Größe mehr oder minder große Durchmesserdifferenzen in der Höhe und in der Breite auf. Der größte Korndurchmesser läßt sich am bequemsten messen; auf Grund bestimmter mathematischer Beziehungen zwischen ihm und dem Korngewicht kann man letzteres berechnen bzw. an Hand eines geeigneten Maßstabes ermitteln.

Der Zusammenhang zwischen dem größten Korndurchmesser des Kornes d und dem Korngewicht G entspricht einer Funktion der Form

$$d = f \sqrt[3]{G}$$

in der f einen variablen „Faktor" bedeutet, der die Kornabflachung und das spezifische Gewicht berücksichtigt. Dieser Faktor f ändert seinen Wert bei Korngrößen von 0 bis etwa 1 mm jedoch nur in so geringem Umfang, daß er mit hinreichender Sicherheit als konstant angesehen werden kann. Er beträgt in diesem Größenbereich für Silber 0,597 und für Gold 0,458. Die den jeweiligen Durchmessern entsprechenden Korngewichte in mg ergeben sich dann aus den Gleichungen

$$G = 4{,}70\ d^3 \text{ für Silber und } G = 10{,}04\ d^3 \text{ für Gold}$$

und können somit an Hand eines einfachen linearen Maßstabes ermittelt werden (Abb. 37).

Solch ein Maßstab stammt von HARKORT und PLATTNER [84, S. 26]. Er besteht aus zwei konvergierenden Linien, die auf einer kleinen Elfenbein-, Glas- oder Holzleiste eingeritzt sind und bei einer empirisch festgelegten Meßlänge von 156 mm eine Konvergenz von 0,9 mm aufweisen. Die Meßlänge ist in 50 Skalenteile im Abstand von 3,12 mm aufgeteilt, von denen jeder einem bestimmten Prozentgehalt, bezogen auf 1 ₰tr. Einwaage, bzw. dem Korngewicht in mg entspricht (s. Abb. 38).

Zur Messung wird das betreffende Korn mit einer Pinzette vorsichtig unter Zuhilfenahme einer Lupe soweit zwischen den Linien zum Nullpunkt hin verschoben, bis die Linien es gerade tangieren.

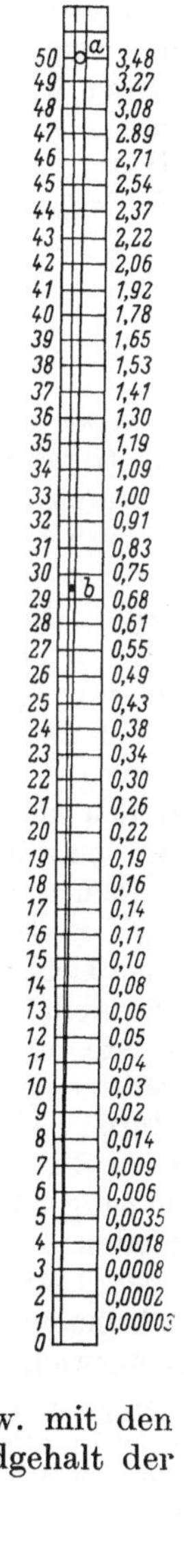

Abb. 38. Maßstab zum Messen kleiner Silberkörner (nach HARKORT-PLATTNER). Linke Zahlen: Nummern der Teilstriche; rechte Zahlen: Prozentualer Silbergehalt bezogen auf eine Einwaage von 0,1 g Probematerial. Länge der eigentlichen Meßskala 156 mm, Divergenz zwischen 0 und 50 = 0,9 mm

Durch Vergleich der Kornlage mit den benachbarten Skalenteilen bzw. mit den diesen entsprechenden Prozentzahlen wird dann der Silber- oder Goldgehalt der Probe ermittelt.

In einer Reihe neuerer Maßstabskonstruktionen ist das gleiche Konvergenzprinzip unter teilweiser Änderung der Abmessung verwendet worden [87b].

Ein weiteres, heute in der Lötrohrprobierkunde zur Kornmessung gebräuchliches Meßinstrument ist die „Dezimalzange" (Abb. 39). Sie gestattet eine direkte Messung des Kornes, ohne daß dieses von der Kupelle abgehoben zu werden braucht.

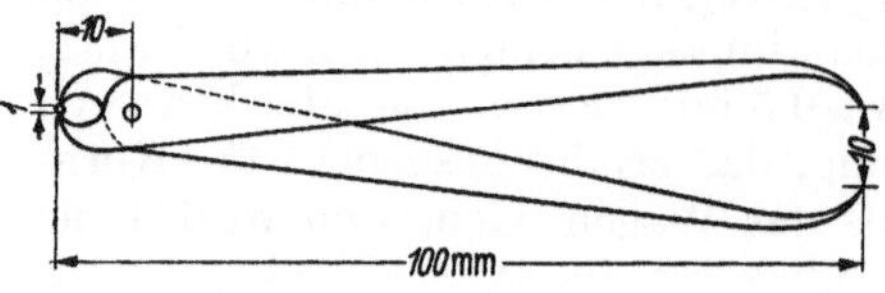

Abb. 39. Dezimalzange zur Kornmessung

Die Zange besitzt ein Vergrößerungsverhältnis 1 : 10 und muß genau geeicht sein. Das Korn wird zur Messung mit den Spitzen der kürzeren Schenkel an den Rändern erfaßt und dann der Abstand der Spitzen der längeren Schenkel gemessen. Hierzu wird entweder ein einfacher Transversalmaßstab benutzt und der nach entsprechender Berücksichtigung des genauen Vergrößerungsverhältnisses ermittelte Korndurchmesser auf das Korngewicht umgerechnet, oder man fertigt sich durch eine geeignete Eichung einen Maßstab an, auf dem das Korngewicht durch einfaches Anlegen der Zange direkt abgelesen werden kann. Die Umrechnung des Durchmessers auf das jeweilige Gewicht sowie die Konstruktion des genannten Zangenmaßstabes kann nach den oben angeführten Umrechnungsgleichungen erfolgen. Andere Meßverfahren, wie z.B. die mikroskopische Kornmessung, haben sich in der Praxis bisher nicht eingeführt.

4.1.4. Fehler der Probe

Neben individuellen Fehlern, die naturgemäß einer sicheren Kontrolle entzogen sind, treten bei der trockenen Edelmetallbestimmung vor dem Lötrohr auch gewisse Verfahrensfehler auf, die denen der Muffelprobe identisch sind, sich aber meist stärker auswirken. Es handelt sich hierbei in erster Linie um thermisch bedingte Verglättungs- und Verflüchtigungsverluste, denen hauptsächlich das Silber, sowie unter gewissen Bedingungen auch einige Platinmetalle unterworfen sind. Da letztere jedoch nur selten vor dem Lötrohr probiert werden, sollen sie hier nicht näher zur Behandlung kommen.

Von den Silberverlusten hat anteilmäßig der Verglättungsverlust die größere Bedeutung. Er wird dadurch verursacht, daß bei der Oxydation und Verglättung der unedlen Metalle während des Treibens auch etwas Silber aus thermochemischen Gründen mitoxydiert und als Silberoxid von dem Bleioxid mit abgeführt wird. Man bezeichnet diese Art von Silberverlusten, wie in 1.6.5. bereits ausgeführt wurde, als „Kupellenzug". Seine Höhe ist u.a. abhängig von dem Anfall an Bleioxid und dessen Gehalt an Fremdoxiden, insbesondere solchen, die mit Silberoxid im Schmelzfluß stabile intermediäre Oxidphasen zu bilden vermögen wie Cu_2O/CuO. Die Silberverluste durch Kupellenzug sind am größten, wenn infolge der Anwesenheit größerer Mengen halbedler Metalle, wie z.B. Kupfer, mit hohen Bleizuschlägen und dadurch bedingten relativ langen Treibezeiten gearbeitet werden muß. Zahlenwerte für die Höhe des durch Kupfer als schwerwiegende Verunreinigung bewirkten Kupellenzuges lassen sich in Abhängigkeit vom Kupfergehalt der Probe und den verschiedenen notwendigen Bleizuschlägen aus Abb. 40 ablesen. Letzteres gilt für die in der Lötrohrprobierkunde übliche Probeneinwaage von 1 ₃tr. Zur Korrektur des Ausbringens werden die dem Diagramm entnommenen Werte dem ermittelten Korngewicht zugeschlagen.

Beispiel: 1 ₃tr. einer Silberlegierung enthielt 30% Kupfer und wurde daher mit 8 ₃tr. Blei abgetrieben. Es wurde ein Korn von genau 10,00 mg ausgebracht. Für die angegebenen Mengen betrug der Kupellenzug dann gemäß dem Diagramm 0,17 mg, und das korrigierte Korngewicht somit 10,17 mg.

Im allgemeinen ist der Kupellenzug bei der Probe vor dem Lötrohr geringer als bei der Muffelprobe, da bei letzterer die ganze Treibglätte, die während der Kupellation entsteht, relativ schnell und weitgehend von der Kupellenmasse aufgesaugt wird. Ein Ausgleich mit der Metallphase kann infolge der kurzen Berührungszeit daher nur in geringem Umfange erfolgen. Bei der Lötrohrprobe hingegen wird das

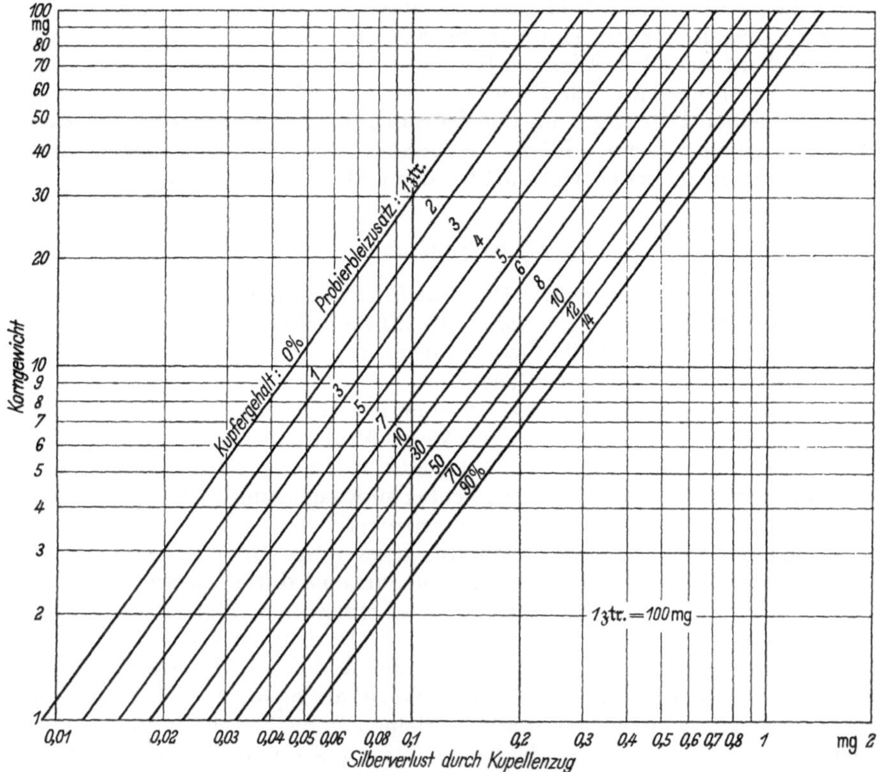

Abb. 40. Höhe des durch Kupfer bewirkten Silberverlustes durch Kupellenzug in Abhängigkeit vom Kupfergehalt der Probe und den verschiedenen notwendigen Bleizuschlägen

Bleioxid nur im Endstadium des Treibens – beim Feintreiben – vollständig abgeführt; während der Hauptverglättung bleibt es ähnlich wie auf dem Ansiedescherben in der Muffel dauernd mit dem Metall in Berührung. Infolgedessen treten merkliche Kupellenzüge hier erst während des Feintreibens auf.

Die andere Verlustquelle der mikrodokimastischen Edelmetallbestimmung sind die bereits erwähnten Verflüchtigungsverluste. Sie treten ebenfalls vornehmlich beim Feintreiben auf, wenn infolge des geringer werdenden Bleigehaltes gegen Ende des Treibens nur noch so wenig Bleioxid entsteht, daß es das Metall nur in geringem Umfange bedecken und vor einer Verflüchtigung schützen kann. Die Verflüchtigungsverluste betreffen in erster Linie das Silber und einige Platinmetalle und nur in unbedeutendem Maße das Gold. Sie werden entweder konvektiv durch verdampfendes Bleioxid oder durch direkte Verdampfung der Metalle (Gold) bzw. Oxide derselben (z.B. Ag_2O, OsO_4 u.a.) verursacht. Die Verflüchtigungsverluste treten immer dann auf, wenn zu heiß getrieben wird, was z.B. der Fall ist, wenn das Korn beim Feintreiben längere Zeit mit der direkten Flamme in Berührung kommt, und machen sich durch die Bildung rosagefärbter Beschläge auf der Kupelle bemerkbar. Sie sind bei der Lötrohrprobe auf Grund der besonderen Arbeitsbedingungen etwas höher als bei der Muffelprobe, machen aber im Durchschnitt für Silber nicht mehr als 0,1 bis 0,2% und für Gold nicht mehr als etwa 0,01% des Kornausbringens aus. Bei der Korrektur der Austragsgewichte ist der Verflüchtigungsverlust ähnlich wie der Kupellenzugverlust dem ermittelten Korngewicht zuzuschlagen. Da die Verflüchtigungsverluste beim Lötrohrprobieren in hohem Maße von der unterschiedlichen individuellen Fertigkeit des Probierers abhängen, ist es zu ihrer Ermittlung notwendig, eine gleichgroße und entsprechend zusammengesetzte synthetische Probe unter den gleichen Bedingungen wie die Hauptprobe abzutreiben und den Verflüchtigungsverlust durch Vergleich des Edelmetalleinsatzes mit dem Kornausbringen zu ermitteln. Nicht zu unterschätzende Fehler entstehen durch den hohen Multiplikationsfaktor bei den kleinen Einwaagen für das Lötrohrprobieren und den kleinen Auswaagen für die hierbei entstehenden Körner. Außerdem fällt der Fehler, der für unreines Güldisch entsteht, mehr ins Gewicht als bei der makrodokimastischen Probe.

4.1.5. Scheiden

Die Scheidung des Goldes und der Platinmetalle wird in der Lötrohrprobierkunde nach den gleichen Methoden durchgeführt, die für die Probierkunde allgemein gelten. Da diese bereits an anderer Stelle dieses Buches ausführlicher beschrieben wurden, sollen sie hier nur kurz gestreift werden.

Voraussetzung für die Scheidung ist eine hinreichende Anreicherung des zu scheidenden Metalles im Feinkorn der trockenen Probe, die durch das auf S. 47 beschriebene Konzentrieren erreicht wird. Je nach Höhe des mutmaßlichen Gehaltes müssen daher die auf S. 110 aufgeführten Probeneinwaagen zusammengesetzt werden, wozu im Zweifelsfalle provisorische Proben anzufertigen sind.

Das bei höheren Gold- und Platingehalten notwendige Quartieren wird auf einer normalen und entsprechend ausgebohrten Lötrohrkohle durch Zusammenschmelzen des zu scheidenden Metallkornes mit einer angemessenen Menge Feinsilber (gegebenenfalls auch noch Gold), das am besten in Drahtform verwendet wird, und unter Zusatz einer geringen Menge Borax mit der Reduktionsflamme durchgeführt.

Größere Körner werden in der üblichen Weise ausgeplattet und zum Röllchen gedreht. Die Scheidung erfolgt bei ihnen in kleinen Porzellanschälchen, die bei ortsbeweglichem Betrieb auf kleine zerlegbare Stative gesetzt und über einer Spirituslampe erwärmt werden. Im Laboratoriumsbetrieb werden die üblichen Glasgefäße für analytische Arbeiten benutzt. Kleinere und geringhaltige Körner werden am besten in einem Reagenzglas geschieden. Fällt das Gold bei der Scheidung als Staub bzw. Pulver in größerer Menge an, so wird es nach guter Vorwäsche mit einer kleinen Spritzflasche durch ein kleines Papierfilter abfiltriert. Nach gutem Durchspülen des Filters wird in dieses noch etwas Probierblei und Borax gegeben, das Filter mit Inhalt fest zusammengedrückt, überflüssiges Papier abgerissen, das Filter zusammengerollt und auf einer ausgehöhlten Holzkohle mit einer Reduktionsflamme erhitzt. Das dabei entstehende Metallkorn wird dann in der oben beschriebenen Weise feingetrieben und danach das Kornausbringen ermittelt.

Fällt eine sehr geringe und daher nur schlecht filtrierbare Menge Goldschlamm an, so gibt man nach vorsichtigem Abgießen und Ausspülen der Silberlösung schwachsalpetersaures Wasser in das Glas und setzt ein kleines Tröpfchen Quecksilber hinzu, das das Gold als Amalgam löst. Das Wasser wird dann vorsichtig von dem Quecksilbertröpfchen entfernt und letzteres unter Zugabe von etwas Holzkohlenpulver und Probierblei in eine kleine Glasretorte (Abb. 41) gebracht, wie sie in der Lötrohrprobierkunde zur quantitativen Quecksilberbestimmung nach dem Verfahren von DOMEYKO benutzt wird. Der Füllraum der Retorte wird dann mit einer schwachen Oxydationsflamme befächelt und das Quecksilber in den Kondensationsschenkel der Retorte hineindestilliert. Die Retorte wird dabei mit einem kleinen Reagenz-

glashalter gehalten. Ist das Quecksilber aus dem Einsatz herausgedampft, so wird
das restliche Metallgemisch im verstärkten Feuer bis zum Weichwerden des Glases
bzw. bis zum Zusammenschmelzen des Gemisches erhitzt und dann abgekühlt. Das im
Retortenschenkel kondensierte Queck-
silber wird durch Vortreiben mit der
Flamme verdichtet und dann der Kondensationsschenkel von der Retorte
abgesprengt. Aus diesem läßt sich das
Quecksilber mit einem Pinsel entfernen
und kann einer weiteren Verwendung
zugeführt werden. Der Füllraum der
Retorte wird vorsichtig zertrümmert

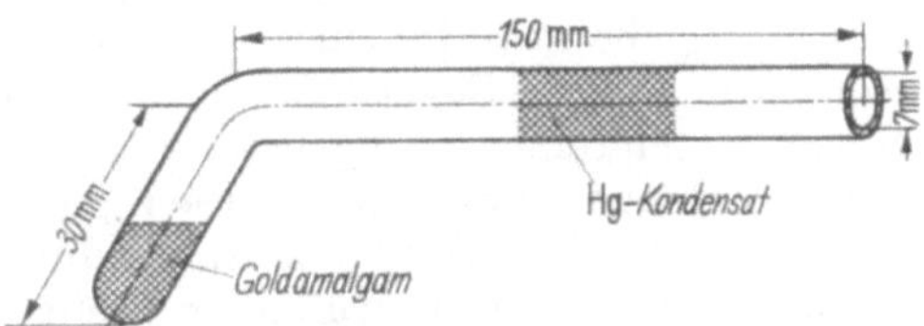

Abb. 41. Destillationsgefäß zur Amalgamtrennung

und der erstarrte Metallregulus unter Zusatz von Borax zur Abscheidung von unter
Umständen anhängenden Glasresten auf der Kohle umgeschmolzen. Der entstandene Regulus wird dann in der gewohnten Weise abgetrieben.

Sind Platinmetalle zu probieren, so wird bei der Quartation wie bei der Muffelprobe dem Feinkorn außer Silber auch noch eine angemessene Menge Feingold zugesetzt. Die weitere Durchführung der Platinscheidung folgt dann den allgemeinen
Richtlinien.

4.2. Strichprobe

4.2.1. Allgemeines

Die Strichprobe ist eines der ältesten, wenn nicht das älteste Verfahren zur Prüfung von Edelmetallen, denn schon im Schrifttum des 5. Jahrhunderts v. Chr. ist
über ihre Anwendung berichtet worden [97a]. Daß sie sich auch heute noch großer
Beliebtheit erfreut, ist der einfachen und schnellen Durchführung zu verdanken. Ihr
Name ist davon herzuleiten, daß durch Streichen (Abrieb) auf einem Quarzschiefer,
dem Probierstein, ein Strich des zu untersuchenden Materials erzeugt wird, dessen
Färbung dann mit der eines Striches von einem Testedelmetall verglichen werden
kann. Die später übliche Behandlung des Striches mit Säuren bzw. mit Salzlösungen
konnte erst aufkommen, als Mineralsäuren bekannt und zugänglich gemacht worden
waren. Da durch das Streichen eine Materialabtragung von nur wenigen mg erfolgt,
ist die Strichprobe die gegebene zerstörungsfreie Probiermethode für Schmuck und
anderes Gerät aus Edelmetall. Bei den oft aus nicht immer gleichhaltigen Teilen zusammengesetzten Edelmetallwaren ermöglicht sie auch eine rasche, getrennte Prüfung dieser einzelnen Teile ohne eine störende Beschädigung des Ganzen. Daher wird
die Strichprobe von den Punzierungsämtern und den Zollbehörden der verschiedenen
Länder bevorzugt angewendet. Außerdem gebraucht man sie häufig im Edelmetallgewerbe zur qualitativen und annähernd quantitativen Bestimmung der Edelmetalle,
während sie in den Probierlaboratorien im allgemeinen nur als Vorprobe dient.

Die Genauigkeit der qualitativen bzw. quantitativen Strichprobe hängt von der
Zusammensetzung des Probegutes, den zur Verfügung stehenden Hilfsmitteln (Probierstein, Strichnadeln, d.h. Testproben in Form von Nadeln oder Lanzetten) und
nicht zuletzt von der Geschicklichkeit und Erfahrung des Probierers ab. Heute benutzt man die Strichprobe im Edelmetallgewerbe im großen und ganzen nur zur
grob angenäherten Bestimmung des Edelmetallgehaltes, erreicht aber in den Punzierungsämtern und bei den Zollbehörden eine für eine derartige Methode hohe Genauigkeit, z.B. bei Goldlegierungen eine solche von $5^0/_{00}$.

Das zur Strichprobe gelangende Probegut muß in kompakter Form vorliegen,
also als Fertiggegenstand, Bruch, Altmaterial oder Halbzeug. Bei der Untersuchung
ist aber zu berücksichtigen, daß das Edelmetall vielfach nur als Überzug auf edelmetallfreien Legierungen auftreten kann; ferner hat nicht selten bei Gegenständen

aus Edelmetall die Oberfläche einen anderen, zumeist höheren Edelmetallgehalt als die darunterliegende Schicht.

Edelmetallwaren, insbesondere die mit Edelmetall gedeckten Erzeugnisse, sind oft mit transparenten Lackschichten überzogen, die teilweise bei erhöhter Temperatur eingebrannt werden und sich in den normalen Lacklösungsmitteln nicht mehr lösen. Auf die Gegenwart derartiger transparenter Lackschichten ist vor allem bei der Tüpfelprobe am Gegenstand (Betupfen mit Säuren und Salzlösungen) Rücksicht zu nehmen. Diese wird vielfach gleichzeitig mit der Strichprobe oder auch an ihrer Stelle durchgeführt. Vor Anwendung der Strichprobe ist also stets die Oberflächenschicht an der zu prüfenden Stelle zu entfernen, damit man die Gewähr hat, daß das Ergebnis der Strichprobe nicht durch einen höheren Edelmetallgehalt der Oberfläche verfälscht wird. Ferner ist auf Lötstellen zu achten. Diese Edelmetall-Lote haben stets eine von dem Halbzeug, aus dem die Waren hergestellt wurden, abweichende Zusammensetzung, wobei der Edelmetallgehalt vielfach, nicht aber notwendigerweise, tiefer liegt. Soll der Edelmetallgehalt von dünnen Auflagen auf Unedelmetallen quantitativ bestimmt werden, so besteht bei der Strichprobe oft die Wahrscheinlichkeit, daß infolge zu geringer Auflagendicke auch Grundmetall auf den Probierstein übergeht. In solchen Fällen, in denen das nicht mit Sicherheit zu vermeiden ist, kann man die Strichprobe nicht anwenden, aber es kann dann mit Hilfe der Tüpfelprobe unter Umständen noch ein bestimmter Mindestgehalt der Auflage auf dem Gegenstand festgestellt werden, die bisweilen zum qualitativen Nachweis von Edelmetall in Auflagen gebraucht wird.

Die Empfindlichkeit der Strichprobe hängt zunächst vom Edelmetallgehalt des Probegutes ab. Ist er zu gering, so kann die Strichprobe im allgemeinen nicht angewendet werden. Für Goldlegierungen beispielsweise liegt die untere Grenze des Goldnachweises bei etwa $150^0/_{00}$ Gold. Ebenso ist die quantitative Strichprobe aber auch vielfach bei hohen Edelmetallgehalten sehr ungenau.

Die *Hilfsmittel* der Strichprobe sind der Probierstein, die Strichnadeln und die Strichsäuren. Der *Probierstein* ist normalerweise ein schwarzer, dichter Quarz (Kieselschiefer). Gute Probiersteine sind gleichmäßig schwarz und gegenüber den verwandten starken Strichsäuren beständig. Für die Platinstrichprobe verwendet man unglasiertes Hartporzellan, da die Strichsäure bei Platin heiß angewandt wird, wofür die Beständigkeit des Kieselschiefers zumeist nicht ausreicht. Die Probiersteine haben eine mattgeschliffene Oberfläche und werden vor dem Gebrauch zur gleichmäßigen Annahme der Striche mit Öl eingerieben. Zur Beseitigung alter Striche wird der Probierstein mit Bimsstein abgerieben, gewaschen und nach dem Trocknen erneut eingeölt.

Die *Strichnadeln* in Form von Nadeln oder Lanzetten bestehen aus Legierungen bekannter Zusammensetzung und dienen als Vergleichsproben. Man setzt deren Striche jeweils rechts und links neben den Strich des zu untersuchenden Materials. Aus der Färbung und dem Verhalten der Striche gegenüber den Strichsäuren wird auf den Edelmetallgehalt geschlossen.

Für die Färbung und die chemische Reaktionsfähigkeit sind neben dem Edelmetallgehalt gleichzeitig die Art und das Mengenverhältnis der Zusatzmetalle von besonderer Wichtigkeit. Um die quantitative Strichprobe mit ausreichender Genauigkeit durchführen zu können, ist es notwendig, neben dem Edelmetall, auf das geprüft werden soll, die gleichzeitig vorhandenen anderen Metalle zu kennen. Man beschränkt sich bei der quantitativen Strichprobe daher im allgemeinen auf die besonders verbreiteten Legierungen des Edelmetallgewerbes[1]. Bei Silber sind das die

---

[1] Da die Zusammensetzung der in der sonstigen Technik (Elektrotechnik, chemische Industrie usw.) gebrauchten Legierungen der Edelmetalle recht vielseitig ist und von der der Legierungen für Schmuck und Edelmetallgeräte abweicht, bleibt die Anwendung der Strichprobe allgemein auf die Legierungen des Edelmetallgewerbes beschränkt.

Silber-Kupfer-Legierungen, bei Gold die binären und ternären Legierungen mit Silber und Kupfer, die noch geringe Zusätze von Nickel, Zink und Cadmium haben können. Um die Genauigkeit der Strichprobe auf das zu erreichende Höchstmaß zu steigern, ist es notwendig, möglichst viele Nadeln mit kleinen Unterschieden im Edelmetallgehalt zu verwenden. Bei ternären Legierungen müssen außerdem Nadeln mit gleichem Edelmetallgehalt, aber mit abgeändertem Mengenverhältnis von Silber und Kupfer, vorhanden sein.

Die *Strichsäuren* für die qualitative und quantitative Strichprobe sind ausschließlich Mineralsäuren. Ihre Zusammensetzung richtet sich nach dem Edelmetall, das nachgewiesen werden soll, und nach dem Edelmetallgehalt.

4.2.2. Silberstrichprobe

Glanz und Farbe des Silbers sind so charakteristisch, daß durch sie unlegiertes Silber im allgemeinen schon von anderen Metallen unterschieden werden kann. Im unlegierten Zustand verwendet man Silber, abgesehen von technischen Zwecken, nur zu Überzügen in verschiedenen Stärken. Auch Gebrauchs- und Schmuckgegenstände aus technischen Silberlegierungen tragen vielfach einen Feinsilberüberzug, der entweder durch galvanische Abscheidung oder durch Beizen erzeugt wird. Die Feinsilberschicht auf den Silbermünzen stellt man durch das sogenannte Weißsieden her, bei dem die Ware zunächst oxydierend geglüht wird, so daß sich das Kupfer in den Oberflächenschichten oxydiert. Im Anschluß daran wird das oxydierte Kupfer durch Beizen mit Säure herausgelöst, wobei eine Feinsilberschicht auf der Oberfläche verbleibt. Es gibt auch andere Beizverfahren, die ohne vorheriges oxydierendes Glühen arbeiten.

Außer Silberüberzügen können Silberwaren auch einen Gold- oder Rhodiumüberzug haben. Überzüge aus anderen anlaufbeständigen Metallen wie aus Chrom, die für bestimmte Warengattungen, z.B. für silberne Uhrgehäuse, vorübergehend gebraucht wurden, sind heute bedeutungslos.

Zum *qualitativen Nachweis* des Silbers verwendet man die sogenannte *rote Silberstrichsäure*, die aus einer Kaliumbichromatlösung (10 g/100 ml) besteht, der auf 100 ml noch 6 ml Schwefelsäure (1,84) zugegeben werden. Sie reagiert mit Silber unter Bildung von rotem Silberchromat. Entweder wird diese Säure auf den zu prüfenden Gegenstand getupft oder man behandelt mit ihr den Strich des zu prüfenden Gegenstandes auf dem Probierstein.

Weiterhin werden zum qualitativen Silbernachweis konzentrierte Salpetersäure und Natriumchloridlösung (5 g/100 ml) verwandt. Man betupft zunächst den Strich des zu prüfenden Materials auf dem Probierstein mit Salpetersäure. Danach gibt man einen Tropfen Natriumchloridlösung zu. Das Silber gibt sich dann durch Silberchloridbildung zu erkennen. Anstelle von Salpetersäure verwendet man teilweise auch die Probiersäure für 18 kt-Gold[1], die neben Salpetersäure noch Salzsäure enthält und so bei der Auflösung unmittelbar die Bildung eines Silberchloridniederschlages veranlaßt.

In Legierungen, die beim Betupfen mit Salpetersäure gefärbte Lösungen ergeben, z.B. solche mit Palladiumgehalt, oder in Goldlegierungen, die nach der Behandlung mit der Strichsäure für 18 kt-Gold eine starke Umfärbung des Striches zeigen, ist der Silberchloridniederschlag besser zu erkennen, wenn die Probiersäure durch Aufsaugen mit Filterpapier abgezogen wird. Bei Palladium enthaltenden Legierungen ist der Silberchloridniederschlag gelb gefärbt.

Die *quantitative Strichprobe* von Silberwaren kann stets erst dann vorgenommen werden, wenn die zumeist vorhandene Feinsilberauflage an der zu prüfenden Stelle vollständig beseitigt ist.

---

[1] kt = Abkürzung für karätig. 24 kt-Gold ist 100 proz. oder 1000 fein, 18 kt-Gold ist 75 proz. oder 750 fein usw.

Strichsäuren verwendet man nur bei der qualitativen Silberprobe; die quantitative Silberstrichprobe besteht lediglich in dem Farbvergleich des Striches der zu prüfenden Legierungen mit denen der Strichnadeln aus Silber-Kupfer-Legierungen bekannter Zusammensetzung. Die Genauigkeit der Silberstrichprobe kann bei einem guten Probierer etwa $20^0/_{00}$ erreichen. Normalerweise liegt sie jedoch bei $40{-}50^0/_{00}$. Für andere Legierungen, z.B. für solche auf Silber-Palladium-Basis, die in der Zahnheilkunde und in der Elektrotechnik gebraucht werden, ist die quantitative Strichprobe nicht anwendbar. Ebenso ist sie für Cadmium enthaltendes Blick- und Tiefziehsilber unbrauchbar.

4.2.3. Goldstrichprobe

Gold wird im Gegensatz zu Silber zumeist in legiertem Zustand als Überzug verwendet. Deshalb kommt unter Umständen auch die quantitative Strichprobe von Goldauflagen auf Unedelmetall in Frage, zumal in verschiedenen Ländern ein Mindestgehalt der Goldauflage von $500^0/_{00}$ Au gefordert wird. Auf die Schwierigkeiten bei der quantitativen Strichprobe von Edelmetallauflagen wurde schon hingewiesen.

Auch bei Goldwaren ist unter Umständen damit zu rechnen, daß die Oberfläche anders zusammengesetzt ist als die Goldlegierung, aus der der betreffende Gegenstand gefertigt wurde. Auf Goldwaren aus der früher viel verwendeten Rotgoldlegierung mit $750^0/_{00}$ Au wurde durch das sogenannte Goldfärben (ein Beizprozeß) eine verhältnismäßig starke Goldschicht erzeugt. Auch heute kommen noch derartige Waren zur Strichprobe. Erzeugnisse aus Legierungen mit $333^0/_{00}$ Au werden vielfach durch galvanische Vergoldung mit einem goldreichen, wenn auch normalerweise sehr schwachen, galvanischen Überzug versehen. Schließlich kann bei Goldschmuck ein Rhodiumüberzug vorliegen, der der Oberfläche ein platinähnliches Aussehen gibt. Mit dem Vorhandensein einer transparenten Lackschicht ist gegebenenfalls bei Waren mit niedrigem Goldgehalt, sehr oft aber bei Doublé oder galvanisch vergoldeten Gegenständen aus Unedelmetall, zu rechnen. Als Sonderverfahren ist das Bedampfen von Schmuck- und Gebrauchswaren, z.B. aus Zinkspritzguß, zu erwähnen. Hierbei werden die zu vergoldenden Gegenstände zunächst mit Lack eingebrannt, dann mit Gold bedampft und schließlich wieder mit einer transparenten Lackschicht versehen.

Es gibt auch Legierungen von Silber und Platinmetallen mit anderen Metallen, die eine rote oder gelbe, goldähnliche Farbe aufweisen. Diese Legierungen eignen sich aber durchweg nicht zur Verarbeitung zu Schmuck oder Gebrauchsgerät und gelangen daher auch nicht zur Strichprobe.

Goldfarbig eloxierter Schmuck aus Aluminium ist, wenn nicht sofort am Gewicht, so doch beim Streichen leicht zu erkennen, da nach dem Schaben oder Feilen der Oberfläche das ungefärbte Aluminium erscheint.

Bei den Goldlegierungen unterscheidet man zwischen den sogenannten *Farbgoldlegierungen* und *Weißgoldlegierungen*. Erstere bestehen aus binären, meistens aber aus ternären Legierungen des Goldes mit Silber und Kupfer. Daneben können noch geringere Mengen von Platinmetallen, Nickel, Zink und Cadmium zugegen sein. Die goldarmen Legierungen mit $333^0/_{00}$ Au enthalten oft viel Zink. Die Weißgoldlegierungen, die als Ersatz für Platin im Schmuckwarengewerbe gebraucht werden, haben als weißfärbendes Metall entweder Palladium oder Nickel. Außerdem sind oft weitere Metalle zugegen sowie in den Nickelweißgolden noch größere Mengen von Kupfer und Zink.

Bei der Strichprobe von *Goldschmuck* ist zu berücksichtigen, daß dieser oft zur Erzielung bestimmter Farbeffekte aus Legierungen verschiedener Zusammensetzung hergestellt wird. Dabei finden nicht nur Farb- und Weißgoldlegierungen, sondern auch Belötungen mit Platin Anwendung. Gegebenenfalls ist es notwendig, die verschieden gefärbten Teile eines Gegenstandes getrennt zu streichen.

Gold kann dank seiner chemischen Beständigkeit leicht von goldfreien oder goldarmen Legierungen mit goldähnlicher Farbe unterschieden werden. Bei den Weißgoldlegierungen ist der Nachweis des Goldes durch die Strichprobe unter Umständen schwierig.

Zur Erkennung des Goldes verwendet man bei den Strichen von farbigen Legierungen Salpetersäure, Kupferchlorid- und Silbernitratlösung. Gold ist gegenüber diesen Angriffsmitteln vollkommen beständig. Goldarme Legierungen werden mehr oder weniger stark angegriffen, aber nicht völlig gelöst, während die goldfreien, gefärbten Legierungen stets gänzlich zersetzt werden.

Die Weißgoldlegierungen verhalten sich je nach ihrer Zusammensetzung gegenüber den genannten Probierlösungen verschieden. Teilweise werden sie verhältnismäßig stark angegriffen, zum Teil sind sie aber auch vollkommen beständig.

Bei dem *qualitativen Nachweis* von Gold durch Strichprobe verwendet man konzentrierte und verdünnte Salpetersäure (1 + 1) als Probiersäure. Löst sich der Strich in konzentrierter Salpetersäure rasch, so wird eine andere Stelle des Striches mit verdünnter Salpetersäure (1 + 1) betupft. Hinterläßt diese auch nach vorsichtigem Absaugen der Säure mit Filtrierpapier keinen deutlichen Rückstand, so ist die Legierung goldfrei oder sie enthält weniger als $150^0/_{00}$ Au. Bei diesen niedrigen Goldgehalten versagt die Strichprobe.

Besonders zum Nachweis von Goldüberzügen wird neben der Strichprobe die *Tüpfelprobe* auf dem zu prüfenden Gegenstand durchgeführt. Dabei ist auf das Vorhandensein von Lackschichten, die vor der Probe beseitigt werden müssen, zu achten. Für die Tüpfelmethode verwendet man entweder Silbernitratlösung (10 g/100 ml) oder kaltgesättigte Kupferchloridlösung. Beide Lösungen greifen goldfreie Legierungen rasch unter Bildung eines dunklen Fleckens an. Mit steigendem Goldgehalt verzögert sich der Angriff, um bei etwa $500^0/_{00}$ Au ganz aufzuhören. Für die Untersuchung von Goldauflagen verwendet man neben kaltgesättigter Kupferchloridlösung auch mehr oder weniger verdünnte, mit Salpetersäure angesäuerte Lösungen.

Zum Nachweis mehrschichtiger Goldauflagen mit verschiedenem Goldgehalt und von goldfreien Zwischenschichten zwischen Auflage und Grundmetall schleift man die Oberfläche an einer Stelle unter möglichst kleinem Winkel an und betupft die geschliffene Stelle mit Kupferchloridlösung. Mehrschichtige Goldüberzüge oder auch Zwischenschichten geben sich bei der Prüfung der Fläche bei geeigneter Vergrößerung durch eine mehr oder weniger starke Einwirkung des Angriffsmittels zu erkennen.

Bei der Tüpfelprobe oder Strichprobe von *galvanischen Goldüberzügen* ist zu berücksichtigen, daß diese viel reaktionsfähiger sein können als geschmolzene und rekristallisierte Legierungen gleicher Zusammensetzung. Galvanische Goldüberzüge mit höherem Kupfergehalt werden oft noch bei sehr hohem Goldgehalt von Salpetersäure, Kupferchlorid- oder Silbernitratlösung sehr stark angegriffen, so daß die Probe zu ganz falschen Schlüssen über den Niederschlag führen kann. Dies ist auf die fehlende bzw. begrenzte Mischkristallbildung bei der gleichzeitigen galvanischen Abscheidung von Gold und Kupfer zurückzuführen.

Der Nachweis von Gold in weißen und grauen Legierungen ist durch Strichprobe teilweise unmöglich. Bei den technischen *Weißgoldlegierungen* ist er noch durchführbar, wenn auch nicht in so einfacher Weise wie bei Farbgoldlegierungen. Wie bei letzteren betupft man den Strich des zu prüfenden Materials zunächst mit konzentrierter Salpetersäure. Verschwindet er vollkommen, so liegt keine Weißgoldlegierung üblicher Zusammensetzung vor. Wird er von der Säure unter Umfärbung in Braunrot oder Rot angegriffen, so liegt eine Goldlegierung mit nicht über etwa $500^0/_{00}$ Au vor. Findet kein Angriff des Striches durch Salpetersäure statt, so kann das Probegut außer aus Weißgold oder Platin bzw. einer platinreichen Legierung auch aus einem anderen Metall, z. B. Tantal, Wolfram, rostbeständigem Stahl oder dergleichen bestehen. Man betupft den Strich deshalb noch mit einer salzsäurehaltigen Salpetersäure, z. B. mit Strichsäure für 18 kt-Gold, etwa folgender Zusammensetzung:

    75 ml Salpetersäure (1,4),
    21 ml Salzsäure (1,19),
    23 ml Wasser.

Die Striche von Weißgoldlegierungen mit einem Goldgehalt von nicht über $650^0/_{00}$ werden mit wenigen Ausnahmen durch die Strichsäure für 18 kt-Gold braunrot bis rot gefärbt. Die goldreicheren Weißgoldlegierungen werden unter Auftreten gelblicher oder grünlicher Färbungen angegriffen. Nach dem Absaugen der Säure weisen die Striche aber keine charakterstische Umfärbung, sondern lediglich eine stärkere oder schwächere Dunkelfärbung auf. Ein ähnliches Verhalten können auch bestimmte Unedelmetalle und ihre Legierungen gegen Strichsäure für 18 kt-Gold zeigen. Diese werden aber nicht anstelle von Weißgold bei der Schmuckwarenfertigung gebraucht, so daß die Strichprobe nicht zu Fehlschlüssen führt. Sehr wohl kann dies aber bei Halbzeug oder sonstigen Formen des Probegutes sein.

Die *quantitative Strichprobe* der Farbgoldlegierungen auf der Basis der Gold-Silber-Kupfer-Legierungen ist ihr weitaus häufigstes Anwendungsgebiet. Hohe Genauigkeit der quantitativen Goldstrichprobe setzt das Vorhandensein eines einwandfreien Probiersteines und eines ausreichend großen Satzes von Strichnadeln mit kleinen Unterschieden im Goldgehalt und verschiedenem Verhältnis von Kupfer zu Silber bei gleichem Goldgehalt voraus. Die Striche des Probegutes und der Strichnadeln müssen in gleicher Dichte und Breite aufgesetzt werden, so daß bei jedem Strich die gleiche Materialmenge auf dem Probierstein abgerieben wird. Beim Vergleich des Angriffs der Probiersäuren ist zu beachten, daß die Säuren zu rechter Zeit mit Filtrierpapier vom Strich abgezogen werden. Bei zu kurzer und zu langer Einwirkdauer werden die Unterschiede im Angriff so abgeschwächt, daß die Genauigkeit der Probe leidet. Da die Strichnadeln normalerweise nur Silber und Kupfer neben Gold enthalten, ist die Strichprobe bei einem Material, das keine anderen Metalle als diese aufweist, am genauesten. Da Art und Menge der unter Umständen noch vorhandenen Zusätze von Platinmetallen, Nickel, Zink oder auch Cadmium bei der Durchführung der Strichprobe nicht bekannt sind und zum Vergleich Strichnadeln der ternären Gold-Silber-Kupfer-Legierungen verwendet werden, ist bei Mehrstofflegierungen nicht die Genauigkeit wie bei den Dreistofflegierungen zu erzielen. Mit zunehmender Menge der Zusatzmetalle wird die Empfindlichkeit der Strichprobe in steigendem Maße herabgesetzt. Bei den ternären Gold-Silber-Kupfer-Legierungen ist die höchste Empfindlichkeit bei mittleren Goldgehalten zwischen etwa 500 und $700^0/_{00}$ Au gegeben. Wie schon erwähnt, ist die Goldstrichprobe bei weniger als $150^0/_{00}$ nicht mehr anzuwenden, aber auch bei hohen Goldgehalten versagt sie. Goldlegierungen mit mehr als etwa $900^0/_{00}$ Au lassen sich nicht mehr einwandfrei streichen. Aber schon oberhalb $800^0{}_{00}$ Au nimmt die Genauigkeit der Ergebnisse stärker ab. Je nach der Geschicklichkeit des Probierers liegt bei den für die Strichprobe geeigneten Legierungen die Empfindlichkeit in einem Schwankungsbereich von 40–50, von 20–30 oder gar von nur $5^0/_{00}$ Au. Mit der höchsten Genauigkeit wird die Strichprobe im allgemeinen nur in den Laboratorien der Dienststellen, die die Einhaltung der gesetzlichen Feingehaltsbestimmungen überwachen, durchgeführt. Als Strichsäuren für die quantitative Goldstrichprobe verwendet man Salpetersäure und Salpeter-Salzsäure-Mischungen verschiedener Zusammensetzung.

K. HRADECKY [88] gibt 4 Strichsäuren an. Für Legierungen mit $333^0/_{00}$ Au verwendet er verdünnte Salpetersäure (1 + 1), für Legierungen mit bis $500^0/_{00}$ Au Salpetersäure (1,4). Die für 14 kt-Gold ($585^0/_{00}$ Au) gebrauchte Säure enthält

    30 ml Salpetersäure (1,4),
    0,5 ml Salzsäure (1,19) und
    70 ml Wasser.

Für 18 kt-Gold (750⁰/₀₀ Au) wird eine Säure aus

40 ml Salpetersäure (1,4),
1 ml Salzsäure (1,19) und
15 ml Wasser

gebraucht.

F. MICHEL [79] verwendet 6 Säuren, und zwar Salpetersäure vom spezifischen Gewicht 1,2, 1,3 und 1,4. Für goldreichere Legierungen setzt er diesen Säuren je Liter 25–30 Tropfen Salzsäure zu.

Nach K. BIHLMAIER[1] kommt man im allgemeinen mit drei Strichsäuren aus. Als Säure für 8 kt-Gold verwendet er verdünnte Salpetersäure (1 + 1), für 14 kt-Gold Salpetersäure (1,4), der gegebenenfalls je 100 ml zwei Tropfen Salzsäure (1,19) oder einige Körnchen Natriumchlorid zugegeben werden. Die dritte Probiersäure für 18 kt-Gold besteht aus Salpetersäure (1,4), der je 100 ml entweder 1 ml Salzsäure oder 1,5 g Natriumchlorid zugesetzt sind.

K. HRADECKY [88] gibt für die von ihm erwähnten Strichsäuren einen Einwirkungsbereich von 400, 500, 620 und 850⁰/₀₀ Au an. Die von F. MICHEL vorgeschlagene Salpetersäure verschiedener Verdünnung und die entsprechenden Salpeter-Salzsäure-Gemische führen zu einem Angriff bis 380, 460, 560, 660, 720 und 780⁰/₀₀ Au. Bei den von K. BIHLMAIER[1] angegebenen Probiersäuren wirkt die für 8 kt-Gold bis etwa 400⁰/₀₀ Au ein, die Säure für 14 kt-Gold greift die Striche von Legierungen mit bis etwa 600⁰/₀₀ Au und die für 18 kt-Gold bis 800⁰/₀₀ Au an.

Bei einem Probegut, dessen Goldgehalt nicht schon grob angenähert bekannt ist, führt man die Strichprobe in folgender Weise durch: Nach Entfernung möglicherweise vorhandener Oberflächenschichten mit abweichendem Goldgehalt zieht man einen Strich auf den Probierstein. Diesen überstreicht man quer in etwa ¹/₂ cm Breite mit Strichsäure für 14 kt-Gold und beobachtet den Angriff der Säure. Greift die Säure den Strich sehr rasch an, so wird eine andere Stelle des Striches in gleicher Weise mit Säure für 8 kt-Gold geprüft. Erfolgt durch die Säure für 14 kt-Gold kein Angriff, so verwendet man anstelle der 8 kt-Strichsäure die für 18 kt-Gold. Nach dieser Vorprobe setzt man einen neuen Strich auf den Probierstein und streicht daneben zwei Probiernadeln mit möglichst gleicher Farbe und gleichen Goldgehalten zwischen dem nach der Vorprobe zu erwartenden Goldgehalt des Probegutes. Man überstreicht dann die Striche in einem Zuge möglichst rasch quer mit der entsprechenden Probiersäure. Beobachtet man zwischen dem Angriff der Probiersäure auf dem Strich des Probegutes und dem der Strichnadeln einen deutlichen Unterschied, so setzt man erneut einen Strich auf den Probierstein und rechts und links daneben wiederum Striche von Probiernadeln mit gleicher Farbe, aber nach dem Verhalten gegenüber der Strichsäure geändertem Goldgehalt. Bei dem Aussehen nach gleicher Einwirkgeschwindigkeit der Strichsäure saugt man die Säure im richtigen Zeitpunkt von den Strichen ab und vergleicht die Farbe der auf dem Probierstein verbliebenen Rückstände der Striche. Zeigen sich dabei noch deutliche Unterschiede, so kann der Feingehalt durch erneutes Streichen unter Verwendung noch enger im Goldgehalt beieinanderliegender Nadeln weiter eingegrenzt werden.

Während die Strichprobe zur angenäherten quantitativen Bestimmung des Goldgehaltes bei Farbgoldlegierungen zu guten Ergebnissen führt, ist sie bei Weißgoldlegierungen nur bedingt brauchbar. Die Zusammensetzung der Weißgoldlegierungen kann bei praktisch gleicher Strichfarbe in sehr weiten Grenzen schwanken. Der Angriff der Striche durch die Probiersäuren hängt dabei nicht nur vom Goldgehalt, sondern auch von den Zusatzmetallen stark ab, so daß Legierungen mit gleichem Goldgehalt, im übrigen aber verschiedener Zusammensetzung, starke Unterschiede im Angriff durch die Probiersäuren zeigen.

---

[1] BIHLMAIER, K.: Mitt. Forschungsinst. f. Edelmetalle, Schwäbisch Gmünd, Bd. 8 (1934) S. 47, 85, 131, und Bd. 10 (1936) S. 27.

Mit einiger Genauigkeit ist die quantitative Strichprobe der Weißgoldlegierungen nur dann durchzuführen, wenn man die neben dem Gold vorhandenen Metalle und auch ihr ungefähres Mengenverhältnis kennt. Dies ist aber im allgemeinen nicht der Fall. Zur grob angenäherten Bestimmung des Goldgehaltes beschränkt man sich daher auf Probiernadeln mit den bei den Weißgoldlegierungen wichtigsten technischen Goldgehalten mit Palladium und Nickel als weißfärbende Bestandteile. Man verwendet die gleichen Strichsäuren wie für Farbgoldlegierungen. Der Angriff der Strichsäuren ist bei den Weißgoldlegierungen bis zu einem gewissen Grade ähnlich dem bei Farbgoldlegierungen. Der Angriff der üblichen Probiersäuren für 14 kt-Gold reicht bis etwa $620^0/_{00}$ Au, der für 18 kt-Gold etwa bis $850^0/_{00}$ Au.

4.2.4. Platinstrichprobe

Die Anwendung der Strichprobe für Platin und Platinlegierungen ist grundsätzlich auf das Schmuckwarengewerbe und damit auf das sogenannte *Juwelierplatin* beschränkt. Der Platingehalt für Schmuckgegenstände aus Platin ist durch die Feingehaltsbestimmungen auf $950^0/_{00}$ festgelegt, der Rest besteht aus Kupfer oder Palladium. Es können auch noch andere Platinmetalle auftreten In der Praxis wird das Juwelierplatin gewöhnlich auf $960^0/_{00}$ Pt legiert. Der Nachweis des Platins durch Strichprobe wird bisher nur bei Legierungen mit mindestens $800^0/_{00}$ Pt durchgeführt. Der zusammengeschmolzene Abfall von Gold- und Juwelenwerkstätten hat durchweg einen verhältnismäßig kleinen Platingehalt, bei dem auch die Strichprobe zum qualitativen Nachweis des Platins nicht in Frage kommt. Schmuckwaren können ganz aus Platin bestehen oder auch nur mit Platin gelötet sein. Galvanische oder anders hergestellte Platinüberzüge kommen praktisch nur selten vor. Das einzige Platinmetall, das als galvanischer Überzug für Schmuckwaren in stärkerem Maße gebraucht wird, ist das Rhodium.

Beim *qualitativen Nachweis* durch die Strichprobe kommt es im allgemeinen nur darauf an, Platin von Palladium und Weißgoldlegierungen zu unterscheiden. Dabei bietet die Strichprobe nur Vorteile, wenn Fertigerzeugnisse vorliegen, bei denen eine Bestimmung des spezifischen Gewichtes nicht möglich ist. In allen anderen Fällen ist die Bestimmung des spezifischen Gewichtes zur Prüfung auf Vorliegen von Platin einfacher.

Zum qualitativen Nachweis durch die Strichprobe wird der Strich, der von der Strichsäure für 18 kt-Gold nicht mehr angegriffen wird, mit der sogenannten *Unterscheidungssäure* betupft, die 50 ml Salzsäure (1,19), 37,5 ml Salpetersäure (1,4) und 12,5 ml Wasser auf 100 ml enthält. Weißgoldlegierungen werden je nach ihrer Zusammensetzung von diesem Säuregemisch stärker oder schwächer angegriffen; ebenso wird auch Palladium gelöst. Das Platin bleibt bei einem Mindestplatingehalt von $800^0/_{00}$ auch über eine längere Wartezeit hinweg frei von jedem Angriff. Einige Unedelmetalle, z.B. Tantal, werden auch von den Unterscheidungssäuren nicht angegriffen. Da ihre Verwendung im Schmuckwarengewerbe aber nicht vorkommt, sind Irrtümer nicht zu befürchten.

Die *quantitative Platinstrichprobe* stellt an die chemische Beständigkeit der Probiersteine wegen der besonders aggressiven Strichsäure die höchsten Anforderungen. Da nicht ohne weiteres Kieselschiefer zur Verfügung stehen, die diesen Anforderungen genügen, schlug H. HRADECKY [88] auch die Verwendung von Biskuitporzellan als Material für die Probiersteine zur Platinprobe vor. Durch dieses wird jedoch so viel Material beim Streichen abgerieben, daß die Anwendung für fertige Gegenstände. wenn nicht unmöglich, so doch sehr in Frage gestellt ist.

Zumeist begnügt man sich bei der quantitativen Platinstrichprobe mit der Feststellung des Vorliegens eines punzierungsfähigen Platins. Man verwendet dann nur eine Probiernadel aus Platin mit $50^0/_{00}$ Cu. Es gelangt natürlich auch Juwelierplatin zur Probe, das mit Palladium, unter Umständen auch mit anderen Platinmetallen, legiert ist. Dieses wird von den Probiersäuren deutlich schwächer angegriffen als das mit Kupfer legierte Platin. Die Verwendung eines Satzes von Probiernadeln kommt nur dann in Frage, wenn ein zwischen 900 und $1000^0/_{00}$ liegender Platingehalt annähernd bestimmt werden soll.

Bei der Platinstrichprobe ist es notwendig, breite Striche zu ziehen und eine größere Fläche mit der Probiersäure zu bedecken. Die Säure wird erst durch Ablaufenlassen und Absaugen mit Filtrierpapier entfernt, wenn der Strich der Probiernadel einen deutlich sichtbaren Angriff zeigt. Ein Vergleich der Striche nach Entfernung der Säure ermöglicht eine bessere Erfassung der Unterschiede im Säureangriff.

Die *Platinprobiersäure* für die quantitative Platinstrichprobe enthält

> 67 ml Salzsäure (1,19),
> 25 ml Salpetersäure (1,4),
> 8 ml Wasser und
> 25 g Kaliumnitrat.

Diese Säure gibt nach K. HRADECKY bei Raumtemperatur die besten Ergebnisse. Das Säuregemisch erhält seine volle Wirksamkeit erst nach einigen Stunden und greift dann auch Reinplatin an. Seine Haltbarkeit ist beschränkt.

Neben der kalt anzuwendenden Platinprobiersäure wird auch für die quantitative Strichprobe die oben erwähnte Unterscheidungssäure bei einer Temperatur von 70–100 ° verwandt. Beim Arbeiten mit Unterscheidungssäure oder ähnlich zusammengesetzten Säuregemischen taucht man die bestrichenen Probiersteine bis etwa zur Hälfte der Striche in die heiße Probiersäure. Durch die Temperaturerhöhung wird der Angriff der Säure stark beschleunigt. Bei einem Platin mit $950^0/_{00}$ Pt ist der Angriff der Unterscheidungssäure schon bei 70–80 ° verhältnismäßig stark. Reinplatin wird erst bei 100 ° angegriffen. Die Genauigkeit der kalten und heißen Platinstrichprobe liegt nach K. HRADECKY [88] bei $10^0/_{00}$.

4.2.5. Palladiumstrichprobe

Palladium wird trotz seiner für die Verwendung im Schmuckwarengewerbe geeigneten Eigenschaften wenig im reinen Zustande verwandt. Dagegen findet es in legierter Form, besonders in den Weißgoldlegierungen, viel Gebrauch. Als einziges für die Herstellung von Schmuck- und Gebrauchsgerät geeignetes Edelmetall unterliegt Palladium nicht den Punzierungsvorschriften oder sonstigen gesetzlichen Feingehaltsregelungen. Aus diesem Grunde liegt bislang in der Praxis kein Bedürfnis für eine quantitative Palladiumstrichprobe vor, auch gibt es bis heute keine solche. Der Nachweis des Palladiums wird dadurch erleichtert, daß dieses Metall in seinen Verbindungen, sowohl in gelöster Form als auch als fester Niederschlag, charakteristische Färbungen aufweist. Soweit die Färbung der Probiersäure durch das Palladium nicht in erwünschter Deutlichkeit hervortritt, hat man in der Reaktion mit Diacetyldioxim eine zusätzliche Möglichkeit zur Identifizierung des Palladiums. Zu diesem Zweck saugt man die Strichsäure mit Filtrierpapier von dem Probierstein ab und bringt auf das Filtrierpapier einen Tropfen Diacetyldioximlösung (1 g in 100 ml Äthanol)

Konzentrierte Salpetersäure greift den Strich von Palladium unter Gelbfärbung der Säure langsam an. Ebenso werden goldärmere Palladiumlegierungen und Palladium-Silber-Legierungen von Salpetersäure mehr oder weniger stark gelöst. Die Gelbfärbung der Strichsäure wird durch Aufsaugen in Filtrierpapier deutlicher. Sicherheit liefert aber immer die Kontrollreaktion mit alkoholischer Diacetyldioximlösung.

Strichsäure für 18 kt-Gold, die nur möglichst wenig gefärbt sein soll, färbt sich auf dem Strich bei Palladiumgegenwart stark gelb. Liegt Reinpalladium oder eine hochprozentige Palladiumlegierung vor, so wird die Farbe gelb bis braunrot.

Die bei der Platinstrichprobe verwandte Unterscheidungssäure, die an sich schon ziemlich stark gefärbt ist, wird bei Einwirkung auf einen Strich von Palladium oder einer palladiumreichen Legierung in der Färbung noch dunkler. Die bei der Platinstrichprobe erwähnte Kaliumnitrat enthaltende Platinstrichsäure gibt bei der Einwirkung auf Striche von Reinpalladium einen zinnoberroten Niederschlag. In Gegenwart anderer Metalle beobachtet man eine vom Palladiumgehalt und der Art der Fremdmetalle abhängige, mehr oder weniger deutliche Umfärbung des Niederschlages, wobei aber ein charakteristischer roter, teils ins Gelbe oder Schmutzigbraune gehender Farbton des Niederschlages bestehen bleibt.

5. Bestimmung der Edelmetalle in Erzen, Zwischenprodukten und Schlacken bei der Gewinnung der Elemente und in Metallen

5.1. Erze

Silber und Gold reichern sich bei der Verhüttung edelmetallführender Erze in Rohmetallen oder Zwischenprodukten wie Steinen, Speisen an. Die Zwischenprodukte gehen meist wieder in den Verhüttungsprozeß zurück, während den Rohmetallen durch trockene (Zinkentsilberung beim Werkblei) oder nasse Verfahren (Elektrolyse) die Edelmetalle entzogen und dann in geeigneten Arbeitsgängen zu Feinsilber, Feingold (Feinplatin) gereinigt werden.

5.1.1. Bleierze

Grundlage. Die Edelmetalle werden auf dokimastischem Wege bestimmt. Bei der *Tiegelprobe* wird die zu untersuchende Substanz im Tiegel mit einem reduzierenden Flußmittel niedergeschmolzen, wobei die Edelmetalle von dem entstehenden Bleiregulus aufgenommen werden. Liegt der Bleigehalt des Erzes unter 50%, so ist ein Zusatz von silberfreiem Bleioxid (Bleiglätte) erforderlich („gelber Fluß"). Bei der *Ansiedeprobe* wird das Probematerial mit Kornblei und Borax in einem Tonscherben „angesotten", bis die Verunreinigungen verschlackt und die Edelmetalle in den Bleiregulus übergeführt sind.

Die bei der Tiegel- und Ansiedeprobe anfallenden Bleireguli werden – gegebenenfalls nach Einschaltung von Zwischenverschlackungen – abgetrieben. Die erhaltenen Edelmetallkörner werden mit Salpeter- oder Schwefelsäure weiterbehandelt.

Anwendungsbereich und Bedeutung. Die angegebenen Methoden dienen zur Bestimmung des Edelmetallgehaltes von Bleierzen und -konzentraten.

Genauigkeit. 1.

Dauer. Für das Niederschmelzen des Erzes nach der Tiegelprobe $1^1/_2$–2 Std., für die Ansiedeprobe sowie für eine Zwischenverschlackung $^3/_4$–$1^1/_2$ Std., für die Scheidung des Edelmetallkorns $^1/_2$–$^3/_4$ Std.

Ausführung.

5.1.1.1. Tiegelprobe

25–50 g Erz werden in einem Eisen-, Schamotte-, Ton- oder Graphittiegel mit einem der nachstehend aufgeführten, reduzierenden Flußmittel niedergeschmolzen:

1. 70 Teile Natriumcarbonat, 10 Teile Weinstein, 40 Teile Borax oder
2. 35 Teile Natriumcarbonat, 35 Teile Kaliumcarbonat, 30 Teile Borax, 10 Teile Mehl oder
3. 100 Teile Bleioxid, 10 Teile Kaliumcarbonat, 44 Teile Mehl oder
4. 84 Teile Bleioxid, 44 Teile Kaliumcarbonat, 44 Teile Natriumcarbonat, 28 Teile Natriumchlorid und 15 Teile Mehl.

Die Einwaage wird mit etwa 50 g Flußmittel gut gemischt und die Mischung mit einem kleinen Löffel voll Flußmittel abgedeckt. Man schmilzt in einem gas- oder koksbeheizten Tiegelofen oder Muffelofen ein. Da die Mischung beim Einschmelzen infolge der Reaktion der Carbonate mit der Gangart schäumt, muß das Einschmelzen sehr vorsichtig und bei möglichst niedriger Temperatur (Rotglut) erfolgen. Wenn nach 20–30 min Beruhigung des Schmelzflusses eingetreten ist, steigert man die Temperatur und erhitzt noch 30 min auf 1000–1200° weiter. Nach vollkommener Beruhigung der Schmelze wird der Tiegel aus dem Ofen genommen.

Hat man im schmiedeeisernen Tiegel geschmolzen, so wird dieser sofort nach dem Herausnehmen auf einer eisernen Platte mehrmals leicht aufgestoßen, damit sich etwa in der Schmelze verteilte Metallperlen am Boden des Tiegels mit dem Regulus vereinigen. Dann kippt man ihn langsam über einen vorgewärmten Einguß und läßt die flüssige Schlacke vorsichtig in diesen einlaufen, wobei darauf zu achten ist, daß kein Metall mit herausfließt. Nach dem Abgießen der Schlacke stürzt man das flüssige Metall in die Vertiefung eines Buckelbleches. Den Tiegel selbst stößt man mit der Öffnung nach unten mehrmals auf die Eisenplatte und beobachtet, ob sich unter den herausfallenden Schlackenteilchen noch Metallperlen befinden, welche an den Innenwänden des Tiegels gehaftet haben. Sie werden mit der Pinzette aufgesammelt und mit dem Bleikönig vereinigt; das gleiche geschieht mit den möglicherweise in der Spitze des Schlackeneingusses sich vorfindenden Bleiresten. Besser ist es, da das quantitative „Aufsammeln" der Körner schwer durchzuführen ist, die abgezogene Schlacke im gleichen Tiegel nochmals nachzuschmelzen.

Der Bleikönig kann zur Bestimmung des Bleigehaltes gewogen werden, wenn die beiden unter 1. und 2. angegebenen Flußmittel verwendet wurden. Es ist dabei jedoch zu berücksichtigen, daß die so gefundenen Bleigehalte durchschnittlich um 1–2% niedriger liegen als die bei der naßanalytischen Bleibestimmung gefundenen Werte.

Bei Verwendung von Schamottetiegeln muß man zur Bindung des Sulfidschwefels und zur Verhinderung von Steinbildung etwas metallisches Eisen in Form von Draht oder Nägeln zusetzen. Nach Beendigung des Schmelzens wird der Tiegel aus dem Ofen genommen und nach vollständigem Erkalten zerschlagen. Bei reinen Bleierzen trennt sich der Metallkönig gut von der Schlacke.

5.1.1.2. Ansiedeprobe

Je nach der Höhe des Silbergehaltes wägt man 2–5mal je 5 g Erz auf Ansiedescherben ein, auf die man vorher etwa 10 g edelmetallfreies Kornblei gebracht hat. Man mischt mit einem Spatel sorgfältig durch und deckt mit weiteren 10 g Kornblei ab. In jeden Ansiedescherben gibt man dann noch etwa 2 g Borax. Danach setzt man die Scherben in die hellrot glühende Muffel ein und bringt die Probe zum Schmelzen. Am Rand des Scherbens bildet sich ein dunkler, nicht dampfender Schlackenring, welcher aus der durch Borax und Bleioxid verschlackten Gangart besteht. Das Edelmetall geht bei diesem Arbeitsgang des heißen Einschmelzens in den Bleiregulus über. Sind Zinn und Antimon im Erz vorhanden, so wendet man die doppelte Menge Kornblei an.

Die Temperatur des Ofens wird nun auf etwa 750–800° gesenkt, indem man das Muffeltor öffnet, so daß Luft zur Oxydation des Bleies sowie des aus dem Erz stammenden Arsens, Antimons und Kupfers hinzutreten kann. Der Ofen muß bei diesem Vorgang aber immer so heiß sein, daß die Proben flüssig bleiben. Gegebenenfalls legt man zur Vorwärmung der zutretenden Oxydationsluft ein größeres Stück Holzkohle in die Muffelöffnung. Durch die Oxydation des Bleies bildet sich Bleioxid, das die Oxide der anderen Metalle, die noch in der Probe vorhanden sind, zu lösen vermag. Hat sich der Schlackenring geschlossen, so ist der Oxydationsprozeß beendet, da nun der Sauerstoff nicht mehr zur metallischen Oberfläche gelangen kann. Die

Schlacke soll dünnflüssig sein und eine glatte Oberfläche haben, was bei Bleierzen meist der Fall ist, bei kupfer- und zinkhaltigen Erzen jedoch mitunter nicht erreicht wird. In solchen Fällen ist es nötig, nochmals 1–2 g Borax zuzusetzen oder aber, falls auch damit die Oberfläche nicht glatt wird, die gesamte Bestimmung mit einer kleineren Einwaage zu wiederholen. Gegen Ende des Ansiedens erhitzt man die Proben bei geschlossener Muffel nochmals kräftig (auf etwa 1000°), damit sich das Metall gut von der Schlacke trennt. Dann nimmt man die Scherben aus der Muffel, läßt sie abkühlen und gewinnt den Metallkönig durch Zerschlagen der Scherben. Man kann den Arbeitsgang dadurch abkürzen, daß man den Inhalt der Scherben nach dem Herausnehmen aus dem Ofen sofort in ein Buckelblech ausgießt, welches vorher mit Kreide bestrichen wurde. Die Schlacke springt entweder schon beim Erkalten ab oder kann vom Bleikönig durch leichtes Klopfen mit dem Hammer entfernt werden.

Die Bleikönige eignen sich zum Abtreiben, wenn sie beim Hämmern vollkommen weich erscheinen und nicht über 20 g schwer sind, anderenfalls werden sie noch einmal in einem neuen Ansiedescherben verschlackt. Bei harten Bleikönigen ist es notwendig, bei der nochmaligen Verschlackung etwas Borax und gegebenenfalls auch Kornblei hinzuzugeben. Manchmal ist es auch zweckmäßig, zwei der großen Könige zusammen in einen Ansiedescherben zu bringen und sie ohne Kornblei, aber unter Zusatz von Borax zu verschlacken.

5.1.1.3. Abtreiben der Bleikönige

Das Abtreiben erfolgt auf Kupellen, die im Muffelofen ausgeglüht werden. Dann legt man die edelmetallhaltigen Bleireguli mit einer Zange auf die glühenden Kupellen. Es ist darauf zu achten, daß das Gewicht des Bleikönigs um 2–5 g geringer ist als das der zur Verwendung kommenden Kupelle. Nach dem Einsetzen der Bleikönige erhitzt man die Muffel kräftig bei geschlossener Tür, damit die Könige rasch einschmelzen und zu oxydieren beginnen, erkennbar an dem von der Metalloberfläche aufsteigenden Rauch. Nun läßt man durch Öffnen der Muffeltür Luft hinzutreten, wobei das Blei zu Bleioxid oxydiert und in geringen Mengen verdampft, größtenteils aber mit dem Rest der unedlen Metalle von der Kupellenmasse aufgesaugt wird. Bei diesem Oxydationsprozeß ist die Temperatur so niedrig zu halten, daß kein Verdampfungsverlust an Edelmetall eintreten kann (etwa 800°). Andererseits dürfen aber die Proben auf den Kupellen nicht erstarren („einfrieren"). Die richtige Temperatur erkennt man daran, daß die Muffel dunkelrot glüht und am Auftreten von „Federglätte", d.h. von kristallisiertem Bleioxid an dem inneren Rand der dem Tor zugewandten Kupellenseite. Gegen Ende des Treibprozesses muß die Temperatur wieder gesteigert werden, da sonst das Edelmetallkorn „einfriert". Gegen Ende des Treibens bildet sich über dem Edelmetallkorn eine feine, dünne Haut, welche in den Regenbogenfarben schillert. Nun werden die Kupellen in den mittleren Teil der Muffel geschoben und dort belassen, bis das Silberkorn fertig „geblickt" hat. Die Probe soll heiß blicken und ist einwandfrei, wenn die erhaltenen Körner silberweiß und rund sind und keine sichtbaren Spratzerscheinungen aufweisen, welche durch Entweichen von gelöstem Sauerstoff aus dem Silberkorn entstehen.

Die Kupellen werden sodann aus der Muffel herausgenommen und die Körner nach dem Erkalten mit einer Kornzange aus der Kupelle entfernt. Man reinigt sie mit einer Kornbürste von etwa anhaftenden Kupellenteilchen und wägt sie auf einer Probierwaage aus. Sie können aus reinem Silber, aber auch aus Legierungen von Silber, Gold und Platinmetallen bestehen.

5.1.1.4. Scheiden der Edelmetallkörner

Soll in den Erzen nicht nur die Summe der Edelmetalle, sondern auch Silber, Gold und Platin einzeln bestimmt werden, so muß man die nach dem Abtreiben erhaltenen und gewogenen Edelmetallkörner in Salpetersäure oder Schwefelsäure lösen.

Das Korn wird hierzu in ein Goldkochkölbchen gebracht und in diesem mit 15 ml halogenfreier Salpetersäure (1,2) 10 min gekocht. Hierbei löst sich das Silber auf, das Gold bleibt in Form von braunen Flittern zurück. Nach Beendigung des Lösens und Verschwinden der braunen Dämpfe gießt man die über dem Gold stehende Säure vorsichtig ab, gibt 15 ml halogenfreie Salpetersäure (1,3) hinzu und kocht wieder. Die Säure wird nach 10 min wiederum abgegossen. Das Gold wird sodann durch mehrmalige Zugabe von je 50 ml reinstem destilliertem Wasser und nachfolgendem Dekantieren von den Resten des Silbernitrats befreit. Zum Schluß füllt man das Goldkölbchen bis an den Rand mit destilliertem Wasser, stülpt einen kleinen Porzellantiegel über die Öffnung, der passend zum Goldkölbchen gearbeitet ist, und dreht dieses um, so daß das Gold nach unten in den Porzellantiegel sinkt. Das umgedrehte Goldkochkölbchen bleibt im Porzellantiegel einige Minuten stehen, bis sich auch die feinsten Goldflitterchen quantitativ am Boden des Tiegels gesammelt haben. Ist dieses geschehen, so zieht man das Kölbchen rasch weg und gießt das im Tiegel befindliche Wasser vorsichtig ab. Man trocknet und glüht das Gold bei 700–800° und wägt es. Bei der genauen Befolgung der obigen Arbeitsweise ist man sicher, daß das Gold stets in Form von Flitterchen und nicht als Staubgold anfällt.

Der Goldgehalt wird durch direkte Auswaage ermittelt. Den Silbergehalt errechnet man aus dem Gewicht des Edelmetallkornes abzüglich der Goldauswaage. Die Bestimmung etwa vorhandener Platinmetalle s. 5.2.2.

Fehlermöglichkeiten. Bei der Bestimmung des Edelmetallgehaltes auf trockenem Wege ist mit folgenden Fehlerquellen zu rechnen: Ganz allgemein treten hierbei kleine Edelmetallverluste auf, die auf das Verfahren selbst zurückzuführen sind. Vor allem muß mit dem sogenannten Kupellenzug gerechnet werden. Andererseits werden, wenn das Edelmetallkorn nicht heiß genug geblickt hat, zu hohe Befunde zu erwarten sein. Den Treibverlust ermittelt man dadurch, daß man zugleich mit der Probe und unter den gleichen Arbeitsbedingungen eine synthetische Probe, die der zu untersuchenden etwa gleicht, ansiedet und den Bleiregulus abtreibt. Der auf diesem Wege ermittelte Edelmetallverlust wird sodann bei der Berechnung des Edelmetallgehaltes der untersuchten Probe berücksichtigt. – Um Goldverluste zu vermeiden, müssen die Arbeitsbedingungen für die Scheidung vom Silber genau eingehalten werden, damit nicht dadurch, daß das Gold sich etwa staubfein abscheidet, mechanische Verluste eintreten. – Die verwendete Salpetersäure muß frei von Salzsäure, Schwefelsäure und salpetriger Säure sein.

5.1.2. Kupfererze

Grundlage. Bei Kupfererzen kann man sich für die Edelmetallbestimmung ebenfalls der Tiegel- und Ansiedeprobe bedienen. Bei ersterer müssen die Erze vor dem Niederschmelzen mit „gelbem Fluß" durch Rösten möglichst vollkommen vom Schwefel befreit werden. Dann wird der edelmetallhaltige Regulus mit Borax und Kornblei angesotten und abgetrieben. Hinsichtlich der Ansiedeprobe verfährt man wie bei den Bleierzen, nur nimmt man kleinere Einwaagen.

Anwendungsbereich und Bedeutung. Die beiden Verfahren dienen zur Silber- und Goldbestimmung in Kupfererzen.

Genauigkeit. Die trockenen Verfahren liefern, von geübten Probierern ausgeführt, gute Resultate.

Dauer. Für die Tiegelprobe benötigt man bis zum Gewinnen der Edelmetallkörner 5–6 Std., für die Ansiedeprobe, je nach der Höhe des Kupfergehaltes, 4–6 Std.

Ausführung.

5.1.2.1. Tiegelprobe

Für die Durchführung der Tiegelprobe bei Kupfererzen ist zu beachten, daß das zur Untersuchung kommende Erz vor dem Einschmelzen durch Rösten möglichst völlkommen vom Schwefel befreit sein muß. Je nach dem Edelmetallgehalt werden 25–50 g Erz eingewogen und in einem Röstscherben aus Schamotte abgeröstet. Das Abrösten erfolgt im Muffelofen bei geöffnetem Tor. Die Muffel soll zu Beginn des Röstens schwach rotglühend sein; dann wird die Temperatur nach und nach auf 600–800° gesteigert, wobei das Röstgut des öfteren durchgerührt werden muß. Es ist darauf zu achten, daß das Erz nicht sintert oder gar zusammenschmilzt, da sonst durch Anbacken an die Schamottewandung Verluste entstehen können und die Abröstung infolge Einschlusses sulfidischer Bestandteile unvollkommen ist. Man kann statt des Röstens auch so vorgehen, daß man den Schwefel durch Schmelzen im Eisentiegel oder beim Schmelzen im Tontiegel durch Hineinbringen eines Stückes Weicheisen bindet (s. 5.1.1.1.).

Das abgeröstete Erz wird mit der 3fachen Menge des sogenannten „gelben Flusses", bestehend aus etwa

40 Teilen Bleioxid
20 Teilen Kaliumcarbonat
20 Teilen calciniertem Natriumcarbonat
10 Teilen Mehl
10 Teilen Natriumchlorid

gemischt und in einen Schamottetiegel gebracht. Dann wird die Mischung mit dem Flußmittel abgedeckt und im Tiegelofen bei möglichst niedriger Temperatur eingeschmolzen. Nach Beruhigung der Schmelze, d. h. nachdem das Kohlendioxid entwichen ist, wird die Temperatur gesteigert, so daß ein glatter Fluß entsteht. Nach 20 min des Heißgehens bis 1200° nimmt man den Tiegel heraus und läßt ihn erkalten. Man zerschlägt ihn und befreit den Bleikupferkönig von der Schlacke, teilt ihn in 4 Teile und unterzieht diese nach Zugeben von Kornblei und Borax so oft der Ansiedeprobe, bis weiche, hämmerbare Bleikönige entstanden sind, die nach dem letzten Verschlacken wieder zusammen auf *einer* Kupelle abgetrieben werden können. Die Auswaage wird auf die Einwaage an ungeröstetem Erz bezogen.

5.1.2.2. Ansiedeprobe

Die Ansiedeprobe wird, wie in 5.1.1.2. angegeben, ausgeführt, jedoch beträgt die Einwaage je Ansiedescherben nicht 5 g, sondern je nach dem Kupfergehalt 1,25–2,5 g Erz. Das Ansieden muß bei Kupfererzen unter Zusatz von Borax und Kornblei so oft wiederholt werden, bis ein weicher Bleikönig entstanden und die Schlacke nicht mehr grün gefärbt ist. Im allgemeinen genügt hierzu ein 3maliges Ansieden des Erzes. Theoretisch müßte zuerst das ganze Blei verschlackt werden, ehe sich das Kupfer oxydiert. Das Bleioxid wirkt jedoch als Sauerstoffüberträger auf das Kupfer. Das gebildete Kupferoxid löst sich dann im Bleioxid auf und bildet eine kupferhaltige Glätte. Der entstandene Bleikönig, der die gesamten Edelmetalle aus der Einwaage enthält, wird auf einer Kupelle abgetrieben, das gewonnene Edelmetallkorn wird gewogen und gegebenenfalls mit Salpeter- oder Schwefelsäure geschieden.

Fehlermöglichkeiten. Falls das Erz ungenügend abgeröstet ist, kann sich beim Schmelzen im Tiegel edelmetallhaltiger Kupferstein bilden. Klopft man diesen dann zusammen mit der Schlacke von dem Regulus ab, so geht ein Teil des Edelmetalls verloren.

5.1.2.3. Die kombinierte (naß-trockene) Methode

Grundlage. Das Erz schließt man zunächst durch Kochen mit Schwefelsäure (1,84) auf, um die Hauptmenge der Metalle, besonders des Kupfers, in Lösung zu bringen. Das Gold und die Platinmetalle bleiben hierbei ungelöst zurück. Das Silber wird durch Zugeben von Natriumbromid als Silberbromid ausgefällt. Der abfiltrierte Rückstand und Niederschlag werden sodann mit Hilfe der Tiegel- oder Ansiedeprobe weiterverarbeitet.

Anwendungsbereich und Bedeutung. Die Methode dient zur Edelmetallbestimmung in Kupfererzen. Wie bei diesen kann sie auch bei anderen Erzen und Materialien angewandt werden, deren Hauptanteil an unedlen Metallen sich durch Aufschluß mit Schwefelsäure vor der Durchführung der dokimastischen Probe entfernen läßt.

Genauigkeit. 1.

Dauer. Etwa 12–14 Std.

Ausführung. 25–50 g Erz werden in einem 2- oder 3 l-Becherglas mit möglichst wenig Wasser angeteigt und mit 75–150 ml Schwefelsäure (1,84) versetzt. Man erwärmt erst vorsichtig und kocht zum Schluß 30 min, um die Probe möglichst weitgehend zu zersetzen. Die Schwefelsäure muß so lange zum Rauchen erhitzt werden, bis die gesamten organischen Bestandteile, welche die Schwefelsäure zunächst schwarzbraun färben, zerstört sind und die Säure hell geworden ist. Nach dem Erkalten nimmt man mit 150 ml Wasser auf und gibt, um Antimon und Zinn möglichst weitgehend in Lösung zu halten, 30–50 g Weinsäure hinzu. Dann verdünnt man durch Zugeben von Wasser auf 1 l, kocht die Lösung kurze Zeit auf und setzt zur Fällung des als Silbersulfat in Lösung gegangenen Silbers 10–20 ml Natriumbromidlösung (10 g/l) unter Umrühren hinzu, wobei das Silber als Silberbromid ausgefällt wird. Um dieses in gut filtrierbarer Form vollständig niederzuschlagen, versetzt man die Lösung mit 20 ml Bleiacetatlösung (100 g/l), so daß sich ein kräftiger Niederschlag von Bleisulfat bildet, der etwa kolloidales Silberbromid niederreißt. Nach dem Durchrühren der Lösung und weiterem Verdünnen läßt man in der Wärme absitzen und filtriert dann vom Niederschlag durch ein dichtes Doppelfilter ab. Der Niederschlag wird mehrmals mit kaltem Wasser ausgewaschen, getrocknet und darauf samt dem Filter in einen Schamottetiegel gegeben, auf dessen Boden sich 20 g eines Flußmittels befinden, bestehend aus

> 35 Teilen Natriumcarbonat, 35 Teilen Kaliumcarbonat
> 30 Teilen Borax, 10 Teilen Mehl und
> 40 Teilen edelmetallfreier Probierglätte.

Man deckt den Tiegelinhalt mit weiteren 80 g dieser Mischung ab und schmilzt ihn im Tiegel- oder Muffelofen langsam nieder, bis die Schmelze ruhig fließt. Danach läßt man den Ofen 30 min möglichst heiß gehen und nimmt dann den Tiegel zum Erkalten heraus. Der erhaltene Bleiregulus wird auf einem Ansiedescherben verschlackt. Nach einmaligem Verschlacken ist er meistens so rein, daß er unmittelbar auf der Kupelle abgetrieben werden kann. Sollte das nicht der Fall sein, muß das Ansieden und Verschlacken wiederholt werden.

Fehlermöglichkeiten. Bei ungenügendem Verdünnen der Lösung scheiden sich mitunter Kupfersulfatkristalle aus. Sie sind durch sorgfältiges Auswaschen des Niederschlages unbedingt in Lösung zu bringen, da sie beim Schmelzen und Verschlacken stören würden. Im übrigen s. S. 134.

5.1.3. Zink-, Wismut- und Zinnerze

Die Erze werden zunächst abgeröstet, da sie im allgemeinen sehr hohe Schwefelgehalte aufweisen, die einerseits bei der Ansiedeprobe Verluste durch örtliche Überhitzungen während der Oxydation des Schwefels und andererseits bei der Tiegelprobe Steinbildung verursachen können.

25–50 g Probegut werden im Muffelofen vorsichtig abgeröstet. Man beginnt die Abröstung bei etwa 300° und steigert die Temperatur bis zu 800°, wobei die Probe öfter durchgeführt werden muß. Die Weiterverarbeitung des abgerösteten Erzes erfolgt nach der Tiegel- oder Ansiedeprobe.

5.1.3.1. Tiegelprobe

Das abgeröstete Erz wird mit der 3fachen Menge gelbem Fluß (s. 5.1.2.1.) im Tiegel gemischt und nochmals mit derselben Menge überschichtet. Bei Zinnerzen empfiehlt es sich, 5–10 g Flußspatpulver zuzusetzen. Beim Niederschmelzen der Mischung geht das gesamte Edelmetall in den durch die Reduktion entstehenden Bleiregulus über. Nach dem Erkalten zerschlägt man den Tiegel und befreit den Bleikönig von der Schlacke. Er wird in 4 Teile geteilt. Da obige Erze im allgemeinen kupferarm sind, genügt ein Verschlacken durch einmaliges Ansieden der Stücke. Die erhaltenen Reguli werden zusammen auf einer entsprechend großen Kupelle abgetrieben.

5.1.3.2. Ansiedeprobe

10mal je 2,5 g oder bei reichen Zinnerzen 20mal je 1,25 g des abgerösteten Probegutes gibt man auf Ansiedescherben, die jeweils 10–15 g edelmetallfreies Kornblei enthalten, und mischt gut durch. Dann überschichtet man mit weiteren 10–15 g Kornblei und gibt etwa 5 g Borax hinzu. Das Einschmelzen erfolgt, wie bereits bei den Bleierzen (5.1.1.2.) angegeben. Es ist hier wichtig, reichlich Borax und Blei hinzuzugeben, da Zinn- und Zinkoxide in Bleioxid schlecht löslich sind, so daß die Schlacke nicht dünnflüssig wird, sondern zäh und mitunter nur halbgeschmolzen anfällt. Dadurch können Verluste an Edelmetall eintreten. Beim zweiten Ansieden vereinigt man zwei oder mehrere Bleikönige miteinander. Die zuletzt erhaltenen reinen Könige treibt man auf einer Kupelle gemeinsam ab.

Genauigkeit. 1.

Dauer. 4–8 Std., je nach der Anzahl der Zwischenverschlackungen.

Bemerkung. Die Edelmetallbestimmung in Wismut- und Zinkerzen wird mit Vorteil nach der bei der Untersuchung von Kupfererzen beschriebenen kombinierten (naß-trockenen) Methode (5.1.2.3.) durchgeführt, wobei bei den Wismuterzen darauf zu achten ist, daß die Lösung stets so sauer gehalten wird, daß kein basisches Wismutsulfat ausfällt.

5.1.4. Nickel-, Kobalt- und Antimonerze

Diese Erze werden, soweit sie sich in Schwefelsäure lösen, zweckmäßig nach der kombinierten (naß-trockenen) Methode (5.1.2.3.) auf Edelmetalle untersucht. Falls sich die Erze in Schwefelsäure nicht lösen, müssen sie gegebenenfalls vorher abgeröstet werden. Will man letzteres vermeiden, so kann man auch zum Lösen ein Gemisch von Salpetersäure und Schwefelsäure verwenden und anschließend die Salpetersäure durch Abrauchen mit Schwefelsäure verjagen. Die verdünnte Lösung der Sulfate kocht man dann unter Zusatz von 0,5 g Natriumsulfit kurz auf.

5.1.5. Schwefelkies und Schwefelkiesabbrände

Zur Bestimmung des Silbers im Schwefelkies werden etwa 150 g abgeröstet, wobei zunächst die Temperatur $^1/_2$ Std. auf 300° gehalten wird, um den sublimierbaren Schwefel zu entfernen. Anschließend steigert man die Temperatur auf 700–800° und röstet etwa 1 Std. unter Umrühren mit einem Eisendraht. Es kann auch, wie in 5.1.2.1. angegeben, verfahren werden.

4mal je 25 g Probe werden mit je 50 g silberfreiem Bleioxid gemischt und in einem hessischen (quarzhaltigen Schamotte-) Tiegel mit einer ausreichenden Menge von Flußmittel, bestehend aus einem Gemisch von

1400 g Natriumcarbonat
800 g Borax
200 g Kaliumtartrat und
100 g Kaliumcarbonat

erst bei niedriger, dann bei höherer Temperatur (bis zu 1200°) 4–5 Std. geschmolzen. Nach dem Erkalten werden die Tontiegel zerschlagen, die Bleikönige sauber gehämmert und mehrmals auf Ansiedescherben mit Borax verschlackt, bis keine Verunreinigungen in der Schlacke mehr zu erkennen sind. Darauf vereinigt man die 4 Bleikönige zu einem und treibt ihn, der nun das gesamte Edelmetall von 100 g Einwaage enthält, in bekannter Weise ab. Das Edelmetallkorn wird gewogen und in einem Goldkochkölbchen mit Schwefelsäure (1,84) so lange gekocht, bis alles Silber gelöst und der Geruch nach schwefliger Säure verschwunden ist. Dann gießt man die Säure vorsichtig ab, wäscht mehrmals mit heißem Wasser nach und füllt den Kolben zum Schluß mit kaltem Wasser. Man zieht das Goldflitterchen in einem Goldglühtiegel ab, trocknet es und bringt es auf ein kleines Uhrglas. Nun wird das Goldflitterchen mit einer an einem Quarzstäbchen erzeugten Boraxperle aufgenommen und in der Gebläseflamme zu einer Kugel geschmolzen. Aus der Boraxperle löst man im Scheidekolben das Kügelchen durch Kochen mit Salpetersäure heraus, bringt es in einen Tiegel, trocknet es und mißt seinen Durchmesser d in mm unter dem Mikroskop mit einem Okularmikrometer aus. $10{,}123 \, d^3 = $ mg Au. Das Ausmessen des Goldkorns kann auch nach 4.1.3.4. erfolgen. Der Silbergehalt ergibt sich aus der Gesamtedelmetallauswaage, vermindert um den gefundenen Goldgehalt.

5.1.6. Arsenerze

Arsenreiche Materialien neigen dazu, beim Schmelzen im Tontiegel Speisen zu bilden, die Edelmetalle zurückhalten und dadurch dem Bleikönig einen nicht unbeträchtlichen Teil von diesen entziehen. Auch das Verschlacken auf dem Ansiedescherben bereitet Schwierigkeiten, da auch hier die Neigung zur Speisenbildung vorhanden ist. Das Abrösten der Erze kann aber zu Edelmetallverlusten führen, da mit der Verflüchtigung der arsenigen Säure auch ein Teil der Edelmetalle verflüchtigt werden kann. Da die meisten Arsenerze in Schwefelsäure unlöslich sind, ist es nötig, einen anderen Weg einzuschlagen.

Handelt es sich nur um die Bestimmung des Silbers, so zersetzt man je nach dem Silbergehalt Einwaagen von 5–25 g unter Erwärmen mit 80–150 ml Salpetersäure (1,3), entfernt die Stickstoffoxide durch Einblasen von Luft und verdünnt die Lösung mit Wasser auf etwa 1 l. Das Silber fällt man mit 10–25 ml einer Natriumbromidlösung (10 g/l) je nach dem zu erwartenden Silbergehalt aus. Dann gibt man noch 5 ml Schwefelsäure (1,84) und 10 ml Bleiacetatlösung (100 g/l) hinzu, läßt den Niederschlag absitzen und filtriert ihn auf ein doppeltes Filter ab. Man wäscht sorgfältig aus, trocknet das Filter, legt es auf einen mit Probierblei beschickten Ansiedescherben und verascht es bei niedriger Temperatur. Man beschickt den Scherben dann noch mit weiterem Probierblei und setzt ihn zum Verschlacken in die Muffel.

Ist die Menge des ungelösten Rückstandes nach dem Behandeln mit Salpetersäure sehr groß, so muß man ihn im Tontiegel mit Bleioxid und Flußmittel niederschmelzen, den Bleikönig nochmals auf einem Ansiedescherben verschlacken und dann abtreiben.

Genauigkeit. 1.
Dauer. 8–10 Std.

5.1.7. Golderze

Die Golderze enthalten das Gold meist elementar neben quarzitischer Gangart; doch kann es auch in sulfidischer Bindung zusammen mit Selen und Tellur vorliegen.

Meist werden 5 Einwaagen zu je 25 g mit je 100 g Fluß (Zusammensetzung s. 5.1.2.3.) und 0,1–0,2 g goldfreiem Silber (genaue Wägung!) im Tontiegel geschmolzen. Da sich beim Einschmelzen durch die Reaktion des Siliciumdioxids mit den

Carbonaten des Flußmittels eine erhebliche Menge Kohlendioxid entwickelt, muß man erst bei niedriger Temperatur schmelzen, um ein Überschäumen zu vermeiden. Wenn die Schmelze zum ruhigen Fluß gekommen ist, wird sie 30 min auf 900–1200° gehalten. Nach dem Erkalten und Zerschlagen des Tiegels werden die Bleikönige – jeder für sich – in Ansiedescherben mit 10 g Probierblei niedergeschmolzen, verschlackt und einzeln auf Kupellen abgetrieben. Man bestimmt den Gesamtedelmetallgehalt der Probe durch Auswägen der Körner nach Abzug der zugewogenen Silbermengen. Die Körner werden dann vereinigt und in einem Goldkochkölbchen nach dem bei Bleierzen angegebenen Verfahren weiterbehandelt. Unter Umständen muß man für die Silberbestimmung Einwaagen ohne Feinsilberzusatz verarbeiten.

Genauigkeit. 1.

Dauer. 6 Std.

Bemerkung. Da die Verteilung des Goldes besonders in den quarzitischen Golderzen sehr ungleich ist und das Feingold sich bei der Zerkleinerung der Probe ausplattet, kann sich das Probegut leicht entmischen. Vor der Einwaage ist daher das gesamte Probegut auszuschütten und nochmals sorgfältig zu mischen. Zur Kontrolle, ob das Probegut einheitlich war, können die 5 gewonnenen Edelmetallkörner getrennt geschieden und ausgewogen werden.

5.1.8. Geröstete Erze

Rösterze werden grundsätzlich nach den gleichen Verfahren wie die Roherze untersucht.

5.2. Zwischenprodukte der Metallhütten

5.2.1. Anodenschlamm

Bei den Raffinierprozessen der Metalle auf elektrolytischem Wege geht ein Teil der unedlen Begleitmetalle im Elektrolyten in Lösung, während ein anderer Teil zusammen mit den Edelmetallen auf den Boden der Bäder sinkt und dort den sogenannten Anodenschlamm bildet. Der Anodenschlamm ist meist reich an Silber und Gold und kann auch Platinmetalle enthalten.

Grundlage. Die den Schmelzprozeß störenden unedlen Metalle (Zinn, Antimon, Kupfer, Nickel usw.) werden vor der Edelmetallbestimmung durch eine Behandlung der Probe mit Säuren abgetrennt.

Anwendungsbereich und Bedeutung. Das Verfahren ist für die Untersuchung aller Arten von edelmetallhaltigen Schlämmen, die Zinn, Antimon, Kupfer, Nickel usw. enthalten, anwendbar.

Genauigkeit. 1.

Dauer. 2 Tage für 2 Einzelbestimmungen.

Ausführung.

a) Die Höhe der Einwaage richtet sich nach dem jeweiligen Edelmetallgehalt und nach dem der störenden, unedlen Begleitmetalle. Man wägt in der Regel 5, 10 oder 12,5 g des bei 105° getrockneten und staubfein geriebenen Probematerials ein (Siebfeinheit mindestens DIN 0,25).

Die Probe wird im Erlenmeyerkolben mit etwa 200 ml Schwefelsäure (1,84) bis zur völligen Zersetzung (Weißfärbung des Rückstandes) abgeraucht. Nach dem Erkalten verdünnt man auf etwa 500 ml und fällt das Silber als Bromid oder Chlorid aus. Man läßt den Niederschlag (I) absitzen, filtriert ihn ab und trocknet ihn. Dann schmilzt man ihn im Gekrätzprobentiegel unter Verwendung von gelbem Fluß (5.1.2.1.) nieder. Wenn keine Platinmetalle vorhanden sind, bestimmt man Silber und Gold dokimastisch in bekannter Weise.

Enthält der Anodenschlamm jedoch Platin und Palladium, so stellt man das Filter mit dem Niederschlag (I) zunächst beiseite und zementiert im Filtrat den möglicherweise in Lösung gegangenen Anteil der Platinmetalle mit Zink (Abzug wegen der Möglichkeit von Arsenwasserstoffentwicklung) aus, wobei sich auch die vorhandenen unedlen Metalle (außer Nickel) abscheiden. Man wäscht die Fällung (Platinmetalle und vorwiegend Kupfer) durch mehrmaliges Dekantieren auf einem Filter aus und kocht sie so lange mit Salzsäure (1,19), bis nur noch eine geringe Menge von Kupfer erkennbar ist. Diese Kupfermenge dient als Schutz und bewahrt die reduzierten Platinmetalle vor dem Auflösen in Salzsäure. Nach dem Verdünnen der Lösung wird der Rückstand abfiltriert, ausgewaschen, das Filter verascht und sein Inhalt mit dem beiseite gestellten Niederschlag (I) vereinigt. Man schmilzt nun alles im Tontiegel unter Verwendung von gelbem Fluß und bestimmt Silber, Gold, Platin und Palladium dokimastisch nach der Vorschrift in 5.2.2.1.

b) 8mal 12,5 g der Probe werden in je einem 800 ml-Becherglas mit wenig Wasser aufgeschlämmt. Dann gibt man 60 ml Schwefelsäure (1,84) hinzu, erhitzt zunächst vorsichtig und kocht danach 20 min. Nach dem Erkalten nimmt man mit wenig Wasser auf, gibt 30 g Weinsäure hinzu, verdünnt mit Wasser auf etwa 350 ml, kocht einige Minuten und fällt das Silber mit Natriumchloridlösung (6 g NaCl in 1 l Wasser; davon fällen 10 ml etwa 0,1 g Ag). Sodann setzt man 10 ml Bleiacetatlösung (100 g/l) und 25 ml wäßrige schwefelige Säure hinzu, rührt kräftig um und läßt den Niederschlag über Nacht absitzen. Vor dem Filtrieren durch ein dichtes Doppelfilter erhitzt man die Lösung nochmals bis zum Kochen. Der mehrmals mit heißem Wasser ausgewaschene Niederschlag wird etwas vorgetrocknet, danach samt dem Filter in einen Gekrätzprobentiegel gebracht, völlig getrocknet, mit einigen Gramm Eisenpulver versetzt und mit 100 g reduzierendem Fluß, dem 50 g Glätte beigemengt sind, bedeckt. Man schmilzt zunächst vorsichtig bis zum ruhigen Fließen, dann 30 min bei starker Hitze, wobei zum Schluß nochmals etwas Bleioxid enthaltender Fluß nachgesetzt wird.

Die erhaltenen Reguli werden 2mal verschlackt und anschließend unter Kontrolle mit Vergleichsproben abgetrieben. Die aus je 50 g Einwaage stammenden Körner behandelt man mit Salpetersäure (1,1) und quartiert (d.h. legiert mit der mindestens $2^{1}/_{2}$fachen Silbermenge) das Gold so oft mit Silber, bis es nach dem Scheiden gewichtskonstant ist. Die vereinigten salpetersauren Lösungen und das erste Waschwasser, die alles Silber, Platin und Palladium enthalten, erhitzt man bis fast zum Sieden, fällt das Silber mit Salzsäure (1 + 4) und läßt den Niederschlag unter öfterem Umrühren mehrere Stunden absitzen. Nach dem Abfiltrieren des Silberchlorids dampft man das Filtrat – zum Schluß auf dem Wasserbad – zur Trockne und trennt das Palladium vom Platin wie folgt:

Man nimmt den Eindampfrückstand mit 2 ml Königswasser auf, erwärmt ihn bis zum klaren Lösen, kühlt ab, gibt 90 ml Wasser und 10 ml Diacetyldioximlösung (1 g in 100 ml Äthanol) hinzu und läßt den gelben Niederschlag 1 Std. unter öfterem Umrühren in der Kälte absitzen. Nach dem Abfiltrieren und Auswaschen versetzt man das Filtrat mit einigen Millilitern Salzsäure und dampft es bis auf wenige Tropfen ein. Diese werden mit heißem Wasser in kleine Bleischälchen gespült und wieder zur Trockne gedampft. Die Bleischalen faltet man zusammen, verschlackt sie auf Scherben, treibt die erhaltenen Könige mit der 10fachen Menge Quartiersilber sehr heiß ab und behandelt das Platin-Silber-Korn 2mal mit Schwefelsäure (1,84), die im Liter 12 g Arsen(III)-oxid enthält. Das zurückbleibende Platin wird nach sorgfältigem Auswaschen mit heißem Wasser geglüht.

Fehlermöglichkeiten. Man erhält einen zu niedrigen Silbergehalt, wenn der Treibverlust nicht durch synthetische Vergleichsproben ermittelt und in Anrechnung gebracht wird (5.1.1.4.).

5.2.2. Speisen

Die Nickel-, Kobalt- und Kupferspeisen bestehen in der Hauptsache aus Arseniden und Antimoniden des Nickels, Kobalts, Kupfers und Eisens. Da sich die Edelmetalle in ihnen anreichern, enthalten sie neben Silber und Gold fast regelmäßig auch Platinmetalle. Die Speisen sind sehr zähe und lassen sich nur schwer zerkleinern, so daß die Probenahme erhebliche Schwierigkeiten bereiten kann.

Grundlage. Die Speisen werden nach der kombinierten (naß-trockenen) Methode (2. und 5.1.2.3.) untersucht, also zunächst durch Säuren zersetzt. Der verbleibende Rückstand wird unter Zusatz von Bleioxid niedergeschmolzen, der Regulus verschlackt und abgetrieben. Das Edelmetallkorn wird sodann zur Bestimmung von Silber, Gold und Platin geschieden.

Anwendungsbereich und Bedeutung. Das Verfahren dient zur Edelmetallbestimmung in Speisen und ähnlich zusammengesetzten Erzeugnissen.

Genauigkeit. 1.

Dauer. 6–8 Std. bis zur Gewinnung der Edelmetallkörner, 10–20 Std. für die Platin-Palladium-Bestimmung, je nach dem vorliegenden Edelmetallverhältnis und der für die Scheidung notwendigen Arbeitsmethode.

Ausführung. 2mal je 50 g der feingeriebenen Probe werden in je einem 1 l-Becherglas mit 50 ml Wasser angerührt und mit 200 ml Schwefelsäure (1,84) versetzt. Dann wird der Inhalt des Becherglases zum Kochen erhitzt. Man raucht so lange mit Schwefelsäure ab, bis sich die Probe vollkommen zersetzt hat. Nach dem Abkühlen nimmt man mit 300 ml Wasser auf, kocht die Lösung einige Minuten und gibt 30 g Weinsäure und weitere 300 ml Wasser hinzu. Die noch warme Lösung versetzt man je nach dem zu erwartenden Silbergehalt mit 20–100 ml Natriumbromidlösung (20 g/l) und 2 g in Wasser gelöstem Bleiacetat. Nach kräftigem Rühren läßt man die Lösung erkalten und filtriert durch ein doppeltes, dichtes Filter ab. Das Filtrat ist, wie beim Anodenschlamm (5.2.1.), auf Platinmetalle zu prüfen. Man trocknet Filter samt Niederschlag und bringt es danach in einen Schamottetiegel, der mit 20 g eines bleioxidhaltigen Flusses beschickt ist. Das Filter wird mit weiteren 80 g des Flußmittels überdeckt und das Ganze vorsichtig bis zur Beruhigung der Schmelze niedergeschmolzen. Sodann erhitzt man noch einige Zeit kräftig weiter. Nach dem Herausnehmen des Tiegels aus dem Ofen läßt man erkalten. Die beiden erhaltenen Bleikönige werden, da sie meist noch mehr oder weniger durch Nickel, Kobalt oder Kupfer verunreinigt sind, mit je 10 g Probierblei auf Ansiedescherben verschlackt. Gegebenenfalls ist dieses Verschlacken unter Zugeben von weiterem Probierblei zu wiederholen. Zum Schluß werden beide Könige getrennt auf je einer Kupelle abgetrieben und die Edelmetallkörner gewogen. Sie ergeben das Gesamtgewicht von Silber, Gold und Platinmetallen.

Manche Speisen, insbesondere Nickel- und Kobaltspeisen, lösen sich in Schwefelsäure (1,84) nur unvollkommen. Es ist dann zweckmäßig, die Speise vor dem Abrauchen mit Schwefelsäure mit 100 ml Salpetersäure (1,40) zu zersetzen und anschließend mit Salpetersäure vollkommen zu entfernen. Die vollständige Entfernung der Salpetersäure ist notwendig, um bei der nachfolgenden Fällung des Silbers, die mit 20 ml Natriumbromidlösung oder Natriumchloridlösung (20 g/l) erfolgt, die Entstehung von Brom oder Chlor zu verhindern. Diese würden Gold und Platinmetalle auflösen und zu falschen Ergebnissen führen. Es ist aus diesem Grund auch zweckmäßig, das Filtrat auf gelöstes Edelmetall, wie oben beschrieben, zu prüfen.

Es folgt nun die *Scheidung* des Edelmetallkornes und die Bestimmung des Goldes, Palladiums und Platins. Für das anzuwendende Verfahren ist zu beachten:

5.2.2.1. Der Goldgehalt überwiegt den Gehalt an Platin und Palladium

Gold. Da die Speisen meist einen erheblich höheren Gehalt an Silber (bis zu mehreren Prozenten) als an Gold, Platin und Palladium aufweisen, ist gegebenenfalls ein Quartieren der beiden Körner nicht nötig. Diese werden mit halogenfreier Salpetersäure (1,1) zersetzt, wobei das Silber als Silbernitrat zusammen mit dem größten Teil der Platinmetalle in Lösung geht. Die Silbernitratlösung samt Waschwasser wird zunächst beiseite gestellt. Man quartiert das Gold mit der $2^1/_2$fachen Menge Silber, löst das Gold-Silber-Korn in Salpetersäure (1,2) und kocht anschließend mit Salpetersäure (1,30), wobei praktisch die gesamten Platinmetalle in Lösung gehen. Das Gold selbst wird nun in einen Porzellantiegel gebracht, getrocknet, geglüht und gewogen.

Palladium. Alle salpetersauren Lösungen sowie die Waschwässer werden vereinigt. Sie enthalten neben Silber das gesamte Platin und Palladium. Man erhitzt die Lösung und fällt das Silber in der Wärme durch Zugeben von 5–10 ml Salzsäure (1 + 1) unter dauerndem Rühren aus. Die Lösung soll mehrere Stunden bis zum vollständigen Erkalten stehenbleiben. Nachdem man vom Silberchlorid abfiltriert hat, wird das Filtrat auf dem Wasserbad bis fast zur Trockne eingedampft. Nun nimmt man die Lösung mit 2 ml Königswasser auf, gibt 90 ml Wasser hinzu und fällt das Palladium durch Zugeben von 10 ml Diacetyldioximlösung (10 g in 100 ml Äthanol) aus. Nach 2stündigem Stehen bei möglichst niedriger Temperatur (keinesfalls höher als 15°) filtriert man das Palladiumdiacetyldioxim, welches reingelb aussehen muß, auf einen Filtertiegel ab, wäscht es erst mit kaltem, anschließend mit heißem Wasser aus und trocknet es 1 Std. bei 120° (Umrechnungsfaktor auf Palladium: 0,3164).

Durch Aufnehmen des eingedampften Filtrats der Silberfällung mit Königswasser wird verhindert, daß Platin infolge Reduktion durch die alkoholische Diacetyldioximlösung mit ausfällt.

Platin. Das Filtrat von der Palladiumfällung dampft man 2mal nach Zugeben von 5 ml Salzsäure (1 + 1) so weit ein, daß die ausgeschiedenen Kristalle eben noch feucht sind. Dann nimmt man mit 100 ml Wasser und 10 ml Salzsäure (1 + 1) auf, gibt 2 g Zink- oder Magnesiumspäne hinzu und erwärmt. Hierdurch wird das Platin in Form eines schwarzen Pulvers auszementiert. Die Lösung soll eben noch sauer sein, wenn das gesamte Zink sich schließlich gelöst hat. Das auszementierte Platin wird auf ein kleines Filter abfiltriert und mit Wasser ausgewaschen. Es kann nun nach 2 Methoden bestimmt werden:

a) Das noch feuchte Filter verascht man vorsichtig auf einer Kupelle, welche mit einer Schicht Probierblei bedeckt ist. Nach dem Veraschen wird etwa die 10fache Menge des zu erwartenden Platins an Silber in eine Bleifolie eingewickelt hinzugegeben und bis zum Blicken recht heiß abgetrieben. Dann kocht man das Korn in einem Goldkochkölbchen 2mal mit Schwefelsäure (1,84) aus, worauf das Platin ungelöst zurückbleibt. Nach dem Trocknen und Glühen wird es gewogen.

b) Das Filter mit dem ausgefällten Platin wird in einem kleinen Porzellantiegel vorsichtig verascht, der Rückstand in einem kleinen Becherglas mit 5 ml Königswasser gelöst und die Lösung zum Entfernen der Salpetersäure mehrmals auf dem Wasserbad unter Zugeben von wenig Salzsäure (1,19) eingedampft. Die Salze nimmt man mit möglichst wenig Wasser auf – die Lösung muß vollkommen klar sein – gibt 10 ml einer gesättigten Ammoniumchloridlösung hinzu, so daß das Platin als Ammoniumhexachloroplatinat ausfällt, und läßt die Fällung über Nacht stehen. Dann filtriert man den Niederschlag auf ein kleines Filter ab und glüht. Der entstandene Platinschwamm wird gewogen.

5.2.2.2. Der Gehalt an Platin und Palladium überwiegt den Goldgehalt

Die Silber, Gold und Platinmetalle enthaltenden Edelmetallkörner werden in einem Goldkochkölbchen mit 20 ml Schwefelsäure (1,84) 30 min kräftig gekocht. Nach dem Verdünnen der abgekühlten Lösung mit Wasser gießt man die Silbersulfatlösung vorsichtig von den Metallflitterchen ab und wäscht diese so oft mit Wasser aus, bis sie vollständig frei von Silbersulfat sind. Diese Schwefelsäure und das Waschwasser müssen zur Platin- und Palladiumbestimmung mit verarbeitet werden, da etwas Platin und viel Palladium in Lösung gehen, häufig daran erkennbar, daß die Schwefelsäure davon gefärbt ist. Schwefelsäure und Waschwasser sind also zu vereinigen und gegebenenfalls noch zu verdünnen. Aus dieser Lösung ist das Silber durch Salzsäure zu fällen und abzufiltrieren. Aus dem Filtrat werden Platin und Palladium durch Zementieren mit Zink gefällt, abfiltriert und dem Gold zur weiteren Scheidung zugefügt. Die Metallflitter, die das Gold und die Platinmetalle enthalten, werden in 5 ml Königswasser gelöst. Die Lösung dampft man 2mal mit je 3 ml Salzsäure (1,19) ein, wobei die ausgeschiedenen Salze jedoch nicht trocken werden dürfen, nimmt mit 2 ml Salzsäure (1,19) und 50 ml Wasser auf und fällt das *Gold* aus dieser Lösung durch Zugeben von 10 ml Eisen(II)-chloridlösung (5 g/100 ml) bei 80° aus. Nach mehrstündigem Absitzen wird der Niederschlag abfiltriert, das Filter vorsichtig auf einer Kupelle verascht und der Rückstand mit der $2^1/_2$fachen Menge Silber quartiert. Nach dem Abtreiben scheidet man das Silber-Gold-Korn mit Salpetersäure und wägt das Gold aus.

Im Filtrat von der Goldfällung werden Platin und Palladium durch Zugeben von 2 g Zinkspänen als Metall ausgefällt. Man filtriert den Metallschwamm ab, löst ihn in 3 ml Königswasser und fällt nun das *Palladium*, wie oben angegeben, mit Diacetyldioxim. Aus dem Filtrat von der Palladiumfällung kann das *Platin* mit Zink gefällt und durch Quartieren und Lösen des Silber-Platin-Korns in Schwefelsäure bestimmt werden.

5.2.3. Muffelrückstände

Die bei der trockenen Zinkgewinnung in den Muffeln verbleibenden, mehr oder weniger stark bleihaltigen Rückstände enthalten den größten Teil des in den Zinkkonzentraten bzw. ihren Röstprodukten enthaltenen Edelmetalls. Meist ist Silber vorherrschend, vereinzelt ist auch Gold vorhanden.

4mal je 25 g Probegut werden mit je 30 g Bleioxid unter Zusatz von je 100 g Fluß, bestehend aus

> 6 Teilen Natriumcarbonat
> 4 Teilen Borax
> 1,5 Teilen Kaliumcarbonat und
> 1 Teil Weinstein

im Tontiegel niedergeschmolzen. Man verfährt dabei wie folgt:

In jeden Tiegel bringt man zuerst etwa 25 g Fluß und 30 g Bleioxid, mischt beides durch, gibt dann 25 g Probegut und einen Löffel Fluß hinzu, mischt wieder und deckt das Gemisch mit der Restmenge des Flusses und einer Kochsalzdecke ab. Die Proben werden im Gas- oder Koksofen geschmolzen. Nach Eintreten eines ruhigen Schmelzflusses, der mitunter erst nach 1 Std. erreicht wird, setzt man nochmals 1-2 Löffel Fluß hinzu. Dann werden die Tiegel nach einer Schmelzdauer von etwa 2 Std. aus dem Ofen genommen und nach dem Erkalten zerschlagen. Die erhaltenen Reguli werden in üblicher Weise verschlackt und getrieben. Die Edelmetallkörner scheidet man, wie bei Bleierzen (5.1.1.4.) angegeben.

Genauigkeit. 1.

Dauer. Etwa 5 Std.

5.2.4. Kupferroh- und Konzentrationsstein

Kupfer- und Bleistein werden nach der kombinierten (naß-trockenen) Methode durch Lösen mit konzentrierter Schwefelsäure untersucht (5.1.2.3.).

5.2.5. Blister- und Anodenkupfer

Das im Konverter erschmolzene Rohkupfer sowie das vorgereinigte Anodenkupfer sind Träger des in den Kupfererzen oder anderen kupferhaltigen Verhüttungsmaterialien enthalten gewesenen Edelmetalls. Man bestimmt es nach der kombinierten (naß-trockenen) Methode (5.1.2.3.).

4mal je 25 g des meist als Späne vorliegenden Probematerials werden in 2 l-Bechergläsern mit 75 ml Wasser und 150 ml Schwefelsäure (1,84) unter starkem Erhitzen gelöst. Nach dem Erkalten verrührt man den Kristallbrei erst mit kaltem Wasser und verdünnt dann die Lösung mit heißem Wasser auf etwa 1 l. Sollte sich dabei noch ungelöstes Kupfer am Boden zeigen, so ist die überstehende Lösung zu dekantieren und das Lösen mit 50 ml frischer Säure zu wiederholen. Die vereinigten Lösungen werden zum Fällen des Silbers mit der nötigen Menge Natriumbromidlösung und 10 ml Bleiacetatlösung (100 g/l) versetzt und kräftig durchgerührt. Nach dem Absitzen über Nacht wird der Niederschlag auf das Filter gebracht und kupferfrei ausgewaschen. Die Filter werden im Eisentiegel mit 20 g Bleioxid auf 100 g Fluß geschmolzen, die anfallende Schlacke nochmals mit 10 g Bleioxid und Fluß nachgeschmolzen, beide Reguli vereinigt und kupelliert. Nach der Auswaage behandelt man die Edelmetallkörner mit Schwefelsäure (1,84) in der Hitze, um das Silber herauszulösen. Das ungelöst gebliebene Gold und die Platinmetalle werden gewogen, mit der 3fachen Menge Feinsilber in wenig Bleifolie gewickelt und sehr heiß getrieben. Das Korn wird ausgeplattet, geglüht und in Schwefelsäure (1,84) gelöst. Das ungelöste Gold und Platin kocht man 15–20 min mit Schwefelsäure nach, wäscht dann aus und glüht. Das ausgewogene Edelmetall wird mit der $2^1/_2$fachen Menge Feinsilber quartiert, das Korn in Salpetersäure (1,2) gelöst, mit Salpetersäure (1,3) 2mal je 10 min gekocht und das nun verbliebene *Gold* ausgewaschen, geglüht und gewogen.

Sind nennenswerte Mengen an *Platin* oder Platinmetallen vorhanden, was man schon an der grauen Färbung des beim ersten Scheiden mit Schwefelsäure erhaltenen Goldes erkennen kann, so muß man die Gold-, Platin- und Palladiumbestimmung nach den bei Speisen (5.2.2.) angeführten Vorschriften ausführen.

Genauigkeit. 1.
Dauer. 24 Std.

5.2.6. Schlacken

In den Schlacken der metallurgischen Prozesse wird meistens nur der Silbergehalt bestimmt, und zwar geschieht die Feststellung am einfachsten nach der Ansiedemethode. Hierzu werden 10mal 5 g mit je 10 g Kornblei gemischt und auf einem Ansiedescherben mit weiteren 10 g Kornblei und 2 g Borax abgedeckt. Das Einschmelzen und die weitere Behandlung geschieht, wie bei Bleierz angegeben (5.1.1.2.).

5.3. Edelmetallbestimmung in unedlen Metallen

5.3.1. Silberbestimmung im Blei

Grundlage. Beim Schütteln einer schwach sauren Silberlösung mit der grünen Dithizonlösung wird durch Bildung von Silberdithizonat, das mit Kohlenstofftetrachlorid ausgeschüttelt wird, ein Farbumschlag nach Gelb hervorgerufen.

Anwendungsbereich und Bedeutung. Das Verfahren dient zur schnellen Bestimmung von Silber in Blei sowie in anderen Metallen. Mit dieser Methode gelingt es, bis zu $10^{-5}\%$ Silber zu bestimmen.

Genauigkeit. 1.

Dauer. Nach dem Lösen 15 min.

Ausführung. 5 g Blei werden in 20 ml Salpetersäure (1,2), bei Anwesenheit von Zinn und Antimon unter Zusatz von 5–10 ml Weinsäurelösung (1 + 1) gelöst. Nach dem Verdampfen der Hauptmenge der Säure verdünnt man mit heißem Wasser, kocht unter Zusatz von etwa 0,5 g festem Harnstoff (zur Zerstörung etwa noch vorhandener Reste von salpetriger Säure) und füllt nach dem Abkühlen im 100 ml-Meßkolben auf. 5–10 ml, je nach dem zu erwartenden Silbergehalt, werden in einen Scheidetrichter von 100 ml mit kurzem Ablaufrohr pipettiert. Man neutralisiert die freie Säure mit Ammoniak und fügt 1 n-Salpetersäure hinzu. Bei einer Bleimenge von etwa 200 mg setzt man auf 10 ml 2 ml, bei 500–1000 mg Blei 3 ml und bei 2 g Blei 5 ml Säure hinzu. Große Bleimengen reagieren auch in saurer Lösung, doch beginnt die Bleireaktion erst dann, wenn alles Silber zu Dithizonat umgesetzt ist. Man läßt aus einer Bürette etwa 5 ml Dithizonlösung in den Scheidetrichter fließen und schüttelt so lange, bis die grüne Reagenzlösung sich vollkommen mit dem Silber umgesetzt hat. Die Lösung von Silberdithizonat in Kohlenstofftetrachlorid hat eine goldgelbe Färbung. Der Kohlenstofftetrachlorid-Auszug wird danach abgetrennt. Man wiederholt die Titration mit etwa 1–2 ml Reagenzlösung. Solange beim Schütteln die goldgelbe Färbung ziemlich schnell auftritt, ist noch ein etwas größerer Überschuß von Silber vorhanden, erfolgt die Umsetzung langsamer, dann titriert man mit etwa 0,2–0,5 ml Reagenzlösung. Gegen Ende der Titration schüttelt man nur mit 0,1 ml Dithizonlösung aus, und zwar etwa 1 min lang, bis der Kohlenstofftetrachloridauszug nicht mehr gelb, sondern rötlich (Cu) erscheint.

Erforderliche Lösungen. Silbertestlösung: Diese enthält in 10 ml etwa 60–70 μg Silber und wird vor Gebrauch durch Verdünnen einer stärkeren Silbernitratlösung hergestellt. – 1 n-Salpetersäure. –

Dithizonlösung: Etwa 3–4 mg Dithizon werden in 100 ml Kohlenstofftetrachlorid gelöst.

Titerstellung der Dithizonlösung gegen Silber. Man pipettiert in einen Scheidetrichter mit kurzem Ablaufrohr 10 ml der Silbertestlösung von bekanntem Gehalt, gibt etwa 25–30 ml Wasser hinzu und etwa 5 ml 1 n-Salpetersäure. Der weitere Arbeitsgang, Extraktion, Titration usw. wird, wie oben beschrieben, durchgeführt.

Fehlermöglichkeiten. Sämtliche verwendeten Reagenzien und das destillierte Wasser müssen frei von Chlorionen sein. Bei größeren Kupfergehalten (mehr als 5 mg Kupfer) entstehen Mischfarben zwischen Gelb und Violett, welche den Nachweis von Silber unsicher machen.

Literatur. Fischer, H., G. Leopoldi u. H. v. Uslar: Z. anal. Chem. Bd. 101 (1935) S. 1–23.

5.3.2. Silberbestimmung im Probierblei

4 Serien zu je 10 Einwaagen von je 25 g werden auf Ansiedescherben mit Boraxzusatz verschlackt. Man entfernt die Schlacke, vereinigt jeweils 5 Bleikönige und konzentriert weiter, bis für jede Serie *ein* Regulus anfällt, den man auf einer Kupelle üblicher Größe abtreiben kann. Man läßt gut blicken und wägt das Edelmetallkorn, das dann zur Prüfung auf Gold in Salpetersäure gelöst wird.

Dauer. 7–9 Std.

5.3.3. Silberbestimmung in Probierglätte

Die Edelmetallbestimmung wird in 2 Serien mit je 4 Einwaagen zu je 50 g ausgeführt, die nacheinander in einem ungebrauchten Eisentiegel mit weißem Fluß

> 76 Gewichtsteile Kaliumcarbonat
> 76 Gewichtsteile Natriumcarbonat (calc.)
> 48 Gewichtsteile Natriumchlorid
> 20 Gewichtsteile Mehl

niedergeschmolzen werden. Man vereinigt nach dem ersten Verschlacken auf dem Ansiedescherben die 4 Bleikönige jeder Serie auf einem Scherben und siedet sie ohne Borax an, um einen möglichst kleinen Regulus zu bekommen, der sich auf einer Kupelle abtreiben läßt. Nach dem Blicken wägt man das Edelmetallkorn, das dann zur Prüfung auf Gold in Salpetersäure gelöst wird.

Dauer. Etwa 8 Std. für eine Serie.

Bemerkung. Mit wesentlich geringeren Einwaagen, schneller und ebenso sicher läßt sich die Bestimmung des Silbergehaltes in den bleihaltigen Probiermaterialien nach der in 5.3.1. beschriebenen Dithizonmethode durchführen.

6. Analysenverfahren für die Edelmetalle und Edelmetall-Legierungen

6.1. Feinsilber und Silberlegierungen

6.1.1. Bestimmung von Silber und gegebenenfalls Gold im Feinsilber

Grundlage. Das in Salpetersäure gelöste Silber wird mit einer eingestellten Natriumchloridlösung maßanalytisch nach GAY-LUSSAC (Abb. 34), das Gold im in Salpetersäure unlöslichen Rückstand dokimastisch bestimmt.

Anwendungsbereich und Bedeutung. Das Verfahren dient zur Gehaltskontrolle von Feinsilber, Brandsilber und Rohsilber sowie zur Bestimmung des Goldgehaltes im Silber.

Dauer. 4–6 Std.

Reagenzien. Natriumchlorid, reinst p. a. in 2 empirischen Lösungen, Maßlösung I mit 5,4190 g/l Natriumchlorid (100 ml entsprechen 1,0000 g Silber) und Maßlösung II mit 0,5419 g/l Natriumchlorid (100 ml entsprechen 0,1000 g Silber).

· *Ausführung.* Ist der *Silber*gehalt des Analysengutes auch nicht ungefähr bekannt, so wird er durch eine dokimastische Vorprobe ermittelt (6.1.2.1.). Dann wägt man die 1,0050 g Silber enthaltende Menge des Analysengutes in eine Schüttelflasche mit eingeschliffenem Glasstöpsel von 200 ml Inhalt ein, gibt 20 ml einer chlorfreien Salpetersäure (1,2) zu und erwärmt mäßig bis zur klaren Auflösung des Metalles. Die Stickstoffoxide werden durch Einblasen von chloridfreier Luft vertrieben. Dann setzt man genau 100,0 ml der Natriumchlorid-Maßlösung I zu und schüttelt im Schüttelapparat 10 min, so daß das Silberchlorid sich zusammenballt. Ist es abgesetzt, so muß die überstehende Flüssigkeit wasserklar sein; sollte sie getrübt sein, schüttelt man nochmals. In der wasserklaren Flüssigkeit bestimmt man die Restmenge des Silbers durch wiederholtes Zugeben von jeweils 0,5 ml der Natriumchlorid-Maßlösung II. Nach jedem Zugeben wird die Lösung trüb; man schüttelt sie, bis sie klar wird, und setzt die nächsten 0,5 ml Natriumchlorid-Maßlösung II zu. Dies wird so oft wiederholt, bis nur noch eine ganz schwache Trübung auftritt. Unter denselben Bedingungen wird eine synthetische Titerprobe durchgeführt. Durch

Vergleich der Intensität beider Trübungen schätzt man den Titrationsendpunkt genauer.

Im Filtrat der Silberchloridfällung können Spuren von *Unedelmetallen* (z. B. Kupfer, Eisen, Nickel) qualitativ nachgewiesen und quantitativ bestimmt werden, z. B. auf spektralanalytischem Wege. Dabei ist eine Blindprobe stets notwendig, um etwa mit den Reagenzien eingeschleppte Unedelmetallmengen zu erfassen.

Zur *Gold*bestimmung löst man 200 g des Silbers in einer Mischung von 300 ml chlorfreier Salpetersäure (1,3) und 300 ml Wasser langsam bei kleiner Flamme. Ist alles Silber gelöst, so läßt man erkalten und filtriert das ungelöste pulvrige Gold ab; das Filter wird mit heißem Wasser ausgewaschen, getrocknet und mit dem Goldrückstand im Porzellantiegel verascht. Den Goldrückstand verarbeitet man nach 6.2.2.1.

Ausrechnung. 1000 + Anzahl ml von Maßlösung II = mg Silber

$$\frac{\text{mg Silber}}{\text{Einwaage in g}} = {}^0\!/_{00} \text{ Silber}$$

Der Minderverbrauch an Natriumchloridlösung gegenüber dem einer synthetischen Titerprobe ergibt unmittelbar den Mindergehalt des Analysengutes an Silber gegenüber dem Vergleichssilber.

Fehlermöglichkeiten. Man darf die GAY-LUSSAC-Titration nicht im Sonnenlicht durchführen, weil sich die Silbernitratlösung dann dunkel färbt. Der Temperatureinfluß auf das Volumen der Maßflüssigkeit kann merkliche Fehler verursachen. Man eliminiert ihn durch eine synthetische Titerprobe, die *gleichzeitig* durchgeführt wird. Die Laboratoriumsluft muß frei von Salzsäuredämpfen und Ammoniumchloridnebeln sein. Zinn im Analysengut gibt beim Lösen eine sich nicht absetzende Trübung von $SnO_2 \cdot$ aq, sie verschwindet beim Zusatz von Weinsäure.

Literatur. [89 (1913), S. 991ff.]. – [103/2, S. 759]. – Betriebsverfahren der Firmen Degussa, Frankfurt; Dr. E. Dürrwächter KG, Pforzheim; W. C. Heraeus GmbH, Hanau.

6.1.2. Analyse von Silberlegierungen

6.1.2.1. Analyse auf trockenem Wege

Grundlage. Der Silbergehalt wird auf trockenem Wege bestimmt.

Anwendungsbereich und Bedeutung. Die dokimastische Silberbestimmung ist das Standardverfahren für Betriebsanalysen und Schnellbestimmungen des Silbergehaltes in Silberlegierungen für Münz- und Schmuckzwecke, Gebrauchsgegenstände und technische Verwendung.

Dauer. 1–2 Std.

Ausführung. 0,5000 g der zu analysierenden Legierung werden in Bleifolie eingeschlagen. Diese legt man zusammen mit 1–10 g Blei in Form von Kugeln oder Tabletten auf eine im Probierofen stehende, auf etwa 800° vorerhitzte Kupelle Nr. 2 (etwa 25 mm Durchmesser, 15 mm hoch). Blei und Analysengut schmelzen und legieren sich schnell; dann beginnt der Treibprozeß (5.1.1.3.). Eine Kontrollprobe an 0,5000 g von einem Silber bekannten Feingehaltes (Bestimmung nach 6.1.1.) läßt man, wenn eine Kontrolle des Treibverlustes erwünscht ist, mitlaufen. Die Auswaage der Kontrollprobe ergibt den beim Treiben eingetretenen Silberverlust. Er ist individuell verschieden und hängt von der Legierungszusammensetzung, der Kupellensorte (sogenannter Kupellenzug), den Treibbedingungen und der Erfahrung des Analytikers ab. Eine dem Treibverlust proportionale Korrektur wird dem Ergebnis, das die dokimastische Probe an der Einwaage unbekannten Feingehaltes lieferte, zugeschlagen. Vermutet man Gold im Silberkorn, so scheidet man dieses nach 6.2.2.1.

Ausrechnung.

$$\text{mg Silber} \cdot 2 = {}^0\!/_{00} \text{ Silber}$$

Fehlermöglichkeiten. Zu kaltes Treiben gibt ein bleihaltiges, also zu schweres Silberkorn; zu heißes Treiben bringt Silberverluste. Eine parallellaufende synthetische Kontrollprobe gibt den sichersten Anhalt über den im Einzelfall eingetretenen Silberverlust. Gewisse Unedelmetalle wie Nickel und Mangan verschlacken nicht vollständig. Entweder wendet man dann die Ansiedeprobe (1.6.2.) oder die nasse Bestimmung des Silbers als Silberchlorid an.

Literatur. [73 (1913), S. 289 und 338]. – [103/2, S. 759]. – Betriebsverfahren der Firmen Degussa, Frankfurt; Dr. E. Dürrwächter KG., Pforzheim; W. C. Heraeus GmbH, Hanau.

6.1.2.2. Analyse auf naß-chemischem Wege

Grundlage. Aus der Lösung der Einwaage in Salpetersäure wird das Silber als Silberchlorid gefällt und ausgewogen.

Anwendungsbereich und Bedeutung. Kann oder soll die dokimastische Silberbestimmung nicht angewandt werden, so bestimmt man Silber naß-chemisch; sollen auch die Unedelmetalle in der Legierung bestimmt werden, so *muß* dieses Verfahren angewandt werden. Je nachdem, ob die Legierung in Salpetersäure rückstandslos löslich ist oder nicht, ist nach einer der beiden weiter unten beschriebenen Methoden zu verfahren.

Dauer. 1 Tag.

Ausführung.

a) Man löst 1 g der Legierung in 10 ml Salpetersäure (1 + 1) unter Erwärmen (wird die Lösung nicht klar, so ist die Legierung nicht ganz in Salpetersäure löslich und man muß nach b, S. 150 verfahren), vertreibt die nitrosen Gase durch Kochen und verdünnt mit 150 ml Wasser. Dann fällt man das Silber als Silberchlorid heiß mit einigen Millilitern Salzsäure (1 + 3), rührt und läßt es im Dunkeln einige Stunden absitzen; man filtriert kalt dekantierend durch einen engporigen Filtertiegel ab und wäscht das Silberchlorid zuerst mit schwach salpetersaurem, dann mit kaltem Wasser aus. Es wird bei 180° bis zur Gewichtskonstanz getrocknet und dann gewogen.

Ausrechnung.

$$\frac{\text{mg Silberchlorid} \cdot 75{,}26}{\text{mg Einwaage}} = \% \text{ Silber}$$

Fehlermöglichkeiten. Silberchlorid absorbiert gewisse Mengen anderer Metallsalze. Es wird dann in Ammoniak (1 + 1) gelöst, gegebenenfalls von unlöslichen Rückständen befreit und aus der klaren Lösung durch Ansäuern mit Salpetersäure wieder gefällt. Das Filtrat kann zusammen mit dem ersten Filtrat zur Bestimmung der unedlen Metalle verwendet werden. Bei Silber-Zinn-Legierungen fällt ein (öfters vorhandener) Goldgehalt als CASSIUSscher Goldpurpur an; man findet das Gold entweder nach dem Ansieden des Zinn-(IV)-oxids im Bleikönig oder im Unlöslichen der Sulfostannatschmelze (s. u.).

Im *Filtrat vom Silberchlorid* befinden sich die Kationen der unedlen Legierungsbestandteile und, falls Metalloide wie Bor, Phosphor, Schwefel, Selen in der Legierung enthalten waren, die daraus entstandenen Sauerstoffsäureanionen. Für die häufigsten Legierungsmetalle Cadmium, Kupfer, Nickel, Blei, Zink und für Phosphor und Schwefel wird im folgenden je eine bewährte Bestimmungsmethode angegeben; ausführlichere Angaben über das Vorgehen bei Unedelmetallanalysen und -trennungen findet man in [103/2].

Kupfer. Kupfer wird elektrolytisch in schwefelsaurer Lösung bestimmt. Dazu wird das Filtrat vom Silberchlorid mit 2 ml Schwefelsäure (1,84) versetzt, auf dem Wasserbad eingeengt und zur Vertreibung der Salzsäure auf dem Sandbad bis zum Auftreten von SO_3-Nebeln eingedampft. Nach dem Erkalten verdünnt man vorsichtig mit 10 ml Wasser, spült quantitativ in ein 150 ml-Becherglas und setzt 5 ml Salpetersäure (1,4) zu. Die auf 60° erwärmte Lösung wird zwischen 2 Platindrahtnetzelektroden unter Rühren (etwa 300 Upm) elektrolysiert; bei 1,5–2 V und 1,5–2 A wird das Kupfer in 30–60 min quantitativ abgeschieden. Man hebt die verkupferte Kathode heraus und spült sie gleichzeitig mit Wasser ab. Nach dem Trocknen bei 110° im Trockenschrank wird sie gewogen.

Blei. Geringe Mengen Blei scheiden sich bei der Kupferelektrolyse an der Anode festhaftend ab und können auf ihr als Blei(IV)-oxid zur Wägung gebracht werden.

Größere und große Mengen Blei werden aus dem Filtrat vom Silberchlorid beim Abrauchen mit Schwefelsäure und Aufnehmen mit wenig Wasser als Bleisulfat abgeschieden, abfiltriert und ausgewaschen; man trocknet bei 450–550° und wägt. Das Silberchlorid ist auf eingeschlossenes Blei zu prüfen.

Cadmium. Ist im Filtrat nur Cadmium vorhanden, so raucht man jenes mit 2 ml Schwefelsäure ab, läßt erkalten, verdünnt vorsichtig mit 10 ml Wasser und stumpft die Schwefelsäure mit so viel verdünntem Natriumhydroxid ab, bis Cadmiumhydroxid auszufallen beginnt. Diesen Niederschlag löst man durch portionsweises Zusetzen kleiner Mengen einer kaltgesättigten Kaliumbisulfatlösung. Wenn alles gelöst ist, gibt man weitere 5 g Kaliumbisulfat zu und elektrolysiert bei 50° mit 2–3 V und 0,5 A. In etwa 60 min scheidet sich das Cadmium an der Platin-Drahtnetzkathode ab; man wägt es nach dem Trocknen bei 110° aus.

Sind neben Cadmium noch Kupfer und Zink vorhanden, wie z.B. in Silberloten, so geht man anders vor. Aus dem schwefelsauer gemachten Filtrat vom Silberchlorid scheidet man das Kupfer elektrolytisch ab (s.o.). Das Elektrolysat wird eingedampft, schwach ammoniakalisch gemacht und dann mit 100–150 g/l (5,5–8,5 Vol.-%) Schwefelsäure versetzt. Aus dieser Lösung fällt man bei maximal 60° das Cadmium mittels Schwefelwasserstoff. Hat sich das Cadmiumsulfid klar abgesetzt, so filtriert man es durch ein Blaubandfilter und wäscht es aus; im Filtrat ist das Zink. Das Cadmiumsulfid wird mit Salzsäure vom Filter gelöst, die Lösung von Cadmiumchlorid eingedampft und mit Schwefelsäure abgeraucht; in der Cadmiumsulfatlösung bestimmt man das Cadmium elektrolytisch (s. o.). Das Zink im Filtrat fällt man nach Einengen, Zusetzen von Ammoniak und Ansäuern mit Essigsäure mittels Schwefelwasserstoff als Zinksulfid. Hat sich dieses klar abgesetzt, so wird es abfiltriert, ausgewaschen und getrocknet. Das Filter wird verbrannt, das Zinksulfid zu Zinkoxid verglüht und als solches gewogen. Man kann Zink auch durch Titration mit Kaliumhexacyanoferrat(II) nach vorheriger Fällung des Eisens mit Ammoniak bestimmen.

Nickel wird im Filtrat vom Silberchlorid mit Diacetyldioxim gefällt. Man macht das Filtrat schwach ammoniakalisch, filtriert einen etwaigen Niederschlag ab, säuert mit Essigsäure an, setzt 30–50 ml einer Diacetyldioximlösung (1,5 g in 100 ml Äthanol) zu und läßt kalt stehen, bis sich der Niederschlag zusammengeballt hat. Er wird dekantierend ausgewaschen, auf einen Filtertiegel gebracht und nach dem Trocknen bei 110° als Nickeldiacetyldioxim gewogen.

Kupfer, Nickel und Zink trennt man wie folgt: Aus dem mit Schwefelsäure abgerauchten Filtrat wird Kupfer elektrolytisch abgeschieden. Das Elektrolysat wird mit Ammoniak und Essigsäure versetzt und Nickel als Nickeldiacetyldioxim abgeschieden. Das Filtrat engt man ein, macht es deutlich essigsauer und fällt Zink als Zinksulfid, das zu Zinkoxid verglüht und gewogen wird (s. o.).

Sind im Filtrat auch noch Wismut, Chrom, Eisen, Quecksilber, Mangan oder Antimon vorhanden, so werden nach der klassischen Methode zuerst mit Schwefelwasserstoff in saurer Lösung die Sulfide von Wismut, Cadmium, Kupfer, Quecksilber, Antimon gefällt und diese Metalle voneinander getrennt. Im Filtrat der sauren Schwefelwasserstofffällung werden nacheinander die restlichen Metalle getrennt. Es ist zu empfehlen, vor Beginn der Analyse qualitativ oder spektralanalytisch festzustellen, welche Metalle in der Legierung vorhanden sind, und danach den geeigneten Bestimmungsplan auszuwählen.

Metalloide werden nach Eindampfen des Filtrates vom Silberchlorid bestimmt. Schwefel liegt als SO_4^{2-} vor; man fällt dieses heiß mit Bariumchloridlösung, läßt gut absitzen und wägt nach dem Filtrieren, Auswaschen und Glühen als Bariumsulfat. Zur Bestimmung des Phosphors, der als Phosphat vorliegt, werden zuerst Kupfer und die übrigen Schwermetalle entfernt; das dabei erhaltene Filtrat wird mit Salpetersäure abgedampft und die PO_4^{3-} in Salpetersäure (1,16) enthaltende Lösung mit Ammoniummolybdat gefällt. Man wäscht mit Ammoniumnitratlösung aus, trocknet das Ammoniumphosphormolybdat bei 110° und wägt oder titriert bei Mengen unter 10 mg Phosphor mit Natriumhydroxid. Bei diesen Bestimmungen ist es unerläßlich, eine Blindprobe parallel mitlaufen zu lassen, da mit den Reagenzien und aus den Gefäßen nachweisbare Spuren von Sulfat oder Phosphat in die Analysenlösung gelangen können. Dasselbe gilt für die Bestimmung von Schwermetallen, wenn niedrige Gehalte genau bestimmt oder zu kleine Einwaagen analysiert werden; ohne Blindprobe haben solche Analysen nur einen mäßigen Aussagewert. Vielfach ist es zuverlässiger, Spuren und geringe Prozentgehalte von Fremdmetallen nach anderen als chemischen Verfahren nachzuweisen: Eisen im Silber z. B. durch Messen des Ferromagnetismus, Schwefel und Phosphor in Silberlegierungen mit Hilfe des Heizmikroskopes. Für andere Legierungsmetalle sind die Verfahren der Spektralanalyse oder der Röntgenfluoreszenzanalyse geeignet.

b) Löst sich die zu analysierende Legierung *nicht* vollständig in Salpetersäure, so kann das Silber kleine Mengen Gold enthalten oder mit Kohlenstoff, Wolfram, Wolframcarbid, Silicium, Zinn, Titan oder anderen selteneren Metallen oder Oxiden legiert sein. Man filtriert den Rückstand ab und wäscht ihn säurefrei aus. Im Filtrat wird Silber nach a) bestimmt; im Filtrat vom Silberchlorid kann man die löslichen Unedelmetalle bestimmen (s. o.).

Da die in Salpetersäure unlöslichen Rückstände von Silberlegierungen Silber zurückhalten können, bestimmt man in ihnen das Edelmetall. Rückstände, die im wesentlichen aus Wolfram, Wolframcarbid, Silicium oder Titan bzw. deren Oxydationsprodukten bestehen, verglüht man im Porzellantiegel an der Luft und unterwirft den Glührückstand der Ansiedeprobe; ein aus Gold bestehender Löserückstand und die aus zinnhaltigen Legierungen gebildeten Oxidhydratgele werden unmittelbar angesotten. Die hierbei entstandenen Bleikönige werden abgetrieben, das Silberkorn ausgewogen oder nach 5.1.1.4. geschieden. Den beim Lösen von Silber-Kohlenstoff-Legierungen entstandenen Rückstand verglüht man an der Luft, reduziert den Glührückstand in Wasserstoff bei Rotglut, löst die Metalle in verdünnter Salpetersäure (1 + 1) und vereinigt diese unter Umständen silberhaltige Lösung mit der Hauptmenge der silberhaltigen Analysengutlösung, aus der man dann erst mit Salzsäure das Silberchlorid ausfällt.

Die Bestimmung der Unedelmetalle im Löserückstand beginnt man mit einer qualitativen chemischen oder spektralanalytischen Untersuchung des Analysengutes. Danach wird eine zweite Einwaage in Salpetersäure gelöst, das Ungelöste abfiltriert und ausgewaschen. Das Filtrat kann verworfen oder zur Parallelbestimmung der in Salpetersäure löslichen Unedelmetalle verwandt werden.

Der Rückstand wird folgendermaßen analysiert: Kohlenstoff wird im Sauerstoffstrom verbrannt und das Kohlendioxid in gewogenen, mit Kaliumhydroxid gefüllten Absorptionsgefäßen aufgefangen. Zinn(IV)-oxid schließt man durch Schmelzen mit Natriumcarbonat und Schwefel (Gewichtsverhältnis 1 : 5) auf; man mischt den Löserückstand mit 10–20 g des Aufschlußgemenges im Porzellantiegel und erhitzt in etwa 1 Std. bis auf 800°. Die abgekühlte Schmelze löst man in kaltem Wasser; das Zinn geht als Sulfostannat in Lösung, Schwermetalle wie Silber, Kupfer und etwa vorhandene Goldspuren bleiben ungelöst. Man filtriert die ungelösten Sulfide ab und wäscht sie aus. In ihnen kann man die Edelmetalle dokimastisch bestimmen oder die Unedelmetalle nach Lösen der Sulfide in Salpetersäure gemäß a) zur Wägung bringen. Die Sulfostannat enthaltende Lösung wird unter einem gut ziehenden Abzug kalt mit verdünnter Salzsäure angesäuert; Schwefelwasserstoff und Kohlendioxid entweichen, das Zinn(IV)-sulfid fällt mit Schwefel zusammen aus. Es wird, wenn es klar abgesessen ist, abfiltriert und heiß ausgewaschen. Man reinigt es durch Lösen in kalter konzentrierter Salzsäure (Schwefel bleibt ungelöst) und nochmaliges Fällen mit Schwefelwasserstoff. Schließlich wird filtriert, ausgewaschen, zu Zinn-(IV)-oxid verglüht und als solches gewogen.

Wolfram- und wolframcarbid-haltige Löserückstände verglüht man zu Wolfram(VI)-oxid; dieses wird entweder als solches gewogen oder umgefällt. Man löst Wolfram(VI)-oxid in Natronlauge (40 g/100 ml), säuert die Lösung mit verdünnter Salpetersäure schwach an und erhitzt zum Sieden. Dann fällt man mit neutraler Merkuronitratlösung das Merkurowolframat aus, läßt absitzen, filtriert und verglüht unter dem Abzug zu Wolfram(VI)-oxid.

Siliciumdioxid-haltige Löserückstände kann man, wenn sie rein genug sind, im Platintiegel bis zur Gewichtskonstanz glühen und das Siliciumdioxid dann durch Abrauchen mit 0,2 ml Schwefelsäure und 5–10 ml Fluorwasserstoffsäure (1,12) verflüchtigen. Der Gewichtsverlust ergibt den Gehalt an Siliciumdioxid. Weniger reine siliciumdioxidhaltige Rückstände schmilzt man im Platintiegel mit einem Natrium-Kaliumcarbonat-Gemisch und verarbeitet die Schmelze wie einen Silikataufschluß.

Titanoxid-haltige Löserückstände werden im Quarztiegel mit Natriumpyrosulfat geschmolzen und die erkaltete Schmelze in verdünnter Schwefelsäure (1 + 5) gelöst. Man bestimmt das Titan photometrisch, indem man 2–5 ml 3proz. Wasserstoffperoxidlösung und 10–20 ml Dinatriumphosphatlösung (10 g/100 ml) zugibt und die gelb gefärbte Lösung gegen eine Vergleichslösung photometriert.

Mehrere Unedelmetalle im Löserückstand wird man meist nach speziellen Verfahren trennen; sie sind unter Umständen auszuarbeiten. Es empfiehlt sich immer, sich durch Testproben mit bekannter Einwaage und Blindproben zu vergewissern, daß das Analysenverfahren genau genug ist und einwandfrei befolgt wurde.

Literatur. [103/1, S. 176]. – Für die Unedelmetallbestimmungen [103/2]. – Für die Silberbestimmungen im Blei [103/2, S. 757]. – Betriebsverfahren der Firmen Degussa, Frankfurt; Dr. E. Dürrwächter KG, Pforzheim; W. C. Heraeus GmbH, Hanau.

6.2. Feingold und Goldlegierungen

6.2.1. Analyse von Gold

6.2.1.1. Goldbestimmung auf trockenem Wege

Grundlage. Die Bestimmung des Feingehaltes in handelsüblichem Feingold und Rohgold erfolgt auf trockenem Wege. Die Feingoldeinwaage wird mit der $2^1/_2$fachen Silbermenge quartiert und das zum Röllchen umgeformte Korn in Salpetersäure geschieden. Eine Titerprobe ist erforderlich.

Anwendungsbereich und Bedeutung. Das Verfahren dient zur Gehaltskontrolle des Feingoldes.

Dauer. 3–4 Std.; eine Serie von 6 Feingoldproben mit einer Titerprobe etwa 4–5 Std.

Ausführung. Zur Bestimmung des Feingehaltes werden auf einer empfindlichen Probierwaage 0,2500 g des Probegutes genau eingewogen. Man kapselt die Einwaage mit der $2^1/_2$fachen Feinsilbermenge zusammen in eine Bleifolie ein und kupelliert ohne weitere Bleizugabe auf einer kleinen Kupelle (Nr. 1) bei einer Temperatur von etwa 1000° zusammen mit einer Titerprobe (s. u.). Das Blicken dieser Feingoldproben muß absolut einwandfrei erfolgen; die richtige Durchführung setzt eine entsprechende Erfahrung voraus. Häufig erkennt man das Ende des Blickens daran, daß auf der hellglänzenden Oberfläche des flüssigen Edelmetallkorns ein kleines dunkles Pünktchen sich lebhaft hin- und herzubewegen beginnt. Die Probe wird nun dem Ofen entnommen und erstarrt vor der geöffneten Muffel. Das Edelmetallkorn wird von anhaftenden Kupellenresten sorgfältig gesäubert und nach dem Glühen, Ausplatten, Zwischenglühen und Walzen zu einem Röllchen geformt. Das Röllchen wird langsam unter gelindem Erwärmen in Salpetersäure (1,2) vom Silber befreit und anschließend noch 2mal je 10 min in Salpetersäure (1,3) gekocht. Nach dem Waschen, Trocknen und Glühen wird das Röllchen ausgewogen. Die Auswaage erfolgt im allgemeinen gegen die Titerprobe, d.h. man legt anstelle der Gewichte ein Goldröllchen auf die Waagschale, das unter Verwendung reinsten Feingoldes unter genau denselben Verhältnissen zur gleichen Zeit zusammen mit der zu untersuchenden Probe getrieben und gelöst worden ist. Die Auswaage gegen den Titer ist erforderlich, um einen geringen Silberrückhalt, der sich in den Goldröllchen analytisch nachweisen läßt, auszugleichen.

Als *Titerprobe* werden 0,2500 g chemisch reines Feingold genau eingewogen, mit der $2^1/_2$fachen Feinsilbermenge quartiert und genau so wie die Hauptprobe weiterbehandelt. Die Titerprobe soll nach der Auswaage und Umrechnung einen Gehalt von $1000,0^0/_{00}$ bzw. $1000,2^0/_{00}$ (Mehrgewicht verursacht durch Silberrückhalt) ergeben, der dann als Bezugsgröße für die eigentliche Feingoldprobe gilt.

Ausrechnung. 1000 minus 4mal (Titerprobengewicht minus Goldröllchengewicht in mg) = Feingehalt in $^0/_{00}$.

Fehlermöglichkeiten. Die Höhe der Treibtemperatur und das Blicken des Edelmetallkorns sind von Einfluß auf das Probenergebnis. Die richtige Handhabung der Feingoldprobe setzt Erfahrung voraus.

Literatur. [73 (1913), S. 258]. – [103/2, S. 764]. – Betriebsverfahren der Firmen Degussa, Frankfurt; Dr. E. Dürrwächter KG, Pforzheim; W. C. Heraeus GmbH, Hanau.

6.2.1.2. Silberbestimmung in Gold auf naß-chemischem Wege

Grundlage. Das Feingold wird in Königswasser gelöst und aus dem sich abscheidenden Silberchlorid das Silber bestimmt.

Anwendungsbereich und Bedeutung. Das Verfahren dient zur Prüfung des Feingoldes auf Silber.

Dauer. 3–4 Tage.

Ausführung. 100 g Feingold werden in Königswasser (100 ml Salpetersäure (1,4) + 300 ml Salzsäure + 50 ml Wasser) gelöst und die Lösung auf dem Wasserbad bis auf etwa 100 ml eingedampft. Man nimmt mit 20–40 ml Salzsäure auf und dampft nochmals ein. Dann verdünnt man mit etwa 500 ml destilliertem Wasser und läßt das sich ausscheidende Silberchlorid über Nacht absitzen. Der Niederschlag wird über ein Blaubandfilter abfiltriert (Filtrat I) und mit Ammoniak vom Filter gelöst. Aus der ammoniakalischen Lösung wird das Silber entweder mit Hydrazinhydrat oder nach dem Ansäuern mit Zink ausreduziert. In beiden Fällen wird der Niederschlag abfiltriert, verascht und mit einer viertel Bleifolie neben einer synthetischen Silbertiterprobe, die zur Ermittlung des Silbertreibverlustes dient, kupelliert. Das Silberkorn wird gereinigt und gewogen.

Aus dem Filtrat I wird das Gold durch Einleiten von Schwefeldioxid ausgefällt und abfiltriert. Das Filtrat wird zur Trockne gedampft, mit 100 ml Wasser aufgenommen und aufgekocht. Nach dem Erkalten prüft man mit einigen Tropfen Salzsäure, ob noch weitere Silbermengen vorhanden sind. Etwa ausfallendes Silberchlorid wird abfiltriert und mit der Hauptmenge vereinigt. Im Filtrat vom Silberchlorid kann weiter auf das Vorhandensein von Unedelmetallspuren, z.B. Kupfer, Eisen, Blei, Nickel, geprüft werden (am sichersten mit spektralanalytischen Methoden).

Ausrechnung:

$$\frac{\text{mg Silber}}{100} = {}^0/_{00}\ \text{Silber}$$

Fehlermöglichkeiten. Das ausgewogene Silberkorn muß auf Goldfreiheit geprüft werden (6.1.1.).

Literatur. Betriebsverfahren der Firmen Degussa, Frankfurt; Dr. E. Dürrwächter KG, Pforzheim; W. C. Heraeus GmbH, Hanau.

6.2.2. Analyse von Goldlegierungen

Vorbemerkungen. Goldlegierungen, die frei von Silber sind, analysiert man vorzugsweise auf nassem Weg; für silberhaltige Goldlegierungen ohne und mit Unedelmetallzusätzen ist der trockene Analysengang meist der bequemere Weg zur Gold- und Silberbestimmung.

6.2.2.1. Analyse auf trockenem Wege

Grundlage. Das metallische Analysengut wird in flüssigem Blei gelöst und kupelliert. Gold und Silber bleiben in dem Edelmetallkorn zurück; dieses wird gewogen. Aus der silberreichen Legierung wird mit Salpetersäure das Silber herausgelöst; das Gold wird gewogen.

Anwendungsbereich. Die dokimastische Gold- und Silberbestimmung ist das Standardverfahren für Betriebsanalysen und schnelle Kontrollbestimmungen der Edelmetallgehalte in (platinmetallfreien) Dental-, Schmuck- und Münzgolden aller Karatgehalte sowie in metallischen Abfällen gleichartiger Zusammensetzung.

Dauer. 3 Std.

Ausführung. 0,2500 g der zu analysierenden Legierung (am besten Bohrspäne; Blechabschnitte, Drahtstücke oder Barrenabhiebe, die dicker als 0,5 mm sind, werden plattgehämmert oder -gewalzt) werden in eine aus 0,1 mm dicker Probierbleifolie gefaltete Tüte eingewickelt. Kennt man den Feingehalt des Analysengutes nicht, so macht man eine Strichprobe (4.2.). Dann gibt man Probierblei in Form von Kugeln oder Tabletten zu, und zwar bei

333/000–500/000 Gold 6 g Blei
500/000–750/000 Gold 5 g Blei
750/000–900/000 Gold 4 g Blei
900/000–960/000 Gold 3 g Blei
> 960/000 Gold 1 g Blei

Bleitüte und Zugabe werden auf eine im Ofen vorerhitzte Kupelle Nr. 2 (24 mm Durchmesser, 13 mm Höhe) gegeben und nach dem in 6.2.1.1. beschriebenen Verfahren, aber etwas heißer, getrieben. Das die Edelmetalle enthaltende Korn (Bruttokorn) wird gewogen und mit der $2^1/_2$fachen Silbermenge, in eine Bleifolie eingewickelt, auf der Kupelle zum Korn getrieben. Dieses wird plattgehämmert, als Röllchen in Salpetersäure geschieden und das Goldröllchen gewogen.

Ausrechnung. Gewicht des Goldröllchens in mg $\times$ 4 = $^0/_{00}$ Gold. Differenz (Bruttokorn minus Goldröllchen) in mg $\times$ 4 = $^0/_{00}$ Silber.

Fehlermöglichkeiten. Zu frühes Abbrechen des Treibens gibt ein bleihaltiges Korn; Überhitzen beim Treiben und zu langes Treiben bewirken Gold- und Silberverluste. Bei Anwesenheit von Eisen, Nickel, größeren Mengen Mangan oder Zinn entstehen Oxide, die in Bleioxid nicht völlig löslich sind, daher ist das Bruttokorn nicht blank. Ein derartiges Analysengut wird mittels der Ansiedeprobe (5.1.1.2.) aufgeschlossen und der Bleiregulus nach obiger Vorschrift abgetrieben. Goldlegierungen, die Platin oder Palladium enthalten, können dokimastisch analysiert werden (6.2.2.3.); solche mit Gehalten an Rhodium, Iridium, Ruthenium, Osmium geben ein Bruttokorn mit rauher, grauer bis schwarzer Oberfläche; für sie ist das auf S. 156 beschriebene Verfahren das Gegebene.

Literatur. [73 (1913), S. 322]. – [103/2, S. 758]. – Betriebsverfahren der Firmen Degussa, Frankfurt; Dr. E. Dürrwächter KG, Pforzheim; W. C. Heraeus GmbH, Hanau.

6.2.2.2. Analyse auf naß-chemischem Wege

Grundlage. Die Legierung wird mit Königswasser zersetzt, das Silberchlorid abfiltriert und als solches oder als Silber gewogen. Aus dem salzsauer gemachten Filtrat wird das Gold durch Reduktionsmittel ausgefällt, geglüht und gewogen. Im Filtrat können Unedelmetalle quantitativ bestimmt werden.

Anwendungsbereich. Das gravimetrische Analysenverfahren ist das Standardverfahren für die Vollanalyse der Dental-, Schmuck- und Münzgoldlegierungen aller Karate.

Dauer. 2 Tage oder länger

Ausführung. 0,5000 oder 1,0000 g möglichst dünner Späne oder Blechabschnitte des Analysengutes werden im 150 ml-Becherglas mit 12–15 ml Königswasser [man mischt vorher 1 Vol. Salpetersäure (1,4) mit 3 Vol. Salzsäure (1,19)] übergossen und auf dem kochenden Wasserbad bedeckt 3 Std. bis mehrere Tage erhitzt, so lange, bis alles Metall zersetzt ist, keine Stickstoffoxide mehr entweichen und der Kondensattropfen am Uhrglas farblos und frei von Niederschlägen ist. Ist das gesamte Metall gelöst, so engt man im offenen Becherglas bis zur Sirupdicke ein und nimmt den Rückstand bei bedecktem Becherglas mit 5 ml verdünnter Salzsäure (1 + 1) auf; nach Entfernen des Uhrglases wird erneut zur Sirupdicke eingeengt. Aufnehmen und Einengen werden nochmals wiederholt; dann gibt man 100 ml kaltes Wasser hinzu, rührt gut um, läßt das Silberchlorid auf dem Wasserbad absitzen, filtriert nach dem Erkalten ab und wäscht mit kaltem Wasser aus. Das Silberchlorid wird, wenn es rein ist (s. u.), entweder getrocknet und als solches gewogen oder reduziert und als Metall gewogen. Dazu wird das Silberchlorid in einem 150 ml-Becherglas durch Kochen mit Wasser und Hydrazinhydrat (für je 100 mg Silberchlorid nimmt man 1,5 ml $NH_2NH_2H_2O$) reduziert. Wenn die Reduktion beendet ist, ballt sich der Silberschwamm zusammen; man filtriert ab, wäscht mit heißem Wasser aus, glüht und wägt.

In das Filtrat vom Silberchlorid wird bei 70–80° 30 min lang ein Strom von Schwefeldioxidgas eingeleitet; das ausgefällte Gold läßt man 8 Std. absitzen. Es wird durch ein Blaubandfilter abfiltriert, mit heißer 1proz. Salzsäure ausgewaschen und mit dem Filter in einem Porzellantiegel getrocknet; das Filter wird verascht, das Gold geglüht und gewogen.

Das salzsaure Filtrat vom Gold enthält die übrigen Legierungszusätze, soweit sie in Königswasser löslich sind. Dies ist bei fast allen technisch wichtigen Legierungen der Fall; bei Silicium enthaltenden Legierungen fällt Siliciumdioxid beim Eindampfen mit Salzsäure mit dem Silberchlorid zusammen aus.

Man kann im Filtrat vom Gold die Unedelmetalle Cadmium, Kupfer, Eisen, Mangan, Nickel, Zinn oder Zink in folgender Weise bestimmen:

Kupfer. Das Filtrat vom Gold wird mit Schwefelsäure abgeraucht, das Kupfer elektrolytisch am Platindrahtnetz abgeschieden und mit diesem gewogen (6.1.2.2.).

Cadmium. Ist nur Cadmium vorhanden, so bestimmt man es elektrolytisch (6.1.2.2.). Sind Cadmium, Kupfer und Zink anwesend, so trennt man erst Kupfer elektrolytisch ab, fällt dann Cadmium als Cadmiumsulfid und im Filtrat Zink als Zinksulfid aus (6.1.2.2.).

Eisen. Eisen, Mangan und Nickel kommen fast immer gemeinsam vor, oft noch mit Kupfer und Zink zusammen. Aus einer kupferfreien Lösung bzw. dem Elektrolysat aus der Kupferbestimmung fällt man zunächst das Eisen als basisches Acetat. Hierzu wird die Lösung durch Zugabe einiger Tropfen Wasserstoffperoxid unter

Kochen oxydiert, nach dem Abkühlen tropfenweise mit Natriumhydroxidlösung versetzt bis eine Trübung auftritt. Diese bringt man mit 1–2 ml Essigsäure (1 + 1) wieder in Lösung. Nach der Zugabe von 5 g festem Natriumacetat wird 1–2 Std. auf dem Wasserbad erwärmt, bis der rostbraune Niederschlag sich vollkommen abgesetzt hat. Es wird heiß filtriert und mit natriumacetathaltigem Wasser (1 g/1 l) ausgewaschen. Dieser Niederschlag enthält nur das Eisen, das bei größeren Mengen durch Titration mit Kaliumpermanganat oder bei kleinen Mengen photometrisch durch Sulfosalicylsäure bestimmt wird. Im Filtrat des Eisens fällt man das Mangan durch Bromwasser und Ammoniak unter Kochen als Manganoxidhydrat aus, filtriert ab und kann dann Mangan entweder nach der VOLHARD-Methode durch Titrieren mit Kaliumpermanganat oder bei kleinen Mengen durch Ammoniumpersulfat photometrisch bestimmen. Im Filtrat des Mangans wird Nickel mit Diacetyldioxim gefällt, im Filtrat von Nickel Zink nach 6.1.2.2. bestimmt.

Zinn. Zinn löst sich in Königswasser und wird aus dem salzsauren Filtrat vom Gold mit Schwefelwasserstoff zusammen mit etwa vorhandenem Kupfer gefällt. Die Sulfide werden abfiltriert und ausgewaschen. Man trennt Kupfer und Zinn durch Zementieren mit Eisen [103/2, S. 427].

Wenn das Analysengut mittlere Gold- und Silbergehalte, z.B. 585/000 Gold und 200–300/000 Silber enthält, löst es sich in Königswasser sehr langsam; denn jedes Spänchen überzieht sich mit einer dichten Silberchloridrinde, die den Angriff der Säure verhindert. Hat man genug Substanz, so befreit man eine neue Einwaage mit mehrfach erneuerter konzentrierter Salpetersäure (10–15 ml) auf dem Wasserbad soweit als möglich vom Silber und dekantiert die silberhaltige Säure. Erst wenn die Salpetersäure nicht mehr angreift, gibt man auf die Metallspäne Königswasser. Ist alles Metall gelöst, so vereinigt man die beiden sauren Lösungen, dampft sie mit Salzsäure ein und behandelt sie nach der oben angegebenen Vorschrift weiter.

Bei Substanzknappheit filtriert man die ungelösten Probenteile ab, wäscht sie aus und löst auf dem Filter das Silberchlorid von ihnen mit Ammoniak (1 + 1) herunter. Hierzu tropft man 1–2 ml Ammoniaklösung auf den Filterinhalt, wäscht mit wenig Wasser aus und fängt Ammoniak und Waschwasser gesondert auf. Die Metallspäne werden dann erneut mit Königswasser behandelt, Chlorsilber erneut mit Ammoniaklösung weggelöst und diese zeitraubende Prozedur mehrfach wiederholt, so lange, bis alles Metall zersetzt ist.

Ausrechnung. Bei 1,0000 g Einwaage Gewicht des Goldes in mg = $^0/_{00}$ Gold,

Gewicht des Silbers in mg = $^0/_{00}$ Silber

oder Silberchlorid in mg · 0,7526 = $^0/_{00}$ Silber.

Fehlermöglichkeiten. Das Silberchlorid enthält zuweilen Spuren Gold; man bestimmt sie entweder durch Umfällen des Silberchlorids aus Ammoniak oder durch Reduzieren mit Hydrazin und dokimastische Aufarbeitung des Silbers auf Gold (6.1.1.). Beim Eindampfen der Königswasserlösung mit Salzsäure darf die Salzkruste *nie trocken werden*; sonst zerfällt $HAuCl_4$ zu unlöslichem $AuCl$ und $Cl_2 + HCl$, und man muß erneut mit Königswasser zu lösen anfangen.

Literatur. [103/2 bei den betreffenden Unedelmetallen]. – Betriebsverfahren der Firmen Degussa, Frankfurt; Dr. E. Dürrwächter KG, Pforzheim; W. C. Heraeus GmbH, Hanau.

6.2.2.3. Bestimmung von Gold, Silber, Platin und Palladium in Goldlegierungen

Grundlage. Das dokimastisch gewonnene Bruttokorn enthält alles Silber, Gold, Palladium, Platin. Durch Quartieren des Bruttokorns mit Silber macht man Silber, Palladium und Platin in Salpetersäure löslich; durch wiederholtes Quartieren mit Silber und Lösen in Salpetersäure gewinnt man reines Gold und Salpetersäurelösungen, aus denen das Palladium und Platin gefällt und gravimetrisch bestimmt werden können.

Anwendungsbereich. Die dokimastische Analyse ist das Standardverfahren für die schnelle Bestimmung der Gehalte an Silber, Gold, Palladium, Platin in Dentalgolden und palladium- oder platinhaltigen Schmuckgolden und deren metallischen Abfällen.

Dauer. 3 Tage und mehr.

Ausführung. An 0,2500 g der Analysensubstanz wird die dokimastische Probe bis zum Auswiegen des Bruttokorns entsprechend der Vorschrift (6.2.1.1.) ausgeführt. Das gewogene Bruttokorn wird mit der $2^1/_2$ fachen Menge Probiersilber quartiert und mit etwas Probierblei abgetrieben; das quartierte Korn wird betrachtet. Ein Gehalt an Iridium, Rhodium oder Ruthenium zeigt sich an rauhen, schwärzlichen Stellen der Kornoberfläche. In diesem Fall muß man das Analysenverfahren in 6.2.2.4. anwenden. Ein blankes Korn dagegen wird plattgehämmert und das Röllchen einmal in Salpetersäure (1,2) und zweimal in Salpetersäure (1,3) gekocht. Dabei lösen sich Silber und Palladium völlig, das Platin mitunter nur zum Teil. Bei 0–$20^0/_{00}$ Platin im Analysengut wiederholt man das Quartieren mit Silber und Lösen in Salpetersäure einmal, bei 20–$200^0/_{00}$ mehrmals, in jedem Falle so oft, bis das Goldröllchen gewichtskonstant geworden ist. Dann ist es platinfrei und wird gewogen. In den gesammelten Salpetersäureauszügen sind Palladium, Platin und das Quartiersilber enthalten.

Zunächst fällt man im 300 ml-Erlenmeyerkolben das Silber mit Salzsäure heiß als Silberchlorid, läßt klar absitzen, filtriert kalt und wäscht mit Wasser aus. Das Filtrat wird auf dem Wasserbad dreimal mit Salzsäure eingedampft, wobei man das 150 ml-Becherglas bedeckt hält und jeweils zur Trockne eindampft. Man nimmt in 10 ml kaltem Wasser auf, filtriert von Silberchloridspuren in ein 50 ml-Becherglas ab, engt nochmals auf dem Wasserbad ein und fällt Platin in möglichst kleinem Lösungsvolumen mit 5 ml kaltgesättigter Ammoniumchloridlösung als Ammoniumhexachloroplatinat(IV). Mutterlauge und Niederschlag werden auf dem Wasserbad bis zur Verkrustung eingeengt; aus dem Rückstand wird das Ammoniumchlorid mit möglichst wenig kaltem Wasser gelöst, das Ammoniumhexachloroplatinat(IV) abfiltriert und nach 3.3.1. das Platin zur Wägung gebracht.

Das Palladium enthaltende Filtrat wird im 500 ml-Erlenmeyerkolben mit einer Diacetyldioximlösung (1,5 g in 100 ml Äthanol) versetzt, so daß auf je 0,1 g Palladium etwa 30 ml Fällungsmittel zugegeben werden; man läßt über Nacht absitzen und bringt das Palladium nach 3.4.1. zur Wägung. Siehe auch S. 102.

Ausrechnung: Das 4fache Goldröllchengewicht in mg gibt den Goldgehalt in $^0/_{00}$. Die Differenz (Bruttogewicht minus Goldröllchengewicht) in mg ergibt, mit 4 multipliziert, die Summe der Gehalte an Silber und Palladium und Platin. Die Auswaagen in mg an Palladium und Platin ergeben mal 4 genommen die Gehalte an jedem der beiden Metalle in $^0/_{00}$. Das Silber wird aus der Differenz errechnet.

Fehlermöglichkeiten. Quartieren und Lösen werden so lange wiederholt, bis das Goldröllchen gewichtskonstant ist. Ist es nicht glatt und sattgelb, sondern matt, rauh oder graugelb, so enthält es noch Platin und muß erneut mit Silber quartiert werden. Die Platin- und Palladiumsalzniederschläge müssen sehr langsam verascht werden, sonst verstäubt Edelmetall.

Literatur. [103/2, S. 759]. – Betriebsverfahren der Firmen Degussa, Frankfurt; Dr. E. Dürrwächter KG, Pforzheim; W. C. Heraeus GmbH, Hanau.

6.2.2.4. Bestimmung von Gold, Silber, Platin und Platinbegleitmetallen (< 5%) in Goldlegierungen

Grundlage. Die Legierung wird mit Königswasser zersetzt, das Silberchlorid abfiltriert und im Filtrat als Salpetersäure durch Abdampfen entfernt. In der Lösung werden nacheinander Gold, Palladium, Ruthenium, Platin, Iridium und Rhodium bestimmt.

Anwendungsbereich. Die gravimetrische Analyse ist das Standardverfahren zur Vollanalyse der platinmetallhaltigen Dental- und Schmuckgolde, der technischen Gold-Platin- und Gold-Palladium-Legierungen und der mit solchen Goldlegierungen plattierten Unedelmetalle sowie ihrer metallischen Abfälle.

Dauer. 3–6 Tage.

Ausführung. Mit 0,5000–1,0000 g Analysengut beginnt man die Analyse nach 6.2.2.2. und führt sie bis zum Abfiltrieren und Auswaschen des Silberchlorids durch. Schwerzersetzliches Analysengut muß zuerst mit Salpetersäure behandelt werden, um das Silber so weit wie möglich herauszulösen.

Durch Umfällen des ausgewaschenen Silberchlorids aus Ammoniaklösung überzeuge man sich, daß es rein und frei von eingeschlossenen unangegriffenen Legierungsresten ist. Dem Filtrat von Silberchlorid werden 20 ml einer kaltgesättigten Oxalsäurelösung zugesetzt; das Gold ist nach 12stündigem Stehen auf dem Wasserbad als Metall ausgefallen. Der Goldschwamm wird abfiltriert, ausgewaschen, das Filter verascht und das Gold geglüht und gewogen. Das Filtrat vom Gold wird eingedampft, mit 30 ml Königswasser versetzt, 2 Std. auf dem Wasserbad erhitzt, auf 15° abgekühlt und Palladium durch Zusetzen von 20 ml einer Diacetyldioximlösung (1,5 g in 100 ml Äthanol) gefällt. Man filtriert nach 5 Std., wäscht mit kaltem, später mit heißem Wasser aus, glüht den Niederschlag und wägt das Palladium als Metall aus (3.4.).

Das saure Filtrat der Palladium-Diacetyldioxim-Fällung enthält noch kleine Mengen von Iridium, Rhodium, Ruthenium und Platin und die Unedelmetalle der Legierung. Zur Platinbestimmung wird zunächst das überschüssige Diacetyldioxim zerstört, indem man das Filtrat mit Königswasser fast zur Trockne eindampft; unter Umständen muß dies einmal wiederholt werden. Dann wird mit verdünnter Salzsäure aufgenommen und längere Zeit mit Zink gekocht. Die Platinmetalle und ein Teil der Unedelmetalle werden ausreduziert; besonders Iridium(III)-salze brauchen lange Zeit, bis sie vollständig reduziert sind.

Der Metallschwamm wird auf die einzelnen Platinmetalle nach 6.3.1. aufgearbeitet. Ruthenium entfernt man zuerst durch Schmelzen mit Kaliumhydroxid + Kaliumnitrat, Lösen der Schmelze in Wasser und Abdestillieren des Rutheniums als Ruthenium(VIII)-oxid im Chlorstrom. Aus dem Destillationsrückstand reduziert man Iridium, Rhodium und Platin nochmals mit Zink aus. Den Metallschwamm löst man in Königswasser; das darin Unlösliche wird mit Natriumchlorid gemischt im Chlorstrom geschmolzen, wobei die Natriumsalze der Chlorokomplexe der drei Metalle entstehen. Sie werden in Wasser gelöst, mit der Königswasserlösung vereinigt und mit einer Natriumbromid-Bromat-Lösung gekocht; Iridium und Rhodium fallen als Hydroxide aus, Platin bleibt als Platinhexachloro-anion in Lösung. Die abfiltrierten Hydroxide von Iridium und Rhodium werden nach 6.4.7. getrennt; das Platin fällt man als Ammoniumhexachloroplatinat(IV) und wägt es nach dem Glühen als Platinmetall.

Ein allgemein anwendbares Verfahren zur Bestimmung der Unedelmetalle läßt sich nicht angeben, da die Zinkfällung einen Teil der Unedelmetalle mit Platinmetall zusammen ausfallen läßt und das Zink ins Filtrat einschleppt. Das Analysenverfahren muß jeweils für den speziellen Fall ausgearbeitet werden.

Enthält die Goldlegierung nur die beiden Platinmetalle Palladium und Platin, so kann folgendermaßen verfahren werden: Die Einwaage wird, wie beschrieben, in Königswasser gelöst, mit Salzsäure eingedampft und das Silberchlorid abfiltriert. Im Filtrat wird das Gold mit Schwefeldioxid gefällt (6.2.2.2.). Das Filtrat vom Gold wird mit Salzsäure zur Trockne gedampft, das Palladium mit Diacetyldioxim und anschließend das Platin als Ammoniumhexachloroplatinat(IV) gefällt (s.o.). In diesem Fall kann man im Filtrat vom Ammoniumhexachloroplatinat die Unedelmetalle bestimmen, wie S. 148 bzw. S. 154 beschrieben. Metalloide wie Schwefel könnte man hier ebenfalls bestimmen, sofern das Gold nicht mit Schwefeldioxid, sondern mit Oxalsäure gefällt wurde.

Die chemische Bestimmung der stets sehr kleinen Schwefelgehalte ist jedoch sehr ungenau, da die Reagenzien meist Sulfatspuren enthalten. Eine heizmikroskopische Untersuchung ist in solchen Fällen zuverlässiger.

Enthält die Legierung auch Osmium, so wird dieses in einer gesonderten Einwaage bestimmt. 1,0000 g des Materials werden mit 20 g Zink im Porzellanschiffchen bei 700° im Wasserstoffstrom zusammengeschmolzen; der erhaltene Regulus wird mit 100–150 ml Salzsäure (1,07) zersetzt. Das Edelmetallpulver wird abfiltriert, ausgewaschen, getrocknet und im Porzellanschiffchen im Sauerstoffstrom auf 1000° erhitzt. Osmium(VIII)-oxid destilliert ab, wird in der Vorlage in Natriumhydroxidlösung (20 g/100 ml) aufgefangen und daraus nach 3.8. bestimmt.

Ausrechnung. Die in Milligramm angegebenen Metallauswaagen geben bei 0,5000 g Einwaage mit 2 multipliziert die Feingehalte in $^0/_{00}$.

Fehlermöglichkeiten. Die Platin- und Palladiumsalzniederschläge müssen sehr langsam verascht werden, sonst verstäubt Edelmetall.

Literatur. Betriebsverfahren der Firmen Degussa, Frankfurt; Dr. E. Dürrwächter KG, Pforzheim; W. C. Heraeus GmbH, Hanau.

6.2.2.5. Bestimmung von Gold, Platin und Rhodium

Grundlage. Das Analysengut wird in Königswasser gelöst, das Gold abgeschieden und Platin von Rhodium getrennt.

Anwendungsbereich. Die Methode dient zur Vollanalyse von Speziallegierungen, die nur Gold, Platin, gegebenenfalls Rhodium (für Spinndüsen u. a.), und keine Unedelmetalle enthalten.

Dauer. 3 Tage.

Ausführung. 1,0000 g Analysengut wird in Königswasser gelöst, die Lösung zur Trockne gedampft und zweimal mit 20 ml Salzsäure (1 + 1) abgedampft. Dann wird mit 10 ml Salzsäure (1 + 1) auf etwa 100 ml verdünnt, das Gold heiß mit Oxalsäure oder Schwefeldioxid (s. S. 98) gefällt und abfiltriert. In dem eingedampften Filtrat wird die Hauptmenge Platin als Ammoniumhexachloroplatinat(IV) gefällt (6.3.1.); dieses enthält etwas Rhodium. Aus dem Filtrat werden Rhodium und Platinreste mit Zink und Salzsäure ausreduziert und mit dem zu Metall verglühten Ammoniumhexachloroplatinat(IV) zusammen gewogen (Summe Platin + Rhodium).

Man überführt Platin und Rhodium im Chlorstrom bei 650° in $1^1/_2$ Std. in unlösliches Rhodiumchlorid und lösliches Platinchlorid, behandelt nach dem Erkalten mit verdünntem Königswasser (1 Vol. Königswasser + 3 Vol. Wasser) 12 Std. in der Wärme und filtriert die platinhaltige Lösung ab. Das beim Chlorieren in die Vorlage abdestillierte Platin wird dort in Salzsäure aufgefangen und mit der Hauptmenge vereinigt als Ammoniumhexachloroplatinat(IV) gefällt. Das unlösliche Rhodiumchlorid wird mit dem Filter verascht und im Wasserstoffstrom zu Rhodium reduziert und gewogen; oder man berechnet das Rhodiumgewicht aus der Differenz (Platin + Rhodium) minus Platin.

Ausrechnung.   mg Gold   = $^0/_{00}$ Gold
          mg Platin   = $^0/_{00}$ Platin
          mg Rhodium   = $^0/_{00}$ Rhodium.

Fehlermöglichkeiten. Enthält die Legierung Spuren von Silber, so fallen diese beim Lösen in Königswasser als Silberchlorid aus und müssen vor der Goldfällung abfiltriert werden. Die quantitative Trennung von Platin und Rhodium und die verlustfreie Erfassung beider Platinmetalle setzt besondere Erfahrung voraus.

Literatur. Betriebsverfahren der Firmen Degussa, Frankfurt; Dr. E. Dürrwächter KG, Pforzheim; W. C. Heraeus GmbH, Hanau.

6.3. Platin- und Platinlegierungen

Vorbemerkung. Die für Platin, Platinbegleitmetalle und deren Legierungen geschilderten Analysenverfahren sind die in den Scheidebetrieben üblichen. Zwar reicht ihre Genauigkeit für die Zwecke der Gehaltsbestimmung aus, doch sind für die wissenschaftliche Reinheitsprüfung einige Trennungsverfahren nicht genau genug.

6.3.1. Bestimmung von Platin in Roh- und Reinplatin

Grundlage. Man löst Platin in Königswasser und entfernt nacheinander Gold, Palladium, Ruthenium, Rhodium und Iridium; schließlich wird Platin als Ammoniumhexachloroplatinat(IV) gefällt. Bei Abwesenheit eines oder mehrerer der Begleitedelmetalle vereinfacht sich der Analysengang.

Anwendungsbereich. Das Verfahren dient zur Gehaltsbestimmung von Platin; es wird ferner zur Vollanalyse von komplexen, platinreichen Legierungen, die außer dem Hauptbestandteil Platin geringe Mengen von Gold, Palladium, Ruthenium, Rhodium und Iridium, gegebenenfalls auch Unedelmetalle enthalten, angewandt.

Für Platinlegierungen, die neben Platin kein, ein oder zwei Edelmetalle enthalten, wie Platin-Ruthenium, Platin-Rhodium, Platin-Iridium, gibt es einfachere Spezialverfahren (6.3.5. bis 6.3.7.).

Dauer. 3–8 Tage.

Ausführung. Der Platinschwamm oder das dünn ausgewalzte Probenmaterial im Gewicht von 1,0000 g wird unter Erwärmen in 20–40 ml Königswasser gelöst. Die klare Lösung wird zur Entfernung der Salpetersäure dreimal zur Trockne gedampft, wobei man die beiden ersten Male mit 20 ml Salzsäure (1 + 1) und das dritte Mal mit 100 ml Wasser aufnimmt.

Die Entfernung der Salpetersäure durch Abdampfen kann bei Abwesenheit von Gold und bei Anwesenheit von Palladium unterbleiben, weil Palladium aus königswasserhaltiger Lösung gefällt werden muß, wobei Platin vierwertig in Lösung bleiben soll.

Ist *Gold* zugegen, so fällt man es aus der salpetersäurefreien Lösung mit 20 ml einer kaltgesättigten Oxalsäurelösung, erhitzt, läßt das Gold über Nacht absitzen und filtriert es ab. Weiterbehandlung siehe 3.2.1.

Ist *Palladium* zugegen, so gibt man zum Filtrat der Goldfällung 20 ml Königswasser, füllt mit Wasser auf 600 ml auf und kühlt die Lösung mit fließendem Wasser oder Eis auf eine unter 20° liegende Temperatur. Dann gibt man für je 0,1 g Palladium 30 ml einer Diacetyldioximlösung (1,5 g in 100 ml Äthanol) zu. Die Weiterbehandlung dieser Fällung siehe 3.4.1.

Das Filtrat kann Ruthenium, Rhodium, Iridium, Platin und verschiedene Unedelmetalle enthalten. Da bei den nachfolgenden Arbeitsgängen die Anwesenheit von Diacetyldioxim stört, wird es zweimal mit Königswasser fast zur Trockne eingedampft und mit 20 ml Salzsäure (1 + 1) wieder aufgenommen. Nach dem Verdünnen auf 100–200 ml werden die Platinmetalle mit Zink und Salzsäure unter Kochen reduziert. Da die letzten Reste von Iridium(III)-verbindungen erfahrungsgemäß nur langsam reduziert werden, darf man die Reduktion nicht zu früh beendigen. Nach dem Abfiltrieren enthält die Fällung alles Ruthenium, Rhodium, Iridium und Platin sowie einen Teil der Unedelmetalle.

In Gegenwart von *Ruthenium* wird der auszementierte Metallschwamm getrocknet, schwach geglüht und im Gold-, Silber- oder Nickeltiegel mit 30–40 g Kaliumhydroxid + 1 g Kaliumnitrat geschmolzen. Die Schmelze wird in Wasser gelöst und der Destillation im Chlorstrom unterworfen; wobei alles Ruthenium als Ruthenium-(VIII)-oxid überdestilliert wird. Dieses wird in Vorlagen, die mit Salzsäure bzw. mit Salzsäure und Alkohol beschickt sind, aufgefangen. Ausführliche Arbeitsvorschriften nebst Apparaturskizze für den Kaliumhydroxid-Kaliumnitrat-Aufschluß und die Abtrennung des Rutheniums auf dem Destillationsweg siehe 6.4.4.

Die bei der Rutheniumdestillation zurückbleibende Lösung wird wie oben mit Zink und Salzsäure reduziert. Der abfiltrierte Metallschwamm, der das gesamte *Platin, Rhodium* und *Iridium* enthält, wird kurz im Wasserstoffstrom geglüht und dann mit Königswasser behandelt, wobei er sich nur zum Teil löst. Man filtriert den Rückstand ab und kocht ihn noch einmal einige Stunden mit Königswasser. Die Filtrate werden vereinigt, sie enthalten die Hauptmenge des Platins und Rhodiums und wenig Iridium. Der Rückstand enthält die Hauptmenge des Iridiums, etwas Rhodium und wenig Platin. Er wird mit der 10fachen Menge geschmolzenem Natriumchlorid vermischt und im Chlorstrom bei 750–850° so lange geschmolzen, bis die Schmelze klar ist. Die erkaltete Schmelze enthält Natriumhexachloroiridiat(IV), Natriumhexachlororhodiat(III) sowie Spuren von Natriumhexachloroplatinat(IV); sie wird in Wasser gelöst. Bleibt dabei ein Rückstand, so muß er erneut durch eine chlorierende Natriumchloridschmelze wasserlöslich gemacht werden. Die Lösung der Natriumchloridschmelze wird mit der hauptsächlich Platin enthaltenden Königswasserlösung zusammen zur Trockne eingedampft. Man nimmt den Rückstand mit Wasser auf, verdünnt die Lösung auf 800 ml, löst 2 g Natriumbromat kristallisiert unter Erwärmen darin auf, fügt 40 ml einer filtrierten Natriumbromidlösung (10 g/ 100 ml) zu und erwärmt auf etwa 60°. Unter Bromentwicklung tritt Hydrolyse ein; Rhodium und Iridium fallen als Hydroxide aus. Dann werden nochmals etwa dieselben Mengen beider Reagenzien zugegeben und 1–2 Std. gekocht. Haben sich die Hydroxide abgesetzt, so werden sie abfiltriert und mit Ammoniumnitratlösung (10 g/100 ml) ausgewaschen. Rhodium und Iridium trennt man nach 6.4.7. voneinander. Sind nur Rhodium oder Iridium anwesend, so wird das Hydroxid nach 6.4.3. bzw. 6.4.6. chloriert, mit Königswasser von Spuren Platin befreit und mit Wasserstoff reduziert. Zu dem Filtrat von der Bromid-Bromat-Fällung wird das Königswasser, mit dem die chlorierten Rhodium- und Iridiumhydroxide ausgezogen wurden, hinzugefügt; die Mischung enthält dann das gesamte Platin. Man dampft sie ein, nimmt mit Salzsäure auf und reduziert mit Zink und Salzsäure. Der gefällte *Platin*schwamm wird in Königswasser gelöst und mit Salzsäure abgedampft; das Platin wird nach der Vorschrift in 3.3.1. mit Ammoniumchlorid gefällt, der Niederschlag zu Platin verglüht und dieses gewogen.

Ausrechnung.	mg Au	$= {}^0/_{00}$ Au
	mg Pd	$= {}^0/_{00}$ Pd
	mg Ru	$= {}^0/_{00}$ Ru
	mg Rh	$= {}^0/_{00}$ Rh
	mg (Rh + Ir) minus mg Rh	$= {}^0/_{00}$ Ir
	mg Pt	$= {}^0{}_{00}$ Pt

Fehlermöglichkeiten. Wenn die Gehalte an Rhodium, Iridium und Ruthenium 10% übersteigen, lösen sich die Legierungen oft nicht mehr quantitativ in Königswasser auf. Man löst dann so viel wie möglich in Königswasser und schließt bei größeren Rhodium- und Iridiumgehalten den Rückstand durch chlorierendes Schmelzen mit Natriumchlorid auf. Ist viel Ruthenium zugegen, so beginnt man mit einer Zinkschmelze, schließt eine Kaliumhydroxid-Kaliumnitrat-Schmelze an und trennt als erstes Edelmetall das Ruthenium durch Destillation ab (6.3.5.). Da die Gold- und Palladiumfällungen gelegentlich Platinmetallsalze adsorptiv festhalten, empfiehlt es sich, Gold und Palladium zur Reinigung umzufällen. Die Filtrate werden zur Hauptmenge der Lösung gegeben. Bei größeren Rhodium- und Iridiummengen wird die Bromid-Bromat-Fällung wiederholt. Bei Gehalten an Gold und Platinbeimetallen unter 0,1% gibt die quantitative Spektralanalyse genauere Resultate.

Literatur. [103/2]. – MOSER, L., u. H. HACKHOFER: Mh. Chem. Bd. 59 (1932) S. 49. – GILCHRIST, R., u. E. WICHERS: J. Am. Chem. Soc. Bd. 57 (1935) S. 2565.

6.3.2. Bestimmung von Platin in Kupfer-Platin-Legierungen

Grundlage. Aus der Lösung in Königswasser wird die Hauptmenge des Platins als Ammoniumhexachloroplatinat(IV) ausgefällt; der Platinrest im Filtrat wird mit Schwefelwasserstoff zusammen mit dem Kupfer abgeschieden. Der Sulfidniederschlag wird mit Wasserstoff reduziert und das Kupfer mit Salpetersäure herausgelöst. Das Ammoniumhexachloroplatinat(IV) wird zu Platin verglüht und zusammen mit dem aus dem Sulfid gewonnenen Platin gewogen.

Anwendungsbereich und Bedeutung. Das Verfahren dient zur Untersuchung von Werkplatin und Altplatin.

Dauer. 2 Tage.

Ausführung. 1,0000 g der zu untersuchenden Substanz wird dünn ausgewalzt und in möglichst wenig Königswasser gelöst. Die Lösung wird zur Vertreibung der Salpetersäure mindestens zweimal mit 20 ml Salzsäure (1 + 1) zur Trockne eingedampft. Löst man den Rückstand in wenig Salzsäure (1 + 1) und versetzt die kalte Lösung mit einem Überschuß an gesättigter Ammoniumchloridlösung (etwa 80 ml), dann scheidet sich die Hauptmenge des Platins als kanariengelbes Ammoniumhexachloroplatinat(IV) ab.

Nach dem Absitzen über Nacht wird der Niederschlag durch ein hartes Filter abfiltriert und nach 3.3.1. ·weiterbehandelt. Das Filtrat der Ammoniumchloridfällung wird erhitzt und bis zum Erkalten Schwefelwasserstoff eingeleitet. Lösung und Niederschlag werden nun so lange auf dem Wasserbad erhitzt, bis kein Geruch nach Schwefelwasserstoff mehr wahrzunehmen ist. Nach dem Erkalten wird der Niederschlag abfiltriert, mit Schwefelwasserstoffwasser ausgewaschen, geglüht und im Wasserstoffstrom reduziert. Das so erhaltene Metallgemisch, das das restliche Platin und das gesamte Kupfer enthält, zieht man dann mit Salpetersäure (1 + 4) aus, wobei das Kupfer in Lösung geht. Der verbleibende Rückstand wird abfiltriert, ausgewaschen, geglüht, reduziert und zusammen mit dem aus der Ammoniumchloridfällung erhaltenen Platin in Königswasser gelöst und die Salpetersäure durch Abdampfen mit Salzsäure entfernt. Man wiederholt die Ammoniumchlorid- und die Schwefelwasserstoffällung. Das Platin aus beiden Fällungen wird vereinigt, mit Fluorwasserstoffsäure abgeraucht und zur Auswaage gebracht. In den vereinigten Salpetersäureauszügen kann das Kupfer nach einer der bekannten Methoden, z. B. elektrolytisch, bestimmt werden.

Ausrechnung.   mg Pt = $^{0}/_{00}$

Fehlermöglichkeiten. Bei größeren Kupfergehalten enthält das Ammoniumhexachloroplatinat(IV) Kupfersalze; man wiederholt die Ammoniumchloridfällung oder trennt das Kupfer vor der Platinfällung, z. B. durch Fällung als Rhodanid, ab.

Literatur. [103/2, S. 574 ff.].

6.3.3. Trennung und Bestimmung von Silber, Gold, Palladium, Platin — naß-chemische Bestimmung —

Grundlage. Aus der durch eine Zinkschmelze feinverteilten Legierung wird zunächst das Silber durch Salpetersäure herausgelöst und als Silberchlorid bestimmt. Der metallische Rückstand wird in Königswasser gelöst, Gold, Palladium und Platin werden nacheinander abgeschieden, und zwar das Gold mit Oxalsäure oder schwefliger Säure, das Palladium mit Diacetyldioxim, das Platin mit Ammoniumchlorid (s. a. 6.2.2.3.).

Anwendungsbereich und Bedeutung. Man benutzt das Verfahren zur Analyse von Legierungen der vier Edelmetalle, auch wenn sie Unedelmetalle enthalten.

Dauer. 5 Tage.

Ausführung. Die Einwaage von 1,0000 g der dünn ausgewalzten Legierung wird zunächst durch eine Zinkschmelze legiert. Man verschmilzt die Einwaage mit 20 g Zink in einem Porzellanschiffchen im Wasserstoffstrom und hält die Schmelze $^{1}/_{2}$ Std. bei 700° flüssig, bis das Edelmetall ganz gelöst ist. Nach dem Erkalten wird der Regulus mit 200 ml Salzsäure (1 + 1) zersetzt. Ist die Wasserstoffentwicklung beendigt, so filtriert man den Metallschwamm ab und wäscht ihn gründlich mit heißem salzsauren Wasser aus.

Der Metallschwamm wird so lange mit Salpetersäure (1 + 1) in der Wärme behandelt, bis sich keine Stickstoffoxide mehr bilden. Man filtriert vom Unlöslichen ab und wäscht säurefrei. Aus dem Filtrat wird das Silber nach 3.1. als Silberchlorid abgeschieden und als Metall bestimmt. Das Filtrat der Silberchloridfällung kann geringe Mengen von Palladium und Platin enthalten. Der Rückstand des Salpetersäureauszuges wird in Königswasser gelöst, die Lösung mit dem Filtrat der Silberchloridfällung vereinigt und dreimal mit Salzsäure zur Trockne eingedampft. Danach nimmt man mit Wasser auf, filtriert Reste von Silberchlorid ab und fällt das Gold mit Oxalsäure oder schwefeliger Säure nach 3.2.1.

Das Filtrat der Goldfällung wird zur Zerstörung der überschüssigen Oxalsäure bzw. Vertreibung der schwefeligen Säure unter Zusatz von Salpetersäure und Wasserstoffperoxid eingedampft. Der Rückstand wird in Wasser aufgenommen, mit Königswasser schwach angesäuert und aus der so erhaltenen Lösung das Palladium mit Diacetyldioxim nach der Vorschrift in 3.4.1. abgeschieden und als Metall bestimmt. Das Filtrat der Palladiumfällung wird zur Entfernung des Diacetyldioxims mit Königswasser gekocht und mehrmals unter Zusatz von Salzsäure zur Trockne eingedampft, der Rückstand schließlich in verdünnter Salzsäure gelöst und das Platin aus dieser Lösung mit Zink reduziert. Den Platinschwamm löst man in Königswasser, dampft mit Salzsäure ab und fällt das Platin dann mit Ammoniumchlorid nach 3.3.1. aus; es wird als Metall gewogen.

Die Unedelmetalle im Analysengut können nach dieser Methode nicht bestimmt werden; man verfahre hierfür nach 6.2.2.4.

Ausrechnung.

$$mg\ Ag = ^0/_{00}\ Ag$$
$$mg\ Au = ^0/_{00}\ Au$$
$$mg\ Pd = ^0/_{00}\ Pd$$
$$mg\ Pt = ^0/_{00}\ Pt$$

Fehlermöglichkeiten. Je nach dem Verhältnis der einzelnen Komponenten zueinander müssen einzelne Fällungen wiederholt werden (vergleiche auch die Angaben über die Fehlermöglichkeiten bei den Einzelbestimmungen!).

Literatur. [103/2, S. 574ff.].

6.3.4. Bestimmung von Platin in Trägeroxiden

Grundlage. Aus Katalysatormassen mit Platingehalten bis zu 1% wird das Platin mit verdünntem Königswasser herausgelöst. Die Lösung wird mit Salzsäure abgedampft und das Platin als Ammoniumhexachloroplatinat(IV) gefällt. Nach dem Verglühen erhält man einen Rohplatinschwamm; er wird zur Entfernung von Siliciumdioxid mit Fluorwasserstoffsäure abgeraucht und ausgewogen.

Anwendungsbereich und Bedeutung. Die Methode dient zur Platinbestimmung im frischen, gebrauchten oder unwirksam gewordenen Katalysator, z.B. Platforming-Katalysator.

Dauer. 3 Tage.

Ausführung. Die Einwaage soll 60–80 mg Platin enthalten. Sie wird durch Behandeln mit verdünntem Königswasser (1 + 3) über Nacht auf dem Wasserbad vom Platin befreit. Dieser Arbeitsgang wird zweimal durchgeführt; die erhaltenen Fil-

trate dampft man auf dem Wasserbad ein und wiederholt dies zweimal mit 20–30 ml
Salzsäure (1 + 1) und nimmt mit Wasser auf. Dann fällt man das Platin durch Zugabe heißer Ammoniumchloridlösung als Ammoniumhexachloroplatinat(IV), läßt
den Niederschlag über Nacht absitzen und filtriert am nächsten Morgen über Blaubandfilter unter Zuhilfenahme eines Filterkonus aus Platin. Die Veraschung dieses
Niederschlages muß langsam erfolgen (Dauer etwa 3–4 Std.), da sonst Verluste an
Platin durch Verstäuben auftreten können.

Aus dem Filtrat der Platinfällung wird das nicht erfaßte Platin mit Schwefelwasserstoff in der Hitze ausgefällt; man röstet das Sulfid an der Luft ab, zieht
mitgefällte Unedelmetalle mit Salpetersäure aus und vereinigt das zurückbleibende
Platin mit der Hauptmenge. Das gesamte Rohplatin wird mit 10–20 ml Fluorwasserstoffsäure (1,12) und 1–2 Tropfen Schwefelsäure (1 + 1) in einer Platinschale
abgeraucht, um mitgefälltes Siliciumdioxid zu entfernen.

Bei der Analyse solcher Katalysatoren ist es stets erforderlich, in einer gleichzeitig vorgenommenen zweiten Einwaage den Glühverlust bei einer bestimmten Temperatur, z. B. 2 Std. bei 900°, zu ermitteln, und den Platinwert auf die Trocken-
substanz zu beziehen.

Ausrechnung.

$$\text{Pt in \% der Trockensubstanz} = \frac{\text{Auswaage in mg} \cdot 10}{\text{Einwaage in g} \cdot (100 - \text{Glühverlust})}$$

Fehlermöglichkeiten. Zieht man die Einwaage nicht lange genug mit Königswasser aus und wäscht den Rückstand nicht platinfrei, so wird der Platingehalt zu
niedrig. Bei zu schnellem und starkem Erhitzen des Ammoniumhexachloroplatinats-
(IV) verstäubt Platin. Das Behandeln des Rohplatins mit Fluorwasserstoffsäure ist
unbedingt nötig.

Literatur. Verfahren des Edelmetall-Forschungsinstituts Schwäbisch Gmünd. – Betriebsverfahren der Firmen Degussa, Frankfurt; W. C. Heraeus, Hanau. – G. JAEGER: Über die Platinbestimmung in „Platforming-Katalysatoren", Dissertation Universität Mainz 1957. – KEELTY,
J.: Platinum Metals Review Bd. 2 (1958) S. 92.

6.3.5. Trennung von Platin und Ruthenium auf nassem Wege

Grundlage. Die mit Zink legierte Probe wird mit Salzsäure zersetzt, aus dem
Rückstand das Ruthenium im Chlorstrom abdestilliert, der Metallschwamm in
Königswasser gelöst und das Platin mit Ammoniumchlorid gefällt.

Anwendungsbereich und Bedeutung. Man bedient sich der Methode zur Analyse von Platin-Ruthenium-Legierungen, z. B. elektrischen Kontakten.

Dauer. 2–3 Tage.

Ausführung. 1,0000 g der Legierung wird zunächst in flüssigem Zink gelöst
und die Legierung mit Salzsäure zersetzt (6.3.3.). Das hierbei erhaltene Metallpulver
wird nach 6.4.4. durch Schmelzen mit Alkalihydroxid und Kaliumnitrat aufgeschlossen und das Ruthenium im Chlorstrom als Ruthenium(VIII)-oxid abdestilliert. Die
Bestimmung erfolgt dann nach 3.7. Der Destillationsrückstand wird mit Salzsäure
(1 + 1) angesäuert, das Platin mit Zink reduziert, abfiltriert, mit verdünnter Salzsäure zur Entfernung etwa anhaftenden Zinks gut ausgewaschen und nach dem
Veraschen des Filters in Königswasser gelöst. Die Lösung wird mehrmals mit Salzsäure zur Trockne eingedampft, der Rückstand schließlich in 20 ml Salzsäure (1 + 1)
aufgenommen und aus dieser Lösung das Platin als Ammoniumhexachloroplatinat(IV)
nach 3.3.1. gefällt. Die im Filtrat enthaltenen Platinreste fällt man mit Schwefelwasserstoff oder bestimmt sie spektralphotometrisch.

Ausrechnung. $\text{mg Ru} = {}^o/_{oo}\ \text{Ru}$

$\text{mg Pt} = {}^o/_{oo}\ \text{Pt}$

Fehlermöglichkeiten. Es sind dieselben wie bei den Einzelbestimmungen.

Literatur. Vgl. die Angaben bei den Einzelbestimmungen.

6.3.6. Trennung und Bestimmung von Platin und Rhodium

Grundlage. Nach der Lösung in Königswasser werden Platin und Rhodium als
Ammoniumsalze der Chlorokomplexe gefällt und geglüht. Das erhaltene Metall wird
mit Zink legiert, die Legierung mit Salzsäure zersetzt und bei 700° chloriert. Nach
dem Herauslösen des Platin(IV)-chlorids wird dieses als Ammoniumhexachloropla-
tinat(IV) reduziert und das Rhodium gewogen.

Anwendungsbereich. Man braucht das Verfahren zur Analyse von technischen
Platin-Rhodium-Legierungen, z.B. Katalysatornetzen, und von Zwischenprodukten
bei der Platinmetallanalyse und -scheidung, die hauptsächlich Platin und Rhodium
enthalten.

Dauer. 3 Tage.

Ausführung. 1,0000 g des dünn ausgewalzten Materials oder des Pulvers wird
in Königswasser gelöst. Aus der Lösung fällt man Platin und Rhodium mit Ammoniumchlorid als Chlorokomplexsalze und filtriert. In das schwach saure, bis zum
Sieden erhitzte Filtrat wird Schwefelwasserstoff bis zum Erkalten der Lösung eingeleitet und die Fällung auf dem Wasserbad bis zum Farbloswerden der Flüssigkeit
erwärmt. Der schwarze Niederschlag wird abfiltriert, mit heißem Wasser ausgewaschen, über dem Bunsenbrenner geglüht, im Wasserstoffstrom reduziert und gewogen. Die Summe aus dieser und der durch Glühen des Ammoniumchloridnieder-
schlages erzielten Auswaage ergibt das Gewicht des vorhandenen Platins und Rhodiums. Zur Rhodiumbestimmung schmilzt man den Platin-Rhodium-Schwamm in
einem Porzellanschiffchen mit der 20fachen Menge Zink im Wasserstoffstrom
(Schmelzdauer 1–2 Std.). Nach dem Erkalten wird das Schmelzprodukt mit Salzsäure (1 + 1) behandelt, wobei Platin und Rhodium als feinverteiltes Pulver zurückbleiben. Man filtriert über ein nicht gehärtetes Filter ab, wäscht den Filterinhalt
mit salzsäurehaltigem Wasser aus und glüht ihn. Das so erhaltene Platin-Rhodium-
Pulver bringt man in ein Quarzschiffchen und chloriert im Chlorstrom 1–2 Std. bei
etwa 700°. Die Hauptmenge des Platins entweicht mit dem Chlorstrom als Platinchlorid. Nach dem Erkalten verdrängt man das Chlor durch Luft und nimmt das
Schiffchen mit dem Rhodiumchlorid, das noch etwas Platin(IV)-chlorid enthält,
aus der Apparatur. Der Inhalt des Schiffchens wird in ein Becherglas gepinselt und
mit verdünntem Königswasser (1 + 2) längere Zeit in der Wärme behandelt. Das
Platinchlorid geht dabei restlos in Lösung, während das Rhodium(III)-chlorid
quantitativ zurückbleibt. Nach dem Abfiltrieren wäscht man es mit salzsäurehaltigem Wasser aus, glüht es, reduziert im Wasserstoffstrom und wägt das metallische
Rhodium aus.

Man überzeugt sich durch Abrauchen mit Fluorwasserstoffsäure und durch eine
nochmalige Chlorierung von der Reinheit des Rhodiums. Aus der Differenz zwischen
der Gesamtauswaage (Platin + Rhodium) und dem Gewicht des reinen Rhodiums
ergibt sich das Gewicht des vorhandenen Platins.

Fängt man die bei der Chlorierung abdestillierenden Platinmengen quantitativ in
einer mit Salzsäure gefüllten Vorlage auf und vereinigt man diese Lösung mit dem
Königswasserauszug, der das im Schiffchen zurückgebliebene Platinchlorid enthält,
so kann man den Platingehalt auch unmittelbar bestimmen. Man dampft die Lösungen mit Salzsäure ab, scheidet mit gesättigter Ammoniumchloridlösung Am-
moniumhexachloroplatinat(IV) ab und verglüht dieses zu Platin (3.3.1.).

Ausrechnung: mg Rh   = $^0/_{00}$ Pt

   mg (Rh + Pt) − mg Rh = $^0/_{00}$ Pt

Fehlermöglichkeiten. Chlorieren bei Temperaturen über 750° führt zu Rhodium-
verlusten. Nicht genügend durchchlorierte Metalle und ein unvollständiges Ausziehen

der Chloride mit verdünntem Königswasser verursachen zu hohe Rhodiumaus-
waagen. – Das zum Ausziehen verwendete Königswasser muß imVerhältnis 1 + 2
mit Wasser verdünnt sein; ein konzentrierteres Königswasser löst Spuren von Rhodium. Dadurch werden zu niedrige Rhodiumgehalte gefunden.

Literatur. [103/2, S. 578]. – Betriebsverfahren der Firmen Degussa, Frankfurt; W. C.
Heraeus, Hanau. – MOSER, L., u. H. HACKHOFER: Mh. Chem. Bd. 59 (1932) S. 44.

6.3.7. Trennung von Platin und Iridium

6.3.7.1. Trennung auf nassem Wege

Grundlage. Die Legierung wird in Königswasser gelöst. Verbleibt hierbei ein un-
löslicher Rückstand von Iridium, so wird dieser durch eine chlorierende Natriumchloridschmelze löslich gemacht. Aus der Lösung wird das Iridium mit Bromid-Bromat-Gemisch als Hydroxid abgeschieden; aus dem Filtrat wird das Platin mit Zink
reduziert und nach Auflösen mit Ammoniumchlorid gefällt. Die Platinreste im
Filtrat fällt man mit Schwefelwasserstoff.

Anwendungsbereich und Bedeutung. Das Verfahren dient zur Analyse von
Halbzeug und Schrott aus Platin-Iridium-Legierungen, z.B. Platin-Iridium-Gerät-
schaften.

Dauer. 5 Tage.

Ausführung. 1,0000 g der Legierung (bei hohem Iridiumgehalt weniger) wird
dünn ausgewalzt und in Königswasser gelöst. Ein etwa verbleibender iridiumreicher
Rückstand wird abgetrennt, mit der 10fachen Menge an geschmolzenem Natriumchlorid vermischt und im Chlorstrom bei 750–850° bis zur klaren Schmelze behandelt Diese wird in Wasser gelöst und mit dem Königswasserauszug vereinigt. Nach
dem Eindampfen zur Trockne wird der Rückstand in so viel Wasser gelöst, daß
etwa 300 ml für je 0,1 g Iridium vorliegen. Man gibt 2 g festes Natriumbromat zu,
erwärmt die Lösung auf etwa 60° und versetzt, nachdem alles Bromat gelöst ist,
mit einem Überschuß einer Natriumbromidlösung (10 g/100 ml). Jetzt kocht man so
lange, bis der Geruch nach Brom vollständig verschwunden ist. Danach werden
nochmals gleiche Mengen beider Reagenzien zugegeben; das Iridiumhydroxid ist
quantitativ gefällt, wenn kein Geruch nach Brom mehr auftritt und sich die Flüssigkeit nicht mehr trübt. Man läßt den Niederschlag in der Wärme absitzen, filtriert
durch ein dichtes Filter, wäscht mit ammoniumnitrathaltigem Wasser sehr sorgfältig
aus, trocknet und erhitzt Filter samt Niederschlag in einem Porzellantiegel unter
Einleiten von Wasserstoff etwa $^1/_2$ Std. auf 160–180° im Luftbad. Nach dem Abkühlen im Wasserstoffstrom wird die Filterkohle bei Luftzutritt verascht und das
Metallpulver anschließend etwa $^1/_4$ Std. im Wasserstoffstrom geglüht. Zur Entfernung der Natriumsalze wird der Glührückstand mehrmals mit heißem, etwas Salpetersäure enthaltendem Wasser ausgezogen; dann wird erneut abfiltriert, ausgewaschen, getrocknet, wie oben beschrieben geglüht und das erhaltene Iridium
ausgewogen.

Das Iridium enthält meist noch etwas Platin. Man chloriert es in einem Quarzschiffchen 1–2 Std. bei 650° (6.4.6.), spült den Inhalt des Schiffchens in ein Becherglas und zieht die Chloride längere Zeit in der Wärme mit verdünntem Königswasser (1 + 2) aus. Das ungelöst bleibende Iridium(III)-chlorid wird abfiltriert, mit
verdünnter Salzsäure (1 + 100) ausgewaschen, getrocknet, mit Wasserstoff reduziert, mit Fluorwasserstoffsäure abgeraucht, erneut reduziert und als Iridium ausgewogen. Zur Gewinnung des Platins wird das Chlorierungsrohr mit verdünnter
Salzsäure ausgespült und die Spüllösung, der Inhalt der Vorlage und der Königswasserauszug des Iridiumchlorids mit dem Filtrat der Bromid-Bromat-Fällung vereinigt. Aus dieser Lösung wird mit Zink (falls erforderlich unter Salzsäurezugabe)

das Platin reduziert. Der Platinschwamm wird in Königswasser gelöst, die Lösung mehrmals mit Salzsäure abgedampft, der Rückstand in verdünnter Salzsäure aufgenommen und aus dieser Lösung das Platin nach 3.3.1. mit Ammoniumchlorid ausgefällt. Platinreste im Filtrat dieser Fällung werden mit Schwefelwasserstoff abgeschieden.

Ausrechnung.

$$\text{mg Ir} = {}^0\!/_{00}\ \text{Ir}$$
$$\text{mg Pt} = {}^0\!/_{00}\ \text{Pt}$$

Fehlermöglichkeiten. Die Reduktion des Iridiumhydroxids muß in der oben angegebenen Weise mit Wasserstoff sehr vorsichtig durchgeführt werden, da sonst die Filterkohle beim Veraschen eine explosionsartige Reaktion verursachen kann.

Literatur. [103/2, S. 574]. – MOSER, L., u. H. HACKHOFER: Mh. Chem. Bd. 59 (1932) S. 54.

6.3.7.2. Trennung mit einer Bleischmelze

Grundlage. Die Probe wird mit Blei legiert. Aus dem Metallkönig löst man mit verdünnter Salpetersäure das Blei. Dem Rückstand entzieht man das Platin mit verdünntem Königswasser, wobei das reine Iridium zurückbleibt.

Anwendungsbereich und Bedeutung. Das Verfahren wird angewandt zur Bestimmung des Iridiums in Platin-Iridium-Legierungen mit maximal 30% Iridium.

Dauer. 2 Tage.

Ausführung. 1,0000 g der dünn ausgewalzten Legierung wird mit etwa 20 g Probierblei im bedeckten Kohletiegel bei etwa 1000° geschmolzen. Den Bleiregulus löst man auf dem Wasserbad in etwa 100 ml Salpetersäure (1 + 7), wobei Platin und Iridium als feines Pulver zurückbleiben. Man dekantiert die Hauptmenge der Bleinitratlösung durch ein dichtes Filter ab, wäscht den Rückstand dekantierend mit heißem Wasser und dann das Filter bis zur Bleifreiheit des ablaufenden Filtrats aus. Das Filter wird nicht verascht, sondern zusammen mit der Hauptmenge des Rückstandes 12 Std. auf dem Wasserbad mit verdünntem Königswasser (1 + 5) behandelt. Dabei geht das Platin in Lösung, das Iridium bleibt als feines hellgraues Pulver zurück. Es wird auf einem harten Filter gesammelt, mit heißer Salzsäure (1 + 10) sorgfältig ausgewaschen, verascht und im Wasserstoffstrom reduziert. Das Iridium wird zur Reinheitsprüfung mit Fluorwasserstoffsäure abgeraucht, ausgewaschen und noch einmal mit Wasserstoff reduziert, ehe die Auswaage erfolgt.

Ausrechnung.

$$\text{mg Ir} = {}^0\!/_{00}\ \text{Ir}$$

Fehlermöglichkeiten. Die feinen Metallpulver, besonders das Iridiumpulver, laufen unter Umständen durch das Filter. Man filtriere stets in einen Erlenmeyerkolben und prüfe das Filtrat sorgfältig. Auch muß man das Becherglas, in dem das Iridium zurückblieb, nach dem quantitativen Ausspülen sorgfältig mit Filterpapier auswischen, da sonst etwas Iridium am Glas hängenbleibt.

Literatur. [101, S. 67ff.].

6.4. Platinbegleitmetalle und deren Legierungen

6.4.1. Vollanalyse des Palladiums auf Edelmetalle

Grundlage. Aus dem in verdünntem Königswasser gelösten Palladium wird mit Diacetyldioxim das Palladiumdiacetyldioxim gefällt und dieses zu Palladium verglüht. Im Filtrat wird das Platin mit Ammoniumhexachloroplatinat(IV) gefällt und zu Platin verglüht. Bei Anwesenheit von Rhodium und Iridium trennt man Platin, Rhodium und Iridium nacheinander ab.

Anwendungsbereich. Das Verfahren dient zur Gehaltsbestimmung im Reinpalladiumschwamm, Palladiumhalbzeug und Zwischenprodukten bei der Platinmetallscheidung.

Dauer. 1–3 Tage.

Ausführung. 0,2500 g Palladiumblech oder -schwamm werden in 10 ml verdünntem Königswasser (1 + 3) im bedeckten Becherglas auf dem Wasserbad gelöst. Die Lösung wird mit 300 ml kaltem Wasser verdünnt und das Palladium mit 60 ml einer Diacetyldioximlösung (1,5 g in 100 ml Äthanol) kalt (Kühlung in fließendem Wasser) gefällt. Man läßt 7 Std. absitzen, saugt über ein doppeltes Weißbandfilter ab und wäscht zuerst mit kaltem, dann fünfmal mit heißem Wasser aus. Das Filter samt Niederschlag wird im Porzellantiegel getrocknet und bedeckt über kleiner Flamme sehr langsam (Mindestdauer 3 Std.) verascht. Man reduziert das Palladium mit leuchtender Flamme, bringt es in ein tariertes Wägeschälchen und wägt. Palladiumbeläge an der Porzellantiegelwand werden mit feuchtem Filtrierpapier abgewischt und das Palladium nach Verbrennen und Reduktion mit der Hauptmenge gewogen. Im Filtrat zerstört man das Diacetyldioxim durch Eindampfen, Kochen mit 40 ml Königswasser und mehrstündiges Stehenlassen. Man dampft zweimal mit Salzsäure ab, reduziert das Platin mit Zink und löst es wieder in Königswasser (6.3.3.). Schließlich fällt man Platin als Ammoniumhexachloroplatinat(IV) nach 3.3.1.

Enthielt das Palladium außer Platin noch Rhodium und Iridium, so wird das Filtrat vom Ammoniumhexachloroplatinat(IV) mit Zink und Salzsäure reduziert. Der beim Verglühen des Platinniederschlags gewonnene, noch nicht reine Platinschwamm wird zusammen mit dem reduzierten Metallpulver der Zinkschmelze unterworfen. Das Metallpulver, das beim Behandeln der Zinklegierung mit Salzsäure übrigbleibt, wird chloriert (6.4.6.). In die Vorlage geht die Hauptmenge des Platins, unter Umständen auch eine Spur des Iridiums; man arbeitet den Inhalt der Vorlage nach 6.3.7.1. durch Hydrolyse mit Bromid-Bromat-Gemisch auf. Der Inhalt des Schiffchens wird mit verdünntem Königswasser (1 + 2) extrahiert. Das Platin(IV)-chlorid löst sich, die unlöslichen Chloride des Rhodiums und Iridiums bleiben zurück. Sie werden nach 6.4.7. getrennt. Die mit Königswasser extrahierten Platinmengen werden mit der von der Iridiumhydroxidfällung abfiltrierten Platinlösung vereinigt und auf Ammoniumhexachloroplatinat(IV) aufgearbeitet, das nach 3.3.1. zu Platin verglüht wird.

Enthält das Palladium außerdem Silber und Gold, so filtriert man zuerst das beim Lösen entstehende Silberchlorid quantitativ ab, dampft mit Salzsäure ab, fällt das Gold mit schwefliger Säure und im Filtrat das Palladium aus Königswasser enthaltender Lösung, wie oben beschrieben.

Ausrechnung.   mg Pd · 4 = $^0/_{00}$ Pd

Fehlermöglichkeiten. Das Palladiumdiacetyldioxim muß sehr langsam verascht werden, sonst geht Palladium verloren. Will man mehr als 0,25 g Palladium analysieren, so wägt man mehrmals je 0,25 g ein, löst und vereinigt die Filtrate zur Bestimmung der übrigen Bestandteile nach der jeweiligen Fällung des Palladiums mit Diacetyldioxim.

Literatur. [101, S. 68 ff.].

6.4.2. Trennung von Palladium und Iridium

Grundlage. Der nach dem Lösen mit Königswasser verbleibende iridiumreiche Rückstand wird chloriert und mit Königswasser extrahiert. Ein Rückstand wird durch die Zinkschmelze aufgeschlossen, in Salzsäure gelöst und ebenfalls chloriert. Aus dem Filtrat der in Königswasser gelösten Einwaage wird die Hauptmenge des Palladiums als Palladiumdiactyldioxim gefällt, der Rückstand einer Zinkschmelze unterzogen und das Filtrat der Palladiumdiacetyldioximfällung chloriert, zersetzt und der Metallschwamm zusammen mit dem Filtrat chloriert. Die Restmengen Palladium werden mit Königswasser ausgezogen und gefällt, das Iridium als Metall bestimmt.

Anwendungsbereich und Bedeutung. Man benutzt das Verfahren bei der Analyse von Halbzeug, Fertigware und Schrott aus Palladium-Iridium-Legierungen, z. B. Spinndüsen.

Dauer. 2 Tage.

Ausführung. Die Einwaage von maximal 0,2500 g wird in Königswasser gelöst. Man verdünnt die klare Lösung auf 600 ml und fällt mit Diacetyldioximlösung (1,5 g in 100 ml Äthanol) das Palladium nach 3.4.1. Aus dem Filtrat der Palladiumfällungen wird nach dem mehrmaligen Abrauchen mit Salzsäure zur Entfernung der Salpetersäure das Iridium mit Zink ausgefällt und nach dem Chlorieren nach 3.5.1. weiterbehandelt.

Das Filtrat dampft man nach Zersetzung des Diacetyldioxims zur Trockne ein, nimmt mit Salzsäure auf und reduziert sorgfältig mit Zink. Der Iridiumschwamm wird filtriert, ausgewaschen, schwach geglüht und im Schiffchen unter Anwesenheit von etwas Kohlenoxid bei 600° chloriert. Das Iridium(III)-chlorid wird zur Reinigung mit verdünntem Königswasser (1 + 3) heiß ausgezogen, dann reduziert und ausgewogen.

Bleibt beim Lösen der Substanz in Königswasser ein iridiumreicher Rückstand, so wird dieser abfiltriert, mit Zink geschmolzen (S. 164), der Zinkregulus mit Salzsäure zersetzt, der Metallschwamm abfiltriert und wie oben beschrieben chloriert. Aus den Chloriden wird das Palladiumchlorid mit verdünntem heißen Königswasser ausgezogen, als Palladiumdiacetyldioxim gefällt und als Palladium gewogen.

Ausrechnung.
$$\text{mg Pd} \cdot 4 = {}^o\!/_{oo} \text{ Pd}$$
$$\text{mg Ir} \ \cdot 4 = {}^o\!/_{oo} \text{ Ir}.$$

Fehlermöglichkeiten. Siehe Einzelbestimmung Palladium (6.4.1.) und Iridium (3.5.1.).

Literatur. [101, S. 68 f.]. – [103/2, S. 584 ff.]. – Betriebsverfahren der Firmen Degussa, Frankfurt; Doduco, Pforzheim; W. C. Heraeus, Hanau.

6.4.3. Vollanalyse des Rhodiums auf Edelmetalle

Grundlage. Fein verteiltes Rhodiumpulver wird durch Glühen im Chlorstrom in nichtflüchtiges, unlösliches Rhodium(III)-chlorid übergeführt, kompaktes Rhodium zuvor durch eine Zinkschmelze fein verteilt. Dem Chlorierungsprodukt entzieht man andere Metallchloride mit Königswasser, das Rhodiumchlorid wird im Wasserstoffstrom zum Metall reduziert.

Iridium verbleibt beim Rhodium und wird aus der Lösung der Natriumhexachlorodoppelsalze durch Titan(III)-chloridfällung abgetrennt.

Bei Anwesenheit von Ruthenium destilliert man nach dem Kaliumhydroxid-Kaliumnitrat-Aufschluß das Ruthenium im Chlorstrom ab, reduziert den Destillationsrückstand mit Zink und verfährt weiter wie oben.

Anwendungsbereich und Bedeutung. Das Verfahren wird angewandt zur Reinheitsbestimmung und Analyse von Rhodiumpulver und von Halbzeug und Schrott aus technisch reinem Rhodium, z. B. Heizleitern.

Dauer. 1–2 Tage.

Ausführung. 1,0000 g der zu untersuchenden Substanz wird, falls sie nicht schon in feinverteilter Form vorliegt, einer Zinkschmelze unterworfen (s. S. 164). Die Zinklegierung wird mit verdünnter Salzsäure (1 + 1) zersetzt; dabei bleiben die Platinmetalle als Pulver zurück. Sie werden in ein Quarzschiffchen gebracht und im Chlorstrom 1–2 Std. auf etwa 700° erhitzt. Man läßt im Chlorstrom erkalten, verdrängt das Chlor durch Luft, überführt den Inhalt des Schiffchens in ein Becherglas und zieht die Chloride mit verdünntem Königswasser (1 + 3) längere Zeit in der Wärme aus. Dabei gehen Platin, Palladium und Gold als Chloride in Lösung; das Rhodium(III)-chlorid bleibt quantitativ zurück. Es wird abfiltriert, mit salzsäurehaltigem Wasser gut ausgewaschen und kann im Wasserstoffstrom zu Metall reduziert und als solches gewogen werden. Genauer ist es aber, wenn man das Rhodiumchlorid mit der 10fachen Menge Natriumchlorid mischt, bei 700–850° im Chlorstrom in Natriumhexachlororhodiat(III) überführt und dieses in Wasser löst. Aus der mit Salzsäure angesäuerten klaren Lösung fällt man das Rhodium durch Reduktionsmittel aus (3.6.1.).

Ist Iridium anwesend, so wird die Natriumchloridschmelze in Wasser gelöst, die Lösung mit Schwefelsäure abgeraucht und dann das Rhodium mit Titan(III)-chlorid vom Iridium getrennt (6.4.7.).

Fehlermöglichkeiten. Chloriert man bei Temperaturen über 750°, so können Rhodiumverluste auftreten; chloriert man zu kurze Zeit, so bleiben Metallreste beim Rhodium(III)-chlorid. Daher soll man die Chlorierung bis zur Gewichtskonstanz des Rhodium(III)-chlorids wiederholen. Das zum Ausziehen des Chlorierungsproduktes benutzte Königswasser soll mindestens mit dem doppelten Volumen Wasser verdünnt sein, da sonst geringe Mengen von Rhodium in Lösung gehen könnten.

Literatur. [101, S. 68ff.]. – [103/2, S. 574].

6.4.4. Vollanalyse des Rutheniums auf Edelmetalle

Grundlage. Das feinverteilte Metall wird mit Kaliumhydroxid und Kaliumnitrat bei Rotglut geschmolzen und die Schmelze in Wasser gelöst. Aus der stark alkalischen Lösung wird das Ruthenium im Chlorstrom als flüchtiges Ruthenium-(VIII)-oxid überdestilliert und in mit Salzsäure beschickten Vorlagen quantitativ aufgefangen. Osmium wird vor dem Ruthenium im Luftstrom abdestilliert (6.4.5.b).

Anwendungsbereich und Bedeutung. Das Verfahren dient zur Gehaltsbestimmung von Ruthenium und zum Aufschluß aller Ruthenium enthaltenden Legierungen, z.B. Federspitzenmaterial.

Dauer. $1^1/_2$ Tage.

Ausführung. Der Aufschluß kann im Nickel-, Silber- oder Goldtiegel durchgeführt werden. Alle drei Tiegelwerkstoffe werden dabei merklich angegriffen, man wählt daher denjenigen Tiegelwerkstoff, dessen Bestandteile nicht im Analysengut bestimmt werden sollen. Auf 1,0000 g feinverteilte Einwaage nimmt man bei rutheniumreichem Analysengut etwa 8 g Kaliumhydroxid und 1 g Kaliumnitrat. Man gibt zuerst etwas Kaliumhydroxid in den Tiegel, dann das Analysengut zusammen mit Kaliumhydroxid und Kaliumnitrat. Zum Schluß wird mit etwas Kaliumnitrat und Kaliumhydroxid abgedeckt. Die Temperatur darf nur langsam gesteigert werden, damit der Aufschluß ruhig und glatt verläuft und Verluste durch Aufschäumen (Sauerstoffentwicklung) vermieden werden. Man erhitzt bis zu mäßiger Rotglut und läßt zum Schluß noch $^1/_2$ Std. im bedeckten Tiegel ruhig schmelzen. Der Tiegel wird durch Eintauchen in kaltes Wasser abgeschreckt, so daß sich der Schmelzkuchen beim Stürzen des Tiegels leicht herauslöst. Den Schmelzkuchen bringt man in ein Destilliergefäß, löst ihn in kaltem Wasser und verbindet das Gefäß mit 3 hintereinandergeschalteten Vorlagen (s. Abb. 42). Die erste wird mit Salzsäure (1 + 1) beschickt und gekühlt; die beiden anderen Vorlagen enthalten ebenfalls Salzsäure (1 + 1), der noch 10% Alkohol zugesetzt wurden. Nun wird ein rascher Chlorstrom bis zur Sättigung (über der Lösung soll gelbgrünes Chlor sichtbar sein) durch die Apparatur geleitet; während dieser Zeit wird der Destillierkolben gekühlt. Man setzt dann dem Chlor etwas Luft zu, stellt die Kühlung ab und erwärmt das Destilliergefäß langsam bis zum Sieden. Sobald das Verbindungsrohr zwischen Destilliergefäß und erster Vorlage durch übergehenden Wasserdampf heiß wird, stellt man die Heizung und das Chlor ab und leitet Luft bis zum Erkalten durch die Apparatur. Die erste, vom Ruthenium(VIII)-oxid tiefbraun gefärbte Vorlage wird gegen eine neue Vorlage mit frischer Salzsäure (1 + 1) ausgewechselt;

man macht den Inhalt des Destillationsgefäßes durch Zugabe von Natriumhydroxid noch einmal stark alkalisch und leitet wiederum Chlor ein. Färbt sich die neue Vorlage braun, so gehen noch nennenswerte Mengen Ruthenium über und die zweite Destillation muß sorgfältig zu Ende geführt werden. Es wird nur in den seltensten Fällen notwendig sein, die Salzsäure in der Vorlage ein drittes Mal zu erneuern.

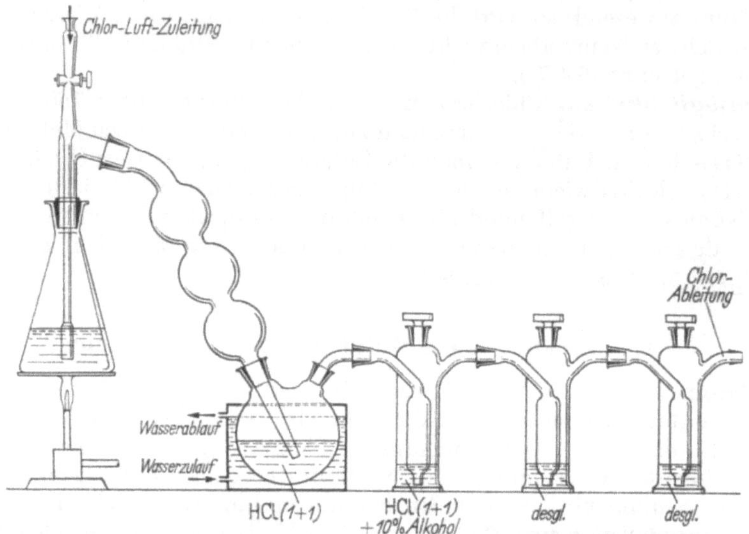

Abb. 42. Gefäß mit drei hintereinandergeschalteten Vorlagen für die Rutheniumanalyse

Die Lösungen aller vier Vorlagen werden nach beendeter Destillation vereinigt, weitgehend eingedampft, dann in eine Porzellanschale gebracht und vorsichtig zur Trockne eingedampft. Die Weiterbehandlung bis zur Auswaage ist in 3.7.2. beschrieben. Der Inhalt des Destillationskolbens wird angesäuert und mit Zink reduziert. Fällt ein Metallschwamm aus, so wird er nach der zur Platinvollanalyse gegebenen Vorschrift (6.3.1.) weiterverarbeitet.

Ausrechnung.   mg Ru = $^0/_{00}$ Ru

Fehlermöglichkeiten. Ruthenium(VIII)-oxid wird von organischen Substanzen, Staub, Alkohol usw. gelegentlich explosionsartig zersetzt. Die Destillationsgefäße und die erste Vorlage müssen also peinlich sauber sein!

Kein Fett an die Schliffverbindungen! Ist das Osmium nicht vorher entfernt worden, so geht es mit dem Ruthenium bei der Destillation über (6.4.5 b).

Literatur. WÖHLER, L., u. L. METZ: Z. anorg. allg. Chem. Bd. 149 (1925) S. 317. – [101, S. 68 ff.]. – [103/2, S. 584].

6.4.5. Vollanalyse des Osmiums auf Edelmetalle

a) bei Abwesenheit von Ruthenium

Grundlage. Frisch reduziertes Osmiumpulver wird im Sauerstoffstrom als Oxid verflüchtigt. Die Differenz zwischen dem reduzierten Osmiumpulver und dem wieder reduzierten Verbrennungsrückstand ergibt den Osmiuminhalt. Das flüchtige Osmium-(VIII)-oxid fängt man in Natriumhydroxidlösung auf und bestimmt das Osmium nach 3.8.1.

Anwendungsbereich und Bedeutung. Das Verfahren ist zur Gehaltsbestimmung von Osmiumpulver nur bei Abwesenheit von Ruthenium und bei hohen Osmiumgehalten anwendbar. Bei kleineren Einwaagen wird das verflüchtigte und in der Vorlage absorbierte Osmium bestimmt. Hat man große Mengen Substanz zur Verfügung, so bestimmt man das Osmium genauer aus der Differenz zwischen einer (großen) Einwaage und dem Gewicht des wieder reduzierten Destillationsrückstandes.

Dauer. 1 Tag.

Ausführung. 10 g Osmiumpulver werden in ein bis zum konstanten Gewicht geglühtes Porzellanschiffchen eingewogen und dann im Rohrofen bei 700° mit Wasserstoff reduziert. Man läßt im Wasserstoffstrom erkalten, verdrängt den Wasserstoff durch Kohlendioxid und wägt aus. Die Differenz zwischen Ein- und Auswaage ist der Reduktionsverlust und ergibt den Gehalt des Osmiumpulvers an Sauerstoff und Feuchtigkeit. Das Schiffchen wird wieder in das Rohr gebracht; es ist mit drei hintereinandergeschalteten Waschflaschen verbunden, die mit Natriumhydroxidlösung (20 g in 100 ml) beschickt sind. Jetzt wird im Sauerstoffstrom langsam erhitzt. Nachdem die Hauptmenge des Osmium(VIII)-oxids bereits bei 600° übergegangen ist, steigert man die Temperatur auf 800–850°. In etwa 3 Std. ist die Destillation beendet. Man trennt die Vorlagen vom Rohr, verdrängt den Sauerstoff durch Kohlendioxid, reduziert den Rückstand im Porzellanschiffchen im Wasserstoffstrom, spült mit Kohlendioxid nach und wiederholt die Oxydation, diesmal bei 1000°. Zum Schluß wird der Schiffcheninhalt reduziert und ausgewogen. Die Differenz zwischen dem Gewicht der Einwaage und dem des reduzierten Rückstandes, der Auswaage, ergibt den Osmiuminhalt der Probe. Bei kleinen Einwaagen von 1 g und weniger wird nach beendeter Destillation das Osmium in den Vorlagen bestimmt, wie unter 3.8.1. beschrieben ist.

Ausrechnung.

$$\frac{\text{Reduzierte Einwaage in g} - \text{reduzierte Auswaage in g}}{10} \cdot 1000 = {}^0\!/\!_{00}\ \text{Os}$$

Fehlermöglichkeiten. Bei größeren Osmiummengen beginnt man die Oxydation mit Luft statt mit Sauerstoff, damit die Temperatur bei Beginn der stark exothermen Verbrennung nicht zu rasch ansteigt. Die Rohre aus Quarzglas müssen weit genug sein; engere Rohre verstopfen sich, wenn sich Osmium(VIII)-oxidkristalle in den kälteren Teilen der Apparatur ansetzen. Angesetzte Osmium(VIII)-oxidkristalle können durch Fächeln mit der Flamme leicht in die Vorlagen getrieben werden. Es ist zweckmäßig, die Apparatur mittels einer Wasserstrahlpumpe unter geringem Unterdruck zu halten. Rhenium geht mit dem Osmium als Rhenium(VIII)-oxid in die Vorlagen. Etwa anwesendes Ruthenium wird teils mitverflüchtigt, teils bleibt es im Schiffchen und hält etwas Osmium hartnäckig fest. Feuerfeste Oxide wie Tonerde, Titan(IV)-oxid, Tantal(V)-oxid und Wolframsäure halten ebenfalls das Osmium hartnäckig fest; sie werden außerdem durch Glühen im Wasserstoff nicht reduziert.

b) Vollanalyse rutheniumhaltigen Osmiums und Ruthenium-Osmium-Trennung

Grundlage. Das feinverteilte Metall wird mit Kaliumhydroxid und Kaliumnitrat bei Rotglut oxydierend geschmolzen. Das beim Ansäuern der wässerigen Lösung dieser Schmelze mit Salpetersäure entstehende Osmium(VIII)-oxid wird im Luftstrom in eine mit Natriumhydroxid beschickte Vorlage überdestilliert. Ruthenium bleibt im Destillationskolben zurück.

Anwendungsbereich und Bedeutung. Dieses Verfahren dient zur Osmiumbestimmung in allen den Fällen, in denen die Methode a) nicht brauchbar ist, also bei den Ruthenium enthaltenden Osmiumlegierungen, z.B. Federspitzen und allen osmiumarmen Rückständen und Gekrätzen.

Dauer. $1^1/_2$ Tage.

Ausführung. Der Kaliumhydroxid-Kaliumnitrat-Aufschluß wird, wie beim Ruthenium (6.4.4.) beschrieben, durchgeführt. Weil Osmium ein höheres Atomgewicht hat, genügen für 1,0000 g Einwaage 4 g Kaliumhydroxid und 1 g Kaliumnitrat. Der Schmelzkuchen wird in einem Destillationskolben in kaltem Wasser gelöst. Die drei wassergekühlten Vorlagen sind mit Natriumhydroxid (20 g/100 ml) beschickt. Man läßt durch einen Tropftrichter 20–50 ml Salpetersäure (1,4) bis zur sauren Reaktion ins Destilliergefäß tropfen. Gleichzeitig saugt man einen langsamen Luftstrom durch die Apparatur. Er führt das freiwerdende Osmium(VIII)-oxid in die Vorlagen mit. Man erhitzt dann die salpetersaure Lösung bis zum Kochen und dampft sie unter Abdestillieren ein. Wenn die Hauptmenge des Wassers verdampft ist, ist das Osmium quantitativ überdestilliert. Die Salpetersäuremenge ist so zu bemessen, daß die Lösung am Ende des Eindampfens nicht mehr als 40 Vol.-% an Salpetersäure (1,4) enthält; bei höheren Konzentrationen beginnt etwas Ruthenium überzugehen.

Das in den Vorlagen absorbierte Osmium(VIII)-oxid wird nach der in 3.8.1. angegebenen Vorschrift weiterbehandelt und zur Auswaage gebracht.

Der Destillationsrückstand wird in einem Quarzkolben mit Schwefelsäure abgeraucht, bis die Salpetersäure verjagt ist. Der Kolben muß dauernd geschwenkt werden, damit der Inhalt nicht spritzt. Nach dem Erkalten und Verdünnen werden die Platinmetalle mit Zink ausreduziert. Mit dem Metallschwamm führt man nochmals eine Kaliumhydroxid-Kaliumnitrat-Schmelze durch, löst in Wasser und destilliert das Ruthenium mit Chlor nach 6.4.4. ab und bringt es nach 3.7.2. zur Auswaage.

Ausrechnung.   mg Os = $^0/_{00}$ Os

Fehlermöglichkeiten. Wird die zulässige Endkonzentration der Salpetersäure von 40 Vol.-% konzentrierter Salpetersäure überschritten, so destilliert auch ein Teil des Rutheniums über. Dieses Ruthenium kann bis auf geringeVerluste wiedergewonnen werden; wird das gewogene Osmium zur Kontrolle im Sauerstoffstrom in einer Quarzapparatur verflüchtigt, so bleibt das Ruthenium fast quantitativ zurück. Es wird mit Fluorwasserstoffsäure abgeraucht und zusammen mit dem aus dem Destillationsrückstand reduzierten Ruthenium aufgearbeitet.

Literatur. GILCHRIST, R.: Bur. Stand. J. Res. (1931) S. 446. – [101, S. 68 ff.]. – [103/2, S. 573].

6.4.6. Vollanalyse des Iridiums auf Edelmetalle

Grundlage. Kompaktes Iridium wird durch eine Zinkschmelze fein zerteilt und durch Glühen im Chlorstrom in nichtflüchtiges Iridiumchlorid übergeführt. Mit verdünntem Königswasser werden die Chloride des Platins, Palladiums und Goldes herausgelöst und diese Metalle einzeln bestimmt.

Rhodium wird vom Iridium mit Titan(III)-chlorid abgetrennt.

Ist Ruthenium zugegen, so beginnt man mit dem Ätzkali-Kaliumhydroxid-Kaliumnitrat-Aufschluß mit anschließender Destillation im Chlorstrom (6.4.4.). Der Destillationsrückstand wird mit Zink reduziert, die Platinmetalle werden chloriert und wie oben getrennt.

Dauer. 3 Tage oder länger.

Anwendungsbereich. Man braucht die Methode zur Analyse von technisch reinem Iridiumpulver und von Halbzeug und Schrott aus Iridium oder Platin-Iridium-Legierungen mit mehr als 30% Iridium.

Ausführung. Die Einwaage von 1,0000 g wird mittels Zinkschmelze (S. 164) legiert und die Legierung mit Salzsäure (1 + 1) zersetzt und abfiltriert. Der Metallschwamm wird in einem Quarzschiffchen im Rohrofen im Chlorstrom, dem etwas Kohlenoxid zugesetzt wird, auf 600° erhitzt Man hält 1–2 Stunden auf dieser Temperatur; Platin geht teilweise flüchtig und wird in einer mit verdünnter Salzsäure beschickten Vorlage aufgefangen. Ein Teil des Platins schlägt sich als gelblicher Beschlag in den kälteren Teilen des Rohres nieder. Man läßt im Chlorstrom erkalten, verdrängt das Chlor durch Luft und entnimmt das Schiffchen dem Ofen. Der Inhalt des Schiffchens wird in ein Becherglas gepinselt und mit heißem verdünnten Königswasser (1 + 2) ausgezogen. Zurück bleibt das unlösliche olivgrüne Iridiumchlorid, während das gesamte Platin, Palladium und Gold in Lösung gehen. Das Iridiumchlorid wird abfiltriert und kann direkt mit Wasserstoff zu Metall reduziert werden. Zur Reinheitsprüfung mischt man das Iridiumchlorid mit Natriumchlorid, chloriert es bei 700–850° zu Natriumhexachloroiridiat(III), löst dies in Wasser und fällt aus der klaren Lösung Iridium mit Reduktionsmitteln aus (3.5.1). Ist Rhodium zugegen, so ist das unlösliche Rhodium(III)-chlorid dem Iridiumchlorid beigemischt. Man trennt Rhodium vom Iridium durch Schmelzen der Chloride mit Natriumchlorid und Chlor, Abrauchen der wässerigen Lösung mit Schwefelsäure und Ausfällen des Rhodiums mit Titan(III)-chlorid (6.4.7.).

Die vom Iridiumchlorid abfiltrierten Königswasserauszüge werden mit der Vorlage bei der Chlorierung und mit der Spüllösung vereinigt, die man durch Ausspritzen des Chlorierungsrohres mit verdünntem Königswasser (1 + 2) erhält. Zur Sicherheit prüft man die Lösung qualitativ nach LECOQ DE BOISBAUDRAN auf Iridium, indem man sie mit einem Überschuß von konzentrierter Schwefelsäure so lange erhitzt, bis dicke Schwefelsäurenebel entweichen. Man läßt etwas abkühlen und gibt in kleinen Mengen festes Ammoniumnitrat zu; dann erhitzt man wieder und gibt noch einige Male etwas Ammoniumnitrat zu. Die Anwesenheit von Iridium ist an der kräftigen Blaufärbung der Lösung zu erkennen. Nachweisgrenze: 1 μg.

Ist noch Iridium vorhanden, so trennt man es mittels Bromid-Bromat-Gemisch als Iridiumhydroxid ab, chloriert das ausgewaschene Iridiumhydroxid und wägt es als Iridiumchlorid aus. Im Filtrat der Bromid-Bromat-Fällung werden Platin, Palladium und Gold nach 6.3.3. getrennt und bestimmt.

Ausrechnung. Die ausgewogenen Milligramm Edelmetall geben die Gehalte in $^o/_{oo}$ an.

Fehlermöglichkeiten. Es empfiehlt sich, die Chlorierung bis zur Gewichtskonstanz des Iridiumchlorids zu wiederholen, weil gelegentlich nicht alles Metall in Chlorid umgewandelt wird. In diesem Fall gelingt es nicht, die Platin- und andere Metallchloride mit verdünntem Königswasser quantitativ auszuziehen.

Tritt bei der Chlorierung ein schwarzbrauner Beschlag im Rohr auf, so ist Ruthenium zugegen. Man entfernt in diesem Fall das Ruthenium vorher durch Kaliumhydroxid und Kaliumnitrat mit anschließender Destillation im Chlorstrom (6.4.4.).

Literatur. [101, S. 68ff.]. – [103/2, S. 573]. – LECOQ DE BOISBAUDRAN: Compt. Rend. Bd. 96 (1883) S.1338.

6.4.7. Trennung von Rhodium und Iridium

Einzelbestimmung beider Metalle

Grundlage. Die durch eine Zinkschmelze und anschließende Zersetzung durch Salzsäure fein zerteilte Einwaage wird chlorierend geglüht; Rhodium und Iridium gehen in die unlöslichen Trichloride über. Man zieht die anderen Edelmetalle mit verdünntem Königswasser aus, schließt die Chloride mit Natriumchlorid und Chlor auf und löst sie in Wasser. Nach dem Abrauchen mit konzentrierter Schwefelsäure wird das Rhodium mit Titan(III)-chloridlösung reduziert; das Iridium im Filtrat wird mit Ammoniak gefällt, vom Titan(IV)-oxid im Chlorstrom befreit und das Iridiumchlorid durch Schmelzen mit Natriumchlorid und Chlor wasserlöslich und bestimmbar gemacht.

Anwendungsbereich und Bedeutung. Die Methode wendet man an zur Analyse von Rhodium-Iridium-Legierungen und zur Trennung von Iridium und Rhodium in Zwischenprodukten der Vollanalyse und der Scheidung.

Dauer. 3 Tage.

Ausführung. Die durch Zinkschmelze und anschließende Zersetzung durch Salzsäure fein zerteilte Legierung (6.3.6.) wird im Quarz- oder Porzellanschiffchen im Chlorstrom bei 600–650° chloriert (6.4.3.). Aus dem Reaktionsprodukt zieht man die Chloride von Palladium, Gold und Platin mit heißem verdünntem Königswasser (1 + 2) aus und filtriert. Der Rückstand wird scharf getrocknet und das Filter verascht. Im Filtrat sind Platin, Palladium und Gold enthalten; zu ihrer Bestimmung verfährt man nach der in 6.3.3. angegebenen Vorschrift.

Der Rückstand besteht aus den unlöslichen Chloriden des Rhodiums und Iridiums zusammen mit der Filterasche. Er wird mit der 10fachen Menge Natriumchlorid gemischt und im Chlorstrom bei 700–850° schmelzend aufgeschlossen. Der erkaltete Schmelzkuchen wird in Wasser gelöst; bleibt dabei ein Rückstand, so muß er abfiltriert und ein zweites Mal mit Natriumchlorid und Chlor behandelt werden. Die wässerige Lösung der Natriumhexachlorosalze wird in einem 500 ml-Erlenmeyerkolben aus Quarzglas mit 20 ml Schwefelsäure (1,84) über freier Flamme abgeraucht, bis weiße Schwefelsäurenebel entweichen. Die Lösung muß klar sein. Man gießt sie nach dem Erkalten in ein 400 ml-Becherglas und verdünnt vorsichtig (!) mit Wasser auf etwa 200 ml. Dann wird in der Hitze Titan(III)-chloridlösung (20 g/100 ml) in kleinen Mengen zugegeben. Hierdurch wird das Rhodium als Metall gefällt; Iridium bleibt in Lösung. Man kocht 2 min auf, filtriert und wäscht mit Schwefelsäure (1,5 ml/ 100 ml) aus. Zur Entfernung von anhaftendem und eingeschlossenem Iridium wird der ausgewaschene Rhodiumniederschlag noch naß mit dem Filter in heißer Schwefelsäure (1,84) gelöst, wobei man die Filterreste mit einigen Milliliter roter rauchender Salpetersäure oxydiert. Man raucht mit Schwefelsäure bis zur Nebelbildung ab, kühlt, verdünnt mit etwas Wasser, wobei Stickstoffoxide entweichen, raucht noch einmal bis zur Nebelbildung ab, verdünnt wieder und fällt das Rhodium erneut mit Titan(III)-chlorid. Es wird wie oben aufgekocht, abfiltriert und ausgewaschen. Filter und Niederschlag werden unter einer Ammoniumchloriddecke verascht und geglüht. Der Rhodiumschwamm wird anschließend langsam im Chlorstrom bis auf 650° erhitzt, wobei man dem Chlor Kohlendioxid beimischt, damit etwa anhaftendes Titan(IV)-oxid verflüchtigt wird; das gewonnene Rhodiumchlorid wird mit Königswasser (1 + 2) ausgezogen und verglüht, dann mit Wasserstoff reduziert und nach dem Abrauchen mit Flußsäure als Rhodium gewogen.

Filtrate und Waschwässer der beiden Rhodiumfällungen werden vereinigt und auf ein Volumen von nicht mehr als 1 l eingedampft. Man fügt 50 ml Salzsäure (1,19) und geraspeltes Zink hinzu und läßt die Zinkreduktion bei Kochtemperatur 1 bis 2 Std. gehen, wobei nach und nach noch weitere 50 ml Salzsäure (1,10) und Zink nach Bedarf zugegeben werden. Zum Schluß reduziert man mit einem Löffelchen Magnesiumspäne nach und filtriert. Das Filtrat ist noch einmal mit Zink und Magnesium auf Vollständigkeit der Zementation zu prüfen. Die abfiltrierte Zinkfällung wird vorsichtig verascht und mit Wasserstoff reduziert. Dieses Rohiridium wird wieder unter Kohlenoxidzusatz chloriert, mit verdünntem Königswasser ausgezogen und nach dem Abfiltrieren verglüht. Nach der Wasserstoffreduktion und Flußsäureabrauchung kann das Iridium ausgewogen werden.

Ausrechnung.

$$\frac{\text{mg Rhodium}}{\text{Einwaage in g}} = {}^{0}/_{00}\ \text{Rh}$$

$$\frac{\text{mg Iridium}}{\text{Einwaage in g}} = {}^{0}/_{00}\ \text{Ir}$$

Differenzanalyse. Einfacher und schneller kommt man zum Ziel, wenn man zunächst die Summe von Iridium und Rhodium bestimmt, indem man die mit verdünntem Königswasser ausgezogenen Chloride des Iridiums und Rhodiums verglüht, reduziert, mit Flußsäure abraucht und dann wiegt. Aus diesem Material wird nach dem chlorierenden Kochsalzaufschluß mittels Titan(III)-chloridfällung der Rhodiumwert erstellt und der Iridiumgehalt als Differenz errechnet. Jedoch können sich bei ungünstigen Mengenverhältnissen erhebliche Fehler einschleichen.

Fehlermöglichkeiten. Die Trennung ist schwierig und setzt einige Übung voraus. R. GILCHRIST und E. WICHERS, die die Rhodiumfällung mit Titan(III)-chlorid entwickelt haben, fällen das Titan aus den Rhodiumfiltraten mit Kupferron, was sehr zeitraubend ist. Die oben angegebene Zinkfällung führt schneller zum Ziel. Allerdings läßt sich hierbei Iridium schwerer als die anderen Edelmetalle reduzieren. Man muß die Filtrate dieser Fällungen sorgfältig nachreduzieren, um alles Iridium zu erfassen. Die unter 8.2.4. angegebene Rhodium-Iridium-Trennung, die auf der geringen Löslichkeit des Ammoniumhexachlororhodiats beruht, gibt nur bei günstiger Verteilung der beiden Metalle brauchbare Werte.

Literatur. GILCHRIST, R., u. E. WICHERS: J. Am. Chem. Soc. Bd. 57 (1935) S. 2565 ff. – [103/2, S. 584]. – Betriebsverfahren der Firma W. C. Heraeus GmbH, Hanau.

6.4.8. Trennung von Osmium und Iridium

Grundlage. Das natürlich vorkommende Osmiridium enthält außer Osmium und Iridium noch Ruthenium, Rhodium, Platin und Gold, meist auch ein wenig Palladium. Nach einer Zinkschmelze und dem Kaliumhydroxid-Kaliumnitrat-Aufschluß des feinverteilten Materials wird Osmium aus saurer Lösung und das Ruthenium im Chlorstrom abdestilliert (6.4.5b. bzw. 6.4.4.). Im Destillationsrückstand werden die übrigen Edelmetalle nach 6.3.1. bestimmt.

Anwendungsbereich und Bedeutung. Die Methode dient zur Analyse von natürlichem Osmiridium und von allen Legierungen, die Osmium und Ruthenium neben anderen Edel- und Unedelmetallen enthalten.

Dauer. Mehrere Tage, je nach der Zahl der Komponenten.

Ausführung. Der Analysengang besteht in einer Aneinanderreihung der in den Abschn. 6.3. u. 6.4. gegebenen Aufschluß-, Reinigungs- und Bestimmungsverfahren. Man beginnt mit der Zinkschmelze der Einwaage und Salzsäurezersetzung der Legierung und schließt den Kaliumhydroxid-Kaliumnitrat-Aufschluß des Metallschwamms und die nasse Destillation des Osmiums an. Der Inhalt der Vorlage wird mit Schwefelwasserstoff gesättigt, Osmiumsulfid fällt aus und wird nach 3.8.1. aufgearbeitet. Der Inhalt des Destillationskolbens wird mit Schwefelsäure abgeraucht, bis er salpetersäurefrei ist. Aus dieser Lösung reduziert man die Platinmetalle mit Zink aus. Der Metallschwamm wird mit Kaliumhydroxid-Kaliumnitrat aufgeschlossen, in Wasser gelöst und das Ruthenium im Chlorstrom abdestilliert. Nun folgen Reduktion des Destillationsrückstandes mit Zink und verdünnter Salzsäure, Aufschluß des Metallschwamms mit Natriumchlorid und Chlor, Lösen der Schmelze in Wasser, Fällen von Gold mit schwefliger Säure, Fällen von Palladium mit Diacetyldioxim, Abtrennen des Platins von Rhodium und Iridium nebst Fällen von Ammoniumhexachloroplatinat(IV) und Trennung des Rhodiums vom Iridium. Der Arbeitsgang ist in Abb. 43 fließbildartig dargestellt.

Ausrechnung.

$$\frac{\text{mg Edelmetall}}{\text{Einwaage in g}} = {}^{0}/_{00} \text{ Edelmetall}$$

Fehlermöglichkeiten. Siehe Angaben bei den Einzelverfahren.

Literatur. [101, S. 68]. – [103/2]. – Betriebsverfahren der Firmen Degussa, Frankfurt; W. C. Heraeus GmbH, Hanau.

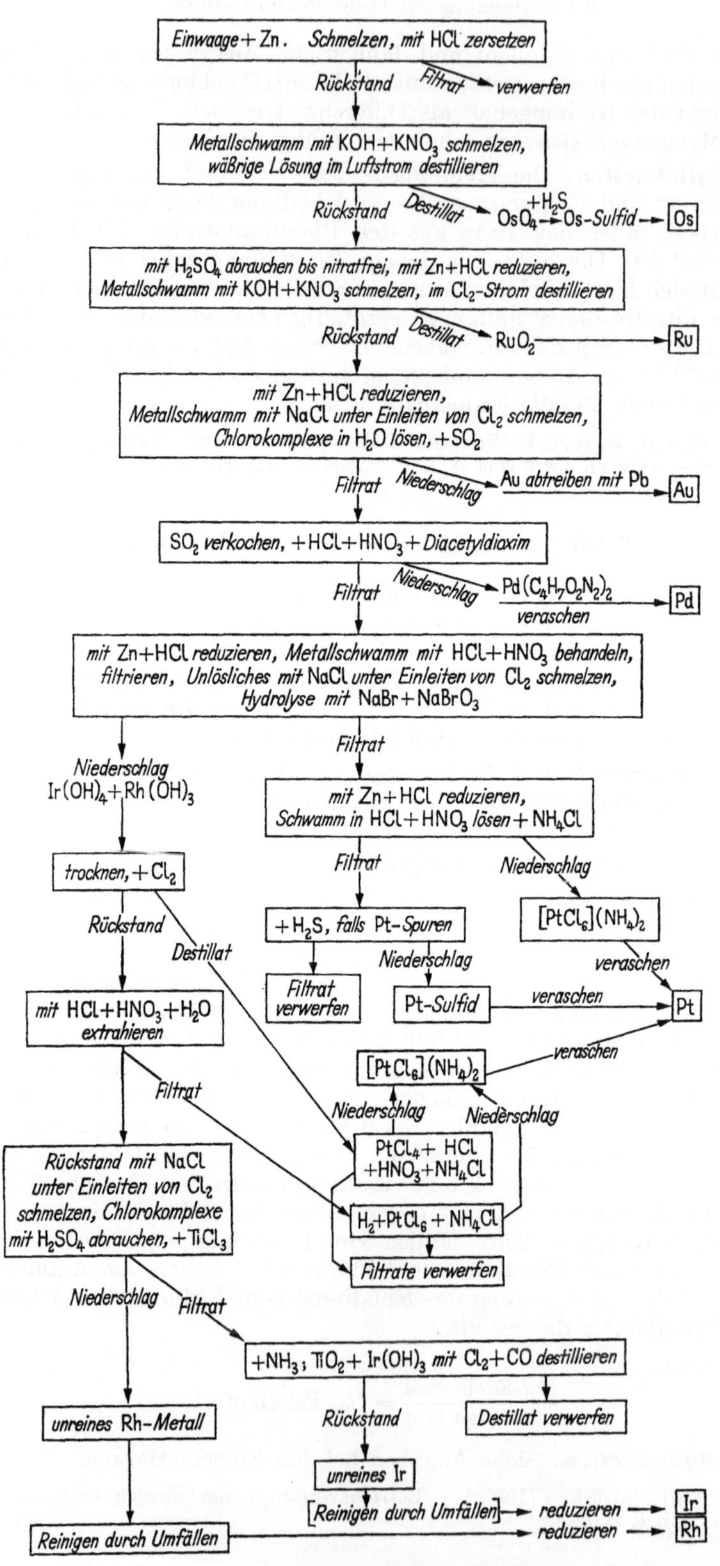

Abb. 43. Fließschema zur Analyse von Osmiridium

7. Röntgenfluoreszenzanalyse von Edelmetallen

Das Röntgenfluoreszenzverfahren hat in der Metallindustrie erst etwa in den letzten 10 Jahren eine weite Verbreitung gefunden. Die Bedeutung, die dieser Analysenmethode heute zukommt, ist an der großen Zahl der mittlerweile erschienenen Veröffentlichungen zu erkennen. Demgegenüber ist die Anzahl der Arbeiten, die sich speziell mit der Röntgenfluoreszenzanalyse von Edelmetallen befassen, unverhältnismäßig klein, obwohl gerade auf diesem Gebiet (wegen der oft sehr zeitraubenden klassischen Analysenmethode) besonders günstige Anwendungsmöglichkeiten für das Röntgenfluoreszenzverfahren gegeben zu sein scheinen. Tatsächlich ist diese neue Analysenmethode in der Edelmetallindustrie noch ganz in der Entwicklung begriffen. Trotzdem soll im folgenden ein Überblick über die wichtigsten einschlägigen Veröffentlichungen gegeben werden. Eine Einführung in die Grundlagen und Methoden der Röntgenfluoreszenzanalyse findet sich in einem Buch von BIRKS[1].

7.1. Bestimmung in Pulvern

Schon ziemlich alt ist der Versuch, einige Edelmetalle in Pulverproben unter Zumischen eines „Inneren Standards" zu bestimmen. So liefert Zugabe von Tantal zu Osmium und iridiumhaltigen Gemischen die Osmium- und Iridiumwerte mit einer Genauigkeit von einigen Prozent vom Gehalt, wenn man die Intensitätsverhältnisse $\dfrac{OsL_{\alpha 1}}{TaL_{\beta 1}}$ und $\dfrac{IrL_{\alpha 1}}{TaL_{\beta 1}}$ betrachtet[2]. Weitere Verbreitung scheint dieses Verfahren allerdings nicht gefunden zu haben, hauptsächlich wohl wegen seiner begrenzten Genauigkeit und Anwendbarkeit.

Über ausgezeichnete Ergebnisse wird bei der Bestimmung von Platin in Reforming-Katalysatoren auf Aluminiumoxidbasis berichtet. So erreicht GUNN[3] eine Standardabweichung von 0,006% Platin bei einem Gehalt von 0,6%. Der Katalysator wird gemahlen, geglüht und nach Zugabe eines organischen Bindemittels zu einer Tablette gepreßt. Als Analysenlinie dient $PtL_{\beta 1}$. Störungen durch kleinere Mengen Wasser, Kohlenstoff und Eisen sind vernachlässigbar klein. Trotzdem kann die Methode nicht ohne weiteres auf gebrauchte Katalysatoren angewendet werden.

Bessere Resultate lassen sich erzielen, wenn man den gemahlenen Katalysator nach dem Glühen lose in eine Form streicht und mit Hilfe eines „Äußeren Standards" durch Bildung eines Intensitätsverhältnisses Eichkurvenwanderungen ausschaltet[4]. Das Verfahren setzt die Verwendung einer Molybdänröhre voraus; wird mit einer Wolframröhre gearbeitet, so muß die Eichkurve täglich neu aufgestellt werden. In beiden Fällen betragen die Standardabweichungen etwa 0,5% vom Gehalt; auch diese Angaben beziehen sich auf frische Katalysatoren.

Ähnliche Ergebnisse wurden an anderer Stelle erzielt[5]; eine Genauigkeit von 0,6% vom Platingehalt läßt sich – ebenfalls an frisch hergestellter Katalysatormasse – erreichen, wenn die gemahlene und geglühte Analysensubstanz zu einem Preßling verarbeitet und dieser mit Wolframstrahlung angeregt wird. Zur Kontrolle der Gerätekonstanz wird eine „Äußere Standardprobe" mitgemessen.

---

[1] BIRKS, S. S.: X-Ray Spectrochemical Analysis. New York. Interscience Publishers 1959.
[2] GLOCKER, R.: Materialprüfung mit Röntgenstrahlen. 4. Aufl. Berlin: Springer 1958, S. 135.
[3] GUNN, E. L.: An. Chem. Bd. 28 (1956) S. 1433.
[4] LINCOLN, A. J., u. E. N. DAVIS: An. Chem. Bd. 31 (1959) S. 1317.
[5] Unveröffentlichte Arbeiten der Firma Degussa, Frankfurt a. M.

Ebenfalls mit sehr guter Genauigkeit läßt sich die Bestimmung von Silber in photographischen Filmen durchführen[1]. Für dieses Verfahren ist keine besondere Probenvorbereitung erforderlich; die Analyse kann vielmehr direkt an einem Filmstreifen vorgenommen werden. Eine automatische Transportvorrichtung gestattet, Meßergebnisse über die ganze Länge eines Filmstreifens zu gewinnen und zu vergleichen. Die Standardabweichung des Verfahrens wird mit 0,5% vom Silbergehalt angegeben.

7.2. Bestimmung in Halbzeug und Schichtdickenbestimmung

Der Rhodiumgehalt von Platin-Rhodium-Blechen, -Drähten, -Folien usw. läßt sich über ein und dieselbe Eichkurve ermitteln, wenn man als Meßgröße das Intensitätsverhältnis $\dfrac{RhK_{\alpha(II)}}{PtL_{\alpha 1}}$ einführt[2].

Die Genauigkeit beträgt allerdings nur 2% vom Gehalt; dieser für ein Röntgenfluoreszenzverfahren relativ hohe Analysenfehler ist in erster Linie der unterschiedlichen Probenform zuzuschreiben.

Gewissermaßen als einen Spezialfall der Röntgenfluoreszenzanalyse an Blechen kann man die Bestimmung der Dicke dünner Überzüge auf einem Unterlagematerial betrachten. Dieses Verfahren ist zur Schichtdickenmessung von Goldauflagen auf Kupfer benutzt worden[3,4]. Solche Goldschichten können mit der Röntgenfluoreszenzmethode im Bereich von 0,1–4 μm mit einer relativen Genauigkeit von ± 5% bestimmt werden[4]. Die Auswertung erfolgt über Eichkurven, welche mit Eichschichten bekannter Dicke aufgestellt werden. Als schichtdickenabhängige Meßgrößen kommen in Frage:

1. Die Intensität der $AuL_{\alpha 1}$-Linie

2. Die Intensität der $CuK_{\alpha 1}$-Linie der Unterlage

3. Das Intensitätsverhältnis $\dfrac{AuL_{\alpha 1}}{AuL_{\beta 1}}$

Die Meßgrößen 1 und 2 liefern etwa gleichwertige Ergebnisse, während 3 sich nur wenig mit der Schichtdicke ändert und seine Ergebnisse ungünstiger beurteilt werden[3].

7.3. Bestimmung in Lösungen

Edelmetallösungen kann man zur Röntgenfluoreszenzanalyse bringen, indem man eine kleine Menge der Lösung von Filterpapier aufsaugen läßt und das getrocknete Filterpapier unmittelbar in die Probenhalterung des Röntgengerätes einsetzt[5]. Auf diese Weise lassen sich Palladium, Platin, Rhodium und Iridium in Lösungsgemischen mit Nachweisgrenzen zwischen 0,02 und 0,2 mg/ml bestimmen. Die Fehler betragen aber bei der Analyse solcher Gemische manchmal 10% vom Gehalt und darüber[5]. Eine Nachprüfung dieses Befundes von anderer Seite ergab, daß sich der relative Fehler durch Ausnutzung der Statistik bei Drei- und Vierstoffsystemen auf maximal 8%, bei Zweistoffsystemen sogar auf 2–4% senken läßt[6].

---

[1] MOORE, J. E., G. P. HAPP u. D. W. STEWART: An. Chem. Bd. 33 (1961) S. 61.

[2] US AEC-Report NYO-9175: The Decontamination and Recovery of Precious Metals. Final Report, März 1962.

[3] ZIMMERMANN, R. H.: The Iron Age Bd. 186 (1960) Nr. 15, S. 84.

[4] MOHRNHEIM, A. F.: Z. Metallkunde. Bd. 54 (1963) Nr. 1, S. 13.

[5] MacNEVIN, W. M., u. E. A. HAKKILA: An. Chem. Bd. 29 (1957) S. 1019.

[6] Unveröffentlichte Arbeiten der Firma W. C. Heraeus, Hanau.

Bei einer ähnlichen Methode zur Bestimmung von Palladium, Platin und Gold wird die Lösung auf Spezialtüpfelpapier aufgebracht[1]. Dabei darf die Summe der Gehalte 3 mg/ml nicht wesentlich übersteigen. Die Nachweisgrenzen liegen ungefähr bei 1 µg/ml; es handelt sich also um ein ausgesprochenes Spurenanalysenverfahren.

Zu noch kleineren Gehalten kann man vorstoßen, wenn man durch Zugabe von Eisenpulver die Edelmetalle aus der Lösung ausfällt und auf ein Mikrofilter abfiltriert[1]. Das Eisenpulver wird also als „Spurenfänger" eingesetzt. Mit diesem Verfahren lassen sich noch 0,1 ppm Gold, Platin und Palladium in salzsaurer Lösung bestimmen; Voraussetzung ist allerdings auch hier, daß keines der Edelmetalle im Überschuß in der Lösung vorliegt.

8. Bestimmung der Edelmetallgehalte in metallischen und nichtmetallischen Abfällen der verarbeitenden Edelmetallindustrie und im Altmaterial

8.1. Metallische Abfälle (Scheidegut)

8.1.1. Silberhaltige Abfälle

8.1.1.1. Reine Silber-Kupfer-Abfälle mit max. 300⁰/₀₀ Silber

Grundlage. Silberhaltige Kupferabfälle werden, wenn sie frei von anderen Unedelmetallen sind, direkt mit Blei abgetrieben. Es ist nicht erst erforderlich, dieses meist edelmetallarme Material (30–$150^0/_{00}$ Ag) anzusieden, da sich das Kupfer durch eine hinreichend bemessene Treibbleimenge ohne Schwierigkeiten verglätten läßt.

Genauigkeit. 1.

Dauer. $^1/_2$ Std.

Ausführung. Man wägt zweckmäßig 1,000 g des Probematerials ein und treibt mit 20 g Blei (einschließlich der Bleifolie) bei etwa 900°, also bei Silbertreibtemperatur. Verwendet werden Kupellen der Größe 3. Das Blicken erfolgt bei etwa 950°, wobei darauf zu achten ist, daß das Silberkorn gut abgeblickt hat und bleifrei aus dem Ofen kommt. Nach dem Reinigen von anhaftenden Kupellenresten gelangt es zur Auswaage.

8.1.1.2. Leonische Legierungen

Grundlage. Da die leonischen Legierungen meist im Verhältnis zum Gewicht ihrer Grundlegierung eine nur geringe Silberauflage aufweisen, werden sie vor Ermittlung ihres Edelmetallgehaltes eingeschmolzen. Man probt dann die in Barren gegossene Legierung durch Bohren. In der Regel sind neben Kupfer noch Zinn, Zink, Nickel oder andere Unedelmetalle vorhanden, so daß man die Probe nicht mit Blei direkt treiben kann, sondern sie erst im Scherben ansieden muß.

Genauigkeit. 1.

Dauer. $2^1/_2$ Std.

Ausführung. Man wägt von den Bohrspänen (von meist matter, weißgrauer Färbung) 1,000 g ein und siedet sie im Ansiedescherben (Durchmesser 60 mm) mit 30 g Blei und 1–2 g Borax an, bis zu gegebener Zeit im heißen Ofen bei etwa 900° der Schlackenring geschlossen ist und sich ein klarer, ruhiger Fluß eingestellt hat. Darauf wird der Regulus entschlackt und auf einer Kupelle der Größe 4 bei 900°

---

[1] Siehe Fußnote [5] auf S. 178.

12*

getrieben. Nach etwa 20–30 min läßt man bei 950° blicken, zieht die Kupelle in der Muffel vor und läßt das Silberkorn ohne Spratzen erstarren, um es nachher zu reinigen und zu wägen.

8.1.1.3. Bruchsilber

Grundlage. Bruchsilberabfälle werden eingeschmolzen, wobei man entweder eine Schöpfprobe nimmt oder später das in Barren gegossene Material der Bohrprobe unterzieht. Handelt es sich um vorwiegend reine Silberabfälle, so kann man die Probe mit einer entsprechenden großen Bleimenge direkt treiben, anderenfalls muß zur Entfernung der beim Treibprozeß störenden Unedelmetalle das Ansiedeverfahren vorgeschaltet werden, was bei Silbergehalten um 500⁰/₀₀ und darunter meist der Fall ist.

Die beim direkten Treiben zuzusetzende Bleimenge kann nach dem Feingehalt der Probe bei 0,5000 g Einwaage folgendermaßen gestaffelt werden:

$$
\left.
\begin{array}{l}
1000 \text{ fein} \ldots\ 2 \\
950\text{–}\ 999 \text{ fein} \ldots\ 3 \\
900\text{–}\ 949 \text{ fein} \ldots\ 4 \\
850\text{–}\ 899 \text{ fein} \ldots\ 5 \\
800\text{–}\ 849 \text{ fein} \ldots\ 6 \\
750\text{–}\ 799 \text{ fein} \ldots\ 7 \\
700\text{–}\ 749 \text{ fein} \ldots\ 8 \\
600\text{–}\ 699 \text{ fein} \ldots 10 \\
\text{unter } 600 \text{ fein } 10\text{–}12
\end{array}
\right\}\ \text{g Blei (einschließlich Bleifolie)}
$$

Genauigkeit. 1.

Dauer. $^1/_2$ Std.

Ausführung. 0,500 g des Probematerials läßt man bei etwa 900° treiben und heiß bei 950° blicken. Bei Verwendung von Magnesiakupellen zeigt ein gelegentliches Auftreten von Federglätte an, daß zu kalt getrieben wurde. Die hochrunden, ohne zu spratzen erhaltenen Körner werden gewogen und das Gewicht – gegebenenfalls unter Berücksichtigung eines durch synthetische Proben ermittelten Kupellenverlustes – auf ⁰/₀₀ umgerechnet.

Bei Abfällen von *Münzsilber* oder gebrauchten Silbermünzen, deren Feingehalt in der Regel durch die GAY-LUSSAC-Methode bestimmt wird, hat man zunächst eine dokimastische Vorprobe durchzuführen, um den für die Einwaage zu besagter Methode wichtigen Silbergehalt des zu untersuchenden Materials festzustellen.

8.1.1.4. Silberamalgamabfälle

Grundlage. Silberamalgamabfälle werden nach dem Abdestillieren des Quecksilbers geschmolzen und zu Barren vergossen. Diese weisen häufig in sich starke Unterschiede im Edelmetallgehalt auf, die durch Seigerungen bedingt sind. Es ist daher auf eine einwandfreie Entnahme der Probe zu achten.

Genauigkeit. 1.

Dauer. $2^1/_2$ Std.

Ausführung. Zur Bestimmung des Silbergehaltes werden aus dem Probematerial 0,500 g eingewogen, in Bleifolie gewickelt und unter Zusatz von 15 g Blei und 1–2 g Borax im Scherben bei starker Hitze angesotten. Der Vorgang des Niederschmelzens muß gut überwacht werden, da gelegentlich Probegutverluste durch das Emporschleudern feinster Späne entstehen könnten. Der Bleiregulus wird dann abgetrieben und das Silberkorn gewogen.

8.1.2. Silber- und goldhaltige Abfälle

8.1.2.1. Doublé

Grundlage. Die häufig nur wenige Tausendteile Silber und Gold enthaltenden Doubléabfälle sind auf Grund ihres unedlen Charakters (sie enthalten neben Kupfer noch Zinn, Zink, Nickel, Eisen usw. in wechselnden Mengen) stets zum Verschlacken der beim Treiben störenden Elemente anzusieden.

Genauigkeit. 1.

Dauer. 5 Std.

Ausführung. Man wägt 1,000 g des Probematerials ein, siedet mit 30 g Blei und 1–2 g Borax an, treibt den gut entschlackten Regulus in bekannter Weise und wägt dann das Bruttokorn (Summe Silber + Gold) aus. Zur Goldbestimmung wird es, falls erforderlich, mit Silber quartiert. Dann plattet man das erhaltene Korn aus, löst es im Goldkochkolben in Salpetersäure (1,2), kocht zweimal mit Salpetersäure (1,3) nach, bringt nach gründlichem Auswaschen das Gold in einen Goldglühtiegel, glüht es und wägt.

Der Silbergehalt ergibt sich aus der Bruttoauswaage abzüglich der Goldauswaage.

8.1.2.2. Silber- und goldhaltige Abfälle der Schmuckwaren- und Dentalindustrie (Bruchgold)

Zur Silber- und Goldbestimmung im Bruchgold wägt man 2mal je 0,250 g des Probegutes ein und treibt die eine Einwaage als Bruttokorn, während die andere, mit der $2^1/_2$fachen Menge Feinsilber quartiert und getrieben, zur Goldbestimmung dient. Die zur Durchführung von Goldproben erforderliche Treibbleimenge richtet sich im Prinzip nach dem Anteil an unedlen Elementen, kann aber im allgemeinen dem Goldfeingehalt nach wie folgt gestaffelt sein:

$$\left.\begin{array}{l}1000 \text{ fein} \ldots 2 \\ 900-\ 999 \text{ fein} \ldots 3 \\ 800-\ 899 \text{ fein} \ldots 4 \\ 700-\ 799 \text{ fein} \ldots 5 \\ 600-\ 699 \text{ fein} \ldots 6 \\ \text{unter } 600 \text{ fein} . \ 6-8\end{array}\right\} \text{g Blei (einschließlich Bleifolie)}$$

Die Goldproben sind zu treiben und zu blicken auf Goldtreibhöhe (etwa 850°), also merklich heißer als die Silberproben. Man verfährt zweckmäßigerweise so, daß man die Bruttokorneinwaagen und die für die Goldbestimmung quartierten zu gleicher Zeit in zwei hintereinander stehenden Kupellenreihen treibt, wobei die hintere, also etwas heißere Reihe die Bruttokörner aufnimmt. Nach Beendigung des Treibens werden die Bruttokörner zur Auswaage gebracht und die quartierten in Salpetersäure geschieden. Das dann in bekannter Weise erhaltene Gold wird gewogen und vom Gewicht der Bruttokornauswaage in Abzug gebracht, wodurch sich der Silbergehalt errechnen läßt.

8.1.2.3. Goldhaltiges Bruchsilber

Bei der Untersuchung derartigen Materials verfährt man, wie bei „Bruchsilber" (8.1.1.3.) beschrieben. Im allgemeinen verwendet man eine Einwaage von 0,500 g und treibt nach Zugabe von Blei. Die Edelmetallkörner werden zur Ermittlung des häufig nur wenige Tausendteile betragenden Goldgehaltes in Salpetersäure (1,1) gelöst und der Rückstand mit Salpetersäure (1,3) nachgekocht. Das Abgießen der Säure und des Waschwassers sowie das Trocknen und Glühen des feinverteilten Goldes muß mit großer Sorgfalt vorgenommen werden, da sonst Materialverluste auftreten können.

8.1.2.4. Münzgold und karätige Goldlegierungen

Grundlage. Das Münzgold ist je nach dem Ursprungsland und der Prägezeit vielfach verschieden im Feingehalt, weist aber häufig einen an 900⁰/₀₀ liegenden Goldgehalt auf. Da außer Gold im wesentlichen nur Silber und Kupfer als Legierungsmetalle vorhanden sind, kann das Münzgold sofort unter Zugabe der erforderlichen Treibbleimenge getrieben werden.

Genauigkeit. 1.

Dauer. $2^1/_2$ Std.

Ausführung. Die dokimastische Untersuchung von Münzgold und anderen karätigen Goldlegierungen gestaltet sich so, wie in 6.2.2.1. ausführlich angegeben. Falls nur der Goldgehalt, nicht aber ein etwaiger Silbergehalt ermittelt werden soll, nimmt man nur eine Einwaage von 0,250 g, die, mit der $2^1/_2$fachen Menge Silber quartiert, zur Goldbestimmung dient.

8.1.3. Silber-, gold-, platin- und palladiumhaltige Abfälle

8.1.3.1. Scheidegutabfälle mit max. 300°/$_{00}$ Platinmetallen

Grundlage. Für das Scheiden mittels Salpetersäure zum Zwecke der Goldbestimmung muß genügend Silber im Korn vorhanden sein; zum Zwecke der Platinmetallbestimmung ist ein hinreichender Goldgehalt im Korn erforderlich, damit das Herauslösen der Platinmetalle aus dem Gold quantitativ vonstatten gehen kann. Da es bei einem höheren Gehalt als 30% an Platinmetallen nicht möglich ist, ein Bruttokorn bleifrei blicken zu lassen, kann in solchen Fällen das Silber nicht durch die Differenzmethode bestimmt werden, sondern nur durch naßanalytische Verfahren.

Genauigkeit. 1.

Dauer. 12 Proben 3 Tage.

Ausführung. Zur Ermittlung des Edelmetallgehaltes werden zwei Einwaagen kupelliert. Die erste beträgt 0,250 g und dient zur Bestimmung des Bruttogehaltes an Silber, Gold, Platin und Palladium, die zweite 0,500 g und wird mit Silber und wenn nötig auch mit Feingold so quartiert, daß an Silber die $2^1/_2$fache Menge des Inhaltes an Gold + Platin + Palladium und an Gold die $2^1/_2$fache Menge des Platininhaltes vorhanden sind. Je nach dem Platin- und Palladiumgehalt erfolgt das Treiben bei 950–1000°. Das aus der Einwaage von 0,500 g erhaltene Korn wird plattgeschlagen, gewalzt, geglüht und zu einem Röllchen geformt oder bei einem Gewicht von weniger als 0,100 g als Plättchen belassen. Das Röllchen bzw. Plättchen wird in Salpetersäure (1,2) gelöst und der Rückstand mit Salpetersäure (1,3) gekocht. Zur vollständigen Abtrennung des im Goldrückstand noch vorhandenen Platins quartiert man diesen nochmals mit der etwa $2^1/_2$- bis 3fachen Gewichtsmenge Feinsilber, behandelt das Korn (Plättchen oder Röllchen) mit Salpetersäure (1,2) und kocht es anschließend 2mal 10 min mit Salpetersäure (1,3) aus. Das zurückgebliebene Gold wird ausgewaschen, getrocknet und nach dem Glühen gewogen. Die Goldauswaage, abzüglich der gegebenenfalls zugeführten Menge Feingoldes ergibt nach Umrechnung den Gehalt des Scheidegutes an Gold.

Alle bei obigen Scheidungen anfallenden Salpetersäurelösungen und Waschwässer, die neben Silber das gesamte Platin und Palladium enthalten, werden in einem 500 ml-Erlenmeyerkolben vereinigt. Daraus fällt man mit Salzsäure das Silber als Chlorid, läßt dieses im Dunkeln in der Wärme – am besten über Nacht – absitzen und filtriert. Das Filtrat wird in einer Porzellanschale eingedampft, die trockenen Salze nach 2maligem Abdampfen mit 2–3 ml Salzsäure werden mit einigen Tropfen Salzsäure aufgenommen und in ein kleines Becherglas übergespült. Hierin läßt man die platin- und palladiumhaltige Lösung mindestens 5 Std. stehen, filtriert dann die noch abgeschiedenen, geringen Silberchloridmengen ab und engt das Filtrat im 100 ml-Bechergläschen auf dem Wasserbad bis auf etwa 30–40 ml ein. Nach Zusatz von etwa 5–10 ml gesättigter Ammoniumchloridlösung wird das Einengen fortgesetzt, bis sich ein dicker Kristallbrei ausgeschieden hat. Man nimmt nun das Glas vom Wasserbad fort und fügt aus der Spritzflasche in kleinen Abständen und unter Schwenken des Becherglases so viel Wasser zu, bis die Ammoniumchloridkristalle sich eben gelöst haben. Am Boden verbleibt dann der unlösliche Ammonium-hexachloroplatinat(IV)-Niederschlag. Man läßt ihn über Nacht stehen, filtriert ihn nunmehr auf ein gehärtetes Filter ab und wäscht ihn mit einer gesättigten Ammoniumchloridlösung aus. Nach dem Trocknen, Veraschen und Glühen im Wasserstoffstrom kommt das Platin als Schwamm zur Auswaage.

Im schwach sauren Filtrat der Platinfällung wird das Palladium mit einer alkoholischen Diacetyldioximlösung in der Kälte gefällt. Nach längerem Absitzenlassen filtriert man den gelben Niederschlag ab, trocknet, verascht vorsichtig, glüht, reduziert und wägt das Palladiummetall.

Zum Filtrat von Palladium gibt man Zink- und Magnesiumspäne, um etwa noch in Lösung befindliche kleine Platinmengen durch Zementieren zu erfassen. Man filtriert sie ab, verascht das Filterchen, quartiert den Rückstand mit etwa 0,1 g Feinsilber, formt das Korn zu einem Plättchen und behandelt dieses mit Schwefelsäure (9 + 1). Dabei löst sich das Silber, während das Platin zurückbleibt. Man glüht und wägt es und rechnet sein Gewicht der Hauptmenge des Platins zu.

Der Silbergehalt ergibt sich – bei geringeren Platinmengen – aus der Differenz vom Bruttogewicht (Silber, Gold, Platin und Palladium) und der Summe der ermittelten Mengen an Gold, Platin und Palladium. (Siehe auch die Bemerkung beim nächsten Abschnitt.)

8.1.3.2. Scheidegutabfälle mit über 300°/₀₀ Platinmetallen

Bemerkung. Eine dokimastische Silberbestimmung kann bei diesem Material nicht vorgenommen werden, weil es nicht möglich ist, ein bleifreies Bruttokorn zu erhalten. Man muß daher für Silber ein naßanalytisches Verfahren einschalten.

Ausführung. Der Analysengang verläuft im allgemeinen ähnlich wie der im vorigen Abschnitt, nur wägt man jetzt vor Beginn dem Probegut eine genaue Gewichtsmenge Feingold zu, die etwa mit 0,150–0,300, aber nicht höher als 0,500 g bemessen wird. Dadurch wird eine quantitative Trennung des Platins vom Gold bei einer mehrmaligen Salpetersäurescheidung möglich gemacht. In vielen Fällen dürfte es bei hochhaltigem Platinscheidegut zweckmäßig sein, die Einwaage des Probegutes auf nur 0,200 g anzusetzen. Außerdem pflegt man dann so lange mit Silber zu quartieren und in Salpetersäure zu scheiden, bis keine Gewichtsabnahme des Röllchens zwischen den einzelnen Quartationen mehr festzustellen ist.

8.1.4. Bestimmung von Gold in iridium-, rhodium- und rutheniumhaltigen Abfällen

Grundlage. Das Vorhandensein seltener Platinmetalle erkennt man im Analysengang unter anderem häufig an einer mehr oder weniger schwarzfleckigen Oberfläche der Goldröllchen. Zeigen sie nach der Salpetersäurescheidung nicht die übliche gelbe Farbe, so muß man auf das Vorhandensein seltener Platinmetalle prüfen. Es ist erforderlich, diese abzutrennen, da sonst der Goldgehalt zu hoch gefunden wird.

Ausführung. Das Goldröllchen wird in etwa 10 ml Königswasser in der Kälte gelöst. Man stellt dann 1–2 Std. heiß, läßt wieder abkühlen und filtriert den Rückstand, in dem die seltenen Platinmetalle enthalten sind, auf ein Blaubandfilter ab. Das Gold enthaltende Filtrat wird eingedampft, der Rückstand 2mal mit etwa 3–5 ml verdünnter Salzsäure aufgenommen und die Lösung auf 20–25 ml verdünnt. Nach dem Heißstellen fällt man bei 70–80° das Gold mit etwa 5 ml einer frisch bereiteten, konzentrierten Eisen(II)-sulfatlösung aus und gibt nach dem Klarwerden der Lösung nochmals etwas von der Reagenzlösung zu. Darauf bleibt das Ganze einige Stunden stehen. Das gut abgesetzte und auf ein doppeltes Filter abfiltrierte Gold wird mit heißem, salzsäurehaltigem Wasser sorgfältig ausgewaschen, das Filter verascht, mit der $2^1/_2$fachen Feinsilbermenge quartiert, mit Salpetersäure geschieden und schließlich als Goldröllchen gewogen.

Der beim Lösen des Goldröllchens in Königswasser verbleibende Rückstand kann nicht ohne weiteres als Summe von Iridium, Rhodium und Ruthenium angesprochen werden, sondern bedarf einer Reihe weiterer analytischer Behandlungsmethoden.

8.2. Nichtmetallische Abfälle wie Gekrätze, Schliffe, Aschen, Schlacken, Flugstäube, Scherben, Ofenbrüche, Schlämme und sonstige Abfälle

Vorbereitung. Edelmetallhaltige Gekrätze und Rückstände werden nach Feststellung des Nettogewichts zum Zwecke der Probenahme gemahlen, gesiebt, gemischt und verjüngt. Je nach dem zu erwartenden Edelmetallgehalt, dem Gewicht und der Körnung der Partie nimmt man meist mittels Kreuzprobe einen Anteil von 0,500 g bis 2,000 kg. Bei reichen Gekrätzen und grundsätzlich bei allen Partien über 500 kg ist es erforderlich, 2 Proben zu nehmen, die als A- und B-Proben die Edelmetallbestimmung durchlaufen. Größere Partien mit einem Gesamtgewicht von mehr als 1500 kg werden vor der Probenahme in verschiedene Lose zu maximal 1500 kg aufgeteilt.

Sehr häufig sind die Gekrätze von groben Metallteilen durchsetzt, die abgesiebt werden müssen. Aus ihnen wird etwa vorhandenes Eisen mit einem Magneten ausgesondert (auch auf Edelmetall prüfen!) und das übrige Metall eingeschmolzen und sein Gewichtsteil bestimmt. Der Schmelze wird mit einer Kelle eine gute Durchschnittsprobe entnommen, deren Bohrspäne gesondert vom Feinen untersucht werden.

Vor der Edelmetallbestimmung wird im Probegut die Feuchtigkeit bestimmt. Hierzu entnimmt man dem in luftdicht verschlossenen Flaschen aufbewahrten Probegut 0,1–1,0 kg Material und trocknet es im Trockenschrank bei 105° bis zur Gewichtskonstanz. Die Größe der Einwaage zur Feuchtigkeitsbestimmung richtet sich nach Wert, Gewicht und Korngröße der Partie und kann in besonderen Fällen auch 1,0 kg überschreiten. Nach der Feuchtigkeitsbestimmung erfolgt die Zubereitung des getrockneten Materials zur fertigen Analysenprobe. Man gibt hierzu das Probegut durch ein Sieb mit etwa 0,25 mm Maschenweite, zerkleinert das auf dem Sieb zurückbleibende Material in einer Reibschale oder Mörsermühle und siebt erneut. Gekrätze, die inhomogen sind, müssen zweckmäßig durch ein feineres Sieb, etwa eines mit 0,20–0,15 mm Maschenweite, getrieben werden. Der zum Schluß der Präparation am Sieb verbleibende Rückstand (metallisch) wird gewogen und bei der Analyse, gesondert vom Feinen, als sogenannte Gröbe untersucht. Aus den bei den Untersuchungen des Groben und Feinen enthaltenen Werten wird der Durchschnittsgehalt auf Grund des Wertes von Grobem und Feinem errechnet.

8.2.1. Silberhaltige Abfälle

Grundlage. Bei der Untersuchung derartiger Abfälle wird fast ausnahmslos die Schmelzprobe angewandt. Die Größe der Einwaage richtet sich nach dem Edelmetallgehalt und kann 1,0; 2,5; 5,0; 10,0; 12,5 oder 25,0 g betragen. Nach Möglichkeit soll das spätere Edelmetallkorn ein Gewicht von 0,500 g nicht wesentlich übersteigen. In Zweifelsfällen wird durch eine Vorprobe (Ansiedeprobe) der ungefähre Edelmetallgehalt ermittelt und hieraus die richtige Einwaage zur Schmelzprobe errechnet.

Genauigkeit. 1.

Dauer. 3–5 Std.

Ausführung. Je nach dem Partiegewicht werden meist 4–8 Tiegelproben erschmolzen. Die Beschickung eines Tiegels wird wie folgt vorgenommen: Man gibt auf den Boden des Tiegels etwa 30 g gelben Fluß, bestehend aus 40 Teilen Bleiglätte, 20 Teilen Kaliumcarbonat, 20 Teilen Natriumcarbonat, 10 Teilen Mehl und 10 Teilen Natriumchlorid, gegebenenfalls dazu 2 g Holzkohle und 10 g Sand. Darauf kommt die Einwaage, die durch Umrühren mit einem Spatel innig mit dem Fluß vermengt wird. Man deckt dann diese Mischung mit etwa 30 g gelbem und 30 g weißem Fluß (s. S. 28) ab. Nach dem Niederschmelzen der Beschickung in koks- oder gasbeheizten Tiegelöfen und dem Eintreten eines ruhigen Schmelzflusses gibt man weitere 30 g weißen Fluß zu und reduziert die Schmelze etwa $^1/_2$ Std. später durch Zugabe von ungefähr 1 g Kokspulver nach. Die Dauer einer solchen Schmelzprobe kann $1^1/_2$–2 Std. betragen. Der Verlauf des Schmelzvorganges ist zu überwachen und besonderer Wert auf die Bildung einer dünnflüssigen, klaren Schlacke zu legen; diese wird in manchen Fällen nachzuschmelzen sein.

Nach dem Erkalten des Tiegels wird der Bleikönig sorgfältig entschlackt und bei etwa 800° abgetrieben, wobei das Blicken des Edelmetallkorns bei 950° zu geschehen hat. Mitunter wird es erforderlich sein, den Bleikönig vorher erst auf einem Scherben durch Verschlacken einer Reinigung zu unterziehen. Manchmal kann man auch bei nicht einwandfrei treibenden Proben einige Bleischweren beim Treibprozeß zusetzen, damit dann ein bleifreies, glänzendes, hochrundes Silberkorn erzielt wird. Nach dem üblichen Reinigen wird es ausgewogen.

Der beim Zurichten zur fertigen Analysenprobe anfallende Gröbeanteil wird gewogen, im Scherben verschlackt und der Regulus getrieben. Das Gewicht des Silberkorns wird anteilmäßig mit dem Ergebnis aus dem Feinen verrechnet, um den Gesamtsilbergehalt der Probe zu erhalten.

8.2.2. Silber- und goldhaltige Abfälle

Die Edelmetallbestimmung in diesen Abfällen erfolgt bis zum Vorliegen eines Bruttokorns nach den in 8.1.2.1. gemachten Ausführungen. Dieses Gold und Silber enthaltende Bruttokorn ist vor dem Scheiden beim Vorwalten des Goldgehaltes zu quartieren. Es wird dann in Salpetersäure (1,2) gelöst und 2mal 10 min in Salpetersäure (1,3) gekocht. Bei nur geringem Goldgehalt wird in Salpetersäure (1,1) gelöst und mit Salpetersäure (1,3) nachgekocht. Wie in 5.1.1.4. erwähnt, ist beim Kochen und Auswaschen solchen feinen Goldpulvers größte Vorsicht am Platze.

8.2.3. Silber-, gold-, platin- und palladiumhaltige Abfälle

Die Bestimmung des Silbers, Goldes, Platins und Palladiums geschieht in diesen Abfällen unter sinngemäßer Anwendung der in 8.1.3. gemachten Ausführungen.

8.2.4. Silber-, gold-, platin-, palladium-, iridium-, rhodium-, ruthenium- und osmiumhaltige Abfälle

Federspitzengekrätz und Schliffe

Bei dieser Art von Gekrätzen wendet man fast ausschließlich die Tiegelprobe mit Bleioxid an. Der sorgfältig entschlackte Bleiregulus wird in Salpetersäure (1 + 5) langsam gelöst und die Lösung zum Verjagen der Stickstoffoxide kurz aufgekocht. Der verbleibende Rückstand, der vorwiegend Gold, Iridium, Rhodium und Ruthenium enthält, wird abfiltriert (Filtrat I), mit heißem Wasser ausgewaschen und im Porzellantiegel nach dem Veraschen des Filters geglüht. Aus ihm zieht man in einem

Becherglas mit verdünntem Königswasser (1 + 3) das Gold aus, filtriert nach dem Verdünnen den unlöslichen Anteil ab (Filtrat II) und wäscht ihn mit Salzsäure und Wasser aus. Zur Entfernung des Silberchlorids wird mit Ammoniak und warmem Wasser nachgewaschen, filtriert und diese ammoniakalische Lösung mit dem Filtrat I vereinigt. Das Filter mit dem Rückstand I (Iridium, Rhodium, Ruthenium) verascht man im Tiegel.

Das Filtrat II wird 2mal mit Salzsäure (1,19) eingedampft, das Salz mit schwach salzsaurem Wasser aufgenommen und das Gold mit konzentrierter Eisen(II)-sulfatlösung oder mit schwefliger Säure reduziert. Man läßt die Goldfällung einige Stunden stehen, filtriert auf ein Blaubandfilter ab, wäscht heiß aus und verascht. Das Filtrat wird zur späteren Platin-Palladium-Bestimmung aufbewahrt. Das Gold wird mit der $2^1/_2$fachen Gewichtsmenge Silber quartiert, das Korn mit Salpetersäure geschieden und das *Gold* nach dem Trocknen und Glühen ausgewogen.

Man vereinigt die zum Scheiden benutzte Säure und die Säure des ersten Nachkochens, fällt daraus das Silber als Chlorid, filtriert es ab und dampft das Filtrat zur Trockne. Nach 2maliger Wiederholung des Abdampfens mit Salzsäure (1,19) zur Trockne wird der Rückstand mit schwach salzsaurem Wasser aufgenommen, ein gegebenenfalls ausgeschiedener geringer Niederschlag von Silberchlorid abfiltriert und das Filtrat (III) im späteren Gang der Analyse bei der Platin-Palladium-Bestimmung mit eingefügt.

Im Filtrat I wird das *Silber* als Silberchlorid gefällt, abfiltriert, vom Filter zurückgespritzt, mit Ammoniak gelöst, mit Hydrazinhydrat zu metallischem Silber reduziert und gewogen. Das Filtrat der Silberchloridfällung versetzt man mit 20 ml konzentrierter Schwefelsäure, um die Hauptmenge des Bleies abzuscheiden, filtriert, wäscht das Bleisulfat mit Schwefelsäure (3 ml/100 ml) aus und verwirft es darauf. Filtrat und Waschwasser müssen zur Abscheidung der letzten Bleisulfatreste abgeraucht werden. Hat man diese abfiltriert und ausgewaschen, so vereinigt man dieses Filtrat mit dem aus der Goldfällung und dem Filtrat III, um aus diesen vereinigten Lösungen nach dem Abdampfen mit Salzsäure Platin und Palladium mit Zink auszuzementieren. Während dieser Reduktion ist darauf zu achten, daß anfangs ein Überschuß an Salzsäure vorhanden ist. Zeigt sich hier, daß die Probe viel Kupfer enthält, so löst man dieses aus dem Metallschwamm mit konzentrierter Salzsäure heraus, filtriert das Platin und Palladium ab, löst sie in Königswasser und dampft die Lösung 2mal mit Salzsäure zur Trockne. Nun erfolgt die Bestimmung des *Platins* mit Ammoniumchlorid und des *Palladiums* mit Diacetyldioxim gemäß den Vorschriften in 3.3.1. bzw. 3.4.1. Beim Nachreduzieren des bei der Palladiumfällung erhaltenen Filtrates können unter Umständen noch Iridium, Rhodium und Ruthenium auszementiert werden. Zutreffenden Falles filtriert man ab, löst mit Salpetersäure etwa vorhandenes Kupfer heraus, filtriert erneut, verascht und erhält den Rückstand II, der nun gewogen wird.

Die vereinigten, Iridium, Rhodium und Ruthenium enthaltenden Rückstände I und II werden in einem Nickeltiegel mit der 10fachen Menge Kaliumhydroxid unter Zusatz von etwas Kaliumnitrat 30 min bei Rotglut geschmolzen. Nach dem Auslaugen mit Wasser und Abspülen des Tiegels wird die Lösung in einen Destillationskolben gespült und das Ruthenium im Chlorstrom bei mäßiger Flamme etwa 4 Std. abdestilliert. In der Vorlage befindet sich Salzsäure (1 + 1), die sich anschließenden Waschflaschen enthalten je Salzsäure (1 + 1) und 10 ml Äthanol. Ist in der Vorlage keine Zunahme der Farbintensität mehr festzustellen, so beendet man die Destillation und verdrängt die Chloratmosphäre durch Durchleiten von Luft. Die je nach Konzentration schwach oder stark rotgefärbte, rutheniumhaltige Lösung wird nach Zusatz von 1 Löffel Ammoniumchlorid in einer Porzellanschale zur Trockne gedampft. Das verbliebene Salz wird aus der Schale in einen Tiegel gebracht und das Ammoniumchlorid durch Glühen und unter Einleiten von Wasserstoff verjagt. Nun raucht man auf einem Platindeckel das *Ruthenium* mit Flußsäure und Schwefelsäure ab und wägt es dann aus.

Der Inhalt des Destillierkolbens mit dem Iridium und Rhodium wird in einer Schale zur Trockne eingedampft und das Abdampfen unter Zusatz von Salzsäure 2mal wiederholt, um die Salpetersäure restlos zu verjagen. Dann nimmt man mit verdünnter Salzsäure auf, spült die Lösung in ein Erlenmeyerkölbchen über und zementiert mit Zink das Iridium und Rhodium aus. Nach dem Abfiltrieren und heißen Auswaschen wird der Metallschwamm verascht und in ein kleines Porzellanschiffchen gepinselt, in dem man es 2 Std. bei 650–700° einem Chlorstrom aussetzt. Ist der Schiffcheninhalt erkaltet, so gibt man ihn in ein kleines Becherglas und behandelt ihn mit verdünntem Königswasser, um etwa zurückgehaltenes Platin und Palladium herauszulösen; diese Lösung wird dann der Bestimmung letztgenannter Elemente nach bekanntem Verfahren unterzogen.

Das abfiltrierte Iridium-Rhodium-Gemisch wird nach dem Glühen mit der 4fachen Menge Natriumchlorid gemischt und im Chlorstrom bei 750–800° solange geschmolzen, bis die Schmelze klar ist. Man löst die Schmelze in Wasser, engt ein, zersetzt mit 1 ml Königswasser und 5–10 ml gesättigter Ammoniumchloridlösung und setzt das Eindampfen fort, bis das Iridium analog dem Ammoniumhexachloroplatinat(IV) ausgefallen ist. Es wird abfiltriert und auf die gleiche Weise wie jenes weiterbehandelt. Zum Schluß kann man das *Iridium* als Metall auswägen. Im Filtrat vom Ammoniumhexachloroiridiat(IV) wird das *Rhodium* mit Zink zementiert, abfiltriert, geglüht, chloriert, mit Königswasser behandelt und nach dem Glühen im Wasserstoffstrom gewogen.

Die *Osmium*bestimmung erfolgt aus einer gesonderten Einwaage. Man schmilzt die Probe unter Zugabe der üblichen Flußmittel nieder, reinigt den Bleiregulus von der Schlacke und löst ihn in Salpetersäure (1 + 5). Der Rückstand wird abfiltriert und mit dem Filter lufttrocken gemacht, in einen Nickeltiegel gepinselt und durch Schmelzen mit Kaliumnitrat und Kaliumhydroxid aufgeschlossen. Nach dem Auslaugen mit Wasser spült man den Tiegel ab und säuert die Lösung der Schmelze mit Salpetersäure an. Es folgt nun die Destillation des Osmiums im Luftstrom in der gleichen Apparatur wie beim Destillieren des Rutheniums; Vorlage und Waschflaschen sind jedoch hier mit Kaliumhydroxid (10–20 g/100 ml) zu füllen. Ist die Destillation beendet, so wird in das Destillat Schwefelwasserstoff eingeleitet und das ausgefallene Osmiumsulfid in einen Goochtiegel abfiltriert. Nach dem Trocknen erhitzt man das Sulfid etwa 5 min im Wasserstoffstrom und kann dann das Osmium als Metall auswägen.

9. Die Silber- und Goldbestimmung in Edelmetallsalzen

Die gebräuchlichsten Salze des Silbers und Goldes sind Silbernitrat, Kaliumsilbercyanid, Goldchlorid und Kaliumgoldcyanid. Die Cyanverbindungen werden hauptsächlich in der galvanischen, die übrigen in der photographischen Industrie verwendet.

Grundlage. In cyanfreien Salzen wird das Silber nach den bekannten nassen Methoden und das Gold nach der Reduktion mit schwefliger Säure, Eisen(II)-chlorid usw. dokimastisch bestimmt. Bei cyanhaltigen Salzen muß der Bestimmung des Silbers und Goldes die Zerstörung des Cyankomplexes vorausgehen.

Anwendungsbereich und Bedeutung. Die zur Anwendung kommenden Verfahren zur Silber- und Goldbestimmung dienen vorwiegend zur laufenden Kontrolle des vorgeschriebenen bzw. garantierten Edelmetallgehaltes.

Genauigkeit. 1; der Silbergehalt wird mit einer Genauigkeit von 0,05% und der Goldgehalt mit einer solchen von 0,001% ermittelt.

Dauer. Die Silberbestimmung kann in cyanfreien Silbersalzen je nach der Methode in 2–3 Std., die Goldbestimmung in etwa 6–8 Std. durchgeführt werden. In cyanhaltigen Salzen benötigen die gleichen Bestimmungen 4–6 Std. mehr.

Ausführung. Im Silbernitrat wird die Silberbestimmung bei 1 g Einwaage nach der GAY-LUSSAC-Methode (3.1.1.) ausgeführt. Von cyanhaltigen Silbersalzen löst man 0,5–1 g in Wasser, raucht die Lösung mit Schwefelsäure ab (Abzug!) und fällt nach dem Aufnehmen mit Wasser und etwas Salpetersäure das Silber als Chlorid. Man läßt klar absitzen, filtriert, löst den Niederschlag in Ammoniak, reduziert das Silber mit Hydrazinhydrat unter Kochen bis zur Klärung der Flüssigkeit und filtriert. Nun verascht man das Filter und kupelliert die Asche nach dem Einwickeln in Bleifolie. Zur Feststellung des Treibverlustes treibt man neben der Probe eine der Probe annähernd gleiche Gewichtsmenge an Feinsilber und Probierblei mit ab.

Bei Goldchlorid löst man 0,5 g in Wasser, fällt das Gold in der Wärme mit Eisen-(II)-chlorid oder Schwefeldioxid aus, läßt absitzen, filtriert und verascht das Filter. Der Goldrückstand wird mit der $2^1/_2$fachen Gewichtsmenge Silber in Bleifolie kupelliert. Das Silber-Gold-Korn wird, wie bekannt, als Röllchen in Salpetersäure geschieden und das zurückbleibende Gold nach dem Glühen zur Auswaage gebracht.

Von cyanhaltigen Goldsalzen werden 0,5 g in Wasser gelöst. Man raucht die Lösung mit Schwefelsäure (Abzug!) ab, verdünnt, filtriert, verascht, quartiert den Rückstand mit der $2^1/_2$fachen Silbermenge, behandelt das Röllchen mit Salpetersäure und wägt das Gold.

Literatur. [77, S. 1005 u. 1094]. – [103/2, S. 765].

10. Abfälle von photographischen Papieren, Filmen und Fixierbädern

Die Abfälle von photographischem Papier und von Filmen werden verbrannt. Dies geschieht meist in größeren Flammöfen. Die Asche, welche das Silber enthält, wird gemahlen und gesiebt. Dann erst entnimmt man das Probematerial für die Silberbestimmung.

Je nach dem Silbergehalt, über den eine Vorprobe Aufschluß gibt, werden 2,5–25 g im Gekrätzprobentiegel unter Zusatz der üblichen Flußmittel geschmolzen, gegebenenfalls auch in Scherben angesotten. Nach dem Entschlacken der Bleireguli werden diese wie üblich abgetrieben und die Silberkörner zur Auswaage gebracht.

Da die Asche sehr leicht ist, können beim Einschmelzen durch Verstauben Verluste entstehen.

Genauigkeit. 1.

Dauer. 8 Std.

Die Silberbestimmung in gebrauchten Fixierbädern erfolgt naßanalytisch.

Grundlage. Das Silber wird als Silbersulfid gefällt, das Silbersulfid in Salpetersäure gelöst und das Silber dann nach VOLHARD oder potentiometrisch titriert.

Genauigkeit. 2.

Dauer. 1 Std.

Ausführung. 25 oder 50 ml Fixierbad werden in einem Erlenmeyerkolben mit Natriumsulfidlösung (1 + 4) in der Hitze gefällt. Es wird gekocht, bis sich die Fällung zusammenballt. Nach dem Filtrieren und Auswaschen wird sie mit dem Filter in den Erlenmeyerkolben zurückgebracht und in 20–30 ml Salpetersäure (1 + 1) in der Siedehitze gelöst. Nach dem Erkalten der Lösung wird diese auf etwa 200 ml verdünnt und in üblicher Weise mit n/10-Ammoniumthiocyanatlösung unter Zusatz von Eisen(III)-ammoniumsulfat als Indicator oder potentiometrisch titriert (3.1.2.).

11. Edelmetallbestimmung in Laugen

11.1. In kupferreichen Laugen vor der Zementation

Grundlage. Die Edelmetalle werden mit Eisenpulver reduziert. Die mit Blei-acetat erhaltene Fällung wird dokimastisch weiterbehandelt; Auswaage als Metall.
Anwendungsbereich und Bedeutung. Die Methode wird für edelmetallhaltige Laugen verwendet.
Ausführung. 1 l der Lauge wird in einem 2 l-Erlenmeyerkolben mit 25 ml Schwefelsäure (1,84) angesäuert, zum Sieden erhitzt und unter starkem Rühren (Rührwerk) mit 50 g Eisenpulver in kleinen Anteilen versetzt.
Man läßt ungefähr 1 Std. absitzen, filtriert dann durch ein doppeltes 24 cm-Weißbandfilter und wäscht mit wenig Wasser nach. Filter und Niederschlag werden in den Fällungskolben zurückgegeben und 200 ml Schwefelsäure (1 + 5) und 400 ml Salpetersäure (1 + 1) in kleinen Portionen zugesetzt. Man erhitzt, bis das Filter zerstört ist und dampft weiter bis zur schwachen Salzabscheidung ein, dann verdünnt man mit 1 l Wasser und erwärmt bis zur klaren Lösung. Nun gibt man unter Rühren 50 ml Hydrazinsulfatlösung (2 g/100 ml), 10 ml Natriumchloridlösung (2 g/100 ml) und 25 ml Bleiacetatlösung (10 g/100 ml) hinzu und läßt den Niederschlag absitzen. Nach 24 Std. wird durch ein doppeltes 24 cm-Hartfilter filtriert und mit kaltem Wasser nachgewaschen. Filter und Niederschlag werden in bekannter Weise auf dem Scherben verschlackt, der König getrieben und in dem ausgewogenen Silberkorn Gold und Silber nach 1.7. bestimmt.

11.2. In kupferarmen Laugen nach der Zementation

Grundlage. Die Edelmetalle werden mit Zink reduziert. Der dann durch Zusatz von Bleiacetat erhaltene Bleisulfatniederschlag wird dokimastisch weiterbehandelt; Auswaage als Metall.
Anwendungsbereich und Bedeutung. Das Verfahren findet bei edelmetall-armen Laugen Anwendung.
Ausführung. 1 l der Lauge wird in einem 2 l-Erlenmeyerkolben mit 25 ml Schwefelsäure (1,84) angesäuert, mit 25 g Zinkspänen versetzt und erhitzt. Nach $^1/_2$ Std. fügt man 10 ml Bleiacetatlösung (10 g/100 ml) hinzu und erhitzt weiter bis zur schwachen Blasenbildung. Die noch heiße Lösung wird durch ein doppeltes 24 cm-Weißbandfilter filtriert und mit wenig kaltem Wasser nachgewaschen. Filter und Niederschlag werden in bekannter Weise auf dem Scherben verschlackt, der König getrieben und in dem ausgewogenen Silberkorn Gold bestimmt (1.7.).

11.3. Goldbestimmung in Goldlaugen von Schwefelkiesabbränden

Grundlage. Nach Oxydation mit Chlor-Eisenpulver wird Kupfer mit Schwefelwasserstoff gefällt, der filtrierte Niederschlag mit Eisenpulver und Quartiersilber versetzt und eingeschmolzen und das Gold dokimatisch bestimmt.
Anwendungsbereich und Bedeutung. Die Methode eignet sich für goldhaltige Laugen mit etwa 1 mg Gold/l.
Ausführung. Die ungefähr 5 l betragende Probe wird mit 50 ml Salzsäure (1,19) versetzt, mit Chlorgas gesättigt und 1 l der klaren Lösung zur Bestimmung des Goldgehaltes abgenommen. Nach dem Verjagen des freien Chlors durch Einleiten

von Luft wird ungefähr 1 Std. Schwefelwasserstoff in der Kälte eingeleitet, bis sich der Kupfersulfidniederschlag abgesetzt hat und die überstehende Flüssigkeit klar geworden ist. Man filtriert dann durch ein doppeltes Weißbandfilter und wäscht mit wenig Wasser nach. Der Niederschlag auf dem Filter wird mit 10 g Eisenpulver bestreut, man fügt ungefähr das 4fache Gewicht des Goldes an Quartiersilber hinzu und schmilzt Filter und Niederschlag im Tiegel mit Bleiglätte und Flußmittel ein. Der Bleikönig wird auf dem Scherben verschlackt, dann getrieben und das Edelmetallkorn mit konzentrierter Schwefelsäure geschieden.

12. Physikalische Eigenschaften der Edelmetalle

Eigenschaft	Dimension	Silber Ag	Gold Au	Ruthenium Ru	Rhodium Rh	Palladium Pd	Osmium Os	Iridium Ir	Platin Pt
Ordnungszahl Z		47	79	44	45	46	76	77	78
Atomgewicht[1]		107,870	196,967	101,07	102,905	106,4	190,2	192,2	195,09
Dichte bei 20°	g/cm^3	10,5	19,42	12,43	12,42	11,97	22,48	22,421	21,45
Spez. Wärme bei 20°	$\frac{cal}{g \cdot grad}$	0,0559	0,0309	0,06	0,0592	0,059	0,031	0,032	0,0318
Wärmeleitzahl bei 0°	$\frac{cal}{cm \cdot s \cdot grad}$	1,00	0,75	–	0,21	0,16	–	0,14	0,17
Spez. Widerstand bei 0°	$10^6 \Omega \cdot cm$	1,49	2,04	7,64	4,35	9,77	9,4	4,85	9,81
Schmelzpunkt	°C	960,8	1063	2250	1960	1553	3000	2410	1769,9
Siedepunkt	°C	2172	2946	4900	4500	3950	5500	5300	4530
Struktur[2]		A_1	A_1	A_3	A_1	A_1	A_3	A_1	A_1
Gitterkonstante bei 20° a_0	Å	4,0778	4,0704	2,695	3,797	3,879	2,730	3,8315	3,9158
c_0	Å			4,273			4,310	•	

[1] Internationale Atomgewichte 1962, bezogen auf den genauen Wert 12 für die relative Atommasse des Kohlenstoffisotops ^{12}C.

[2] A_1 = kubisch, flächenzentriert; dichteste Kugelpackung. – A_3 = hexagonal, dichteste Kugelpackung.

Bücher über Probierkunde und neuere Verfahren der Edelmetall-Analyse

(Etwa chronologisch geordnet)

[1] Probirbüchlein. Um 1520, in der Folgezeit viele Nachdrucke, ab 1533 zusammen mit dem „Bergbüchlein" als „Bergwerck und Probirbüchlein". Neu hrsg. von E. DARMSTÄDTER 1926 (s. u. [81]). In englischer Übersetzung („Bergwerk- und Probierbüchlein") von Anneliese Grünhaldt SISCO und C. St. SMITH. New York 1949.

[2] BIRINGUCCIO, Vannuccio: La pirotechnia, Libri X. 1540 (Venedig). Übersetzt und erläutert von O. JOHANNSEN. Braunschweig 1925.

[3] AGRICOLA, Georgius: De re metallica Libri XII. Basel 1556. Deutsch als „Berckwerksbuch" von Ph. BECCIUS, Basel 1557. Englische Übersetzung von H. C. und L. H. HOOVER, London 1912; New York 1950. Neue deutsche Übersetzung bearb. von C. SCHIFFNER unter Mitwirkung von weiteren Fachleuten: Georg Agricola, Zwölf Bücher vom Berg- und Hüttenwesen. Berlin 1928; 2. Aufl. Düsseldorf 1953; 3. Aufl. 1961.

[4] FACHS, Modestin: Probirbüchlein. 1568, gedruckt erst 1595. Bis 1689 sechs bis sieben Auflagen.

[5] ERCKER, Lazarus: Beschreibung der Allerfürnemisten Mineralischen Ertzt und Berckwercksarten. Prag 1574 bis 1756 neun unveränderte Nachdrucke. Englische Übersetzung von Anneliese Grünhaldt SISCO und C. St. SMITH: Lazarus Ercker's Treatise on ores and assaying. Chicago 1951. Neue deutsche Ausgabe (Freiberger Forschungshefte, D 34) von P. R. BEIERLEIN und A. LANGE, Berlin 1960.

[6] BARBA, A. A.: Docimasie (Madrid, etwa 1646) oder Probir- und Schmelzkunst. Aus dem Französischen von M. GODAR. Wien 1749.

[7] BEUTHER, David: Zwey rare chymische Tractaten, darinn nicht nur alle Geheimnisse der Probirkunst, der Erze und Schmelzung derselben, sondern auch die Möglichkeit der Verwandlung der geringeren Metalle in bessere gar deutlich gezeigt werden. Leipzig 1717.

[8] SCHLÜTER, Chr. A.: Gründlicher Unterricht von Hüttenwerken nebst einem vollständigen Probirbuche. Braunschweig 1738.

[9] CRAMER, J. A.: Elementa artis docimasticae, 2. Bde. Leyden 1739. In englischer (erweiterter) Übersetzung unter dem Titel „Elements of the Art of Assaying Metals". London 1741; 2. Aufl. 1764.

[10] CRAMER, J. A.: Anfangsgründe der Probirkunst. Aus dem Lateinischen von C. E. SELLERT, 2 Teile. Stockholm 1746.

[11] GELLERT, C. E.: Anfangsgründe der Probirkunst. 2. Teil der „Praktischen metallurgischen Chemie". Leipzig 1755.

[12] CRAMER, J. A.: Anfangsgründe der Metallurgie, darinnen die Operationen sowohl im kleinen als großen Feuer ausführlich beschrieben. 3 Teile. Blankenburg und Quedlinburg 1774/77.

[13] SAGE, B. G.: Die Kunst Gold und Silber zu probieren. Reval 1782. Nach SAGE: L'art d'essayer l'or et l'argent. Paris 1780.

[14] GMELIN, L.: Chemische Grundsätze der Probir- und Schmelzkunst. Als Anhang zu: Grundsätze der technischen Chemie. Halle 1786.

[15] CRAMER, J. A.: Anfangsgründe der Probirkunst. Bearb. von J. F. A. GÖTTLING. Leipzig 1794.

[16] VAUQUELIN, L. N.: Handbuch der Probirkunst. Aus dem Französischen von F. WOLF, mit Anmerkungen von M. H. KLAPROTH. Königsberg 1800.

[17] HOLLUNDER, Ch. F.: Versuch einer Anleitung zur mineralurgischen Probirkunst auf trockenem Wege. 3 Teile in 2 Bänden. Nürnberg 1826/27.

[18] v. HARKORT, E.: Die Probirkunst mit dem Lötrohr. 1. Heft: Die Silberproben. Freiberg 1827.

[19] KARSTEN, C. J. B.: System der Metallurgie, Bd. 2. Berlin 1831.

[20] GAY-LUSSAC, L. J.: Vollständiger Unterricht über das Verfahren, Silber auf nassem Wege zu probiren. Aus dem Französischen von J. LIEBIG. Braunschweig 1833.

[21] PLATTNER, C. F.: Die Probierkunst mit dem Löthrohre. Leipzig 1835; 3. Aufl. 1853; fünf weitere Auflagen besorgt von Th. H. RICHTER und F. KOLBECK, s. a. [84].

[22] BERTHIER, P.: Handbuch der Probirkunst auf trocknem Wege. Aus dem Französischen von C. HARTMANN. Nürnberg 1834.
[23] BERTHIER, P.: Handbuch der metallurgisch-analytischen Chemie. Vermehrt und übersetzt von C. KERSTEN. 2 Bände. Leipzig 1835/36.
[24] CHAUDET: L'art d'essayer. Paris 1835. Deutsche Bearbeitung von C. HARTMANN unter dem Titel: Die Probirkunst, ein unentbehrliches Handbuch für Münzwardeine, Gold- und Silberarbeiter, Gürtler, Gelbgießer usw. Weimar 1838. Siehe auch [33].
[25] BERZELIUS, J. J.: Von der Anwendung des Lötrohrs in der Chemie und Mineralogie. Übersetzt von H. ROSE, 1821; 3. Aufl. Nürnberg 1837.
[26] WEHRLE, A.: Lehrbuch der Probir- und Hüttenkunde. 2 Bände und 1 Heft von 27 Kupfertafeln. Wien 1841.
[27] BODEMANN, Th.: Anleitung zur berg- und hüttenmännischen Probirkunst, 1845; 2. Aufl. bearb. von B. KERL, Clausthal 1857.
[28] PLATTNER, C. F.: Beitrag zur Erweiterung der Probirkunst. Freiberg 1849.
[29] KERL, B.: Handbuch der metallurgischen Hüttenkunde. 3 Bände in 4 Teilen. Freiberg 1855.
[30] MULDER, G. J.: Die Silber-Probirmethode. Aus dem Holländischen von CHR. GRIMM. Leipzig 1859.
[31] PLATTNER, C. F., und Th. H. RICHTER: Vorlesungen über allgemeine Hüttenkunde. 2 Bände. Freiberg 1860/63.
[32] KERL, B.: Leitfaden bei qualitativen und quantitativen Lötrohr-Untersuchungen, 1862; 2. Aufl. Clausthal 1877.
[33] HARTMANN, C.: Die Probirkunst. 3. Aufl. Weimar 1862.
[34] RIVOT, L. E.: Docimasie. 5 Bände. Paris 1861–1866.
[35] RIVOT, L. E.: Handbuch der analytischen Mineralchemie, Bd. 1. Übersetzt von A. REMELE. Paris und Leipzig 1863.
[36] KERL, B.: Metallurgische Probirkunst, 1883; 2. Aufl. Leipzig 1882. Ins Englische übersetzt von W. BRANNT. Philadelphia 1889. Siehe auch [80].
[37] KERL, B.: Die Fortschritte in der Metallurgischen Probirkunst in den Jahren 1882–1887. Supplement zur 2. Aufl. der „Metallurgischen Probirkunst". Leipzig 1887.
[38] MITCHELL, F. A.: Manual of Practical Assaying, 1868; 6. Aufl. London 1888.
[39] PERCY, J.: Metallurgy. Lead, including desilverisation and cupellation, London 1870. Silver and Gold. Teil 1, London 1880. Deutsch von F. KNAPP und C. RAMMELSBERG, Braunschweig 1862–1888.
[40] DE KONINCK, L., und E. DIETZ: A Practical Manual of Chemical Analysis and Assaying. Hrsg. von R. MALLET, 1874.
[41] ROSS, W. A.: Pyrology on Fire Chemistry. London 1875.
[42] PISANI, F., und F. DE KOBELL: Les Mineraux. Paris 1875.
[43] RICKETS, P.: Notes on Assaying and Assay-Schemes. New York 1876.
[44] LANDAUER, J.: Die Lötrohranalyse. Braunschweig 1876; 2. Aufl. Berlin 1881.
[45] LANDAUER, J.: Systematischer Gang der Lötrohr-Analyse. Wiesbaden 1877.
[46] AARON, C. H.: Testing and working silver ores. San Franzisco 1877.
[47] BALLING, C. A. M.: Die Probirkunde. Braunschweig 1879. Siehe auch [54].
[48] KERL, B.: Probirbuch, 1880; 2. Aufl. Leipzig 1894.
[49] BUNSEN, R.: Flammenreaktionen. Heidelberg 1880.
[50] CHAPMANN, E. J.: Blowpipe Practice . . . Toronto 1880.
[51] AARON, C. H.: Assaying. In 3 Teilen, 1884; 2. Aufl. San Franzisco 1889.
[52] BROWN, W. L.: Manual of Assaying Gold, Silver, Copper and Lead Ores. 2. Aufl. 1886; 12. Aufl. Chikago 1907.
[53] CLARK: Notes on Assaying of Lead, Silver and Gold. Boston 1887.
[54] BALLING, C. A. M.: Fortschritte im Probirwesen 1879–1886. Berlin 1887. Siehe auch [47].
[55] EGGERTZ, V.: Probierbüchlein. Stockholm 1888.
[56] BERINGER, C. und J. J.: A Textbook of Assaying. London 1888. Siehe auch [70].
[57] HIORNS, A. H.: Practical Metallurgy and Assaying. 2. Aufl. London 1888.
[58] WEILL, L.: L'Or. Propriétés physiques et chimiques, Gisements, Extraction, Application. Paris 1896.
[59] CAMPREDON, L.: Guide pratique du Chimiste Métallurgiste et de L'Essayeur. Paris 1898.
[60] STRATHINGH, S.: Chemisches Handbuch für Probierer, Gold- und Silberarbeiter. Aus dem Holländischen übersetzt von J. H. SCHULTES. Augsburg und Leipzig 1823.
[61] MOIR, J., und G. H. STANLEY: Textbook of Rand Assay Practice.
[62] PROST, E. O.: Manuel d'analyse chimique. Paris 1905.
[63] RICHE, A., und M. FOREST: L'art de l'Essayeur. Paris 1905. (Frühere Auflage 1888).
[64] FULTON, C. H., und W. J. SHARWOOD: A Manual of Fire Assaying, 1907; 3. Aufl. New York 1929.
[65] NISSENSON, H., und W. POHL: Laboratoriumsbuch für den Metallhüttenchemiker. Halle a. d. S. 1907.

[66] ARGALL, P. H.: Mill and Smelter Methods of Analysis. 3. Aufl. 1908.
[67] PARRY, J.: Analysis of Ashes and Alloys. 1908.
[68] FURMAN, H.: Manual of Practical Assaying. 7. Aufl. hrsg. von W. D. PARDOC. New York 1910.
[69] SMITH, J. R.: Modern Assaying. Philadelphia 1910.
[70] BERINGER, H. E.: Textbook of Assaying. 12. Aufl. 1910; 15. Aufl. London 1921.
[71] RHEAD, E. L., und A. H. SEXTON: Assaying and Metallurgical Analysis for the Use of Students, Chemists and Assayers. London 1911.
[72] SCHIFFNER, C.: Einführung in die Probierkunde, 1912; 2. Aufl. Halle a. d. S. 1925.
[73] SMITH, E. A.: The Sampling and Assay of the Precious Metals, 1913; 2. Aufl. London 1947.
[74] PARK, J.: Textbook of Practical Assaying. London 1914.
[75] LODGE, R. W.: Notes on Assaying. 3. Aufl. New York 1915.
[76] WRAIGHT, E. A.: Assaying in Theory and Practice. New York 1916.
[77] LUNGE, G., und F. BERL: Chemisch-technische Untersuchungsmethoden. 7. Aufl., Berlin Bd. 1 1921; Bd. 2 1922.
[78] Low, A. H.: Technical Methods of Ore Analysis. 9. Aufl. New York 1922.
[79] MICHEL, F.: Edelmetall-Probierkunde. Pforzheim 1922; 2. Aufl. Berlin 1927.
[80] KRUG, C.: Bruno Kerl's Probierbuch. 4. Aufl. Leipzig 1924.
[81] DARMSTAEDTER, E.: Berg-, Probir- und Kunstbüchlein. München 1926.
[82] MICHEL, F.: Tabelle spezifischer Gewichte der gebräuchlichsten Gold-, Silber-, Kupfer-legierungen, Silber-Kupfer-Legierungen und Weißgoldlegierungen. 2. Aufl. Berlin 1927.
[83] BAUR, T. A.: Die Feingehalts- und Punzierungsvorschriften für Edelmetalle. Leipzig 1927.
[84] KOLBECK, F.: Carl Friedrich Plattners Probierkunst mit dem Lötrohre. 8. Aufl. Leipzig 1927.
[85] FAIRBANKS, E. E.: Laboratory Investigations of Ores. New York 1928.
[86] EGER, G.: Das Scheiden von Edelmetallen durch Elektrolyse. Halle a. d. S. 1929.
[87] NAISH, W. A., und J. E. CLENNELL: Select Methods of Metallurgical Analysis. London 1929.
[88] HRADECKY, K.: Die Strichprobe der Edelmetalle. Wien 1930.
[89] GRAUMANN, A., in: G. LUNGE und E. BERL: Chemisch-technische Untersuchungsmetho-den. II. Bd., 2. Teil, 8. Aufl. Berlin 1932. Silber S. 988–1006; Die Feuerprobe auf Gold und Silber S. 1007–1034; Gold S. 1082–1095; Platin und Platinmetalle S. 1524–1572.
[90] FRICK, C., und H. DAUSCH: Taschenbuch für metallurgische Probierkunde. Bewertung und Verkäufe von Erzen. Stuttgart 1932.
[91] HOKE, C. M.: Testing precious metals, gold, silver, palladium, platinum. 2. Aufl. New York 1935.
[92] WOGRINZ, A.: Analytische Chemie der Edelmetalle. Stuttgart 1936.
[93] RÜDISÜLE, A.: Nachweis, Bestimmung und Trennung der chemischen Elemente. Nachtr. Bd. 1, Abt.1: Gold, Platin, Silber, Palladium, Rhodium, Iridium, Ruthenium, Osmium. Bern 1913.
[94] TREADWELL, W. D.: Tabellen und Vorschriften zur quantitativen Analyse. Gravimetrie, Elektroanalyse, Probierkunde der Edelmetalle und Gasanalyse. Leipzig–Wien 1938.
[95] SHEPARD, O. C., und W. F. DIETRICH: Fire Assaying. New York und London 1940.
[96] SCHOELLER, W. R., und A. R. POWELL: Analysis of Minerals and Ores of the Rarer Ele-ments. 2. Aufl. 1940; 3. Aufl. London 1955.
[97] HOWE, J. L., und Staff of Baker u. Co. Inc.: Bibliography of the platinum metals 1918 – 1930. Newark, N. J. 1947.
[97a] HRADECKY, K.: Geschichte und Schrifttum der Edelmetallstrichprobe. Berlin 1942.
[97b] SMITH, O. C.: Identification and quantitative chemical analysis of minerals. New York 1946.
[98] POSHARITZKI, K. L.: Analytische Untersuchungen der natürlichen Vorkommen bunter, seltener Metalle und von Gold (russisch). Moskau 1947.
[99] BUGBEE, E. E.: A Textbook of Fire Assaying. 2. Aufl. London 1940. 3. Aufl. London 1950.
[100] TAFEL, V.: Lehrbuch der Metallhüttenkunde. 2. Aufl., hrsg. von K. WAGENMANN. Bd. I, 1951; Bd. II, 1953; Bd. III Leipzig 1954.
[100a] Assaying, in: The Encyclopedia Americana. Bd. II, S. 413/14. New York/Chikago 1951.
[101] BAUER, G., und W. GEIBEL: Quantitative Analyse der Platinmetalle. In: FRESENIUS-JANDER: Handbuch der analytischen Chemie, 3. Teil, Bd. VIII. Berlin/Göttingen/Heidel-berg 1953.
[102] HUYBRECHT, M.: Chimie Analytique, appliqué à la Métallurgie. 3. Aufl. Paris 1955.
[103] Chemikerausschuß der Gesellschaft Deutscher Metallhütten- und Bergleute e.V.: Analyse der Metalle. Berlin/Göttingen/Heidelberg.
[103/1] 1. Band: Schiedsverfahren. 2. Aufl. 1949.
[103/2] 2. Band: Betriebsanalysen. 2. Aufl. 1961.
[103/3] 3. Band: Probenahme. 1956.

Namenverzeichnis

Die nur im Bücherverzeichnis (S. 191 ff.) aufgeführten Autoren
sind hier nicht noch einmal berücksichtigt